电气信息类基础课系列

"十四五"职业教育国家规划教材

电工基础与技能

主　编　吕爱华　王　彦
副主编　陶　慧　陈亚丽
参　编　张　霞　张　璐

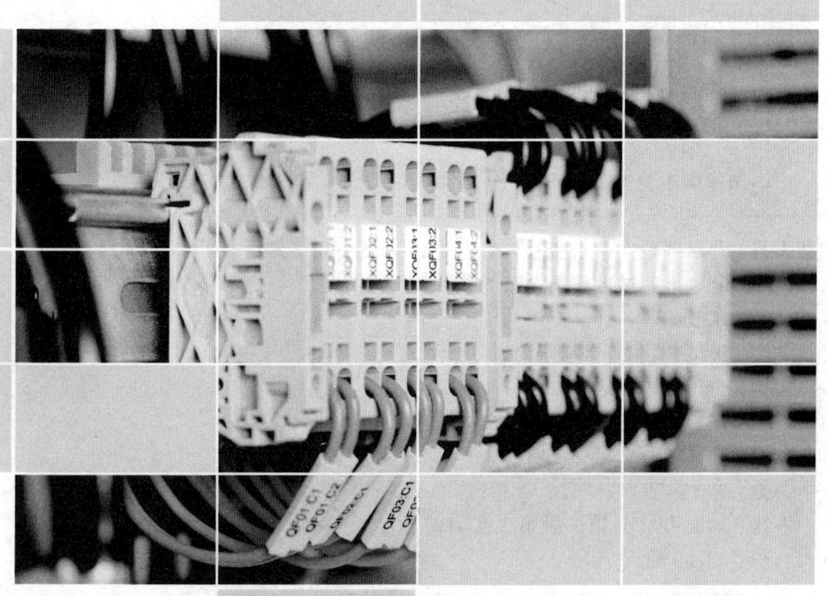

北京师范大学出版集团
BEIJING NORMAL UNIVERSITY PUBLISHING GROUP
北京师范大学出版社

图书在版编目(CIP)数据

电工基础与技能/吕爱华，王彦主编. —3版. —北京：北京师范大学出版社，2025.7

(“十四五”职业教育国家规划教材)

ISBN 978-7-303-28692-8

Ⅰ. ①电… Ⅱ. ①吕… ②王… Ⅲ. ①电工技术 Ⅳ. ①TM1

中国国家版本馆CIP数据核字(2023)第018562号

出版发行：北京师范大学出版社 https://www.bnupg.com
北京市西城区新街口外大街12-3号
邮政编码：100088

印　　刷：天津中印联印务有限公司
经　　销：全国新华书店
开　　本：787 mm×1092 mm　1/16
印　　张：16.5
字　　数：360千字
版　　次：2025年7月第3版第3次印刷
定　　价：43.00元

策划编辑：周光明　　责任编辑：周光明
美术编辑：焦　丽　　装帧设计：焦　丽
责任校对：陈　民　　责任印制：赵　龙

版权所有　侵权必究

读者服务电话：010-58806806

如发现印装质量问题，影响阅读，请联系印制管理部：010-58800608

前言

“电工基础与技能”是高等职业院校一门机电类专业基础课程。本书按照习近平总书记对职业教育的相关要求，以习近平新时代中国特色社会主义思想为指导，贯彻落实党的二十大精神，根据高等职业教育的培养目标，以“工学结合、项目引导、教学做一体化”为原则编写。本教材将中高级电工考证内容融入课程中，有利于学生通过完成学习性工作任务形成职业技能和专业素养，为职业院校“1＋X”证书制度改革打下坚实基础。

本书的编写力求体现职业教育的性质、任务和培养目标，坚持“思政教育进课堂”“课程思政融合”，遴选行业先锋人物以及身边榜样的故事引导学生立志、明德；坚持以就业为导向，以能力培养为本位的原则，注重学生的实际操作指导，突出教材的实用性、适用性和先进性。

为了建设规模宏大、结构合理、素质优良的人才队伍，本书强调“学以致用”，力求体现新知识、新技术、新工艺，突出适用性和科学性，体现理论与实践的有机结合，强化学生的实践操作能力，提高学生的上岗就业能力。在项目五中增加了一个任务——认识与检测日用电器，这突出了电工的实用性；在项目七中增加了漏电保护开关和数显式时间继电器的内容，这使本书更具有实用性、先进性，增强了对学生能力的培养。

本书共七个项目：直流电路的分析与技能操作；正弦交流电路的分析与技能操作；三相交流电路的分析与技能操作；暂态电路的分析与技能操作；电工基本技能操作；变压器的基本知识与技能操作；三相异步电动机电气控制与技

能操作。各项目分成若干任务，各任务是以任务目标、任务描述、相关知识、技能操作、能力训练为主线而编写的。各项目后附有能力与升华、能力测试和质量评价，以检查学生学习效果。

本书可作为高职高专类院校的机电一体化、工业机器人技术、应用电子技术、机械制造及其自动化及相关专业的教材，也可供电气工程技术人员参考。

本书由襄阳汽车职业技术学院吕爱华、武汉铁路职业技术学院王彦任主编，襄阳汽车职业技术学院陶慧、漯河职业技术学院陈亚丽任副主编。具体编写分工如下：项目一、项目二、项目三、项目四由吕爱华、王彦编写，项目五、项目七由陶慧编写，项目六由陈亚丽编写。另外，襄阳汽车职业技术学院张霞、张璐参与部分内容编写。

本书数字资源使用方法：

(1)扫码登录。已注册过京师E课的用户直接登录，未注册的用户用手机号注册后登录。

(2)登录成功后，弹出激活弹框，输入随书所附激活码(sJA7DWUp)进行激活。

(3)激活后即可使用。

(4)每本书只需要激活一次，如果是已激活，登录后扫码即可查看。

PPT课件等资源

在登录不过期时，再次扫描不需要重新登录。

本书有仿真软件及课件，可联系QQ：1748966577。由于编者水平有限，书中难免有错漏之处，恳请读者批评指正。

编　者

目录

项目一　直流电路的分析与技能操作

>>> 项目描述

电是能量和信息的良好载体。为了实现电能和电信号的产生、传输及使用，人们往往将若干电气元件按照特定的要求连接起来，构成“电路”。由直流电源供电的电路称为直流电路，它是电路分析、研究的基础。本项目主要完成电路基本元件的测量，熟悉电路的基本定理和定律，并能通过实践操作进行验证，学会用电路的基本分析方法计算较为复杂的直流电路。

>>> 知识目标

1. 掌握电路及基本物理量的概念和计算；
2. 掌握常用串联、并联和混联电路的特点；
3. 掌握基尔霍夫定律，能应用基尔霍夫定律分析和计算复杂电路；
4. 熟悉电路的等效变换和电压源与电流源的等效变换，并能用电路的等效变换分析和计算直流电路；
5. 会应用戴维南定理、诺顿定理、叠加定理和支路电流法分析和计算较复杂电路。

>>> 技能目标

1. 掌握直流电流、直流电压的测量方法，会正确使用直流电流表和直流电压表；
2. 熟练使用万用表测量电路中的电阻、电容和电感元件；
3. 学会验证基尔霍夫定律、戴维南定理、诺顿定理。

任务一　电路的基本概念及常用电路元件认识

>>> 任务目标

1. 熟悉电路的组成及其功能；
2. 认识常用电路元器件图形符号；
3. 正确理解电路的基本物理量和电路的三种工作状态；
4. 掌握 R、L、C 电路元件的电特性并能用仪表正确测试。

>>> 任务描述

电路都是由元器件组成的，常用电路主要由电阻器、电容器、电感器和各种半导体器件构成。学习并掌握这些常用元器件的分类、型号、判别与选用方法并进行训练，才能在电路中正确地选择和使用它们。任何电路都有三种工作状态，即有载工作状态、短路状态和断路状态。通过对电流、电压和电位的测量可直接反映出电路的工作状态。掌握电路的这三种工作状态的物理特性，是学好电工基础的前提条件之一。

>>> 相关知识

一、电路的基本概念

1. 电路的组成

电路是为了实现一定目的而连接起来的若干电路元件的集合，是电流所流过的路径。电路的形式多种多样，干电池、灯泡、开关和连接导线就构成了一个简单的电路。通常用一些规定的图形符号来代表实际的电路元件，并用连线表示它们之间的连接关系，画成原理图进行分析。电路原理图简称电路图。

一个完整的电路一般由电源、负载、中间环节三部分组成。图 1-1 所示的电路是一个最简单的手电筒电路。

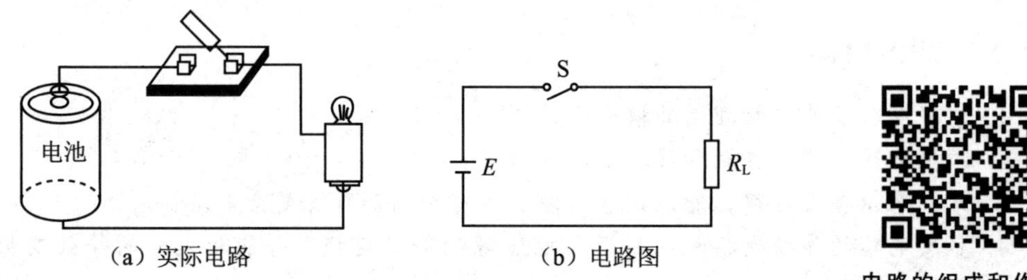

（a）实际电路　　（b）电路图

电路的组成和作用

图 1-1　手电筒电路图

(1)电源：将各种非电能转换成电能，向负载提供电能的设备称为电源。常见的电源有干电池、蓄电池、发电机等。

(2)负载：也称用电器，是各种用电设备的总称，是取用电能的装置，它把电能转换为其他形式的能量。家用电器、电动机等都是负载。

(3)中间环节：连接电源和负载的部分，它起传输和分配电能、控制和保护电气设备的作用。中间环节包括导线、电气控制元件，如闸刀开关、空气开关、熔断器、热继电器等。

实际电路的分析和计算一般根据电路图进行。因此，熟悉电路元件图形符号，掌握电路图的画法十分重要。表 1-1 中列出了部分常用电路元件的图形符号。

表 1-1　部分常用电路元件的图形符号

符号	名称	符号	名称	符号	名称
	开关		电阻	⊥	接机壳
	电池		电位器		接地
	线圈		电容		连接导线
	铁芯线圈	A	电流表		不连接导线
+ −	电压源	V	电压表		熔断器
	电流源		二极管		电灯

2. 电路的功能

电路具有两个主要功能。其一，在电路中随着电流的流动，它能实现电能与其他形式能量的转换、传输和分配。例如，发电厂把热能转换成电能，再通过变压器、输电线送到各用户，用户把它们再转换为光能、热能和机械能加以使用，图 1-2 所示是电力系统电路示意图。其二，电路可以实现信号的传递和处理。通过电路可以把输入的信号“变换”或“加工”成其他所需要的输出信号。例如，图 1-3 所示是一个扩音机电路示意图，传声器将接收到的声音信号转换成电信号输出，再经放大器将电信号放大后送到扬声器，扬声器将电信号转换为声音信号输出。这种将信号进行转换和放大的过程就称为信号的处理。

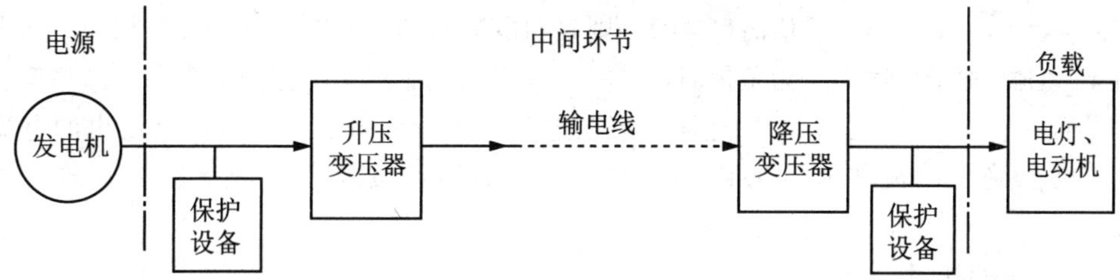

图 1-2　电力系统电路示意图

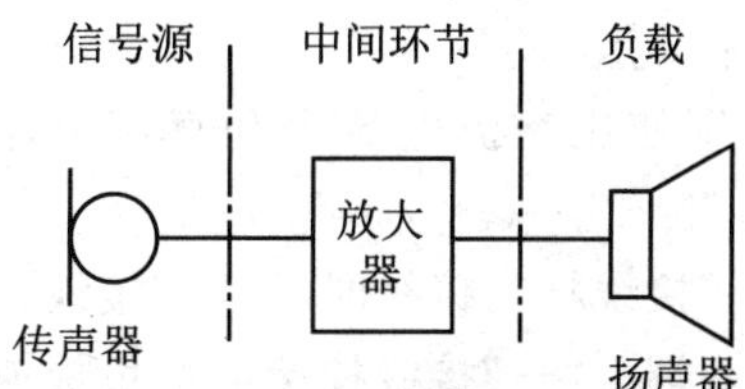

图 1-3　扩音机电路示意图

二、电路的基本物理量

电流

电路的基本物理量有电流、电位、电压、电动势、电能和电功率。

1. 电流

在电场的作用下，电荷有规则地移动形成电流。电流不仅有大小，还有方向。

(1)电流的大小。

电流的大小由电流强度来表示，电流在数值上等于单位时间内通过某一导体横截面的电荷量。电流分两种，即直流电流(DC)和交流电流(AC)。大小和方向都不随时间的变化而变化的电流称为直流电流，常用大写字母 I 表示，即

$$I=\frac{Q}{t} \tag{1-1}$$

大小和方向都随时间的变化而变化的电流称为交流电流，常用小写字母 i 表示，即

$$i=\frac{\mathrm{d}q}{\mathrm{d}t} \tag{1-2}$$

在国际单位制中，电流的单位是安培，简称安，符号为 A。常用的单位还有千安(kA)、毫安(mA)、微安(μA)，它们之间的关系为

$$1\ \mathrm{kA}=1\ 000\ \mathrm{A},\ 1\ \mathrm{mA}=10^{-3}\ \mathrm{A},\ 1\ \mu\mathrm{A}=10^{-6}\ \mathrm{A}$$

(2)电流方向。

电流的实际方向习惯上规定是正电荷移动的方向。

在分析电路时，对复杂电路由于无法确定电流的实际方向，或电流的实际方向在不断地变化，所以引入了“参考方向”的概念。

参考方向是一个假想的电流方向。在分析电路前，需先任意规定未知电流的参考方向，并用实线箭头标于电路图上，如图 1-4 所示。

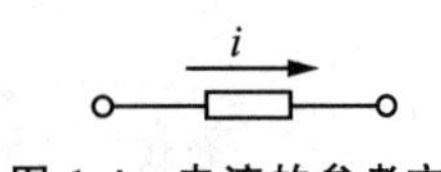

图 1-4　电流的参考方向

确定参考方向后，电流就成为一个代数量，当电流为正值时($i>0$)，则表明电流的实际方向与参考方向相同；当电流为负值时($i<0$)，则表明电流的实际方向与参考方向相反。

这样电流在选定的参考方向下，根据计算得出的电流的正负值就能确定电流的实际方向。因此，电流值的正负只有在选定参考方向下才有意义。

(3)电流的测量。

电路中的电流大小可用电流表来测量。电流表又称安培表，其测量接线图如图 1-5 所示。

电流表使用时要注意以下几点。

①对交、直流电流应分别使用交流电流表和直流电流表测量；

②直流电流表有“+”“-”接线柱，接线时，“+”接线柱接电源正极或靠近电源正极的一端，“-”接线柱接电源负极或靠近电源负极的一端，如图 1-5 所示；

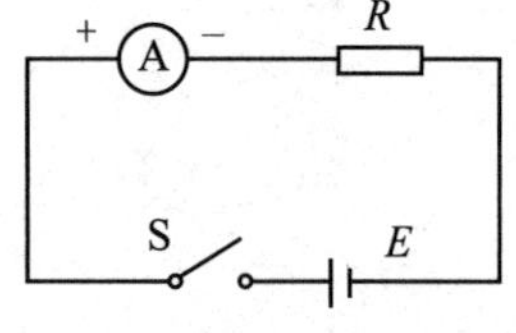

图 1-5　电流表的接线图

③测量时电流表应串接在待测电路中；

④防止短路，流过电流表的电流一定要同时流过用电器，不能不经过用电器而直接接到电源的两极上；

⑤选择合适的量程，电流表选择量程一般应为被测电流值的 1.5～2 倍。

电位、电压及电动势

2. 电位与电压

(1)电位。

在电路中，电流的流动说明电场力对电荷做了功。正电荷在电路的某一点上具有一定的电位能。要确定电位能的大小，必须在电路上选择一参考点作为基准点。正电荷在某点所具有的电位能就等于电场力把正电荷从某点移到参考点所做的功。在图 1-6 所示的电路中，以 B 点为参考点，则正电荷在 A 点所具有的电位能 W_A 与正电荷所带电量 Q 的比值，称为电路中 A 点的电位，用 U_A 表示。

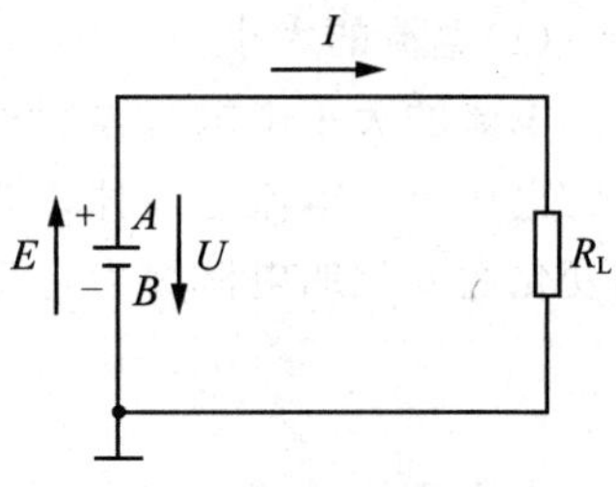

图 1-6　*B* 点为参考点的电路

$$U_A = \frac{W_A}{Q} \tag{1-3}$$

电位的单位是焦耳/库仑(J/C)，称为伏特，简称伏(V)。

电路中某点电位的高低是相对于参考点而言的，参考点不同，则各点电位的大小也不同。但参考点一经选定，则电路中各点的电位就是一定值。参考点的电位通常设为零，在实际电路中常以机壳或大地为参考点，即把机壳或大地的电位规定为零电位。电位高于零电位为正值，电位低于零电位为负值。

(2)电压。

单位正电荷，在电场力的作用下从 A 点移动到 B 点，电场所做的功为这两点之间的电位差，也称为电压，其中 A 点的电动势能高于 B 点。如果电场力把正电荷 Q 从 A 点移动到 B 点所做的功为 W_{AB}，则电场中 A 点到 B 点的电压为

$$U_{AB} = \frac{W_{AB}}{Q} \tag{1-4}$$

电场力把 1 库仑(C)的电荷量从 A 点移动到 B 点，如果所做的功为 1 焦耳(J)，那么 A、B 两点之间的电压就是 1 伏特(V)。对于较高或较低的电压，工程上还常用千伏(kV)、毫伏(mV)或微伏(μV)做单位，换算关系为

$$1\ \text{kV} = 10^3\ \text{V},\ 1\ \text{mV} = 10^{-3}\ \text{V},\ 1\ \mu\text{V} = 10^{-6}\ \text{V}$$

瞬时电压用小写字母 u 表示，恒定电压用大写字母 U 表示。

通常定义由高电位指向低电位，即电位降低的方向为实际电压的正方向。在分析和计算电路时，可任意设置电压的参考方向，可以用“+”“−”号表示电压极性，“+”极对应假定的高电位端，“−”极对应低电位端；也可以用双脚标表示电压的方向，如 U_{AB}，前标 A 表示假定的高电位端，后标 B 表示低电位端，图 1-7 给出了一些实例。

在图中一般标注的是电压参考方向。当电压的实际方向与参考方向相同，则为正值，反之为负值。必须强调指出，在未标出电压参考极性的情况下，其正、负值是毫无意义的。在分析电路时，某一段电路上电流的参考方向与电压的参考方向一致，即电流从电压正极端流入、负极端流出时为关联方向，所谓“关联方向”的含义是指一个量的参考方向与另一个量的参考方向一致，如图 1-8(a)所示；当参考方向相反时，称为非关联方向，如图 1-8(b)所示。

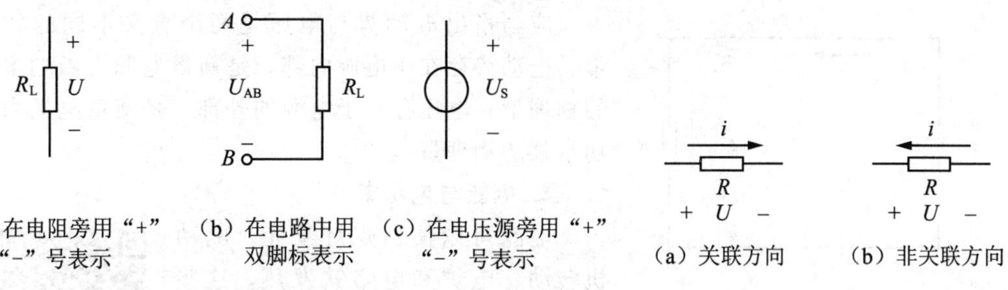

(a) 在电阻旁用“+”“−”号表示　(b) 在电路中用双脚标表示　(c) 在电压源旁用“+”“−”号表示

图 1-7　电压参考方向的表示方法图

(a) 关联方向　(b) 非关联方向

图 1-8　电压、电流参考方向的关系

(3)电压的测量。

电源两端或某段电路两端的电压可用电压表测量。电压表又称伏特表，其测量接线图如图 1-9 所示。

电压表使用时要注意以下几点。

①对交、直流电压应分别使用交流电压表和直流电压表测量；

②直流电压表有"＋""－"接线柱，接线时，"＋"接线柱接电源正极或靠近电源正极的一端，"－"接线柱接电源负极或靠近电源负极的一端，如图 1-9 所示；

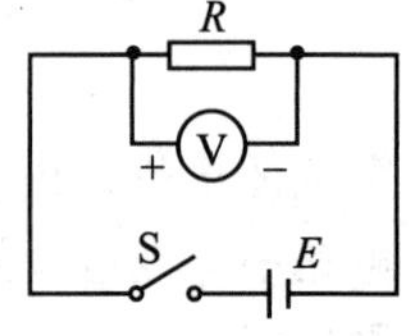

图 1-9　电压表的接线图

③测量时电压表应并接在待测电路中；

④选择合适的量程。

例 1-1　在图 1-10 所示的电路中，B 点为参考点，已知电压 $U_{AB}=12$ V，$U_{BC}=-6$ V，$U_{CD}=6$ V，试求电位 U_A、U_B、U_C 和 U_D。

解：以 B 为参考点，即 $U_B=0(\text{V})$。

$U_A=U_{AB}+U_B=U_{AB}=12(\text{V})$

$U_C=U_B-U_{BC}=-U_{BC}=6(\text{V})$

$U_D=U_C-U_{CD}=6-6=0(\text{V})$

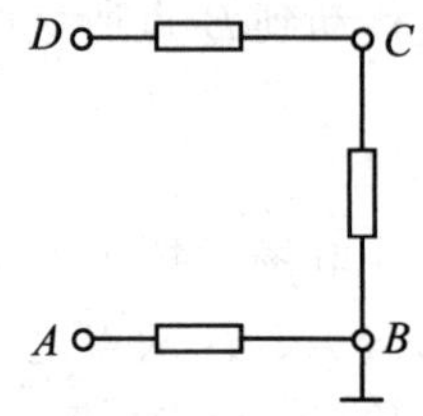

图 1-10　电路图

3. 电动势

在电源内部电源力不断地把正电荷从低电位移到高电位。在这个过程中，电源力要反抗电场力做功，这个做功过程就是电源将其他形式的能转换成电能的过程。对于不同的电源，电源力做功的性质和大小不同，为此，引入电动势这个物理量。衡量电源的电源力大小及其方向的物理量叫作电源的电动势。

电动势的大小等于电源力把单位正电荷从电源的负极经过电源内部移送到电源的正极所做的功。例如，设 W 为电源中非静电力(电源力)把正电荷量 Q 从负极经过电源内部移送到电源的正极所做的功，则电动势的大小为

$$E=\frac{W}{Q} \tag{1-5}$$

电动势通常用符号 E 或 e 表示，电动势的国际单位为伏特，记作 V。

电动势的方向规定为从电源的负极经过电源内部指向电源的正极，即与电源两端电压的方向相反，如图 1-11 所示。

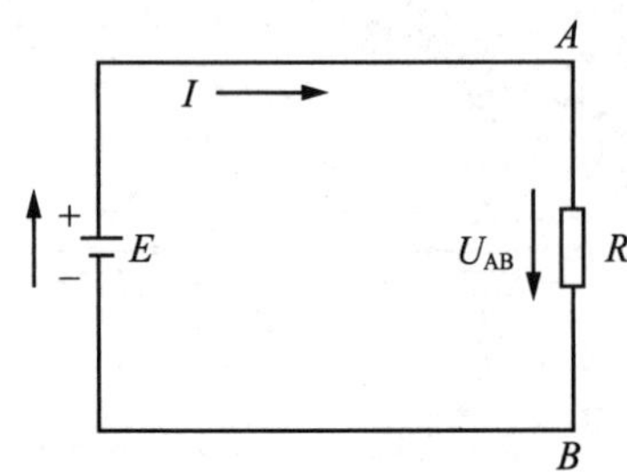

图 1-11　电动势与电压的正方向

应当指出电动势与电压是两个意义不同的物理量。电动势存在于电源内部，是衡量电源力做功本领的物理量；电压存在于电源的外部，是衡量电场力做功本领的物理量。

4. 电能与电功率

电能可以使白炽灯发光、电动机转动、电炉和电烙铁发热，这些都说明电流通过电气设备时做了功。消耗了电能，电气设备在工作时间消耗的电能(也称为电功)用 W 表示。电能的大小与通过电气设备的电流和加在电气设备两端的电压以及通过的时间成正比，即

电能与电功率

$$W = UIt \tag{1-6}$$

电能的单位是焦耳，简称焦(J)。在工程上常用度即千瓦时(kW·h)作单位，1 kW·h=3.6×10^6 J。

用电设备在单位时间内消耗的电能称为电功率(简称功率)，它是用来衡量能量转换速率的量，用 P 表示。

$$P = \frac{W}{t} = \frac{UQ}{t} = \frac{UIt}{t} = UI \tag{1-7}$$

功率的单位是瓦特，简称瓦(W)。工程上，功率还常用单位千瓦(kW)、兆瓦(MW)、毫瓦(mW)和微瓦(μW)表示。

$$1\ \text{MW} = 10^6\ \text{W},\ 1\ \text{kW} = 10^3\ \text{W},\ 1\text{mW} = 10^{-3}\ \text{W},\ 1\ \mu\text{W} = 10^{-6}\ \text{W}$$

应当指出：$P=UI$ 适用于电压与电流为关联参考方向的场合，如果取非关联参考方向，则应写成 $P=-UI$。在这个规定下，$P>0$，说明元件消耗电能；$P<0$，说明元件提供电能。

电气设备的铭牌上都标出电流、电压和功率的限额，以表示其正常工作条件和工作能力，称为电气设备的额定值，额定值是制造厂对设备的使用规定，使用者务必注意，尤其重要的是额定电流的概念，它是指电气设备在一定的环境温度下长期连续工作时或在规定的时间内，所容许通过的最大电流。当电气设备运行在额定值时，称为额定运行状态，简称满载；当超过额定值运行时，称为过载；当低于额定值运行时，称为欠载。电气设备运行在额定状态下时，效率高、寿命长、安全可靠，否则，会使电气设备的使用寿命和效率降低，甚至会损坏设备。额定电压、额定电流、额定功率分别用 U_N、I_N、P_N 表示。

三、电路的三种工作状态

电路有三种不同的工作状态，即有载工作状态、断路状态和短路状态。

电路的三种工作状态

1. 电路的有载工作状态

如图 1-12 所示电路，R_0 与 E 构成实际电源模型，R_0 为电源内阻，E 为电源电动势，R_L 为负载电阻。当开关 S 闭合，电路便处于有载工作状态。此时，电路有以下特征。

(1)电路中的电流为

$$I = \frac{E}{R_0 + R_L} \tag{1-8}$$

(2)电源的端电压为

$$U = E - R_0 I \tag{1-9}$$

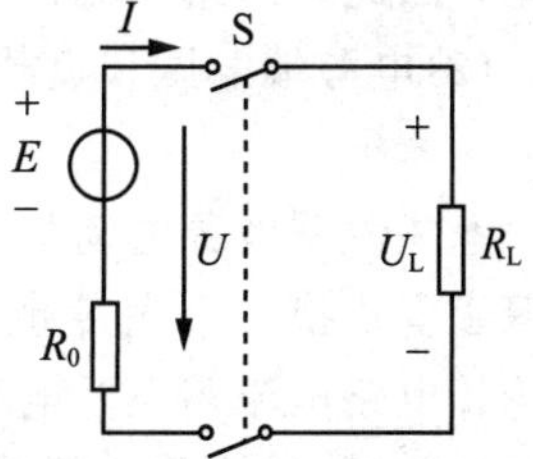

图 1-12　有载工作状态的电路

由式(1-9)可知：电源的端电压 U 小于电动势 E。若忽略线路上的电压降，则负载两端的电压 U_L，等于电源的端电压 U，即

$$U = U_L \tag{1-10}$$

(3)电源的输出功率为

$$P_1 = UI = (E - R_0 I)I = EI - R_0 I^2 \tag{1-11}$$

上式表明，电源发出的功率 EI 减去电源内阻上的消耗 $R_0 I^2$，才是供给负载的功

率，显然，负载所吸取的功率为

$$P_2=U_L I=UI=P_1 \tag{1-12}$$

2. 电路的断路状态

如图 1-13 所示电路，当开关断开或连接线任何一处断开时，电路便处于断路状态，断路状态又称开路状态。电路处于这种状态下，电源和负载未构成闭合电路，这时外电路所呈现的电阻对电源来说是无穷大，因此，电路具有以下特征。

(1)电路中的电流为零，即

$$I=0$$

(2)电源的端电压等于电源电动势，即

$$U=E-R_0 I=E \tag{1-13}$$

(3)电源的输出功率 P_1 和负载所吸收的功率 P_2 均为零，即

$$P_1=P_2=0 \tag{1-14}$$

3. 电路的短路状态

如图 1-14 所示电路，当电源的两输出端或负载的两端由于某种原因相接触时，电路便处于短路状态。电路处于这种状态下，外电路所呈现的电阻对电源来说等于零，因此，电路具有以下特征。

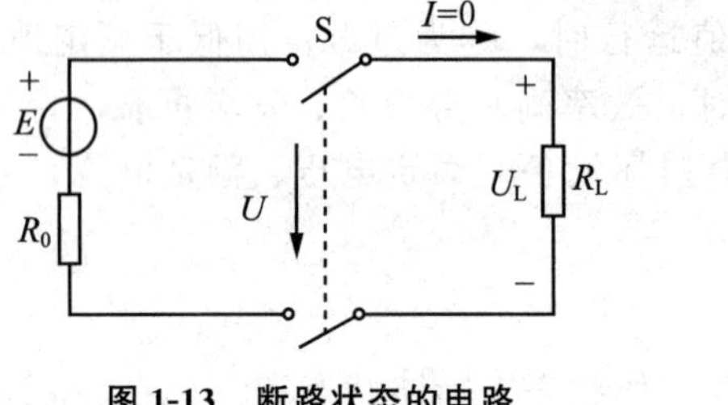

图 1-13　断路状态的电路

图 1-14　短路状态的电路

(1)电源中的电流为

$$I_S=\frac{E}{R_0} \tag{1-15}$$

短路状态下电源中流过的电流称为短路电流，用 I_S 表示。一般电源的内电阻 R_0 很小，因此，短路电流很大。

(2)电源端电压和负载电压为

$$U=U_L=E-I_S R_0=0 \tag{1-16}$$

上式说明电源电动势大小与电源的内阻电压降相等，方向相反，因此，电源端电压等于零；换一个角度也可理解，电路处于短路状态下，外电路电阻等于零，因此，无论外电路电流多大，电源端电压总是等于零。

(3)电源供给负载的功率 P_1 及负载吸收的功率 P_2 均为零，电源发出的功率 EI_S 全部消耗在电源内阻上，即

$$EI_S-I_S^2 R_0=0 \tag{1-17}$$

电路处于短路状态，其短路电流过大，会导致电源或电气设备发热而烧毁，短路在工作中应尽量避免。因此，在实际电路中往往加装熔断器等进行电路的短路保护。

例 1-2　如图 1-14 所示，已知 $E=220$ V，$R_0=0.2\ \Omega$，导线电阻 $r_L=0.3\ \Omega$，负载

电阻 $R_L=10.2\ \Omega$，求：(1)电路在正常工作情况下的电流 I；(2)当负载两端发生短路时，电源中通过的电流 I'_S；(3)当电源两端发生短路时，电源中通过的电流 I''_S。

解：(1)正常工作时的电流为

$$I=\frac{E}{R_0+2r_L+R_L}=\frac{220}{0.2+2\times0.3+10.2}=20(\mathrm{A})$$

(2)当负载两端发生短路时电流为

$$I'_S=\frac{E}{R_0+2r_L}=\frac{220}{0.2+2\times0.3}=275(\mathrm{A})$$

(3)当电源两端发生短路时电流为

$$I''_S=\frac{E}{R_0}=\frac{220}{0.2}=1\ 100(\mathrm{A})$$

电阻元件

四、电路的基本元件

1. 电阻元件

电阻元件对电路中的电流具有阻碍作用，是耗能元件。

电阻器简称电阻，它是电路元件中应用最广泛的一种，其质量的好坏对电路工作的稳定性有极大影响。电阻的主要用途是稳定和调节电路中的电流和电压，在电路中常用于分流、分压、滤波(与电容组合)、耦合、阻抗匹配、负载等，电阻用符号 R 表示，电阻的单位用欧姆(Ω)表示。电阻的外形结构示意图如图 1-15 所示。

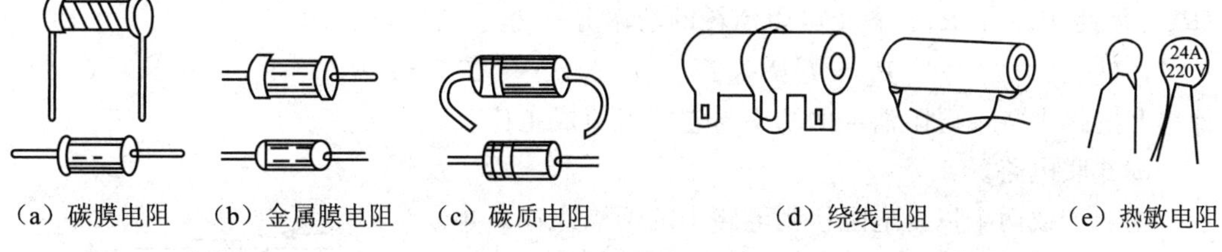

(a) 碳膜电阻　(b) 金属膜电阻　(c) 碳质电阻　(d) 绕线电阻　(e) 热敏电阻

图 1-15　常用固定电阻器外形

(1)电阻的分类。

①按电阻体的材料和结构特征分，有绕线电阻、非绕线电阻及热敏电阻。

②按电阻的用途分，有通用电阻、精密电阻、高阻电阻、高压电阻和高频电阻等。

(2)电阻的伏安特性。

1827 年德国科学家欧姆总结出：施加于电阻元件上的电压与通过它的电流成正比。如图 1-16 所示电路，U、I 为关联参考方向，其伏安特性为

$$U=IR \tag{1-18}$$

U、I 为非关联参考方向时，有

$$U=-IR$$

(3)电阻元件的连接。

①串联电路。

把电阻一个接一个地首尾依次连接起来，就组成串联电路，如图 1-17 所示。串联电路的基本特点如下。

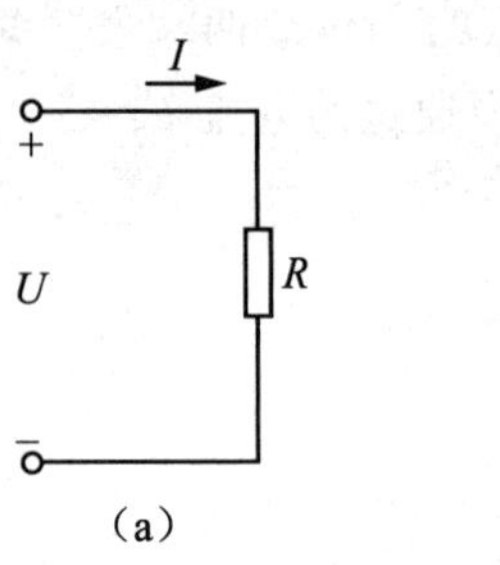

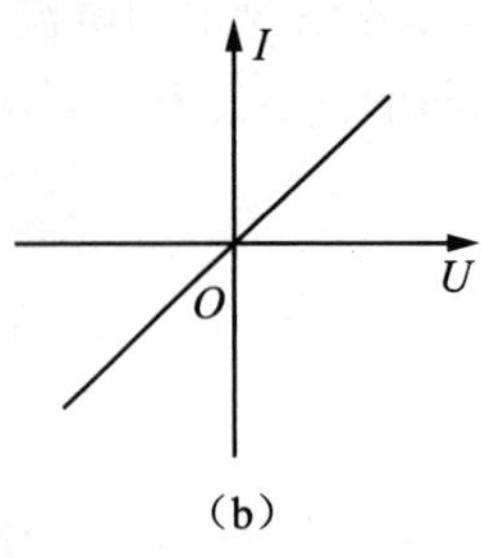

图 1-16 电阻元件及伏安特性

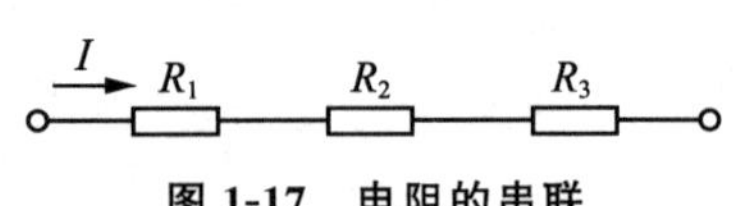

图 1-17 电阻的串联

a. 电路中各处的电流强度相等；

b. 电路两端的总电压等于各部分电路两端的电压之和。

串联电路的总电阻。用 R 代表串联电路的总电阻，I 代表电流强度，根据欧姆定律可得

$$R=R_1+R_2+R_3 \tag{1-19}$$

即串联电路的总电阻等于各个电阻之和。

串联电路的电压分配。在串联电路中，

$$U_1=IR_1,\ U_2=IR_2,\ \cdots,\ U_n=IR_n \tag{1-20}$$

即串联电路中各个电阻两端的电压与它的阻值成正比。

串联电路的功率分配。串联电路中某个电阻 R_k 消耗的功率 $P_k=IU_k$，而 $U_k=IR_k$，因此 $P_k=I^2R_k$，各个电阻消耗的功率分别为

$$P_1=I^2R_1,\ P_2=I^2R_2,\ \cdots,\ P_n=I^2R_n \tag{1-21}$$

即串联电路中各个电阻消耗的功率与它的阻值成正比。

②并联电路。

把两个或两个以上电阻接到电路中的两点之间，电阻两端承受的是同一个电压的电路，叫作电阻并联电路。图 1-18 是三个电阻 R_1、R_2、R_3 组成的并联电路。并联电路的基本特点如下。

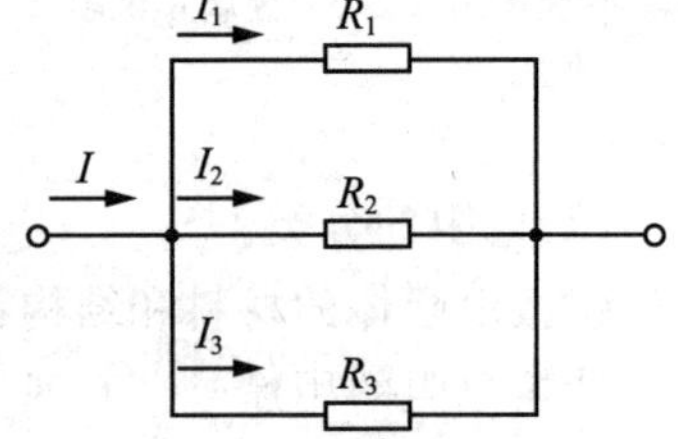

图 1-18 电阻的并联

a. 电路中各支路两端的电压相等；

b. 电路中的总电流强度等于各支路的电流强度之和。

并联电路的总电阻。用 R 代表并联电路的总电阻，U 代表电压，根据欧姆定律可得

$$\frac{1}{R}=\frac{1}{R_1}+\frac{1}{R_2}+\frac{1}{R_3} \tag{1-22}$$

即并联电路总电阻的倒数，等于各个电阻的倒数之和。

若是两个电阻并联，可得

$$R=\frac{R_1R_2}{R_1+R_2}$$

由此可见，并联电路的总电阻小于其中任意一个电阻的电阻值。

并联电路的电流分配。在并联电路中，

$$I_1=\frac{U}{R_1},\ I_2=\frac{U}{R_2},\ \cdots,\ I_n=\frac{U}{R_n} \tag{1-23}$$

即并联电路中通过各个电阻的电流强度与它的阻值成反比。

$$\begin{aligned} I_1&=\frac{U}{R_1}=\frac{R}{R_1}I=\frac{R_2}{R_1+R_2}I \\ I_2&=\frac{U}{R_2}=\frac{R}{R_2}I=\frac{R_1}{R_1+R_2}I \end{aligned} \tag{1-24}$$

式(1-24)就是两个电阻并联时的分流公式。

并联电路的功率分配。并联电路中，各个电阻消耗的功率分别为

$$P_1=\frac{U^2}{R_1},\ P_2=\frac{U^2}{R_2},\ \cdots,\ P_n=\frac{U^2}{R_n}$$

可得

$$P_1R_1=P_2R_2=\cdots=P_nR_n \tag{1-25}$$

即并联电路中各个电阻消耗的功率与它的阻值成反比。

③混联电路。

在实际电路中，既有电阻的串联又有电阻的并联，这种电路被称为电阻的混联。分析电阻混联的一般步骤。

a. 计算各串联电阻和并联电阻的等效电阻，再计算总的等效电阻；

b. 用欧姆定律求出总电流；

c. 根据串联电阻分压关系、并联电阻分流关系，逐步计算出各支路电流、各部分电压以及电路的其他参数。

例 1-3 如图 1-19(a)所示，$U_{AB}=6$ V，$R_1=1$ Ω，$R_2=2$ Ω，$R_3=3$ Ω，当开关 S_1、S_2 同时断开或同时闭合时，求 R 和 I。

解：(1)当开关 S_1、S_2 同时断开时，相当于 3 个电阻串联，则

$$R=R_1+R_2+R_3=6\ \Omega$$

$$I=\frac{U}{R}=\frac{6}{6}=1(\text{A})$$

(2)当开关 S_1、S_2 同时闭合时，等效电路如图 1-19(b)所示。

$$R=R_1//R_2//R_3=\frac{6}{11}\ \Omega$$

$$I=\frac{U}{R}=\frac{6}{\frac{6}{11}}=11(\text{A})$$

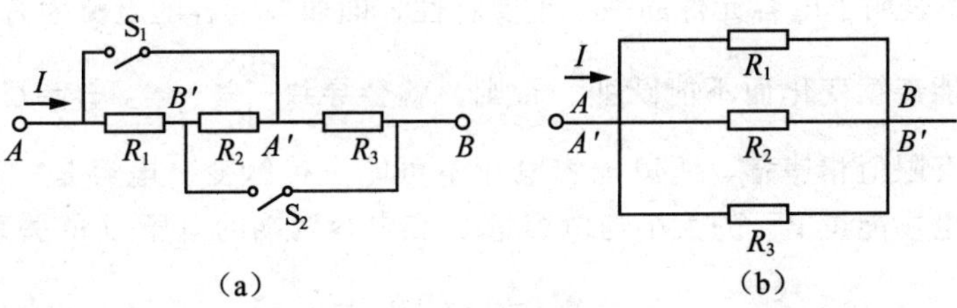

图 1-19

2. 电容元件

电容器简称电容，它由两个极板及它们之间的介质组成。可以存储电场能量，电容元件本身不消耗能量。利用电容器充、放电和隔直、通交特性，电容器在电路中常用于调谐、滤波、耦合、旁路、能量转换等。电容器用符号 C 表示，电容的单位为法拉(F)，法拉太大，实际应用中常用微法(μF)和皮法(pF)等。电容器的外形示意图及图形符号如图 1-20 所示。

电容、电感元件

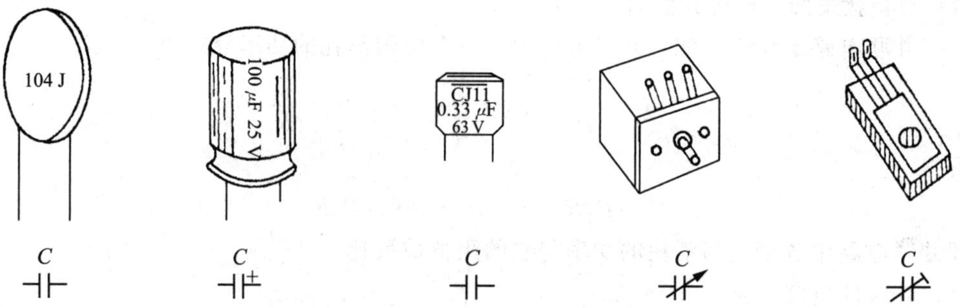

（a）瓷介固定电容器 （b）电解电容器 （c）聚酯薄膜电容器 （d）可变电容器 （e）半可变电容器

图 1-20 电容器的外形示意图及图形符号

(1)电容器的分类。

①按其结构分，有固定电容器、半可变电容器、可变电容器三大类。

②按电容器介质材料分，有电解电容器、有机介质电容器、无机介质电容器三大类。

(2)电容器的电压、电流特性。

电容器是一种聚集电荷的元件，其聚集的电荷量与所加的电压成正比，即

$$q = Cu \tag{1-26}$$

当电容器极板上的电荷 q 或两极板间的电压 u_C 发生变化时，电路中就会产生电流 i_C，在图 1-21 中所规定的参考方向下，其数学表达式为

$$i_C = \frac{dq}{dt} = C\frac{du_C}{dt} \tag{1-27}$$

图 1-21 电容元件

式(1-27)表明，在某一时刻电容电路中的电流 i_C 与该时刻电容电压 u_C 的变化率成正比，而与该时刻电容电压 u_C 的数值无关，这一特性称为电容的动态特性，电容元件也称为动态元件。

式(1-27)还表明了电容元件的一个重要特性，即如果电容的电流为有限值，则电容两端的电压只能连续变化而不能跃变。否则，就会导致$\frac{du_C}{dt}\to\infty$，$i_C = C\frac{du_C}{dt}\to\infty$，这与保持电流为有限值相违背，所以电容电压不可能发生跃变。电容是一种有“记忆”功能的元件。其电场能量 W_C 的大小与电容量 C 和电容两端的电压 U 的关系如下：

$$W_C = \frac{1}{2}CU_C^2 \tag{1-28}$$

由式(1-28)可知，如果电容元件两端的电压能突变，则能量也必然随之突变，而功率$P=\frac{\mathrm{d}W}{\mathrm{d}t}$必然为无穷大，这显然是不可能的。因此进一步验证电容两端电压不可能突变的结论。

(3)电容元件的连接。

①电容器的串联。

把几个电容器一个接一个地连接在一起，构成一个无分支电路的连接方式，叫作电容器的串联。如图 1-22(a)所示，它的等效电路如图 1-22(b)所示。

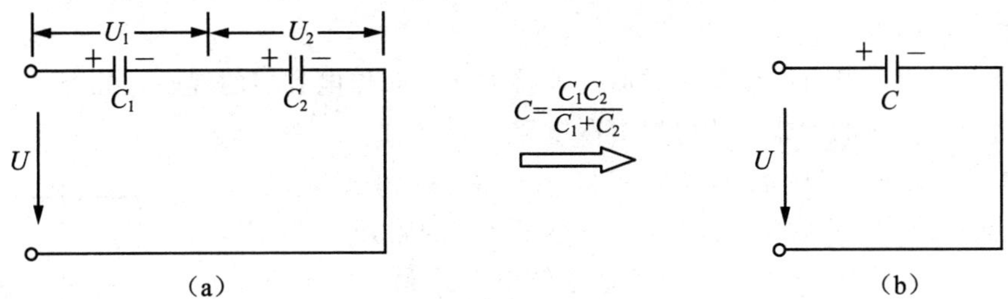

图 1-22　电容器的串联

串联电容器的等效电容 C、电压 U、电量 Q 与每个电容器的电容、电压、电量的关系如下。

a. 各个电容器上所带的电量都相等，并等于电容器串联后的等效电容器上所带的电量 Q，即

$$Q=Q_1=Q_2=\cdots=Q_n$$

b. 电容器总电压 U 等于每个电容器两端电压之和，即

$$U=U_1+U_2+\cdots+U_n$$

c. 串联电容的等效电容 C 的倒数，等于各个串联电容器电容量的倒数和，即

$$\frac{1}{C}=\frac{1}{C_1}+\frac{1}{C_2}+\cdots+\frac{1}{C_n} \tag{1-29}$$

若是两个电容器串联，可得

$$C=\frac{C_1C_2}{C_1+C_2}$$

由此可见，串联电路的总电容小于其中任意一个电容器的电容，且串联的电容器越多，其总电容就越小。

②电容器的并联。

把两个或多个电容器同极性连接在一起，接入电路的连接方式为电容器的并联，如图 1-23(a)所示，它的等效电路如图 1-23(b)所示。

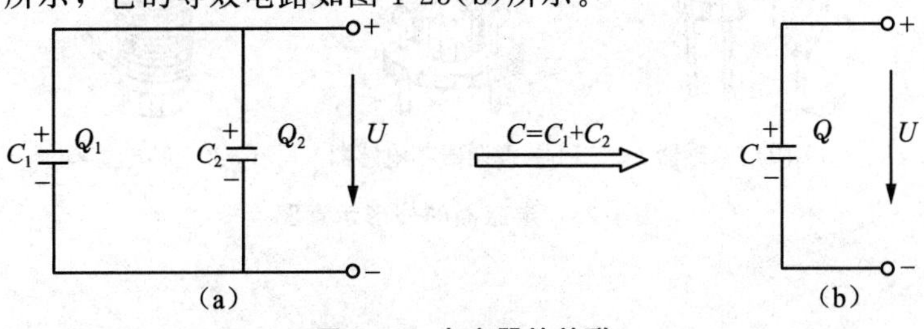

图 1-23　电容器的并联

并联电容器的等效电容 C、电压 U、电量 Q 与每个电容器的电容、电压、电量的关系如下。

a. 并联电容器两端的电压相同，且等于电源电压，即

$$U=U_1=U_2=\cdots=U_n \tag{1-30}$$

b. 并联电容器的总电量 Q 等于各并联电容器的电量之和，即

$$Q=Q_1+Q_2+\cdots+Q_n \tag{1-31}$$

c. 并联电容的等效电容 C 等于各并联电容器电容量之和，即

$$C=C_1+C_2+\cdots+C_n \tag{1-32}$$

③电容器的混联。

一个电路中，既有串联又有并联的连接方式，叫作电容器的混联，如图 1-24 所示。下面我们通过实例的方式说明电容混联电路。

例 1-4 如图 1-24 所示，$C_1=120\ \mu\text{F}$，$C_2=40\ \mu\text{F}$，$C_3=80\ \mu\text{F}$，电容器 C_1 的耐压为 50 V，电容器 C_2 的耐压为 50 V，电容器 C_3 的耐压为 60 V，试计算总等效电容及最大安全工作电压。

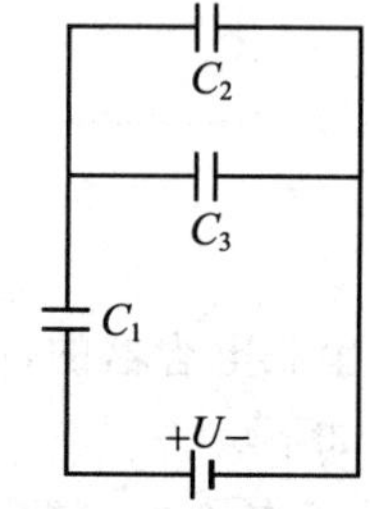

图 1-24 电容器的混联

解： 如图 1-24 所示，C_2 和 C_3 先并联，设等效电容为 C'，C'再与 C_1 串联，所以电路的等效电容量 C 为

$$C'=C_2+C_3=40+80=120(\mu\text{F})$$

$$C=\frac{C'C_1}{C'+C_1}=\frac{120\times120}{120+120}=60(\mu\text{F})$$

由于 C_2 和 C_3 先并联，并联后可看作一个电容器，其等效电容为 $C'=120\ \mu\text{F}$。其工作电压取耐压值小的 C_2 的值 50 V，C_1 的耐压值也为 50 V。

由于 C_1 与 C'的电容量都为 120 μF，所以，总电压应为电容器 C_1 和 C_2 的耐压之和，故混联电路所能承受的最大安全工作电压为

$$U=U_1+U_2=50+50=100(\text{V})$$

3. 电感元件

电感器是用漆包线在绝缘骨架上绕制而成的一种能够存储磁场能量的电子元件，它与电阻、电容、晶体管等元器件组合构成各种功能的电子电路。在调谐、振荡、耦合、匹配、滤波等电路中都是重要元件。电感器用符号 L 表示，电感的单位为亨利，简称亨(H)，实际应用中常用毫亨(mH)和微亨(μH)等。电感器的外形如图 1-25 所示。

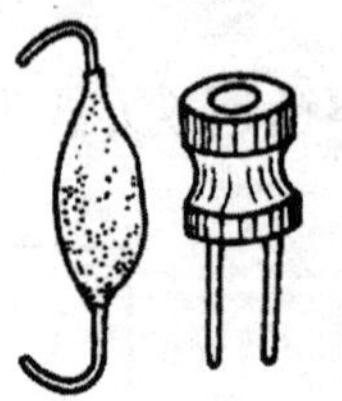

（a）固定电感器

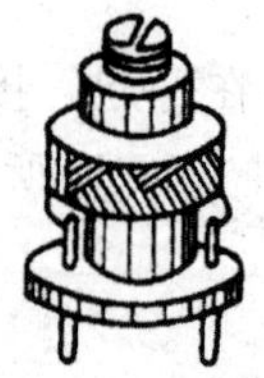

（b）可调磁芯电感器

（c）空芯电感器

图 1-25 电感器的外形示意图

(1)电感线圈的分类。

①按电感线圈圈芯性质分，有空芯线圈和带磁芯的线圈。

②按绕制方式不同分，有单层线圈、多层线圈、蜂房线圈等。

③按电感量变化情况分，有固定电感和微调电感等。

(2)电感器的电压、电流特性。

如图 1-26 所示，当通过线圈的电流发生变化时，穿过线圈的磁通也相应地发生变化，因此在线圈两端产生感应电压，用 u_L 表示，根据电磁感应定律，有

$$u_L=\frac{d\psi}{dt}=L\frac{di}{dt} \tag{1-33}$$

式(1-33)就是电感元件的特性方程式。它表明：在某一时刻电感两端的电压只取决于该时刻的电流变化率，而与该时刻电流的大小无关。这一特性称为电感的动态特性，故电感元件也称为动态元件。

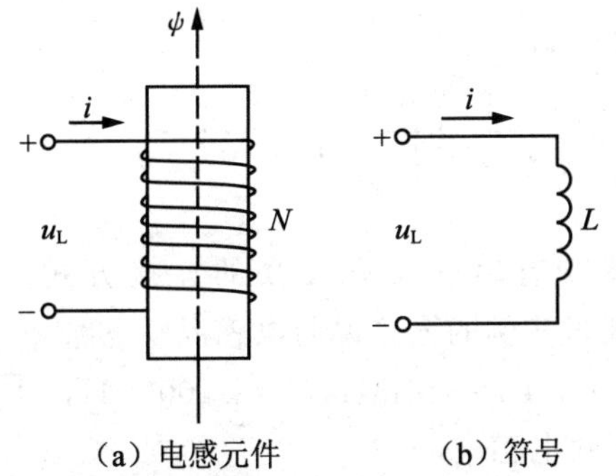

(a) 电感元件　　(b) 符号

图 1-26　电感元件及其表示符号

式(1-33)还表明了电感元件的一个重要特性，如果电感两端的电压保持为有限值，则电感的电流只能连续变化而不能跃变。否则，就会导致$\frac{di}{dt}\to\infty$，$u_L=L\frac{di}{dt}\to\infty$，这与保持电感电压为有限值相违背，所以电感电流不可能发生跃变。则流过电感的电流只能连续变化而不能跃变。电感也是一种有“记忆”功能的元件，其磁场能量 W_L 的大小与电感量 L 和通过电感的电流 I 的关系如下：

$$W_L=\frac{1}{2}LI^2 \tag{1-34}$$

由式(1-34)可知，如果电感元件中的电流能突变，则能量也必然随之突变，而功率 $P=\frac{dW}{dt}$必然为无穷大，这显然是不可能的。因此进一步验证电感中的电流不可能突变的结论。

(3)电感器的串联、并联。

若干电感器连接成一个串并联电路时，它们的总电感与若干电阻串并联后的总阻值相似。当电感器之间的磁场无相互作用时，用下面的公式计算。

①串联电感，如图 1-27 所示。

$$L=L_1+L_2 \tag{1-35}$$

若有 n 个电感器串联时，则

$$L=L_1+L_2+\cdots+L_n \tag{1-36}$$

②并联电感，如图 1-28 所示。

$$\frac{1}{L}=\frac{1}{L_1}+\frac{1}{L_2} \tag{1-37}$$

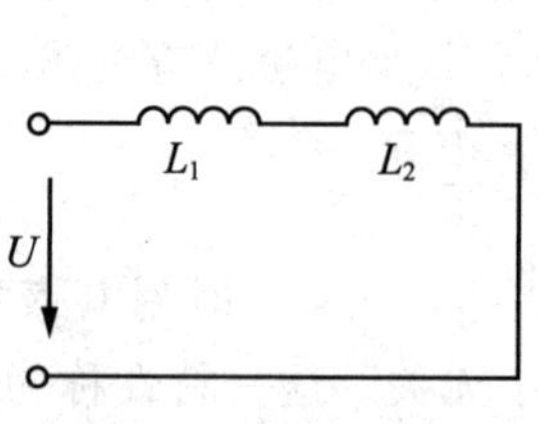

图 1-27 电感器的串联

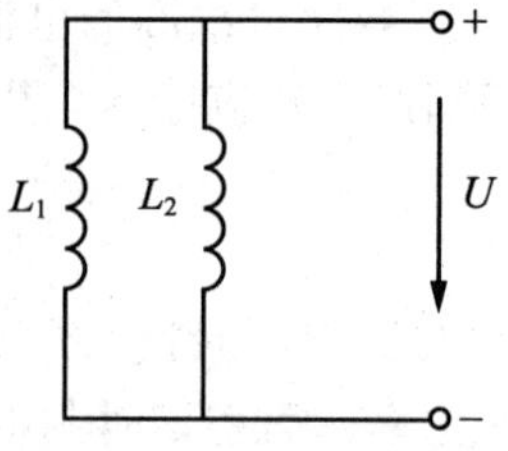

图 1-28 电感器的并联

若有 n 个电感器并联，则

$$\frac{1}{L}=\frac{1}{L_1}+\frac{1}{L_2}+\cdots+\frac{1}{L_n} \tag{1-38}$$

③电感器的混联。

一个电路中，电感器既有串联又有并联的连接方式，叫作电感器的混联，如图 1-29 所示。下面我们通过实例的方式说明电感混联电路。

例 1-5 如图 1-29 所示，$L_1=20$ mH，$L_2=100$ mH，$L_3=50$ mH，试计算总等效电感。

解： 如图 1-29 所示，L_1 和 L_2 先并联，设等效电感为 L'，L'再与 L_3 串联，所以电路的等效电感 L 为

$$L'=\frac{L_1\times L_2}{L_1+L_2}=\frac{20\times 100}{20+100}\approx 16.7(\text{mH})=16\ 700(\mu\text{H})$$

$$L=L'+L_3=16\ 700+50\ 000=66\ 700(\mu\text{H})$$

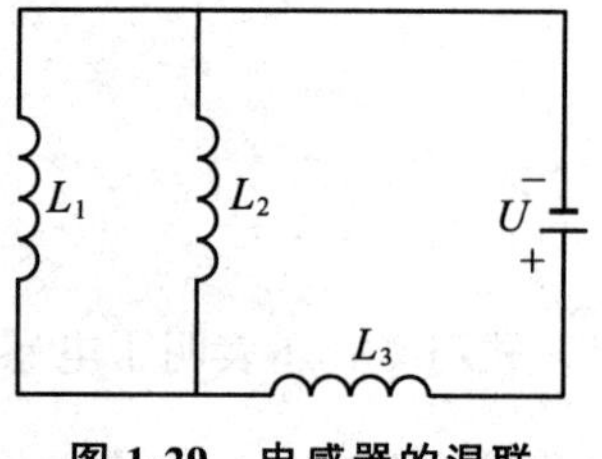

图 1-29 电感器的混联

>>> 技能操作

常用电路元件识别与检测

1. 操作目的

(1)学习万用表的使用方法。

(2)学习用万用表测量直流电路。

(3)学习用万用表测量电阻器、电容器。

(4)掌握电压、电位的测量及电位正负的判定。

2. 操作器材

万用表 1 块、稳压电源 2 个、直流电压表 1 个、直流电流表 1 个、实训线路板 1 块、元件若干。

3. 操作内容及步骤

(1)电阻的识别与检测。

①从采用直接标注或文字标注的若干不同的固定电阻器中，每次任意取出 1 个，

将识别和检测的结果填入表1-2中。

表1-2　固定电阻器识别与检测

序　号	识　别				测　量	
	材料	阻值	允许误差	额定功率	量程	阻值
1						
2						
3						
4						
…						

②从若干不同规格的色环标注的固定电阻器中，每次任意取出1个，将识别和检测的结果填入表1-3中。

表1-3　色环电阻器识别与检测

序　号	识　别			测　量	
	色环颜色	阻值	允许误差	量程	阻值
1					
2					
3					
4					
…					

③各选一个旋转式和直滑式电位器，将识别和检测结果填入表1-4中。

表1-4　电位器的识别与检测

序　号	识　别			测　量			
	材料	阻值	允许误差	R_{12}	R_{13}	R_{14}	滑动端状态
1							
2							
…							

(2)电容器的识别与检测。

①从若干非电解电容器中，每次任意取出1个，将识别和检测的结果填入表1-5中。

表1-5　非电解电容器的识别与检测

序　号	识　别				测　量	
	标记	容量	耐压	误差	量程	漏电电阻
1						
2						
3						
…						

②从若干电解电容器中，每次任意取出1个，将识别和检测的结果填入表1-6中。

表 1-6 电解电容器的识别与检测

序 号	识 别			测 量			
	标记	容量	耐压	误差	量程	正向电阻	反向电阻
1							
2							
3							
…							

③从若干电感器中，每次任意取出 1 个，将识别和检测的结果填入表 1-7 中。

表 1-7 电感器的识别与检测

序 号	识 别			测 量			
	类型	标称	作用	误差	量程	电阻值	质量好坏
1							
2							
3							
…							

(3)测量直流电压、直流电流及电位。

①直流电压、直流电流的测量。

在测试线路板上，按图 1-30 连接。测量并记录电压值、电流值的数据，填入表 1-8 中。

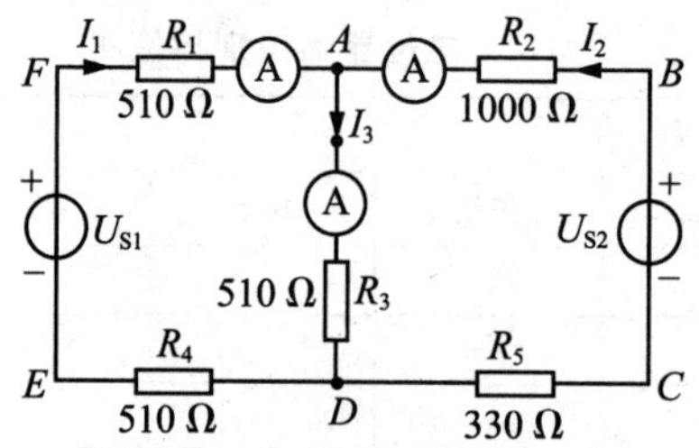

图 1-30 测试电路

表 1-8 电路基本测量数据

	U_{S1}	U_{S2}	U_1	U_2	U_3	I_1	I_2	I_3
$U_{S1}=15$ V，$U_{S2}=10$ V								
$U_{S1}=6$ V，$U_{S2}=12$ V								
$U_{S1}=12$ V，$U_{S2}=10$ V								

②电位的测量。

分别以 C、E 为参考节点，测量图 1-30 中各节点电位及相邻两点之间的电压值，将测量结果记入表 1-9 中，通过计算验证电路中任意两节点间的电压与参考点的选择无关。

表 1-9 不同参考点电位与电压

参考点	U	U_A	U_B	U_C	U_D	U_E	U_F	U_{AB}	U_{BC}	U_{CD}	U_{DA}	U_{AF}	U_{FE}	U_{DE}
C 节点	计算值													
	测量值													
	相对误差													
E 节点	计算值													
	测量值													
	相对误差													

4. 操作报告要求

(1)画出测试电路；

(2)总结万用表的使用及注意事项；

(3)计算表 1-9 中所列各值，总结出有关参考点与各电压间的关系；

(4)根据操作过程总结结果。

>>> 能力训练

1. 电路由哪几部分组成？各部分的作用是什么？

2. 电压、电位、电动势有何异同？

3. 电路有哪几种工作状态？

4. 如图 1-31 所示，试分析分别以 A、B、C 这三个点为参考点时的 U_A、U_B 和 U_C 以及 U_{AB}、U_{BC} 和 U_{AC}。

5. 如图 1-32 所示的简单电路中，已知：(1)$U=5$ V，$I=-3$ A；(2)$U=5$ V，$I=-3$ A。试说明两种情况下，电路是产生电能还是消耗电能？

6. 求图 1-33 所示电路的等效电阻 R_{AB}。

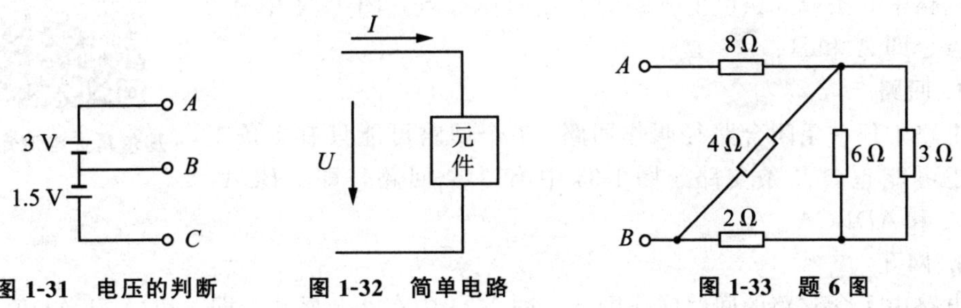

图 1-31 电压的判断　　图 1-32 简单电路　　图 1-33 题 6 图

任务二 电路的基本定律和电源的等效变换与实践

>>> 任务目标

1. 理解支路、节点、回路和网孔的基本概念，并能正确判断；

2. 牢记基尔霍夫定律的内容，能熟练地正确列出电路 KCL 和 KVL 方程；

3. 理解并掌握电压源和电流源的特性，熟悉电压源与电流源及其等效变换的条件和注意事项。

>>> 任务描述

通过学习基尔霍夫定律(KCL、KVL)掌握任何电路(包括线性电路和非线性电路)的电压或电流，在任意瞬间都满足该定律。明确此定律只与电路元件相互连接的结构形式有关，而与电路元件的性质无关，能熟练应用它求解任何电路。

通过学习实际电压源和实际电流源等效变换，知道两种电源对外电路的等效变换条件，能完成将某些复杂的电路根据等效的原则简化成简单的电路并求解电路中的电压和电流。熟练掌握它们的等效变换。

通过对基尔霍夫定律验证，学会可调直流稳压电源、直流数字电压表、直流数字电流表的使用方法。能正确完成技能操作线路板的接线，并在技能操作中学会测定电路的开路电压与短路电流；加深对电路参考方向的理解。

>>> 相关知识

一、常用的电路名词

1. 支路

由一个或几个元件构成的无分支电路叫作支路。在同一支路中，流过所有元件的电流都相等。图 1-34 所示的电路中共有 3 条支路，即 *ACB*、*AB*、*ABD* 支路。其中含有电源的支路称为有源支路，如 *ACB* 支路和 *ADB* 支路；不含电源的支路称为无源支路，如 *AB* 支路。

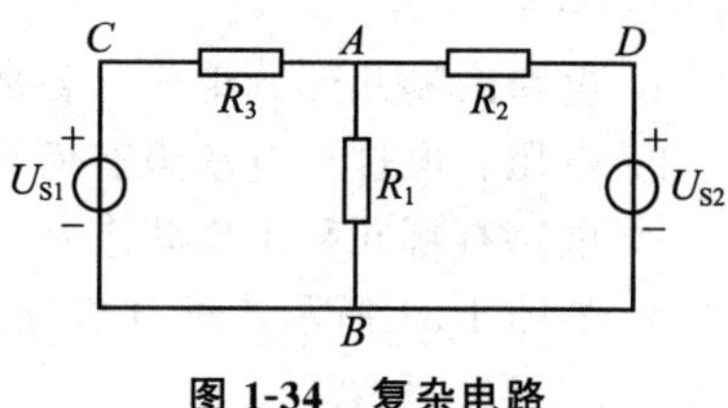

图 1-34　复杂电路

2. 节点

电路中 3 条或 3 条以上支路的交点叫作节点。图 1-34 中有 2 个节点。即 *A* 和 *B*。

基尔霍夫电流定律

3. 回路

电路中任一条闭合路径叫作回路。1 个回路可能只有 1 条支路，也可能包含几条支路。图 1-34 中有 3 个回路，即 *ABCA*、*ADBA* 和 *ADBCA*。

4. 网孔

电路中不含支路的回路叫作网孔。图 1-34 中有 2 个网孔，即 *ABCA* 和 *ADBA*。

二、基尔霍夫定律

1. 基尔霍夫电流定律

基尔霍夫电流定律也叫节点电流定律，简写为 KCL。它的内容为在任一时刻，流入任一节点的电流之和必然等于流出该节点的电流之和。数学表达式为

$$\sum I_{\text{入}} = \sum I_{\text{出}} \tag{1-39}$$

根据基尔霍夫电流定律所列出的方程叫作节点电流方程。在列方程时，要先标出电流的参考方向。

图 1-35 所示为五条支路汇交于一个节点，由式(1-39)可得

$$I_1 + I_4 = I_2 + I_3 + I_5 \tag{1-40}$$

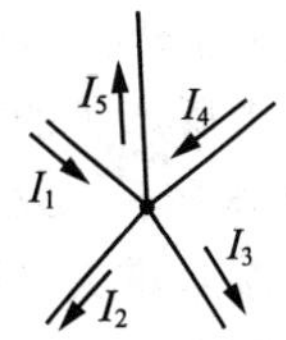

图 1-35　节点电流

将上式移项，则有

$$I_1 + I_4 - I_2 - I_3 - I_5 = 0 \tag{1-41}$$

如果规定流入节点的电流为正，流出节点的电流为负，则基尔霍夫第一定律又可表述为流入任意一个节点的电流的代数和等于零，即

$$\sum I = 0 \tag{1-42}$$

基尔霍夫电流定律不仅适用于任意节点，而且适用于电路的某一假想的闭合面，这个假想的闭合面称为广义节点，如图 1-36 所示的点划线圈即为一个广义节点。在这个闭合面内有三个节点 A、B 和 C。

图 1-36　KCL 定律的推广

对于节点 A 有

$$I_1 = I_4 + I_6 \tag{1-43}$$

对于节点 B 有

$$I_4 + I_2 + I_5 = 0 \tag{1-44}$$

对于节点 C 有

$$I_3 + I_6 = I_5 \tag{1-45}$$

将三式相加则有

$$I_1 + I_2 + I_3 = 0 \tag{1-46}$$

可见，在任一瞬间，流入或流出任一闭合面的电流代数和恒等于零，或者说流出广义节点的电流之和等于流入该广义节点的电流之和。

2. 基尔霍夫电压定律

基尔霍夫电压定律也叫回路电压定律，简写为 KVL。它的内容为在任一时刻，对任意回路，按一定绕行方向，回路中各段电压的代数和恒等于零。数学表达式为

$$\sum U = 0 \tag{1-47}$$

基尔霍夫电压定律

在运用基尔霍夫定律时，应首先设定回路的绕行方向，并标出各支路或元件上电流、电压的参考方向。当回路内某段电压的参考方向与回路的绕行方向一致时取正号，相反时取负号。

如图 1-37 所示电路中，以顺时针方向为绕行方向，应用基尔霍夫电压定律，可得

$$-U_{S1} + U_{S2} + U_1 - U_2 = 0 \tag{1-48}$$

即

$$U_{S1} - U_{S2} - U_1 + U_2 = 0 \tag{1-49}$$

将电阻 R_1、R_2 上的电压 U_1、U_2 用欧姆定律改写后代入上式，得

$$U_{S1} - U_{S2} - I_1 R_1 + I_2 R_2 = 0 \tag{1-50}$$

或

$$U_{S1} - U_{S2} = I_1 R_1 - I_2 R_2 \tag{1-51}$$

即

$$\sum U_S = \sum (IR) \tag{1-52}$$

这是基尔霍夫电压定律的另一种表达式。即在任一回路内，电源电压的代数和等

于电阻上电压降的代数和。其中，电流的参考方向与回路绕行方向一致时，该电流在电阻上所产生的电压降取正号，不一致时取负号；而电源电压方向与绕行方向一致时取负号，不一致时取正号。

基尔霍夫电压定律不仅可以用在网络内任一闭合回路中，还可推广到任一不闭合的回路中。如图 1-38 所示电路是电网络中的一部分，在 A、B 两节点处没有闭合，可将开口处的原支路电压用 U_{AB} 表示，在图上标出。沿图示绕行方向，应用基尔霍夫电压定律，可得

$$-U_{AB}+I_1R_1-U_{S1}+U_{S2}-I_2R_2-I_3R_3=0 \tag{1-53}$$

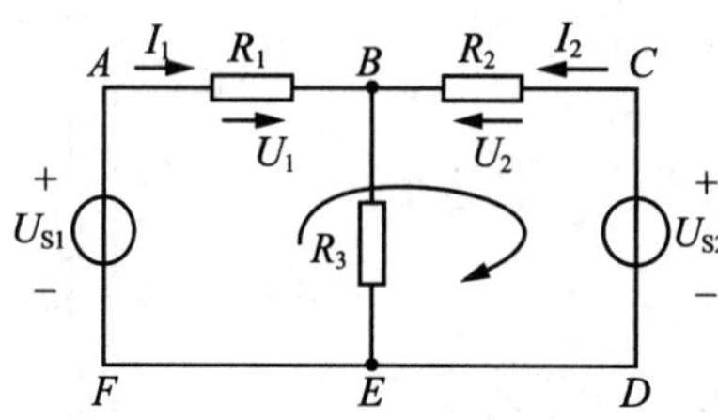

图 1-37　KVL 的作用

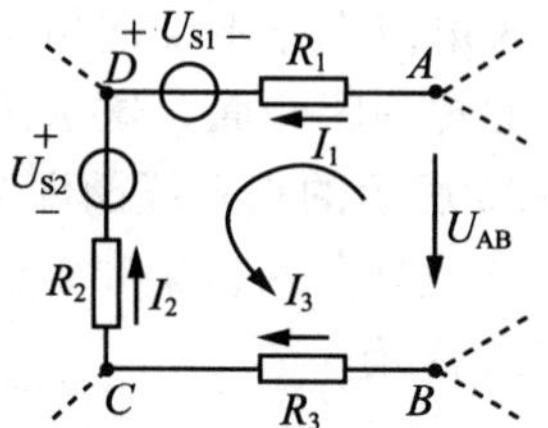

图 1-38　KVL 的推广

例 1-6　在图 1-39 所示电路中，已知 $I_1=2$ mA，$I_2=5$ mA，$I_3=10$ mA，试求电流 I_4。

解：图 1-39 中可看作广义节点，设流入节点为正，流出节点为负，由 KCL 得

$$I_1+I_2-I_3-I_4=0$$

代入已知数据，得

$$2+5-10-I_4=0$$

解得

$$I_4=-3\ \text{mA}$$

I_4 为负值，表明 I_4 的实际方向与图示的参考方向相反。

例 1-7　在图 1-40 所示电路中，已知 $R_1=300\ \Omega$，$R_2=200\ \Omega$，$R_3=100\ \Omega$，$U_{S1}=-4$ V，$U_{S2}=6$ V，$U_{S3}=5$ V。求 U_{AC} 及 B 点的电位 U_B。

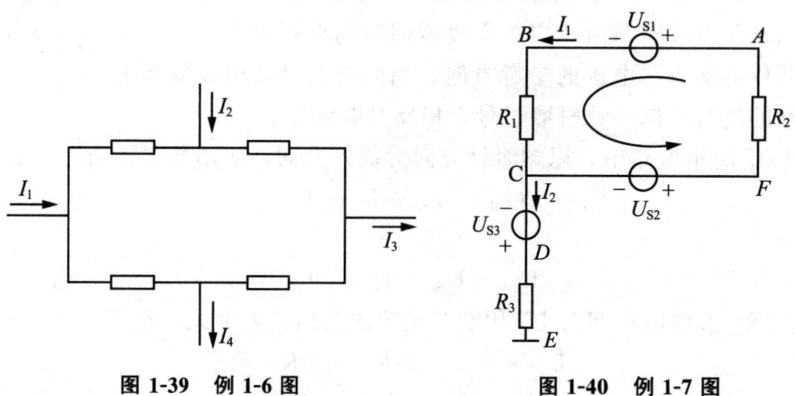

图 1-39　例 1-6 图　　　　图 1-40　例 1-7 图

解：设回路的绕行方向和各个电流、电压的参考方向如图 1-40 所示。

由电路图可知，该电路中只有一个闭合回路 $ABCFA$，因此，回路 $ABCFA$ 中流过

的电流都等于 I_1。而对于节点 C，由 KCL 可知 $I_1-I_1+I_2=0$，即 $I_2=0$。

由 KVL，可列出方程如下

$$U_{S1}+I_1R_1-U_{S2}+I_1R_2=0$$

代入已知数据得

$$-4+300\times I_1-6+200\times I_1=0$$

得

$$I_1=0.02\ \text{A}$$

于是有

$$U_{AC}=U_{AB}+U_{BC}=U_{S1}+I_1R_1$$

即

$$U_{AC}=-4+300\times 0.02=2(\text{V})$$

$$U_B=U_{BC}+U_{CD}+U_{DE}=R_1I_1-U_{S3}+R_3I_2=300\times 0.02-5+100\times 0=1(\text{V})$$

三、电压源与电流源等效变换

电源是一种能将其他形式的能量转换成电能的装置和设备，它为电路提供电能。实际电源有两种类型：一种是电压源，如电池、发电机和信号源等；另一种是电流源，如光电池等。

电压源与电流源

电压源和电流源是从实际电源中抽象出来的理想化模型，也称理想电压源和理想电流源。

1. 电压源

当电压源与外电路接通时，如果端电压保持一个恒定值——直流电压 U_S 或按某一特定规律随时间变化而变化的交流电压 u_S(其幅值、频率不变)，而与电流无关，则这种电压源叫作理想电压源。理想电压源的图形符号及其伏安特性曲线如图 1-41 所示。

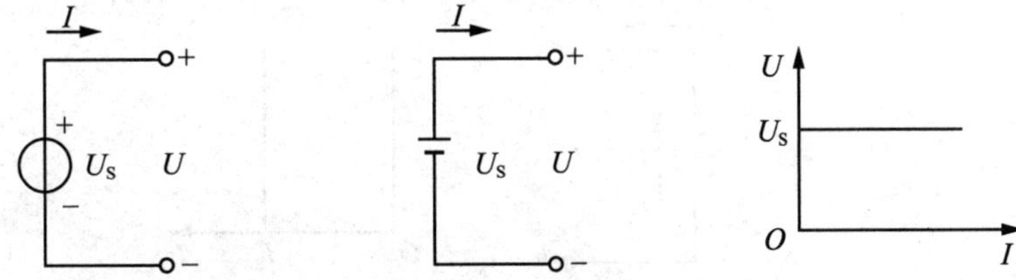

(a) 直流电压源图形符号(一)　(b) 直流电压源图形符号(二)　(c) 伏安特性

图 1-41　直流电压源图形符号及其伏安特性

理想电压源具有如下两个特点。

(1)它的端电压固定不变，与外电路取用的电流 I 无关。

(2)通过它的电流取决于它所连接的外电路，是可以改变的。

理想电压源内电阻为零，而实际电压源内阻不等于零，因此，它的内部总是有损耗的。通常用一个理想电压源和一个内阻 R_0 相串联的模型来表示实际电压源，如图 1-42(a)所示。

根据图 1-42(a)所示电路，可知

$$U=U_S-R_0I=IR \tag{1-54}$$

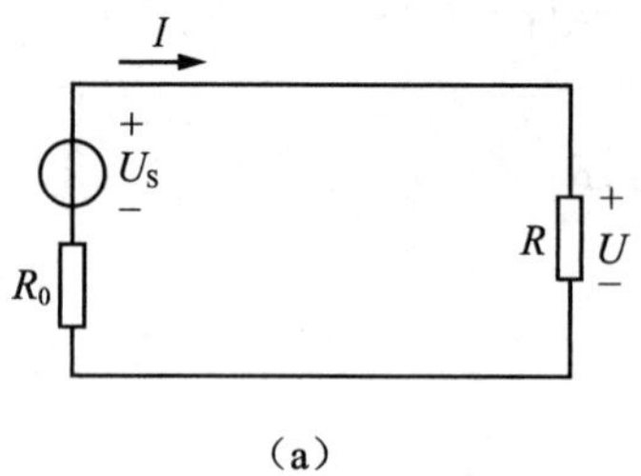

（a）

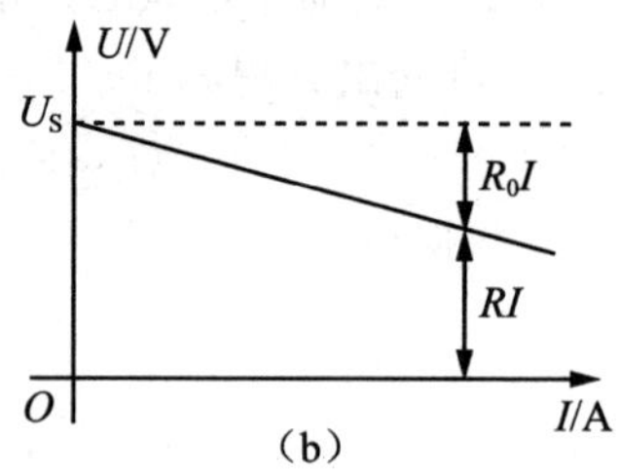

（b）

图 1-42　实际电压源及其伏安特性

由上式表明，实际电压源的端电压 U 不再等于 U_S，而与负载电流有关。电流越大，内阻上的电压降越大，端电压便越低，其伏安特性是一条下降的直线，如图 1-42(b)所示。

电压源的特性如下。

(1)几个理想电压源或实际电压源相串联，其等效电压源的电动势，等于这几个电压源电动势的代数和；总内阻为各电压源内阻的串联值。

(2)电动势不相等的理想电压源不允许并联。

(3)任一支路与理想电压源 U_S 并联时，其等效电压源的电压仍等于 U_S，而等效电压源的输出电流则等于原电路相应的电流 I。要特别指出，等效是对外部电路而言的，电压源 U_S 并联支路的存在与变化对电压源的电流是有影响的。

2. 电流源

如果电源能向负载提供一个恒定的电流——直流电流 I_S 或按某一特定规律随时间变化的交流电流 i_S(其幅值、频率不变)，即输出电流与端电压无关，则这种电源称为理想电流源。直流电流源的图形符号及其伏安特性曲线如图 1-43 所示。箭头所指方向为 I_S 的参考方向。

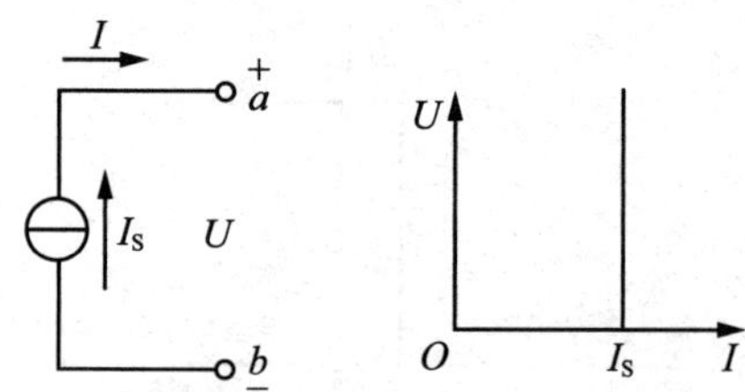

（a）直流电流源图形符号 （b）伏安特性

图 1-43　直流电流源图形符号及其伏安特性

理想电流源具有如下两个特点。

(1)电流源流出的电流 I 是恒定的，即 $I=I_S$，与其两端的电压 U 无关。

(2)电流源的端电压取决于它所连接的外电路，是可以改变的。

一个实际电流源在工作时内部也是有损耗的。可以用一个理想电流源和一个电阻元件并联的组合来作为实际电流源的电路模型，如图 1-44(a)所示。

由图 1-44(a)可知，负载电流

$$I=I_S-\frac{U}{R_0} \tag{1-55}$$

由式(1-55)表明，负载电流 I 总小于定值电流 I_S，且负载电流越小，内电阻上电流越大，内部损耗越大。所以不应使实际电流源处于空载状态。由式(1-55)可作出其伏安特性曲线，如图 1-44(b)所示，也是一条下降的直线。

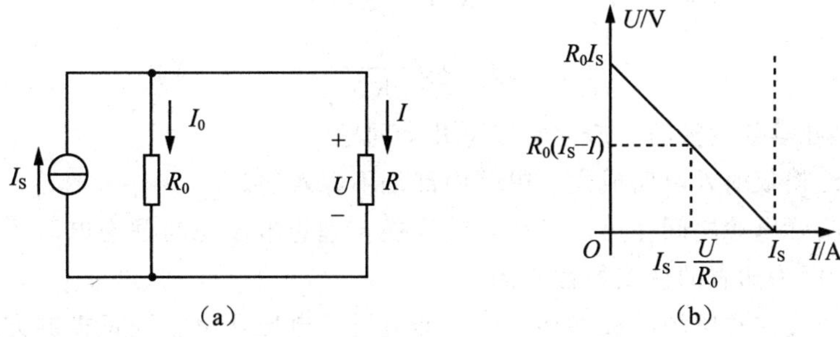

图 1-44　实际电流源及其伏安特性

电流源的特性如下。

(1)当几个电流源并联时，其等效电流源的电流，等于这几个电流源电流的代数和；总内阻为各电流源内阻的并联值。

(2)电流不相等的理想电流源，不允许串联。

(3)任一支路与电流源 I_S 串联时，其等效电流源的电流仍等于 I_S，而等效电流源的端电压，则等于原电路相应外部电路的电压 U。等效只对外部电路有效，但对内部，电流源相串联的支路产生变化或者将它去掉，对电流源本身的端电压是有影响的。

3. 两种电源模型的等效变换

一个实际电源既可以用电压源模型来等效代替，也可以用电流源模型来等效代替。如图 1-45 所示。

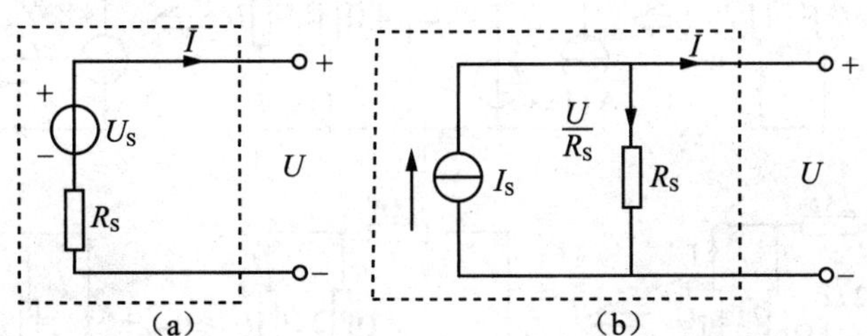

图 1-45　电压源模型与电流源模型的等效变换

电压源与电流源的等效变换，是指当它们分别与同一外电路相连接时，其两端点处的电压 U 以及电流 I 对外电路都相等。也就是说，对同一外部电路而言，二者的伏安特性相同。

从图 1-45 中可见，为了使两种模型的 U、I 均相等，等效变换的条件为

$$I_S=\frac{U_S}{R_S} \quad 或 \quad U_S=R_SI_S \tag{1-56}$$

对于电压源模型

输出电压

$$U=U_S-R_SI \tag{1-57}$$

输出电流
$$I=\frac{U_S}{R_S}-\frac{U}{R_S} \tag{1-58}$$

对于电流源模型

输出电压
$$U=R_SI_S-R_SI \tag{1-59}$$

输出电流
$$I=I_S-\frac{U}{R_S} \tag{1-60}$$

电源模型在等效变换时，应注意以下几个问题。

(1)等效变换仅对外电路成立，电源内部是不等效的。

(2)只有实际电源之间才可以进行等效变换，理想电压源与理想电流源之间不能进行等效变换。因为两者的伏安特性不同。

(3)变换时应注意电源的极性和方向，即电压源电压从负极到正极的方向与电流源的方向在变换前后应保持一致。

(4)两种电源模型的等效变换，可进一步理解为对含源支路的等效变换，即，一个理想电压源与电阻串联组合和一个理想电流源与电阻的并联组合之间可以进行等效变换，这个电阻不要求一定是电源的内阻。

(5)基于理想电压源端电压恒定的性质，并联在其两端的元件(电阻、电流源)不影响理想电压源电压的大小，故而在分析电路时可舍去；在计算电压源提供的电流和功率时，元件不可去掉。基于理想电流源提供恒定电流的性质，串联在其支路的元件(电阻、电压源)不影响理想电流源电流的大小，故而在分析电路时可舍去。

例 1-8　在图 1-46 所示电路中，用电源等效变换求电路中的电流 I 和电压 U。

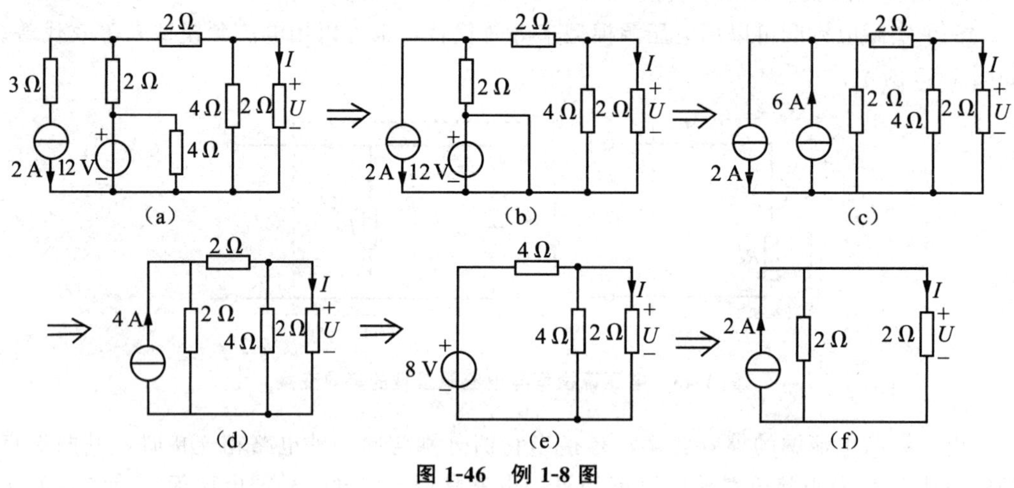

图 1-46　例 1-8 图

解：根据图 1-46(a)～图 1-46(f)的变换次序，最后将电路化简为图 1-46(f)所示电路

$$I=\frac{2//2}{2}\times 2=1(\text{A})$$

$$U=1\times 2=2(\text{V})$$

>>> 技能操作

验证基尔霍夫定律

1. 操作目的

(1)验证基尔霍夫定律(KCL、KVL)。

(2)学会测试电路的开路电压与短路电流；加深对电路参考方向的理解。

2. 操作器材

可调直流稳压电源 1 个、直流数字电压表 1 块、直流数字电流表 1 块、万用表 1 块、基尔霍夫定律测试线路板 1 块、导线若干、电工工具 1 套。

3. 操作注意事项

(1)验证 KCL、KVL 时，电流源的电流及电压源两端电压都要进行测量，操作中给定的已知量仅作参考。

(2)防止电源两端碰线短路。

(3)使用电源测试线时，将电流插头的红接线端接电流表"＋"，电流插头的黑接线端接电流表"－"。

(4)使用数字直流电压表测量电压时，红表笔接入被测电压参考方向的正(＋)端，黑表笔接入被测电压参考方向的负(－)端，若显示正值，则表明电压参考方向与实际方向一致；若显示负值，表明电压参考方向与实际方向相反。

(5)若用指针式电流表进行测量时，要识别电流插头所接电流表的"＋""－"极性。倘若不换接极性，则电流表指针可能反偏(电流为负值时)，此时必须调换电流表的极性，重新测量，此时指针正偏，但读得的电流值必须是负号。

4. 操作内容及步骤

(1)操作训练前先任意设定三条支路的电流参考方向，如图 1-47 中的 I_1、I_2、I_3 所示。

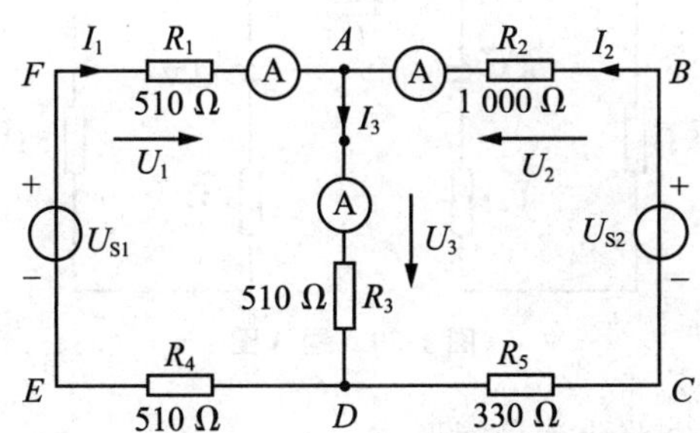

图 1-47 基尔霍夫定律的验证

(2)分别将两路直流稳压电源接入电路，令 $U_{S1}=6$ V，$U_{S2}=12$ V。

(3)将电流插头分别插入三条支路的三个电流插座中，将电流插头的红接线端接电流表"＋"，电流插头的黑接线端接电流表"－"，选择合适的电流表挡位，记录电流值。

(4)用直流数字电压表分别测量两路电源输出电压及电阻元件上的电压，并记录。

(5)将测得的各电流、电压值分别代入 $\sum I=0$ 和 $\sum U=0$，计算并验证基尔霍夫定律，作出必要的误差分析。

表 1-10　基尔霍夫定律测量数据

被测量	I_1/mA	I_2/mA	I_3/mA	U_{S1}	U_{S2}	U_{FA}	U_{AB}	U_{CD}	U_{AD}	U_{DE}
计算值										
测量值										
相对误差										

5. 操作报告要求

(1)根据测量数据，选定实践电路中的任一个节点，验证 KCL 的正确性。

(2)根据测量数据，选定实践电路中的任一个闭合回路，验证 KVL 的正确性。

>>> 能力训练

1. 求图 1-48 中电流 I_4 的数值。已知 $I_1=2$ A，$I_2=-3$ A，$I_3=1$ A。

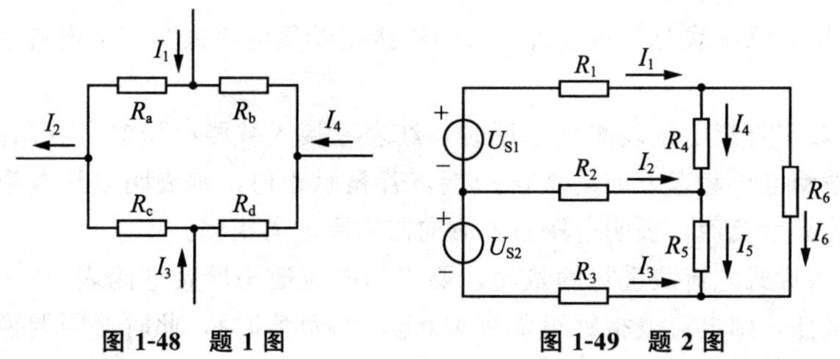

图 1-48　题 1 图　　　图 1-49　题 2 图

2. 在图 1-49 所示电路中，已知 $I_1=2$ A，$I_2=3$ A，$I_4=-1$ A，求 I_3、I_5、I_6。

3. 在图 1-50 所示电路中，有多少支路和节点？并求 U_{AB} 和 I 的值。

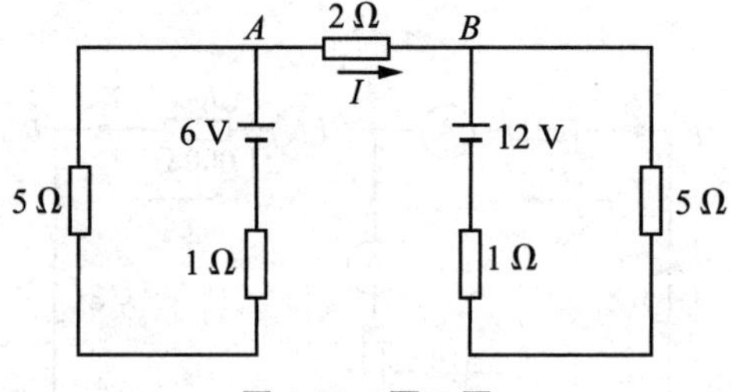

图 1-50　题 3 图

4. 将图 1-51 所示各电路化为最简形式。

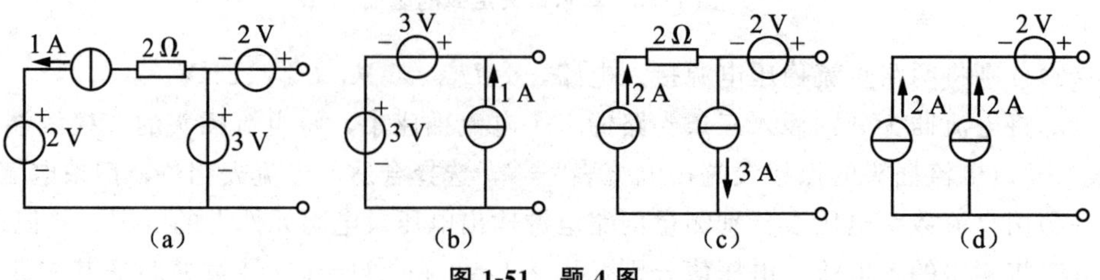

图 1-51　题 4 图

5. 将图 1-52 所示各电路化为最简形式的电压源模型和电流源模型。

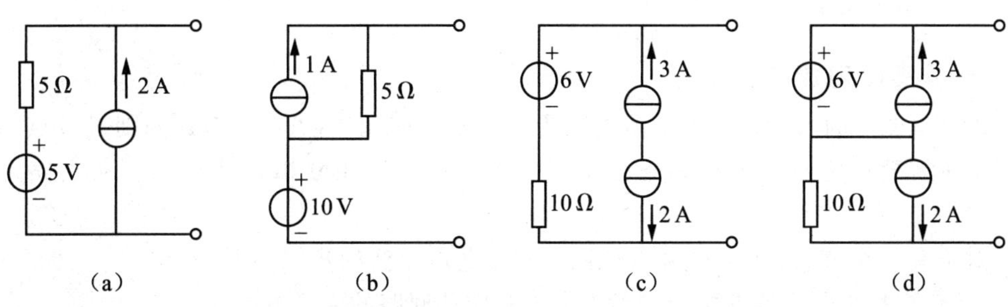

图 1-52 题 5 图

6. 利用电源模型等效变换的方法求图 1-53 所示电路中的电压或电流。

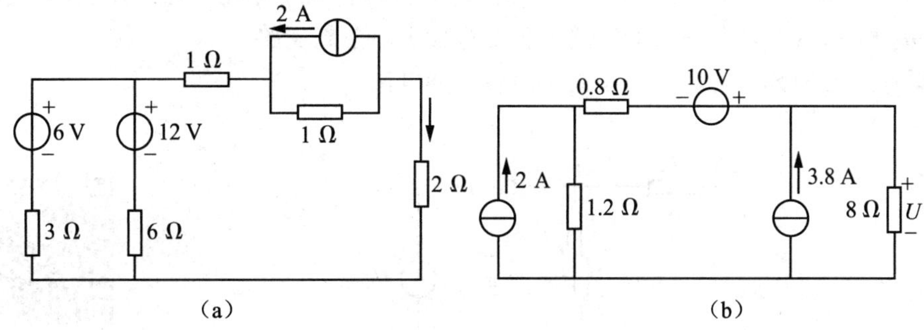

图 1-53 题 6 图

任务三 电路的基本分析方法与实践

>>> 任务目标

1. 掌握支路电流法并会求解各支路电流；

2. 熟悉叠加定理、戴维南定理和诺顿定理的内容和求解电路的步骤，能完成较复杂的电路计算；

3. 会正确地使用电工仪器与设备测量有源二端网络的开路电压和等效电阻及等效电压源的外特性。

>>> 任务描述

在电工基础中，计算复杂电路的方法有很多种，支路电流法是最基本的方法之一，学生通过学习进一步加深对基尔霍夫定律和欧姆定律的理解。

叠加定理、戴维南定理和诺顿定理是常用的三个定理，本任务要求理解这三个定理的内容，能够运用它们分析、计算复杂直流线性电路。

通过验证戴维南定理，加深对等效概念的理解。学会可调直流恒流源、可调电阻箱的使用方法，能正确完成实验线路板的接线。并在操作中掌握多种开路电压和等效电阻的测量方法。

>>> 相关知识

一、支路电流法

支路电流法的内容是，以支路电流为未知量，应用 KCL 和 KVL 分别对节点和回路列出所需要的方程，解出各未知电路电流，然后运用欧姆定律得到各条支路上的电压。

对于有 n 个节点，b 条支路的电路，其支路电流法的步骤如下。

(1)任意标出各支路的电流的参考方向和网孔回路的绕行方向。

(2)根据 KCL 列独立的节点电流方程，值得注意的是，如果电路有 n 个节点，那么只有$(n-1)$个独立的节点电流方程。

(3)选取$(b-n+1)$个独立回路，列出 KVL 方程，为了保证方程的独立，一般选择网孔来列方程(每个网孔列出的回路方程都包含了一条新支路)。

(4)代入已知数，解联立方程组求出各支路电流。

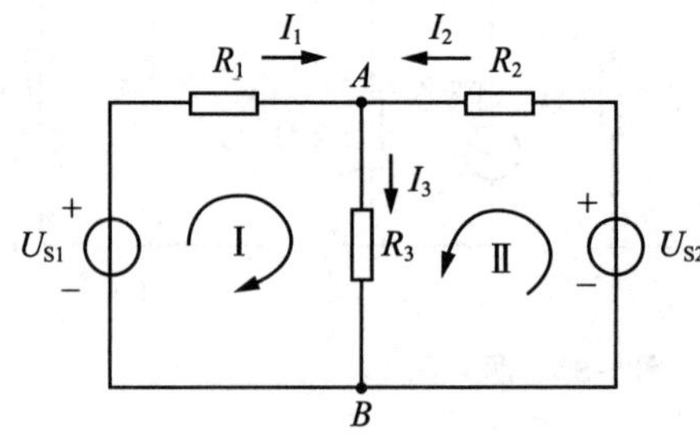

图 1-54　例 1-9 图

支路电流法

例 1-9　如图 1-54 所示，已知 $R_1=10\ \Omega$，$R_2=5\ \Omega$，$R_3=5\ \Omega$，$U_{S1}=15$ V，$U_{S2}=10$ V，求各支路电流及各元件上的功率。

解:

(1)先任意选定各支路电流的参考方向和回路的绕行方向，并标注在图上。

(2)对节点 A 由 KCL 列方程

$$I_1+I_2-I_3=0$$

(3)对于回路Ⅰ和回路Ⅱ由 KVL 列方程

$$R_1I_1+R_3I_3=U_{S1}$$

$$R_2I_2+R_3I_3=U_{S2}$$

(4)将已知代入方程得

$$\begin{cases}I_1+I_2-I_3=0\\10I_1+5I_3=15\\5I_2+5I_3=10\end{cases}$$

(5)联立求解得

$$I_1=0.8\ \text{A},\quad I_2=0.6\ \text{A},\quad I_3=1.4\ \text{A}$$

(6)各元件上的功率

$P_{S1}=-U_{S1}I_1=-15\times0.8=-12(\text{W})$　电源电压 U_{S1} 发出功率为 12 W;

$P_{S2}=-U_{S2}I_2=-10\times0.6=-6(W)$　电源电压 U_{S2} 发出功率为 6 W；

$P_{R1}=I_1^2R_1=0.8^2\times10=6.4(W)$　电阻 R_1 上消耗功率为 6.4 W；

$P_{R2}=I_2^2R_2=0.6^2\times5=1.8(W)$　电阻 R_2 上消耗功率为 1.8 W；

$P_{R3}=I_3^2R_3=1.4^2\times5=9.8(W)$　电阻 R_3 上消耗功率为 9.8 W。

功率平衡：电路中两电源发出的电功率等于各电阻消耗电功率之和。

即

$$\sum P_S=\sum P_R$$

$$P_{S1}+P_{S2}=P_{R1}+P_{R2}+P_{R3}$$

$$12W+6W=6.4W+1.8W+9.8W$$

叠加定理

二、叠加定理

叠加性是线性电路的重要特性，它体现了线性电路的基本性质，为分析和计算复杂电路提供了新的、更加简便的方法。

叠加定理的内容是，当线性电路中有几个电源共同作用时，各支路的电流(或电压)等于各个电源单独作用时在该支路产生的电流(或电压)的代数和。

叠加定理解题一般步骤：

(1)保持电路结构不变，将多电源电路等效成各单电源分别作用于该电路，并求这些分别作用的代数和。当只考虑其中某一电源时，将其他电源视为零值。具体做法是，将其他电压源短路，但保留其串联内阻；将其他电流源开路，但保留其并联内阻。

(2)各单电源电路图中标出各支路电流(或电压)的参考方向，既可以与原电路图中参考方向一致；也可以不同，方向的选取以求解方便为准则。

(3)分别在各单电源电路中求解各支路电流(或电压)。

(4)对各单电源电路的同一支路的电流(或电压)求代数和，并考虑各单电源电路中各支路电流(或电压)的参考方向与多电源电路的对应关系，即得到多电源共同作用的结果。

例 1-10　图 1-55(a)中，已知 $R_1=4\ \Omega$，$R_2=10\ \Omega$，$U_S=8$ V，$I_S=4$ A，试用叠加定理求支路电流 I_2。

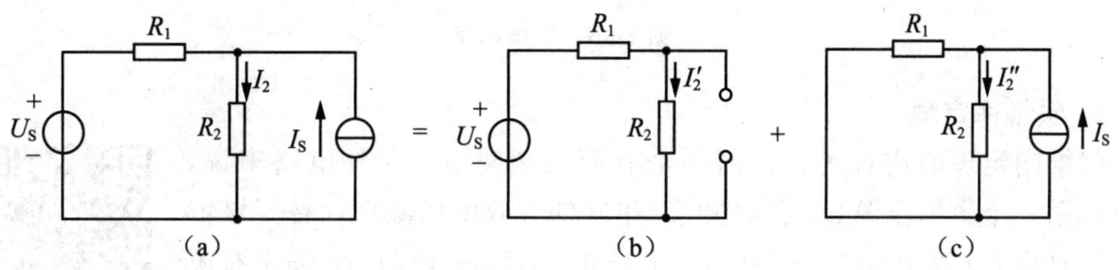

图 1-55　例 1-10 图

解：

(1)设电压源单独作用，令电流源 I_S 不作用，即等效为开路，电路如图 1-55(b)所示。

$$I_2'=\frac{U_S}{R_1+R_2}=\frac{8}{4+10}=\frac{4}{7}(A)$$

(2)设电流源单独作用，令电压源 U_S 不作用，即等效为短路，电路如图 1-55(c)所示。

$$I_2''=I_S\frac{R_1}{R_1+R_2}=4\times\frac{4}{4+10}=\frac{8}{7}(\mathrm{A})$$

(3)由两个电源 U_S 和 I_S 共同作用，在 R_2 支路上产生的电流 I_2 为

$$I_2=I_2'+I_2''=\frac{4}{7}+\frac{8}{7}=\frac{12}{7}(\mathrm{A})$$

叠加定理在电子电路的分析中非常有用。叠加定理只适用于线性电路，可用于计算电路中的电流和电压，因为线性元件两端的电压和电流也是线性关系。但叠加定理不能用于计算功率，因为功率与电压、电流之间不存在线性关系。

三、戴维南定理与诺顿定理

当只需计算复杂电路中某一支路的电流时，一种简便的方法是采用等效电源定理进行计算。它将待求支路从电路中分离出来，而把其余部分视为一个有源二端网络。一个有源二端网络对外电路而言，总可以等效为一个电压源或电流源，于是问题简化成求解该等效电源与待求支路组成的简单电路。习惯上，将有源二端网络等效为电压源称为戴维南定理；将有源二端网络等效为电流源称为诺顿定理。

1. 二端网络

电路中任何一个具有两个引出端与外电路相连接的网络都称为二端网络。含有电源的二端网络称为有源二端网络，不含电源的二端网络称为无源二端网络。图 1-56(a)中含有电源，是有源二端网络；图 1-56(b)中不含电源，是无源二端网络。

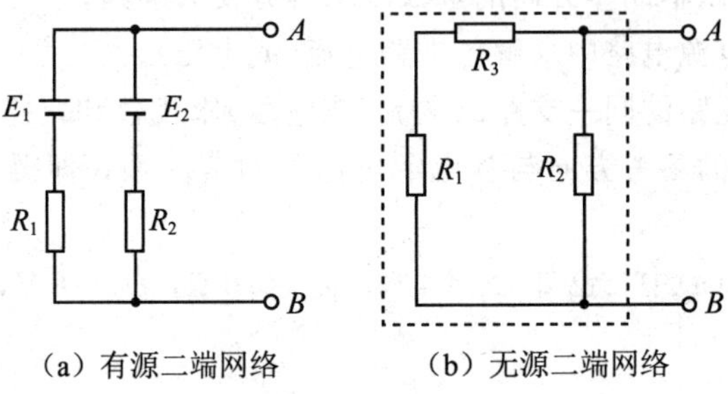

(a) 有源二端网络　　(b) 无源二端网络

图 1-56　二端网络

2. 戴维南定理

戴维南定理的内容是，任何一个有源二端网络，对外电路来说，都可以用一个由恒压源 U_S 和内阻 R_0 串联的等效电压源来代替。该恒压源的电压 U_S 等于有源二端网络的开路电压 U_{OC}；内阻 R_0 等于有源二端网络中所有电源都不起作用时(电压源短接，电流源断开)两端间的等效电阻。

戴维南定理

利用戴维南定理求某一支路电流的步骤如下。

(1)把电路分为待求支路和有源二端网络两部分。

(2)断开待求支路，求有源二端网络的开路电压和有源二端网络中所有电源都不起作用时两端的等效电阻。

(3)画出有源二端网络的等效电压源电路，接入待求支路，则待求支路的电流为$I=\dfrac{U_S}{R+R_0}$。

例 1-11 在图 1-57(a)所示的电路中，已知：$R_1=6\ \Omega$，$R_2=3\ \Omega$，$R_3=4\ \Omega$，$R_4=4\ \Omega$，$R=2\ \Omega$，$U_{S1}=12\ \text{V}$，$U_{S2}=1\ \text{V}$，试用戴维南定理求所示电路的电流 I。

解:

(1)将待求支路电阻 R 及 U_{S2} 作为负载断开，电路的剩余部分构成有源二端网络，如图 1-57(b)所示。

(2)求解网络的开路电压 U_{OC}。设开路电压的方向如图 1-57(b)所示，则

$$U_{OC}=\frac{R_1}{R_1+R_2}U_{S1}-\frac{R_3}{R_3+R_4}U_{S1}=\frac{6}{6+3}\times12-\frac{4}{4+4}\times12=2(\text{V})$$

(3)求等效电压源内阻 R_0。

将图 1-57(b)中的电压源短路，得到图 1-57(c)所示无源二端网络，其等效电阻

$$R_0=\frac{R_1R_2}{R_1+R_2}+\frac{R_3R_4}{R_3+R_4}=2+2=4(\Omega)$$

(4)画出戴维南等效电路，接入负载支路，如图 1-57(d)所示，求得

$$I=\frac{U_{OC}+U_{S2}}{R_0+R}=\frac{2+1}{4+2}=0.5(\text{A})$$

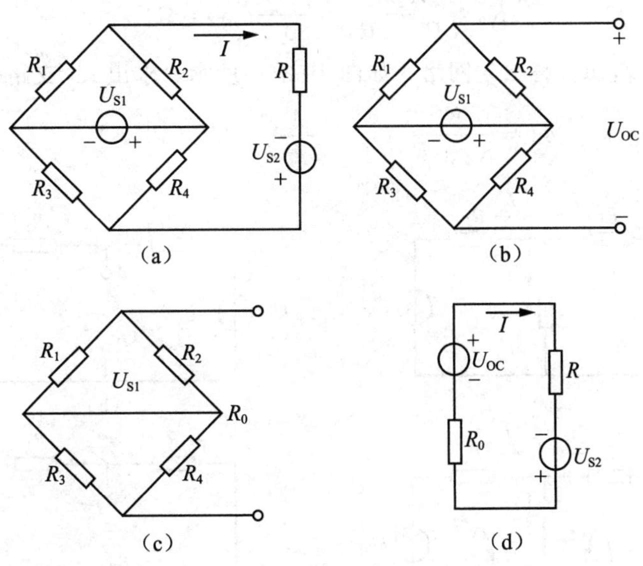

图 1-57 例 1-11 图

3. 诺顿定理

诺顿定理的内容是：对于任意一个线性有源二端网络，可用一个电流源及其内阻 R_0 的并联组合来代替。电流源的电流为该含源二端网络的短路电流 I_{SC}；内阻 R_0 等于该二端网络中所有独立源均除去后(理想电压源短路，理想电流源开路)所得无源网络的等效电阻。

诺顿定理

利用诺顿定理求某一支路电流的步骤如下。

(1)将待求支路从电路中分离出来，将待求支路短路后，求二端网络的短路电流 I_{SC}。

(2)令有源二端网络全部电源均为零值，求网络端口开路时的等效电阻 R_0，具体操作方法与戴维南定理求网络内阻完全相同。

(3)计算待求支路的电流，其中 I_S 等于二端网络的短路电流 I_{SC}，R_0 为其等效电阻。

例 1-12 用诺顿定理计算图 1-58 所示的电路中电流 I_3，已知：$R_1=20\ \Omega$，$R_2=5\ \Omega$，$R_3=6\ \Omega$，$U_{S1}=140\ \text{V}$，$U_{S2}=90\ \text{V}$，试用诺顿定理求所示电路的电流。

解：

(1)把图 1-58(a)中的 R_3 支路先去掉，其余部分视为一个端口为 A、B 的有源二端网络，如图 1-58(b)所示。

(2)将去掉的 R_3 支路端口 A、B 短路，求出短路电流 I_{SC}，如图 1-58(c)所示。

$$I_{SC}=\frac{U_{S1}}{R_1}+\frac{U_{S2}}{R_2}=\frac{140}{20}+\frac{90}{5}=25(\text{A})$$

(3)令有源二端网络全部电源均为零值，求网络端口 A、B 开路时的等效电阻 R_0，如图 1-58(d)所示，R_0 为

$$R_0=\frac{R_1R_2}{R_1+R_2}=\frac{20\times 5}{20+5}=4(\Omega)$$

(4)用等效电流源代替二端网络，如图 1-58(e)所示，求出 R_3 支路中的电流 I_3 为

$$I_3=\frac{R_0}{R_0+R_3}I_{SC}=\frac{4}{4+6}\times 25=10(\text{A})$$

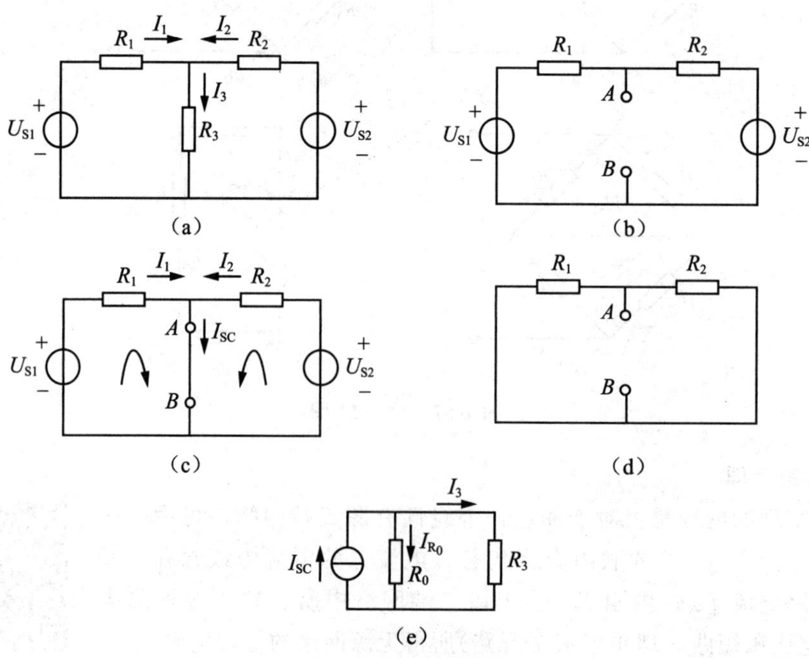

图 1-58 例 1-12 图

>>> 技能操作

验证戴维南定理

1. 操作目的

(1)通过验证戴维南定理，加深对等效概念的理解。

(2)学习测量有源二端网络的开路电压和等效电阻的方法。

2. 操作器材

可调直流稳压电源 1 个、可调直流恒流源 1 个、直流数字电压表 1 块、直流数字电流表 1 块、万用表 1 块、可调电阻箱、戴维南定理测试线路板 1 块、导线若干、电工工具 1 套。

3. 操作注意事项

(1)测量时，注意仪表量程的更换。切不可用电流表测量电压，以防烧坏电流表。

(2)用万用表直接测 R_0 时，网络内的独立源必须先置零，以防烧坏万用表，其次欧姆挡必须调零后再进行测量。

4. 操作内容及步骤

(1)开路电压 U_{OC} 的测量

方法一：直接测量法。

当有源二端网络的等效电阻 R_0 远小于电压表内阻 R_V 时，可直接用电压表测量有源二端网络的开路电压，如图 1-59(a)所示。一般电压表内阻并不是很大，最好选用数字电压表，数字电压表的突出特点就是灵敏度高、输入电阻大。通常其输入电阻在 10 MΩ 以上，有的高达数百兆欧姆，对被测电路影响很小，从工程角度来说，用其测得的电压即是有源二端网络的开路电压。

方法二：零示法。

在测量具有高内阻含源二端网络的开路电压时，用电压表进行直接测量会造成较大的误差，为了消除电压表内阻的影响，往往采用零示法，如图 1-59(b)所示。

零示法测量原理：用一低内阻的稳压电源与被测有源二端网络进行比较，当稳压电源的输出电压 E_S 与有源二端网络的开路电压 U_{OC} 相等时，电压表的读数为零，然后将电路断开，测量此时稳压源的输出电压，即为被测有源二端网络的开路电压。

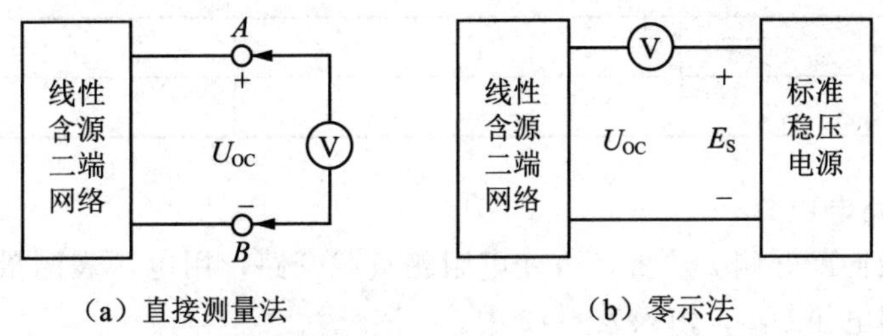

(a) 直接测量法 (b) 零示法

图 1-59 开路电压的测量

(2)等效电阻的 R_0 测量

方法一：直接测量法。

用数字万用表的电阻挡直接测量，测量时首先让有源二端网络中所有独立电源为零，即理想电压源用短路来代替，理想电流源用开路来代替。这时电路变为无源网络，用万用表欧姆挡直接测量 A、B 间的电阻即可。

方法二：加压求流法。

让有源二端网络中所有独立电源为零，在 A、B 端施加一已知直流电压 U 测量流入二端网络的电流 I，则等效电阻 $R_0=U/I$，以上两种方法适用于电压源内阻很小和电流源内阻很大的场合。

方法三：两次求压法。

测量时先测量一次有源二端网络的开路电压 U_{OC}，然后在 A、B 端接入一个已知电阻 R_L，再测出电阻 R_L 两端的电压 U_L，则等效电阻 $R_0=\left(\frac{U_{OC}}{U_L}-1\right)\times R_L$

(3)利用戴维南定理估算开路电压 U_{OC}、等效电阻 R_0、短路电流 I_{SC}

按图 1-60 的测试电路接线，设 $U_S=12$ V，$I_S=10$ mA，利用戴维南定理估算开路电压 U_{OC}、等效电阻 R_0、短路电流 I_{SC}，将计算值填入表 1-11 中。

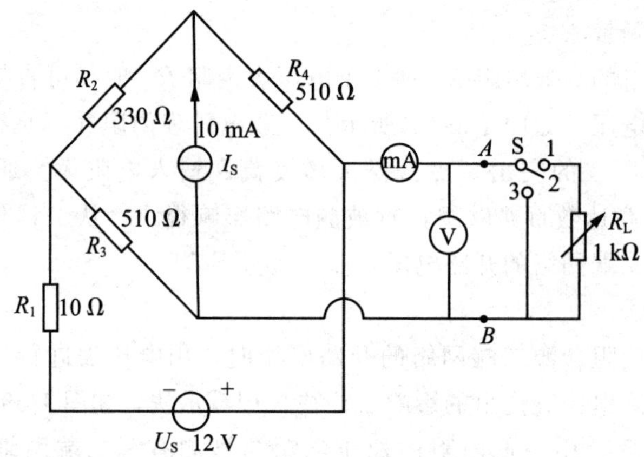

图 1-60　利用戴维南定理测试电路

表 1-11　测量数据

U_{OC}	R_0	I_{SC}

(4)测量开路电压 U_{OC}

将开关 S 投向断开侧 2 位置，可变电阻箱负载开路，用电压表测量 A、B 之间的电压，即为开路电压 U_{OC}，填入表 1-12 中。

(5)测量短路电流 I_{SC}、等效电阻 R_0

将开关 S 投向短路侧 3 位置，测量短路电流 I_{SC}，利用 $R_0=U_{OC}/I_{SC}$，可得等效电阻 R_0，填入表 1-12 中。

表 1-12 测量数据表

U_{OC}/V	I_{SC}/mA	R_0/Ω	
		U_{OC}/I_{SC}/Ω	实测值

(6)测量有源二端网络的外特性

将可变电阻 R_L(可调电阻箱)接入电路 A、B 之间，将开关 S 投向可变电阻箱一侧 1 位置，测量有源二端网络的外特性，按表 1-13 中所列出电阻 R_L，记录电压表、电流表读数，填入表 1-13 中。

表 1-13 有源二端网络外特性测量数据

R_L/Ω	0	70	200	300	450	1 000
U/V						
I/mA						

(7)测量等效电压源的外特性

测量线路如图 1-61 所示，首先将直流稳压电源输出电压调为 $U_S=U_{OC}$，串入等效内阻 R_0，按步骤(6)测量之，将测量结果填入表 1-14 中。

表 1-14 等效电压源外特性测量数据

R_L/Ω	0	70	200	300	450	1 000
U/V						
I/mA						

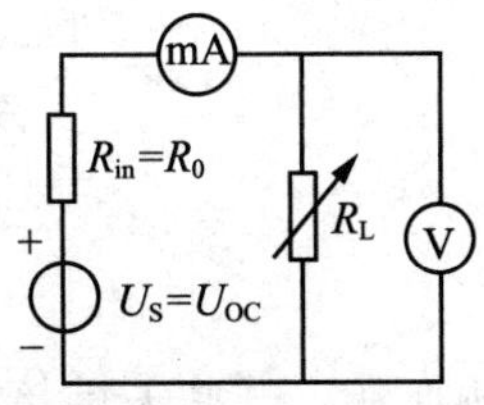

图 1-61 测量等效电压源的外特性

(8)测定有源二端网络等效电阻的其他方法

将被测有源二端网络内的所有独立源置零(将电流源 I_S 断开，去掉电压源，并在原电压源两端所接的两点用一根短路导线相连)，然后用伏安法或直接用万用表的欧姆挡去测 A、B 两点之间的电阻，此即为被测网络的等效内阻 R_0 或称为网络的输入端电阻 R_i。

5. 操作报告要求

(1)根据测量数据，在同一坐标系中绘制等效前后的 U-I 曲线。

(2)将理论值与操作所测数据相比较，分析误差产生的原因。

(3)回答思考题：

①在求有源二端网络等效电阻时，如何理解“原网络中所有独立电源为零值”?

②若将稳压电源两端并入一个 3 kΩ 的电阻，对测量结果有无影响？为什么？

③怎样根据操作训练测量等效电流源的外特性？画出测量电路。

>>> 能力训练

1. 在图 1-62 所示电路中，已知 $R_1=20\ \Omega$，$R_2=5\ \Omega$，$R_3=6\ \Omega$，$U_{S1}=140\ V$，$U_{S2}=90\ V$，试用支路电流法求各支路电流及各电阻吸收的功率。

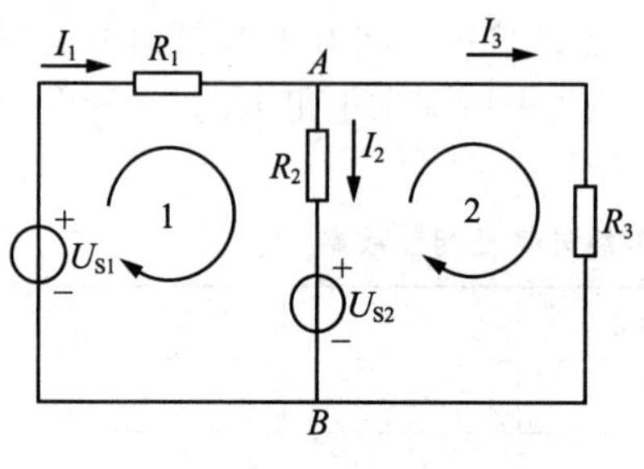

图 1-62　题 1 图

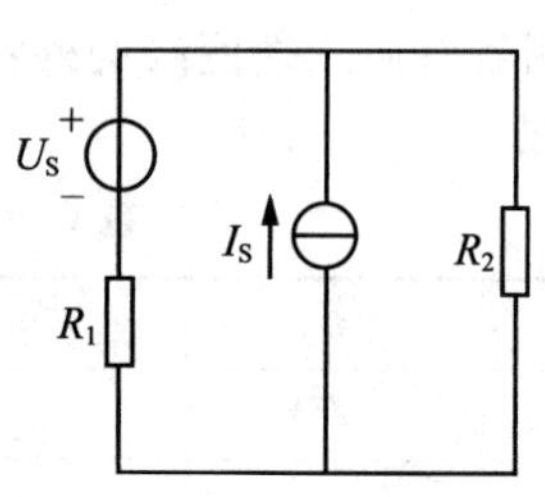

图 1-63　题 2 图

2. 在图 1-63 所示电路中，$R_1=8\ \Omega$，$R_2=2\ \Omega$，$U_S=12\ V$，$I_S=3\ A$，试用叠加定理求电压 U。

3. 用戴维南定理求图 1-64 所示电路中的电流 I。

4. 用诺顿定理求图 1-65 所示电路中的电流 I。

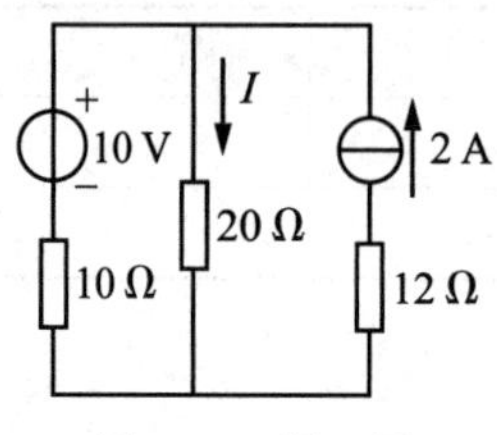

图 1-64　题 3 图

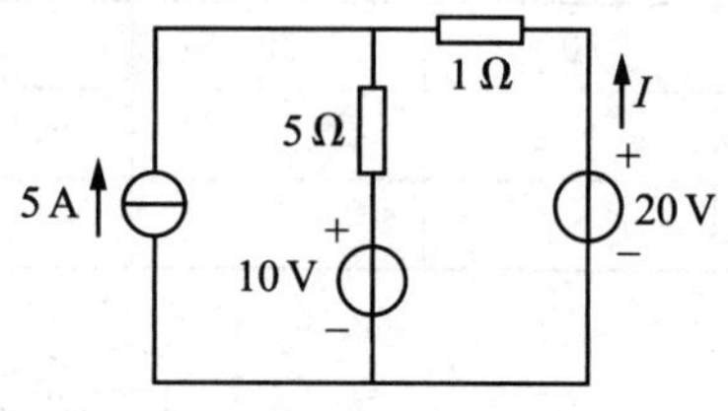

图 1-65　题 4 图

>>> 能力与升华

我国基础研究和原始创新不断加强，一些关键核心技术实现突破，战略性新兴产业发展壮大，载人航天、探月探火、深海深地探测、超级计算机、卫星导航、量子信息、核电技术、新能源技术、大飞机制造、生物医药等取得重大成果，进入创新型国家行列。我们要多学知识、多练技能，以促进自身创新发展。

项目一　能力测试

一、填空题

1. 电路一般由________、________、________ 3 部分组成。

2. 电路有________、________、________ 3 种状态。

3. R_1 和 R_2 两个串联电阻，已知 $R_1=3R_2$，若 R_1 两端的电压为 3 V，则 R_2 两端的电压为________ V。

4. 用万用表测电阻时，每次换挡后，需重新________，再进行测量。如果表的指针偏转过大，为使测量比较精确，应将选择开关拨至倍率________的挡位上。

5. 电动势为 1.5 V，内阻为 0.1 Ω 的电池与某电阻 R 串联后，测得电池两端电压为 1.4 V，则电路中的电流为________A，R 的阻值为________Ω。

6. 支路电流法是以________为求解对象，应用________列出所需方程组，而后解出支电路电流。

7. 电源等效变换时，I_S 与________的方向应当一致，即 I_S 的流出端________与________的正极性端相对应。

8. 任何网络，只要有两个________与外电路相连，就叫作二端网络。二端网络根据其内部是否含有电源，可分为________二端网络和________二端网络。

9. 叠加定理只适用于________电路，应用叠加定理计算时只能用来计算电路中的________，功率计算________叠加。

10. 戴维南定理和诺顿定理常用于只要求计算________的电流或电压。

二、选择题

11. 某电路的计算结果是 $I_1=2$ A，$I_2=-3$ A，则(　　)。

A. I_1 电流与 I_2 电流方向相反　　B. I_1 电流大于电流 I_2

C. 电流 I_1 小于电流 I_2　　D. I_2 的参考方向与实际相反

12. 两个电阻串联，$R_1:R_2=3:1$，总电压为 80 V，则 R_1 两端的电压 U_1 的大小为(　　)。

A. 10 V　　B. 20 V　　C. 60 V　　D. 40 V

13. 已知电阻 $R_1=2$ Ω，$R_2=6$ Ω，则它们串联后的功率之比(　　)。

A. 1∶1　　B. 1∶3　　C. 1∶9　　D. 3∶1

14. 在图 1-66 所示电路中，若 $U_{S1}=12$ V，$U_{S2}=9$ V，$R_1=20$ Ω，$R_2=10$ Ω，则电流 I 为(　　)。

A. 0.7 A　　B. 0.1 A　　C. 0.4 A　　D. 0.5 A

15. 在图 1-67 所示电路中，I_4 等于(　　)。

A. 2 A　　B. 4 A　　C. −4 A　　D. −2 A

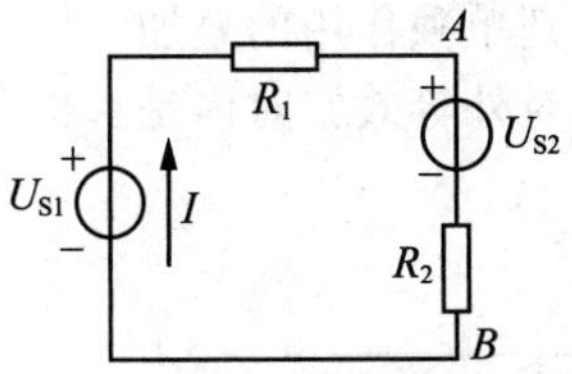

图 1-66　题 14 图

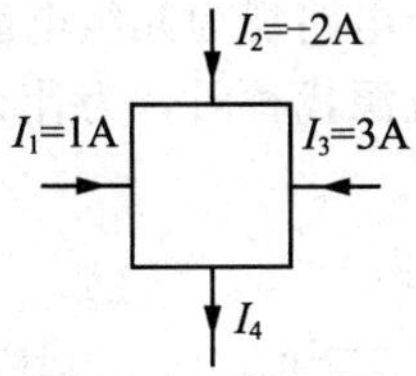

图 1-67　题 15 图

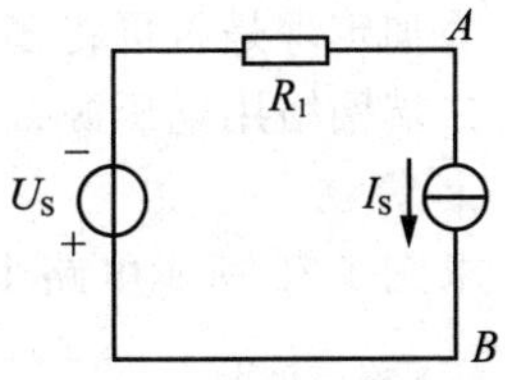

图 1-68　题 16 图

16. 在图 1-68 所示电路中，若 $U_S=6$ V，$R_1=2$ Ω，$I_S=3$ A，U_{AB} 的大小为(　　)。

A. 10 V　　B. 15 V　　C. 6 V　　D. −12 V

17. 一电流源的内阻为 2 Ω，当把它等效变换成 10 V 的电压源时，电流源的电流是(　　)。

A. 5 A　　B. 2 A　　C. 10 A　　D. 2.5 A

18. 在图 1-69 所示电路中，电压 U 为(　　)。

A. 4 V　　B. 6 V　　C. 8 V　　D. 10 V

19. 在图 1-70 所示电路中，A、B 之间的等效电阻为(　　)。

A. 2 Ω　　B. 4 Ω　　C. 6 Ω　　D. 8 Ω

20. 在图 1-71 所示电路中，A、B 之间的开路电压 U_{AB} 为(　　)。

A. −10 V　　B. −20 V　　C. 10 V　　D. 20 V

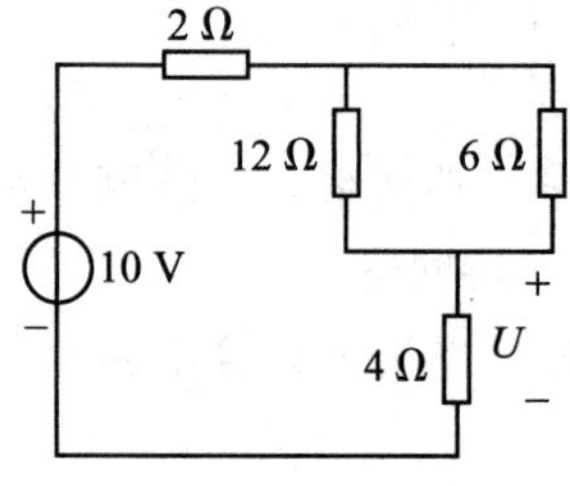

图 1-69　题 18 图

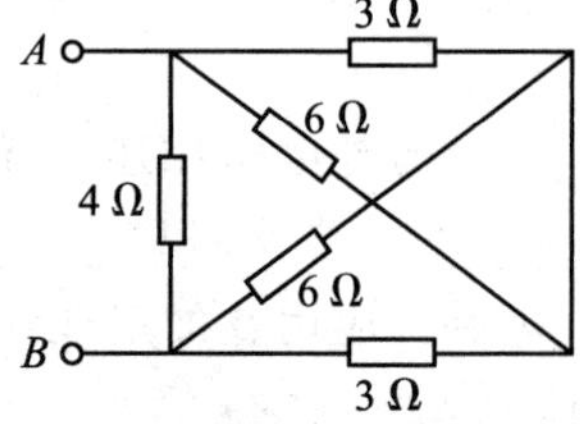

图 1-70　题 19 图

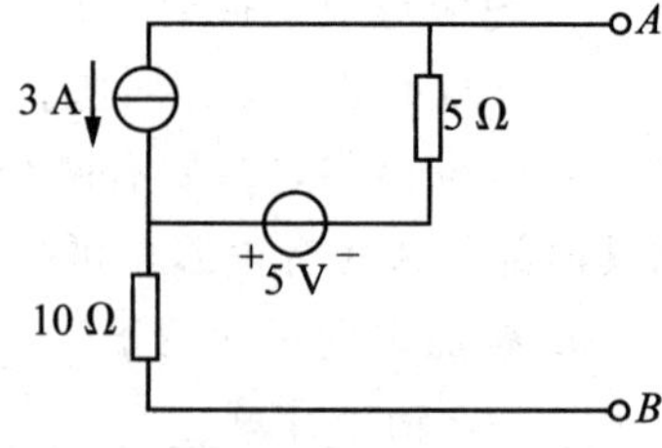

图 1-71　题 20 图

三、判断题

21. 电源电动势的大小由电源本身性质决定，与外电路无关。(　　)

22. 短路状态是电路正常工作状态之一。(　　)

23. 电路中某点电位值与参考点有关，而任意两点间的电压与参考点无关。(　　)

24. 功率为“220 V，40 W”的电灯泡，接在 110 V 的电源上，功率还是 40 W。(　　)

25. 电压表扩大量程依据了并联电阻分流的原理。(　　)

26. 电流表扩大量程依据了串联电阻分压的原理。(　　)

27. 万用表在保存时应将转换开关置于最大电阻挡。(　　)

28. 万用表欧姆挡在每次换挡测量电阻前都必须进行欧姆调零。(　　)

29. 在通路状态下，负载电阻变大，端电压将下降。(　　)

30. 电流源、电压源是两种不同的电压模型。(　　)

四、简答题

31. 理想电压源和理想电流源之间能否等效变换？为什么？

32. KCL、KVL 能否用于非线性电路？为什么？

33. 用支路电流法解电路时，所列的独立回路方程式，是否一定要选网孔？

34. 叠加定理是否可将多电源电路视为几组电源分别单独作用的叠加？

35. 二端网络用电压源或电流源代替时，为什么只对外等效？对内是否也等效？

五、计算题

36. 求图 1-72 所示电路中 U_{AB}。

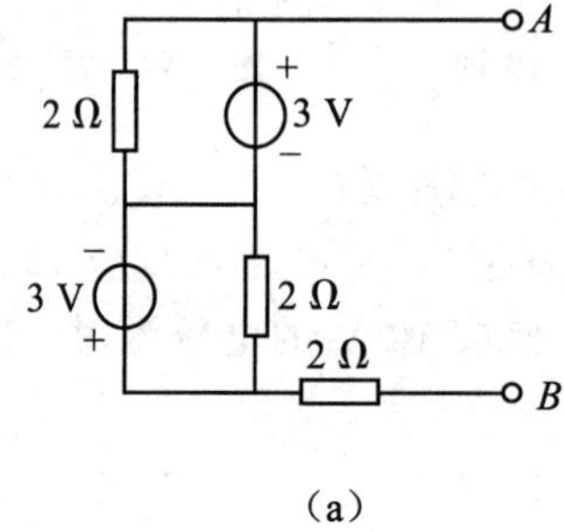

(a)

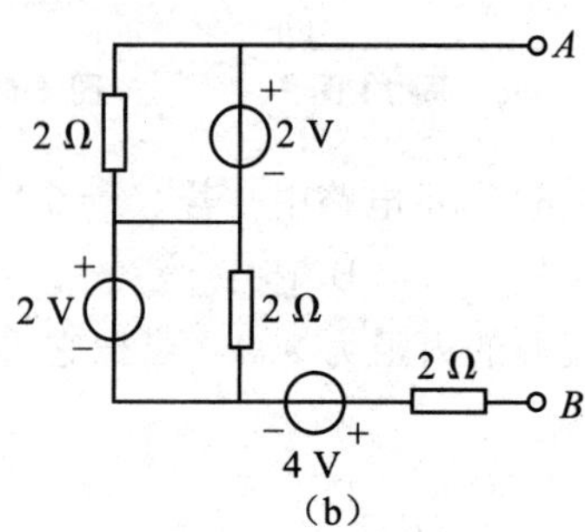

(b)

图 1-72　题 36 图

37. 用戴维南定理，求图 1-73 所示电路中 5 Ω 电阻支路上的电流 I。

38. 用叠加定理，求图 1-74 所示电路电压 U。

39. 用诺顿定理，求图 1-75 所示电路中 2 Ω 电阻支路上的电流 I。

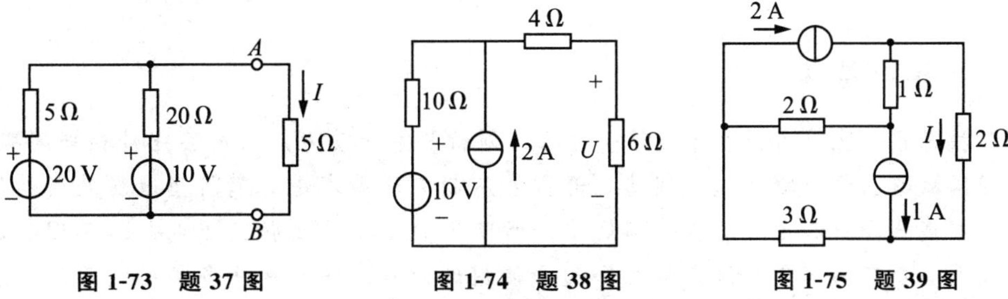

图 1-73　题 37 图　　图 1-74　题 38 图　　图 1-75　题 39 图

项目一　质量评价标准

任务序号	评价项目	评价标准	配分	自评分	教师评分
1	电路的基本概念及常用电路元件	电路的组成及功能	2		
		电流、电压及其方向规定	4		
		电位、电动势和电功率物理意义及计算	6		
		电路的三种状态	3		
		电阻、电容和电感的物理意义	3		
		常用电工工具的使用	2		
		常用仪表的使用(电压表、电流表、万用表)	6		
2	电路的基本定理和定律	节点、回路、支路、网孔的概念	8		
		基尔霍夫定律及运用	14		
		电压源与电流源及其等效变换	8		
		戴维南定理及应用	10		
		诺顿定理及应用	8		
3	电路的基本分析方法	支路电流法的概念	4		
		支路电流法分析步骤	4		
		支路电流法应用	6		
		叠加定理的概念	4		
		叠加定理的分析步骤	4		
		叠加定理应用	4		
综合评价				教师：	

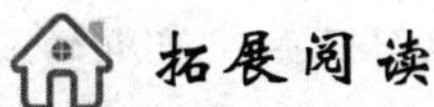

行业先锋：匠心筑梦——姚智慧

项目二　正弦交流电路的分析与技能操作

>>> 项目描述

科技是第一生产力、人才是第一资源、创新是第一动力，深入实施科教兴国战略、人才强国战略、创新驱动发展战略，开辟发展新领域新赛道，不断塑造发展新动能新优势。在现代生产和生活的各个领域中，所使用的主要是正弦交流电。这是因为，正弦交流电具有容易产生、传输经济和便于使用的优点。即便是许多家用电器(电视机、冰箱、空调等)中的稳压电源也是将交流电转变为直流电后使用的。本项目主要在理解正弦交流电基本概念的基础上掌握正弦交流电路的基本规律和分析方法，为后续学习电机、电器及电子技术打下坚实的理论基础。

>>> 知识目标

1. 知道正弦交流电的基本概念，熟悉正弦交流电的三要素和表示方法；
2. 会比较同频率正弦交流电的相位，正确理解正弦交流电的最大值与有效值的关系；
3. 掌握纯电阻、纯电感、纯电容电路的特点，会分析和计算单一参数的交流电路；
4. 掌握 RLC 串联、并联交流电路的特点、分析和计算，熟悉提高功率因数的意义和方法。

>>> 技能目标

1. 能够正确使用示波器，并会用示波器观察正弦波的波形；
2. 学会 R、L、C 元件阻抗特性的测定，掌握函数信号发生器的使用方法；
3. 学会 RLC 串联谐振电路的测试，掌握交流毫伏表的使用方法；
4. 正确安装和连接荧光灯电路并会分析和测试，学会功率表和功率因数表的使用，以及提高功率因数的方法。

任务四　正弦交流电的认识与测试

>>> 任务目标

1. 掌握正弦交流电的概念，理解正弦交流电的三要素；
2. 掌握正弦交流电的解析法、曲线法及相量法三种表示方法；
3. 熟练使用示波器、信号发生器、频率计、交流毫伏表、交流电流表和交流电压表来测量正弦交流电的各项参数。

>>> 任务描述

正弦交流电路是指含有正弦电源而且电路各部分所产生的电压和电流均随时间按

正弦规律变化的电路。学习并掌握正弦交流电的基本概念，正弦交流电的三要素、相位差，正弦交流电的表示方法及正弦交流电的测试。

>>> 相关知识

正弦交流电的三要素

一、正弦交流电的三要素

1. 正弦交流电的概念

大小和方向都随时间按一定规律周期性变化，且在一个周期内的平均值为零的电流或电压叫作交流电流或交流电压，统称为交流电。随时间按正弦规律变化的电流、电压称为正弦交流电。目前，世界上的发电机发出的都是正弦交流电。其波形及参考方向如图 2-1 所示。

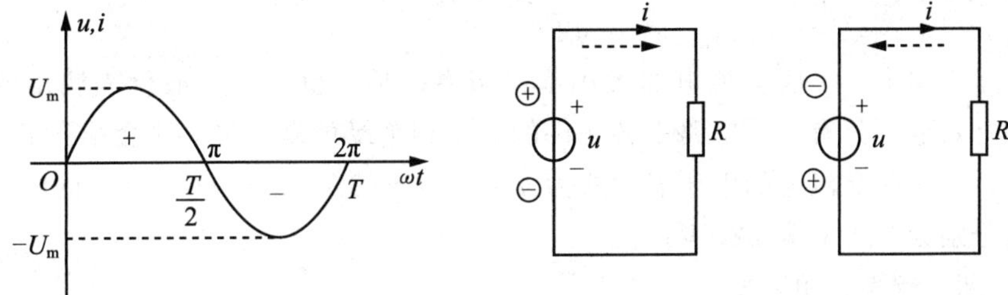

图 2-1 正弦交流电的波形及参考方向

由于正弦电压、电流的方向是周期性变化的，所以电路图上所标极性“＋”“－”是参考方向。正半周时实际方向与参考方向相同；负半周时实际方向(即虚线方向)与参考方向相反，如图 2-1 所示。

2. 正弦交流电的三要素

交流电的特征表现在其变化快慢、大小和初始值三个方面，用以描述上述三个方面特征的是交流电的三要素，即角频率、最大值和初相位，三要素是比较区分不同正弦量的依据。

正弦交流电可用时间的正弦函数表示，也可用时间的余弦函数表示，但一般大多采用正弦函数表示。按正弦规律变化的电压 u 和电流 i 的正弦函数表达式为

$$u = U_m \sin(\omega t + \varphi_u) \tag{2-1}$$

$$i = I_m \sin(\omega t + \varphi_i) \tag{2-2}$$

(1)瞬时值、最大值、有效值

通常用小写字母 u 和 i 表示正弦电压和正弦电流随时间变化的正弦函数，也表示它们在某一瞬时 t 的量值，称为正弦交流电的瞬时值。

正弦交流电的值在不同的时刻有不同的瞬时值，其中最大的瞬时值称为正弦交流电的振幅，也称最大值或幅值，用大写字母加下标 m 表示。如正弦电压和正弦电流的最大值分别用 U_m 和 I_m 表示。最大值表明了正弦交流电的振幅，是正弦交流电的重要特征量之一。

正弦交流电的瞬时值是随时间而改变的，不便用来计算交流电的大小。正弦交流电的“大小”用有效值表示，有效值是根据电流的热效应来定义的。如果某一电阻元件

R，周期电流 i 在其一个周期 T 内流过该电阻产生的热量与某一直流电流在同一时间 T 内流过该电阻产生的热量相等，则这个周期电流的有效值在数值上等于这个直流电流量的大小。

正弦交流电的电流有效值可根据下式算出

$$I^2RT=\int_0^T i^2R\,\mathrm{d}t \tag{2-3}$$

即

$$I=\sqrt{\frac{1}{T}\int_0^T I_m^2\sin^2(\omega t+\varphi_i)\mathrm{d}t}=\frac{I_m}{\sqrt{2}}\approx 0.707I_m \tag{2-4}$$

同理，正弦交流电的电压有效值为

$$U=\frac{U_m}{\sqrt{2}}\approx 0.707U_m \tag{2-5}$$

在实际应用中，一般交流电的大小都是指有效值。例如，一般仪表测出的电压或电流都是有效值，只有分析电路中各元件的耐压和绝缘可靠性时，才会用到最大值。

例如，一正弦交流电的电压表达式为 $u=311\sin(314t+60°)$V，则它的电压最大值和有效值分别为 311 V 和 220 V。

(2)周期、频率、角频率

正弦交流电完整变化一周所需的时间 T 称为周期，如图 2-1 所示。周期的大小反映了正弦量变化的快慢，其单位为秒(s)，常用单位还有毫秒(ms)和微秒(μs)。

频率是反映正弦量变化快慢的一个物理量。正弦交流电在单位时间内变化的周期数称为频率，记为 f，单位为赫兹(Hz)，常用单位还有千赫(kHz)、兆赫(MHz)和吉赫(GHz)。周期与频率的关系为互为倒数，即

$$f=\frac{1}{T} \tag{2-6}$$

我国电力系统所用的频率标准为 50 Hz，称为工频，但不同国家所用的交流电频率可能不同，如美国电力系统的频率是 60 Hz。电子技术中常用的低频信号发生器的频率为 1 Hz～1 MHz，闭路电视信号频率为 49 MHz～1 GHz，我国调频广播信号频率为 88～108 MHz。

正弦交流电变化的快慢除用周期和频率表示外，还可以用角频率(ω)表示。角频率等于单位时间内所经过的电角度(弧度数)，单位为弧度/秒(rad/s)。角频率与频率和周期的关系为

$$\omega=\frac{2\pi}{T}=2\pi f \tag{2-7}$$

(3)相位、初相、相位差

正弦交流电表达式中的角度称为相位角，简称相位，表示正弦交流电变化的进程。正弦电压和正弦电流的相位分别为 $\omega t+\varphi_u$ 和 $\omega t+\varphi_i$。相位的单位一般用弧度(rad)，有时为了方便，也可用度为单位。$t=0$ 时刻的相位称为初相位，简称初相。正弦电压和正弦电流的初相分别为 φ_u 和 φ_i。

两个相同频率的正弦交流电的相位之差称为相位差，用 $\Delta\varphi$ 表示。设两个相同频率

的正弦电压 u 和正弦电流 i 分别为

$$u = U_{m}\sin(\omega t + \varphi_{u}) \tag{2-8}$$

$$i = I_{m}\sin(\omega t + \varphi_{i}) \tag{2-9}$$

则它们的相位差 $\Delta\varphi$ 为

$$\Delta\varphi = \omega t + \varphi_{u} - \omega t - \varphi_{i} = \varphi_{u} - \varphi_{i} \tag{2-10}$$

可见两个相同频率的正弦交流电的相位差等于它们的初相之差。相位差描述了两个同频率正弦交流电随时间变化步调的先后。正弦交流电压 u 和正弦交流电流 i 有以下几种情况。

①如果 $\Delta\varphi>0$，那么表示电压 u 在相位上超前电流 i 一个角度 $\Delta\varphi$，u 先达到最大值，如图 2-2(a)所示；

②如果 $\Delta\varphi<0$，那么表示电压 u 在相位上滞后电流 i 一个角度 $\Delta\varphi$，i 先达到最大值，如图 2-2(b)所示；

③如果 $\Delta\varphi=\pm 90°$，那么称电压 u 与电流 i 正交，如图 2-2(c)所示；

④如果 $\Delta\varphi=0$，那么表示电压 u 与电流 i 同相，如图 2-2(d)所示，这时电压 u 与电流 i 同时达到正最大值，同时达到零值，步调完全一致；

⑤如果 $\Delta\varphi=\pm 180°$，那么称电压 u 与电流 i 反相，如图 2-2(e)所示。

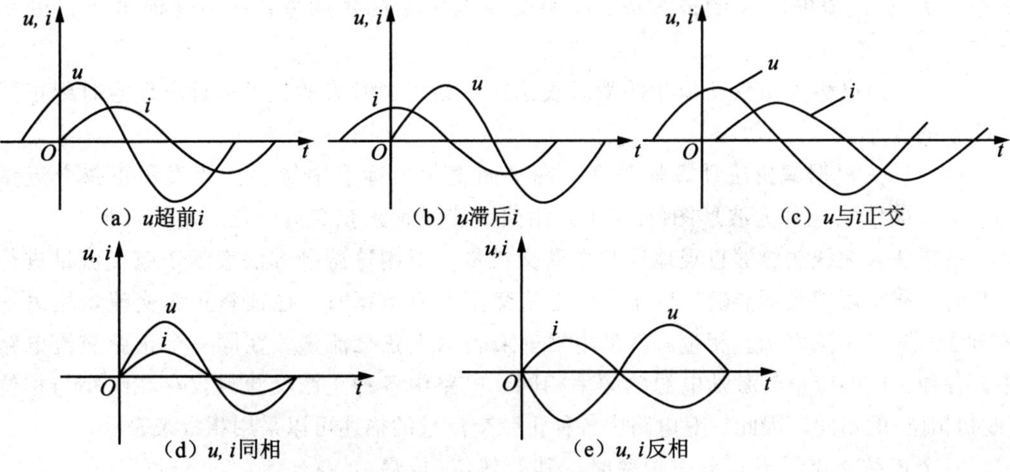

图 2-2 两个正弦交流电的相位差

例 2-1 已知一正弦电流 $i=50\sqrt{2}\sin(314t-60°)$A，试求：(1)最大值和有效值；(2)频率和周期；(3)相位和初相位。

解：

(1)由正弦电流 i 的表达式可得

最大值

$$I_{m}=50\sqrt{2}\,\text{A}$$

有效值

$$I=\frac{1}{\sqrt{2}}I_{m}=50\text{A}$$

(2)角频率

$$\omega = 314\text{rad/s}$$

频率

$$f = \frac{\omega}{2\pi} = \frac{314}{2 \times 3.14}\ \text{Hz} = 50\ \text{Hz}$$

周期

$$T = \frac{1}{f} = \frac{1}{50}\text{ms} = 20\ \text{ms}$$

(3)相位

$$\psi = 314t - 60^\circ$$

初相位

$$\varphi = -60^\circ$$

二、正弦交流电的表示方法

一个正弦交流量一般有三种表示方法：解析法、曲线法和相量法。

解析法是利用三角函数表示正弦交流量与时间的变化关系的方法，例如

$$u = U_m \sin(\omega t + \varphi) \tag{2-11}$$

式中，U_m 为交流电压 u 的最大值；ω 为交流电压 u 的角频率；φ 为交流电压 u 的初相位。

式(2-11)也称为正弦交流量的瞬时表达式，利用瞬时表达式可以计算任意时刻正弦交流量的大小。

曲线法是根据解析法计算的数据，在平面直角坐标系中做出曲线表示正弦交流量的方法，曲线法也称为波形图(图 2-1 是用曲线法表示正弦交流电压、电流波形)。

解析法和曲线法能够直观地反映正弦交流量，但用这两种方法表示正弦交流量进行运算时，非常烦琐或不准确。故在进行正弦交流量的运算时，往往将正弦交流量用另一种方法——相量法表示。相量法就是用相量来表示正弦交流量。在同一个正弦交流电路中，各种正弦响应量与激励电源的频率相同，电路中各种正弦交流量仅存在大小与相位(或初相位)的不同，因此，对电路中各种正弦交流量的描述可以采用相量来表示。

一个正弦交流量当不考虑频率时，其有效值(或最大值)和初相位可用一有向线段或复数表示。在一个直角坐标系中，设横轴为实轴，单位用+1 表示；纵轴为虚轴，单位用+j 表示，由此两轴构成复数平面(或称复平面)。在复数平面上有向线段由原点指向平面上任意一点，平面中的有向线段与复数可相互转换，如图 2-3 所示有向线段 A，其复数表示式为

$$A = a + \text{j}b \tag{2-12}$$

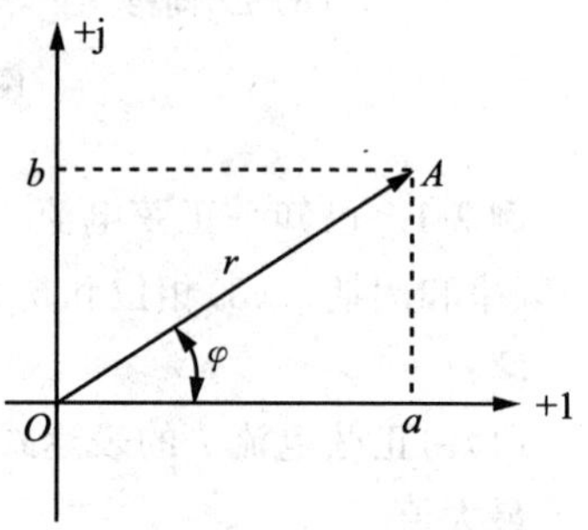

图 2-3　有向线段的复数表示图

式中

$a = r\cos\varphi$　（复数的实部）

$b = r\sin\varphi$　（复数的虚部）

若已知复数如式(2-12)，则有

$r=\sqrt{a^2+b^2}$(有向线段的长度或复数的模)

$\varphi=\arctan\dfrac{b}{a}$(有向线段与实轴正方向的夹角或复数的辐角)

式(2-12)为复数的直角坐标表示形式，根据欧拉公式，式(2-12)还可转换为

$$A=re^{j\varphi}\quad(\text{指数形式})\tag{2-13}$$

或

$$A=r\angle\varphi\quad(\text{极坐标式})\tag{2-14}$$

一般来说，在进行复数的加减运算时，将复数转换成直角坐标形式；而对复数进行乘除运算时，将其转换为指数形式或极坐标形式。

用复数的辐角表示正弦交流量的初相位，用复数的模表示正弦交流量的大小(最大值或有效值)，这种表示方法称为正弦交流量的相量表示法。采用相量表示法可大大简化正弦交流电路的分析与计算。正弦交流量相量化后，为区别于一般的复数，规定用上方加"·"的大写字母(有效值相量)或带 m 下标的大写字母(最大值相量)表示，如：$\dot{U}$、$\dot{E}_m$ 等。

例 2-2 用相量表示正弦交流电压 $u=5\sqrt{2}\sin(314t-30°)$V 和电流 $i=0.06\sqrt{2}\sin 314t$A。

解：根据相量表示方法，可知

$$\dot{U}_m=5\sqrt{2}e^{-j30°}=5\sqrt{2}\angle-30°=(6.12-j3.54)(\text{V})$$

$$\dot{U}=5e^{-j30°}=5\angle-30°=(4.33-j2.5)(\text{V})$$

$$\dot{I}_m=0.06\sqrt{2}e^{j0°}=0.06\sqrt{2}\angle0°=0.085(\text{A})$$

$$\dot{I}=0.06e^{j0°}=0.06\angle0°=0.06(\text{A})$$

取其中任一相量作为参考相量，把它画在任意方向上，然后再根据各相量之间的相位差作出其余相量。这样的图称为相量图。此外，通过相量图，根据几何图形关系，利用平行四边形法则，也可以对正弦交流电进行加、减计算。

例 2-3 已知 $i_1=3\sqrt{2}\sin(\omega t+60°)$A，$i_2=4\sqrt{2}\sin(\omega t-30°)$A，求相量 $\dot{I}_1$、$\dot{I}_2$ 及 i_1+i_2，并画出相量图。

解：方法一：

i_1、i_2 的有效值相量分别为

$$\dot{I}_1=(3\sqrt{2}/\sqrt{2})\angle60°=3\angle60°(\text{A})$$

$$\dot{I}_2=(4\sqrt{2}/\sqrt{2})\angle-30°=4\angle-30°(\text{A})$$

所以 $\dot{I}=\dot{I}_1+\dot{I}_2=3\angle60°+4\angle-30°$

$=1.5+j2.6+3.46-j2$

$=4.96+j0.6=5\angle6.9°(\text{A})$

总电流 $i=i_1+i_2=5\sqrt{2}\sin(\omega t+6.9°)(\text{A})$

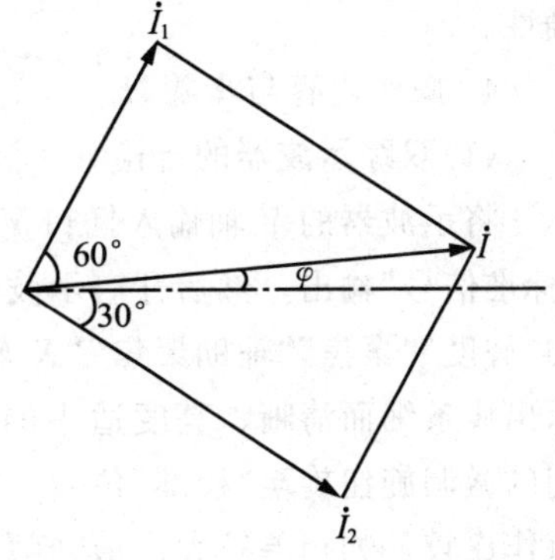

图 2-4 例 2-2 图

方法二：

i_1、i_2 的相量图如图 2-4 所示，用平行四边形法则求得

$$I=\sqrt{I_1^2+I_2^2}=\sqrt{3^2+4^2}=5(\mathrm{A})$$

$$\tan(\varphi+30^\circ)=\frac{I_1}{I_2}=\frac{3}{4}$$

$$\varphi+30^\circ=36.9^\circ，则\ \varphi=6.9^\circ$$

可见

$$\dot{I}=5\angle 6.9^\circ\ \mathrm{A}$$

$$i=i_1+i_2=5\sqrt{2}\sin(\omega t+6.9^\circ)\ \mathrm{A}$$

>>> 技能操作

典型电信号的观察与测量

1. 操作目的

(1)根据给定的电路图，正确布线，使电路正常工作。

(2)学习函数信号发生器的使用方法。

(3)掌握用示波器观察电信号波形，定量测出正弦信号和脉冲信号的波形参数。

2. 操作器材

电工电子实验实训台 1 套、双踪示波器 1 台、函数信号发生器 1 台、交流毫伏表 1 块、频率计 1 个、交流电流表 1 块、交流电压表 1 块、灯泡(220 V/25 W)3 只。

3. 操作注意事项

(1)示波器的辉度不要过亮，尤其是光点长期停留在荧光屏上不动时，应将辉度调暗，以延长示波器的使用寿命。

(2)调节仪器旋钮时，动作不要过猛，操作前须熟读双踪示波器的使用说明，特别是观测双踪时，要特别注意开关、旋钮的操作与调节。

(3)调节示波器时，要注意触发开关和电平调节旋钮的配合使用，以使显示的波形稳定。

(4)做定量测定时，“t/div”和“V/div”的微调旋钮应旋置“标准”位置。

(5)信号源的接地端与示波器的接地端要连在一起，以防外界干扰而影响测量的准确性。

4. 操作内容与步骤

(1)双踪示波器的自检

将示波器的 Y 轴输入插口 Y_A 或 Y_B 端，用同轴电缆线接至双踪示波器面板部分的“标准信号”输出，然后开启示波器电源，指示灯亮，稍后，协调地调节示波器面板上的“辉度”“聚焦”“辅助聚焦”“X 轴位移”“Y 轴位移”等旋钮，使在荧光屏的中心部分显示出线条细而清晰、亮度适中的方波波形；通过选择幅度和扫描速度灵敏度，并将它们的微调旋钮旋至“校准”位置，从荧光屏上读出“标准信号”的幅值与频率，并与标称值作比较，如相差较大，请老师给予校准。

(2)正弦信号的观察

①将示波器的幅度或扫描速度微调旋钮调至“校准”位置。

②通过电缆线，将信号发生器的正弦波输出口与示波器的 Y_A 或 Y_B 插座相连。

③接通电源，调节信号源的频率旋钮，使输出频率分别为 50 Hz、1.5 kHz 和 20 kHz(由频率计读出)，输出幅值分别为有效值 0.1 V、1 V 和 3 V(由交流毫伏表读出)，调节示波器 Y 轴和 X 轴灵敏度至合适的位置，并将它们的微调旋钮旋至“校准”位置。从荧光屏上读得幅值及周期，记入表 2-1 和表 2-2 中。

表 2-1

项目测定 \ 频率计读数	正弦信号频率的测定		
	50 Hz	1.5 kHz	20 kHz
示波器“t/div”位置			
一个周期占有的格数			
信号周期/s			
计算所得频率/Hz			

表 2-2

项目测定 \ 交流毫伏表读数	正弦信号频率的测定		
	0.1 V	1 V	3 V
示波器“t/div”位置			
峰值波形格数			
峰值			
计算所得有效值			

(3)方波脉冲信号的测定

①将函数信号发生器的波形选择开关置方波位置。

②调节信号源的输出幅度为 3 V(用示波器测定)，分别观测 100 Hz、3 kHz 和 30 kHz 方波信号的波形参数。

③使信号频率保持在 3 kHz，调节示波器幅度和脉宽旋钮，观察波形参数的变化并记录。

(4)交流电压、电流的测量

按图 2-5 所示电路正确连接。电路图中的交流电源电压为 220 V，50 Hz，三个电阻可用三个相同的交流灯泡(220 V、25 W)，也可用三个均为 1 kΩ 的电阻。

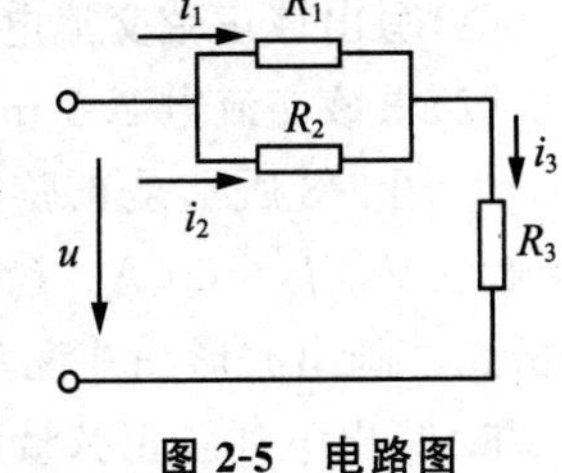

图 2-5 电路图

测量电源两端电压及负载两端电压 U_{R1}、U_{R2}、U_{R3} 及负载电流 I_1、I_2、I_3，将测量数据填入表 2-3。

表 2-3 交流电压、电流的测量

测试项目	U	U_{R1}	U_{R2}	U_{R3}	I_1	I_2	I_3
测量值							

5. 操作报告要求

(1)整理操作中显示的各种波形，绘制有代表性的波形。

(2)总结操作中所用仪器的使用方法及观察电信号的方法。

(3)如用示波器观察正弦信号，若在荧光屏上出现图 2-6 所示情况时，试说明测试系统中哪些旋钮的位置不对，应如何调节？

(4)回答思考题：

①熟读仪器的使用说明，“t/div”和“V/div”的含义是什么？

②应用双踪示波器观察到如图 2-7 所示的两个波形，Y 轴的“V/div”的指示为 0.5 V，“t/div”指示为 20 μs，试问两个波形信号的波形参数为多少？

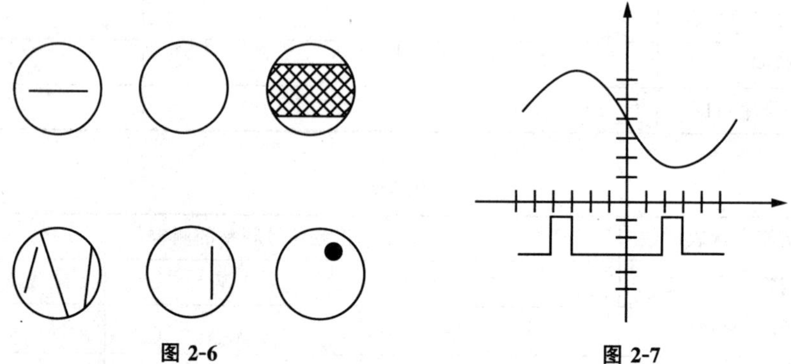

图 2-6　　　　图 2-7

>>> 能力训练

1. 已知 $u_1=110\sqrt{2}\sin(314t-60°)$ V，$u_2=110\sqrt{2}\sin(314t+30°)$ V。

(1)画出 u_1、u_2 的波形；

(2)写出 u_1、u_2 的相量并画相量图，求其相位差。

2. 一调频率广播电台发射的电磁波频率为 88.8 MHz，求该电磁波的周期。

3. 某一正弦交流电的有效值为 20 A，频率为 50 Hz，初相是 30°。

(1)写出该正弦交流电的瞬时值表达式，并画出波形图；

(2)求该交流电 2.5 ms 时的相位和瞬时值。

4. 图 2-8 所示是正弦电压 u 和电流 i_1，i_2 的相量图，已知：$U=220$ V，$I_1=20$ A，$I_2=10$ A，$f=50$ Hz。试分别写出它们的解析式，画出波形图并说明它们的相位关系。

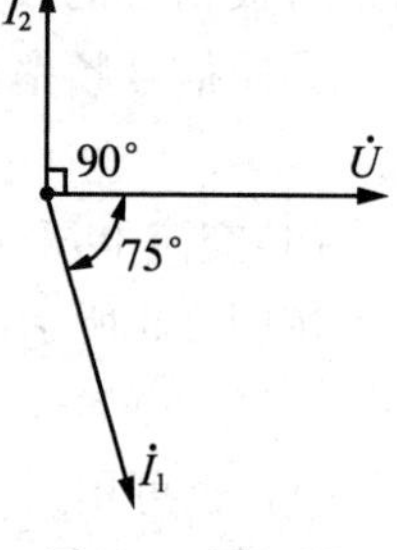

图 2-8　题 4 图

5. 写出下列各正弦量所对应的相量，并画出相量图。

(1)$i=25.5\sin(314t+45°)$ A；

(2)$u=51\sin(314t+30°)$ V。

6. 已知 $i_1=3\sin(\omega t+120°)$ A，$i_2=4\sin(\omega t+30°)$ A。求相量 $\dot{I}_1$、$\dot{I}_2$ 及 i_1+i_2，并画出相量图。

任务五　单一参数电路的分析与实践

单一参数电路

>>> 任务目标

1. 掌握交流电路的电压与电流的关系，能熟练画出相应的相量图；

2. 理解纯电阻、纯电感、纯电容电路中的能量转换，会分析和计算单一参数的交流电路；

3. 学会用双踪示波器测量 R、L、C 元件的阻抗频率特性阻抗角。

>>> 任务描述

电阻、电感、电容单个元件组成的正弦交流电路，是最简单的交流电路，它们在交流电路中的特性是分析实际交流电路的基础。本任务学习单一元件交流电路中的电压与电流的关系，功率、能量转换及单一参数电路测试。并正确理解有功功率和无功功率的含义。

>>> 相关知识

一、纯电阻交流电路

交流电路中如果只有线性电阻，这种电路叫作纯电阻电路。在实际应用中，如白炽灯、电炉或电熨斗等接入交流电路中时，这样的电路都可以看成纯电阻电路。图 2-9(a)所示是一个纯电阻元件的交流电路。

1. 电压与电流的关系

电阻元件的电压电流关系由欧姆定律确定，在 u、i 参考方向一致时，两者的关系为

$$u=iR \tag{2-15}$$

设电流为参考正弦量，即

$$i=I_m\sin\omega t \tag{2-16}$$

则

$$u=Ri=RI_m\sin\omega t=U_m\sin\omega t \tag{2-17}$$

可见，在纯电阻电路中，u、i 为同频率的正弦量，它们的相位相同。可画出 u、i 的波形图和相量图，如图 2-9(b)、图 2-9(c)所示。

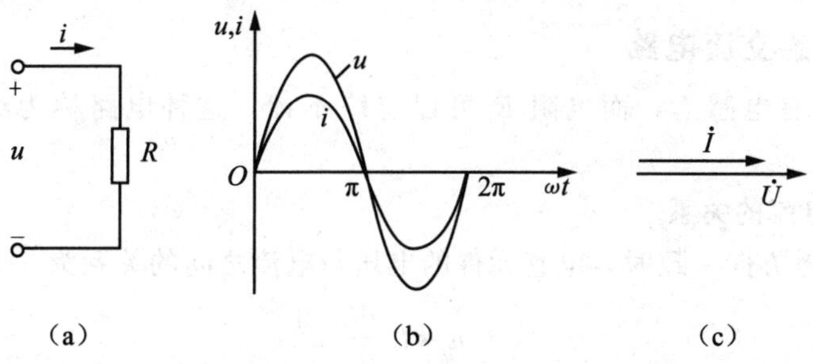

图 2-9　纯电阻电路

其有效值形式和相量形式分别为

$$U=RI \tag{2-18}$$

$$\dot{U}=R\dot{I} \tag{2-19}$$

例 2-4 在纯电阻电路中，如图 2-9 所示，已知加在电阻 R 上的电压瞬时值表达式 $u=110\sqrt{2}\sin(200t+60^\circ)$V，电阻 $R=50\ \Omega$，求通过电阻 R 的电流 i。

解：正弦交流电压的有效值相量

$$\dot{U}=110\angle 60^\circ\ \text{V}$$

则电流有效值相量

$$\dot{I}=\frac{\dot{U}}{R}=\frac{110\angle 60^\circ}{50}=2.2\angle 60^\circ\ (\text{A})$$

电流瞬时值表达式

$$i=2.2\sqrt{2}\sin(200t+60^\circ)\text{A}$$

2. 电阻元件上的功率

(1)瞬时功率

瞬时电压与瞬时电流的乘积称为瞬时功率。

设

$$u=\sqrt{2}U\sin\omega t$$

$$i=\sqrt{2}I\sin\omega t$$

则瞬时功率为

$$\begin{aligned}p&=ui=\sqrt{2}U\sin\omega t\cdot\sqrt{2}I\sin\omega t\\&=2UI\sin^2\omega t=UI(1-\cos 2\omega t)\end{aligned} \tag{2-20}$$

如图 2-10 所示，在任何时候 $p\geqslant 0$，即吸收功率，说明电阻元件是耗能元件，在电路中只能作负载消耗电能。

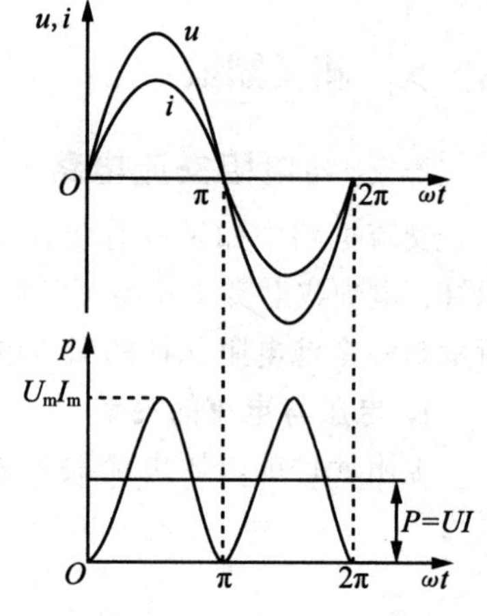

图 2-10 电阻元件功率

(2)平均功率

瞬时功率在一个周期内的平均值称为平均功率。

$$P=\frac{1}{T}\int_0^T p\,\mathrm{d}t=\frac{1}{T}\int_0^T(UI-UI\cos 2\omega t)\mathrm{d}t=UI \tag{2-21}$$

因此，$P=UI=\dfrac{U^2}{R}$，平均功率又称为有功功率，单位为瓦(W)或千瓦(kW)。

二、纯电感交流电路

假设线圈只有电感 L，而电阻 R 可以忽略不计，这种电路称为纯电感电路，如图 2-11(a)所示。

1. 电压与电流的关系

在 u、i 参考方向一致时，电感元件的电压与电流之间的关系为

$$u=L\frac{\mathrm{d}i}{\mathrm{d}t} \tag{2-22}$$

在正弦交流电路中，若设电流 i 为参考正弦量，即

$$i=I_m\sin\omega t$$

则

$$u=L\frac{di}{dt}=\omega LI_m\cos\omega t=U_m\sin(\omega t+90°) \tag{2-23}$$

由此可见，u、i 为同频率的正弦量。可画出 u、i 的波形图和相量图，如图 2-11(b)、图 2-11(c)所示。

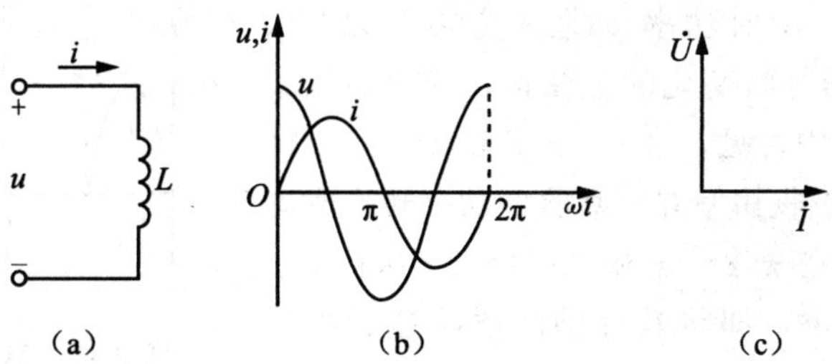

图 2-11　纯电感电路

(1)电压与电流的有效值关系

$$U=\omega LI \quad 或 \quad I=\frac{U}{\omega L} \tag{2-24}$$

可见，当电压一定时，ωL 越大，电感中的电流越小，ωL 具有阻止电流通过的性质，称为感抗，用 X_L 表示，即

$$X_L=\omega L=2\pi fL \tag{2-25}$$

ω 的单位为 rad/s，L 的单位为 H，感抗 X_L 的单位为 Ω。引入感抗后，电感元件电压与电流之间的有效值关系可写为

$$U=2\pi fLI \quad 或 \quad I=\frac{U}{2\pi fL} \tag{2-26}$$

上式在形式上与直流电路中的欧姆定律相同，感抗 X_L 与电阻 R 虽然具有相同的量纲，但性质却有很大区别。感抗 X_L 与电感 L 及频率 f 成正比，频率越高，电感对电流的阻碍作用越大。而对直流来讲，由于频率 $f=0$，感抗 $X_L=0$，电感相当于短路。因此，电感元件具有通直流阻交流的作用。

(2)电压与电流之间的相位关系

若电流相量为 $\dot{I}=I\angle\varphi_i$，由于在相位上 i 比 u 滞后 90°，则 $\varphi_u=\varphi_i+90°$，而电压有效值电压 $U=X_LI$，电压相量为

$$\dot{U}=U\angle\varphi_u=X_LI\angle\varphi_i+90°=X_L\angle 90°\cdot I\angle\varphi_i$$

因此

$$\dot{U}=jX_L\dot{I} \tag{2-27}$$

式(2-27)是电感元件电压与电流关系的相量形式，它既表明了 u、i 的相位关系，也表明了 u、i 的有效值关系。

2. 电感元件上的功率

(1)瞬时功率

电感元件上 u、i 参考方向一致时，若

$$i = I_m \sin \omega t \tag{2-28}$$

则

$$u = U_m \sin(\omega t + 90°) \tag{2-29}$$

故电感元件上的瞬时功率为

$$\begin{aligned} p = ui &= U_m I_m \cos \omega t \cdot \sin \omega t \\ &= 2UI \cos \omega t \cdot \sin \omega t \\ &= UI \sin 2\omega t \end{aligned} \tag{2-30}$$

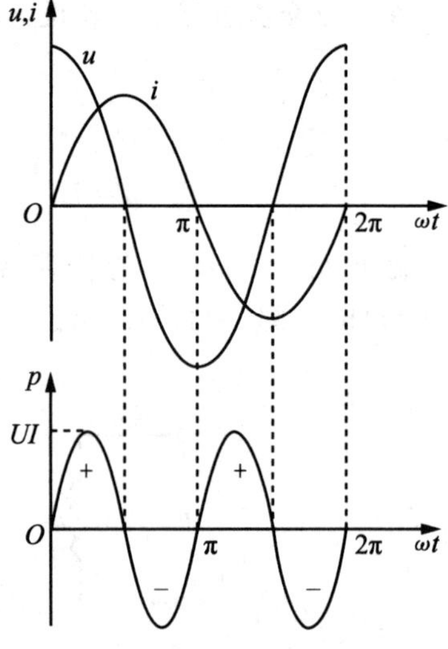

图 2-12　电感元件上的功率

式(2-30)表明，瞬时功率 p 是一个幅值为 UI、且以 2ω 的角频率随时间变化的正弦量，变化曲线如图 2-12 所示。从图中可见，在 $0 \sim \pi/2$ 和 $\pi \sim 3\pi/2$ 区间，p 为正，电感吸收功率并把吸收的功率转换成磁场能量存储起来；在 $\pi/2 \sim \pi$ 和 $3\pi/2 \sim 2\pi$ 区间，p 为负，电感发出功率，即将其存储的磁场能量再转换成电场能量送回电源。

(2)平均功率

$$P = \frac{1}{T}\int_0^T p\,\mathrm{d}t = \frac{1}{T}\int_0^T UI \sin 2\omega t\,\mathrm{d}t = 0 \tag{2-31}$$

在正弦交流电路中，电感元件与电源之间不停地有能量的往返交换。在一个周期内，电感元件从电源取用的能量等于它归还给电源的能量，电感元件并不消耗能量，故平均功率为零。

(3)无功功率

为反映电感元件与电源之间能量相互转换的规模，把电感瞬时功率的最大值定义为无功功率，用 Q_L 表示，即

$$Q_L = UI \tag{2-32}$$

无功功率的单位为乏尔(var)，简称乏，或千乏(kvar)。

由于

$$U = X_L I \tag{2-33}$$

所以

$$Q_L = UI = X_L I^2 \tag{2-34}$$

应当注意无功功率并不是“无用”功率，因为电感负载与电源之间的能量相互转换是正常工作所必需的，“无功”含义是说它没有被消耗掉。

为了加以区分，常把实际消耗的功率，即平均功率 P 称为有功功率。

例 2-5　一个 80 mH 的电感线圈，内阻可忽略不计，接在 $u = 220\sqrt{2}\sin 100\pi t\,\text{V}$ 的电源上，求流过线圈的电流 i 和无功功率 Q_L。若电源频率变为 500 Hz 时，流过线圈的电流将如何变化？

解：从电压解析式可知：$U = 220\ \text{V}$，$f = 50\ \text{Hz}$

$$X_L = 2\pi f L = 2 \times 3.14 \times 50 \times 80 \times 10^{-3} = 25.12(\Omega)$$

$$I = \frac{U}{X_L} = \frac{220}{25.12} \approx 8.76(\text{A})$$

因为纯电感电路电压超前电流 90°，所以

$$i=8.76\sqrt{2}\sin(100\pi t-90°)\text{A}$$

$$Q_L=UI=220\times8.76=1927.2(\text{var})$$

当 $f=500$ Hz 时

$$X_L=2\pi fL=2\times3.14\times500\times80\times10^{-3}=251.2(\Omega)$$

$$I=\frac{U}{X_L}=\frac{220}{251.2}\approx0.876(\text{A})$$

由此可知，频率增高，感抗增大，电流减少。

三、纯电容交流电路

电路中只有电容元件的交流电路称为纯电容交流电路，又称纯电容电路。如图 2-13(a)所示。

1. 电压与电流的关系

在 u、i 参考方向一致时，电容元件的电压与电流之间的关系为

$$i=C\frac{\text{d}u}{\text{d}t} \tag{2-35}$$

在正弦交流电路中，若设电压 u 为参考正弦量，即

$$u=U_m\sin\omega t$$

则

$$i=C\frac{\text{d}u}{\text{d}t}=\omega CU_m\cos\omega t$$

$$=I_m\sin(\omega t+90°) \tag{2-36}$$

由此可见，u、i 为同频率的正弦量。可画出 u、i 的波形图和相量图，如图 2-13(b)、图 2-13(c)所示。

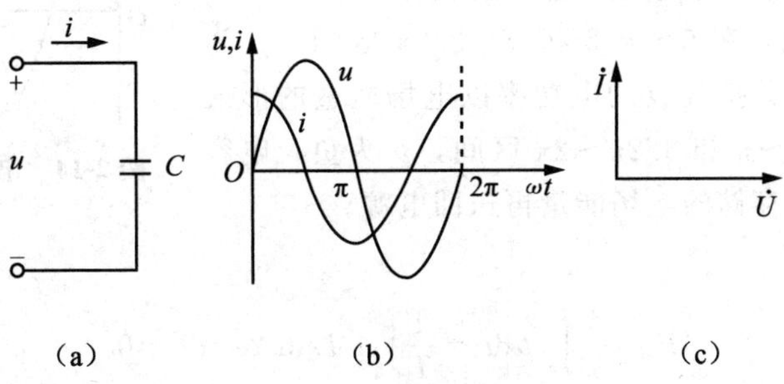

图 2-13 纯电容电路

(1)电压与电流的有效值关系

$$U=\frac{I}{\omega C}=X_CI \tag{2-37}$$

可见，当交流电压一定时，$\frac{1}{\omega C}$越大，电容中的电流越小，$\frac{1}{\omega C}$具有阻止电流通过的性质，故称为容抗，用 X_C 表示，即

$$X_C=\frac{1}{\omega C}=\frac{1}{2\pi fC} \tag{2-38}$$

当 ω 的单位为 rad/s，C 的单位为 F 时，容抗的单位为 Ω。

注意，容抗 X_C 与电阻 R 的性质有很大的区别。容抗 X_C 与电容 C 及频率 f 成反比，因此频率越高，电容对电流的阻碍作用就越小，对于直流电来说，相当于 $f=0$，则容抗 $X_C=\infty$，这时电容相当于开路。因此电容元件具有通交流隔直流的作用。

(2)电压与电流之间的相位关系

若电流相量为 $\dot{I}=I\angle\varphi_i$，由于在相位上 i 比 u 超前 90°，则 $\varphi_u=\varphi_i-90°$，而电压有效值电压 $U=X_CI$，电压相量为

$$\dot{U}=U\angle\varphi_u=X_CI\angle\varphi_i-90°=X_C\angle-90°\cdot I\angle\varphi_i$$

因此

$$\dot{U}=-jX_C\dot{I} \tag{2-39}$$

式(2-39)是电容元件电压与电流关系的相量形式，它既表明了 u、i 的相位关系，也表明了 u、i 的有效值关系。

2. 电容元件上的功率

(1)瞬时功率

电感元件上 u、i 参考方向一致时，若

$$u=U_m\sin\omega t$$

则

$$i=I_m\sin(\omega t+90°)$$

故电容元件上的瞬时功率为

$$\begin{aligned}p=ui&=U_mI_m\cos\omega t\cdot\sin\omega t\\&=2UI\cos\omega t\cdot\sin\omega t\\&=UI\sin 2\omega t\end{aligned} \tag{2-40}$$

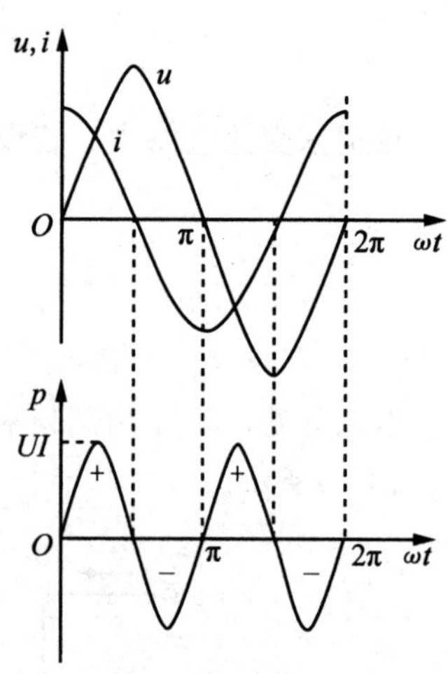

图 2-14　电容元件上的功率

式(2-40)表明，瞬时功率 p 是一个幅值为 UI、且以 2ω 的角频率随时间变化的正弦量，变化曲线如图 2-14 所示。从图中可见，在 $0\sim\pi/2$ 和 $\pi\sim3/2\pi$ 区间，p 为正，电容吸收功率并把吸收的电功率以电场能量的形式存储起来；在 $\pi/2\sim\pi$ 和 $3/2\pi\sim2\pi$ 区间，p 为负，电容发出功率，即将其存储的电场能量再送回电源。

(2)平均功率

$$P=\frac{1}{T}\int_0^T p\,dt=\frac{1}{T}\int_0^T UI\sin 2\omega t\,dt=0 \tag{2-41}$$

在正弦交流电路中，电容元件与电源之间不停地有能量的往返交换。在一个周期内，电容元件从电源取用的能量等于它归还给电源的能量，电容元件并不消耗能量，故平均功率为零。

(3)无功功率

为反映电容元件与电源之间能量相互转换的规模，把电容元件瞬时功率的最大值定义为无功功率，用 Q_C 表示，即

$$Q_C=UI \tag{2-42}$$

无功功率的单位为乏(var)或千乏(kvar)。

由于

$$U=X_CI$$

所以 $$Q_C = UI = X_C I^2 \tag{2-43}$$

例 2-6 已知电压 $u=55\sqrt{2}\sin(\omega t+30^\circ)$ V，电容 $C=22\ \mu$F，分别求电压频率为 50 Hz 和 50 kHz 时通过电容的电流及无功功率。

解： 当频率为 50 Hz 时

$$\omega = 2\pi f = 2\times 3.14\times 50 = 314(\text{rad/s})$$

$$X_C = \frac{1}{\omega C} = \frac{1}{314\times 22\times 10^{-6}} \approx 144.8(\Omega)$$

$$I = \frac{U}{X_C} = \frac{55}{144.8} \approx 0.38(\text{A})$$

$$Q_C = UI = 55\times 0.38 = 20.9(\text{var})$$

当频率为 50 kHz 时

$$X_C = \frac{1}{\omega C} = \frac{1}{2\pi f C} = \frac{1}{2\times 3.14\times 50\times 10^3\times 22\times 10^{-6}} \approx 0.144\ 8(\Omega)$$

$$I = \frac{U}{X_C} = \frac{55}{0.144\ 8} \approx 380(\text{A})$$

$$Q_C = UI = 55\times 380 = 20\ 900(\text{var})$$

由以上计算可知，电容对低频交流电的容抗较大，对电流的阻碍作用也大，相反对高频交流电容抗较小，对电流的阻碍作用也小，故电容具有通高频阻低频的作用。

>>> 技能操作

R、*L*、*C* 元件阻抗特性的测定

1. 操作目的

(1)验证电阻、感抗与频率的关系，测定 $R-f$，X_L-f 与 X_C-f 特性曲线。

(2)加深理解 *R*、*L*、*C* 元件端电压与电流间的相位关系。

(3)掌握交流毫伏表和频率计的使用方法。

2. 操作器材

双踪示波器 1 台、函数信号发生器 1 台、交流毫伏表 1 块、频率计 1 个、电阻 1 kΩ、200 Ω、电感 10 mH、电容 1 μF 各 1 个。

3. 操作注意事项

(1)注意自耦调压器的使用。

(2)信号源的接地端与示波器的接地端、交流毫伏表的接地端要连在一起，以防外界干扰而影响测量的准确性。

(3)用双踪示波器同时观察双路波形时，应该注意两路信号的共地问题。

4. 操作内容与步骤

(1)测量单一参数 *R*、*L*、*C* 元件的阻抗频率特性。

测试线路如图 2-15 所示，图中 *R*、*L*、*C* 为被测元件，*r* 为电流取样电阻。通过电缆线将函数信号发生器输出的正弦信号接至电路输入端，作为激励源 *u*，并用交流毫伏表(或者示波器)测量，使激励电压的有效值为 $U=3$ V，并在整个测量过程中保持不变。(注意接地端的共地问题)

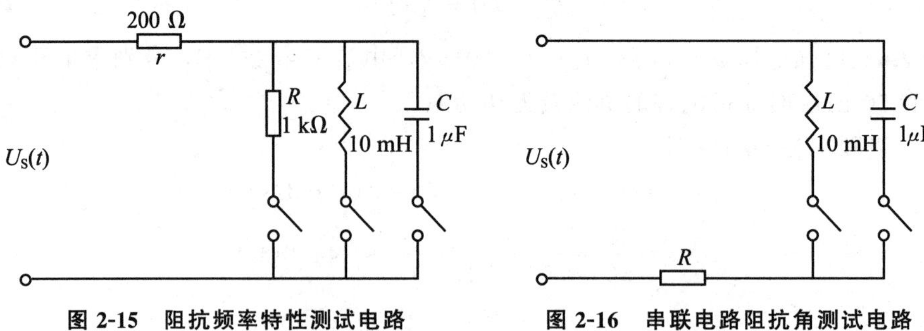

图 2-15　阻抗频率特性测试电路　　图 2-16　串联电路阻抗角测试电路

改变信号源的输出频率从 200 Hz 逐渐增至 5 kHz(用频率计测量)，并使开关分别接通 R、L、C 三个元件，用交流毫伏表分别测量 U_R、U_r；U_L、U_r；U_C、U_r，并通过计算得到各个频率点的 X_R、X_L、X_C 的值，记入表 2-4 中。

表 2-4　R、L、C 元件的阻抗频率特性数据

频率 f/Hz		200	500	1 000	2 000	2 500	3 000	4 000	5 000
R	U_R/V								
	U_r/V								
	$(I_R=U_r/r)$/mA								
	$(R=U_R/I_R)$/kΩ								
L	U_L/V								
	U_r/V								
	$(I_L=U_r/r)$/mA								
	$(X_L=U_L/I_L)$/kΩ								
C	U_C/V								
	U_r/V								
	$(I_C=U_r/r)$/mA								
	$(X_C=U_C/I_C)$/kΩ								

(2)用双踪示波器观测图 2-16 所示 RL 串联和 RC 串联电路在不同频率下阻抗角的变化情况，即用双踪示波器观测 RL 串联电路(RC 串联电路)的电压、电流波形相位差，并作记录。

用双踪示波器测量阻抗角(电压、电流波形相位差)的方法：将欲测量相位差的两个信号分别接到双踪示波器 Y_A 和 Y_B 两个输入端。调节示波器有关旋钮，使示波器屏幕上出现两条大小适中、稳定的波形，如图 2-17 所示，荧光屏上数得水平方向一个周期占 n 格，相位差占 m 格，则实际的相位差 φ(阻抗角)为 $\varphi=m\cdot\frac{360°}{n}$。

流过 RL 串联电路(RC 串联电路)的电流则可由 R 两端电压 U_R 除以 R 得到，用示波器观察 RL 串联电路电流波形，可通过观察流过该电流的电阻 R 上的电压波形来实现。RL 串联电路(RC 串联电路)两端的电压与输入端的激励电压相等，用双踪示波器

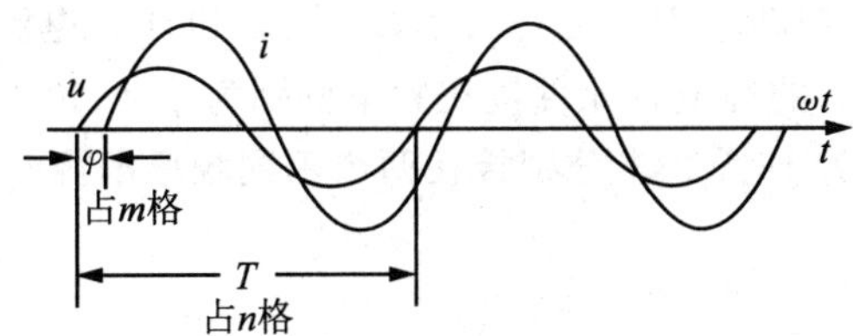

图 2-17　示波器测量阻抗角(相位差)

观察电压波形可通过观察输入端电压波形来实现。注意两路信号的共地问题。

表 2-5　串联电路阻抗角测试数据

频率 f/Hz	200	500	1 000	2 000	2 500	3 000	4 000	5 000
n(格)								
m(格)								
φ(度)								

5. 操作报告要求

(1)根据测量数据，在方格纸上绘制 R、L、C 三个元件的阻抗频率特性曲线，从中可以得出什么结论?

(2)根据测量数据，在方格纸上绘制 RL 串联、RC 串联电路的阻抗角频率特性曲线，并总结、归纳出结论。

(3)回答思考题：

①图 2-15 中各元件流过的电流如何求得?

②怎样用双踪示波器观察 RL 串联和 RC 串联电路阻抗角的频率特性?

>>> 能力训练

1. 在电阻 $R=100\ \Omega$ 的电路，加上 $u=311\sin(314t+30°)$ V 的电压，求该电路中电流的有效值及电流的解析式，并画出相量图。

2. 如图 2-18 所示，加在 a、b 两端交流电压最大值是 311 V，电阻 $R=240\ \Omega$，求电压表和电流表的读数。

3. 如图 2-19 所示，已知 $L=63.5\ \mu$H，$u=141\sin 314t$ V，求电流表、电压表的读数及电流的瞬时值表达式。

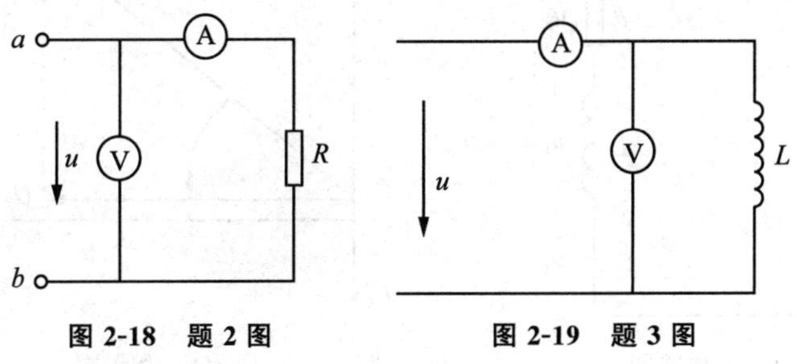

图 2-18　题 2 图　　**图 2-19　题 3 图**

4. 把一个 $L=100$ mH 的纯电感元件接在电压 $u=220\sqrt{2}\sin 314t$ V 交流电源上。

求感抗 X_L，电流 I，有功功率 P，无功功率 Q，画出电压、电流相量图。

5. 把一个 $C=60\ \mu F$ 的纯电容元件接在频率分别为 $f_1=50$ Hz 和 $f_2=500$ Hz 的不同电源上，电源电压均为 15 V。求分别接在两个不同频率电源时的容抗 X_C，电流 I 及无功功率 Q。

任务六　RLC 串联电路的分析与实践

>>> 任务目标

1. 知道 RLC 串联交流电路中的能量转换，串联谐振的条件及特点；

2. 掌握 RLC 串联交流电路中电压与电流的关系，能熟练地画出相应的相量图，学会用相量分析较复杂的交流电路，掌握 RLC 串联交流电路中的功率计算；

3. 学会测定 RLC 串联谐振电路的频率特性曲线，进一步加深对串联谐振电路特性的理解。

>>> 任务描述

实际交流电路通常是由电阻、电感和电容等元件组合而成的。其中 RLC 串联的交流电路在工程应用中占有重要的地位。本任务学习 RLC 串联交流电路中的电压与电流的关系、功率和能量转换，掌握 RLC 串联谐振电路的谐振条件和特点。

>>> 相关知识

一、RLC 串联电路电压与电流的关系

由电阻、电感和电容串联组成的交流电路，简称 RLC 串联电路。如图 2-20(a)所示。当电路两端加一正弦电压 u 时，电路中产生的同一电流在 R、L、C 两端分别形成 u_R、u_L、u_C，其参考方向标于图上。

RLC 串联电路

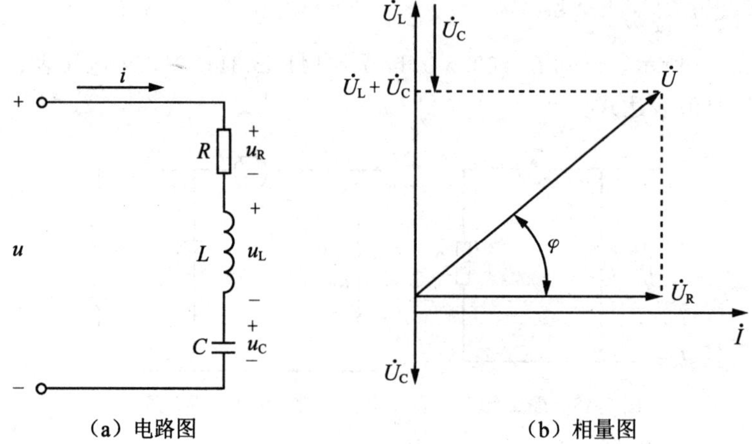

(a) 电路图　　(b) 相量图

图 2-20　RLC 串联电路

根据基尔霍夫电压定律，可列出

$$u=u_R+u_L+u_C \tag{2-44}$$

设电流 i 为参考正弦量，其瞬时表达式为

$$i=I_m\sin\omega t$$

则有

$$\begin{aligned}u&=u_R+u_L+u_C\\&=U_{Rm}\sin\omega t+U_{Lm}\sin(\omega t+90°)+U_{Cm}\sin(\omega t-90°)\\&=U_m\sin(\omega t+\varphi)\end{aligned} \tag{2-45}$$

由于电路中各处电压、电流都是同频率的正弦量，故可写成相量形式：

$$\dot{U}=\dot{U}_R+\dot{U}_L+\dot{U}_C=\dot{I}R+\mathrm{j}\dot{I}X_L-\mathrm{j}\dot{I}X_C=\dot{I}\,[R+\mathrm{j}(X_L-X_C)] \tag{2-46}$$

以电流相量为参考相量，可画出相量图如图 2-20(b)所示。电感上的电压相量 $\dot{U}_L$ 与电容上的电压相量 $\dot{U}_C$ 两者相位相差 180°，则 $\dot{U}$、$\dot{U}_R$、$(\dot{U}_L+\dot{U}_C)$三者组成一个直角三角形，称为电压相量三角形。由电压相量三角形，可得总电压的有效值

$$\begin{aligned}U&=\sqrt{U_R^2+(U_L-U_C)^2}=\sqrt{(IR)^2+(IX_L-IX_C)^2}\\&=I\sqrt{R^2+(X_L-X_C)^2}=I|Z|\end{aligned}$$

$$|Z|=\sqrt{R^2+(X_L-X_C)^2} \tag{2-47}$$

$|Z|$为电路中总阻抗，具有阻碍电流的作用，单位也是欧姆。可见$|Z|$、R、X_L-X_C 三者之间的关系可用一个直角三角形——阻抗三角形来表示，如图 2-21 所示。

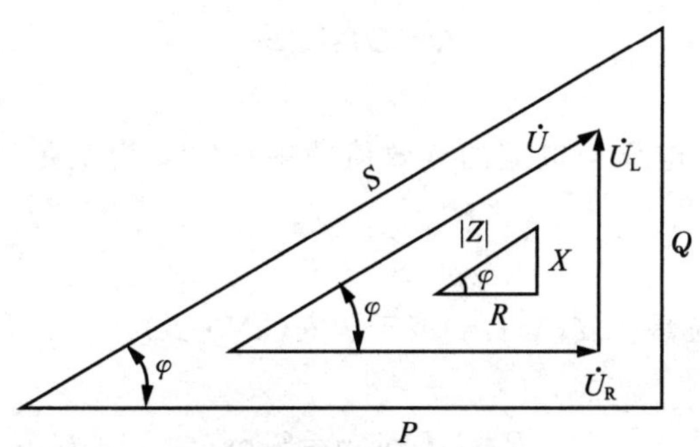

图 2-21　*RLC* 电路的电压、阻抗、功率三角形

电压 U 与电流 I 之间的相位差 φ 由下式求得

$$\varphi=\arctan\frac{U_L-U_C}{U_R}=\arctan\frac{X_L-X_C}{R} \tag{2-48}$$

由以上分析可知，总阻抗$|Z|$、电阻 R、感抗 X_L 及容抗 X_C 的大小，不仅决定了电压 u 及其分量 u_R、u_L、u_C 与电流 i 之间的关系，也决定了它们之间的相位关系。随着电路参数的不同，电压 U 与电流 I 之间的相位差 φ 不同，因此 φ 角的大小是由电路参数决定的。

(1)当 $X_L>X_C$ 时，$\varphi>0$，表明电压 u 超前电流 i 一个角 φ，电路呈电感性；

(2)当 $X_L<X_C$ 时，$\varphi<0$，表明电流 i 超前电压 u 一个角 φ，电路呈电容性；

(3)当 $X_L=X_C$ 时，$\varphi=0$，表明电压 u 与电流 i 同相，此时电路呈电阻性。

二、*RLC* 串联电路的功率

1. 瞬时功率

设 RLC 串联电路的瞬时电压和电流分别为

$$u=U_{m}\sin(\omega t+\varphi)$$
$$i=I_{m}\sin\omega t$$

则电路的瞬时功率 p 为

$$\begin{aligned}p&=ui=U_{m}\sin(\omega t+\varphi)I_{m}\sin\omega t\\&=UI\cos\varphi-UI\cos(2\omega t+\varphi)\end{aligned}\tag{2-49}$$

2. 平均功率(有功功率)

由于电阻元件上要消耗电能，相应的有功功率 P 为

$$P=\frac{1}{T}\int_{0}^{T}p\,dt=\frac{1}{T}\int_{0}^{T}[UI\cos\varphi-UI\sin(2\omega t+\varphi)]\,dt=UI\cos\varphi\tag{2-50}$$

3. 无功功率

电感元件和电容元件与电源之间进行能量交换，用无功功率 Q 衡量其能量交换的规模，其大小为

$$Q=U_{L}I-U_{C}I=(U_{L}-U_{C})I$$

由图 2-21 电压三角形可得

$$(U_{L}-U_{C})=U\sin\varphi$$

所以

$$Q=UI\sin\varphi\tag{2-51}$$

4. 视在功率

在交流电路中，把电压与电流的有效值的乘积定义为正弦交流电路的视在功率，用符号 S 表示，即

$$S=UI\tag{2-52}$$

视在功率 S 的单位是伏安(V·A)或千伏安(kV·A)。

由于

$$P=UI\cos\varphi=S\cos\varphi$$
$$Q=UI\sin\varphi=S\sin\varphi$$

经换算可得

$$S=\sqrt{P^{2}+Q^{2}}\tag{2-53}$$

可知，S、P、Q 之间可以用一个直角三角形表示，它被称为功率三角形。它与电压三角形也是相似三角形关系，如图 2-21 所示。计算某一负载电路的功率因数可以用下式。

$$\cos\varphi=\frac{P}{S}=\frac{U_{R}}{U}=\frac{R}{|Z|}\tag{2-54}$$

例 2-7 将 $R=17\ \Omega$，$L=0.14$ H 的线圈与 $C=106\ \mu$F 的电容器串联，接到 220 V，50 Hz 的交流电源上，求电流 I，电压 U_{R}、U_{L}、U_{C}，有功功率 P、无功功率 Q 和视在功率 S。

解：先求感抗和容抗，再求总阻抗。

$$X_L = 2\pi fL = 2\pi\times 50\times 0.14\approx 44(\Omega)$$

$$X_C = \frac{1}{2\pi fC} = \frac{1}{2\pi\times 50\times 106\times 10^{-6}}\approx 30(\Omega)$$

$$|Z| = \sqrt{R^2+(X_L-X_C)^2} = \sqrt{17^2+(44-30)^2}\approx 22(\Omega)$$

电流有效值 $I=\frac{U}{|Z|}=\frac{220}{22}=10(\mathrm{A})$

电阻上的电压 $U_R = IR = 10\times 17 = 170(\mathrm{V})$

电感上的电压 $U_L = IX_L = 10\times 44 = 440(\mathrm{V})$

电容上的电压 $U_C = IX_C = 10\times 30 = 300(\mathrm{V})$

有功功率 $P = RI^2 = 17\times 10^2 = 1\,700(\mathrm{W})$

无功功率 $Q = (X_L - X_C)I^2 = 14\times 10^2 = 1\,400(\mathrm{var})$

视在功率 $S = UI = 220\times 10 = 2\,200(\mathrm{V\cdot A})$

三、串联谐振电路

在如图 2-20(a)所示的 RLC 串联电路中，当 $X_L = X_C$ 时，$X = X_L - X_C = 0$，$\varphi = 0$，总电压与电流同相位，电路呈电阻性，这种情况称为电路发生了谐振现象。由于电路中电感、电容、电阻串联，所以称为串联谐振。

1. 串联谐振条件和谐振频率

根据串联谐振的定义，当电路发生谐振时，产生串联谐振的条件为 $X_L = X_C$，即

$$\omega_0 L = \frac{1}{\omega_0 C} \tag{2-55}$$

由此得

$$\omega_0 = \frac{1}{\sqrt{LC}} \tag{2-56}$$

谐振时电源的频率称为谐振频率，用 f_0 表示。

$$f_0 = \frac{1}{2\pi\sqrt{LC}} \tag{2-57}$$

由式(2-57)可知，串联电路发生谐振时的频率仅由电路本身的参数 L 和 C 确定。因此，f_0 称为电路的固有频率。改变电源频率或元件 L、C，都可使电路发生谐振。

2. 串联谐振的特点

(1)电流与电压同相位，电路呈纯电阻性。

(2)串联谐振时电路阻抗最小，在电压一定时，电路中电流最大。当发生串联谐振时，其电抗为

$$X = X_L - X_C = 0$$

电路的阻抗为最小，即

$$|Z| = \sqrt{R^2+(X_L-X_C)^2} = R$$

电流最大，即

$$I = \frac{U}{|Z|} = \frac{U}{R}$$

(3)串联谐振时，电感两端的电压、电容两端的电压比总电压大很多。由于 u_L 与 u_C 大小相等，相位相反，彼此正好抵消，这时外加总电压等于有功电压即电阻上的电压：$U=RI$，此时电路中的电流的大小仅与电阻有关，而与电感和电容无关。

在电信工程中，为了接收外来的微弱信号，常常利用串联谐振来得到某一频率信号的较高电压。为了衡量电路这方面的能力，引入了品质因数。品质因数的物理定义是，当电路发生谐振时，电感电压 U_L 或电容电压 U_C 与电源电压的比值，即

$$Q=\frac{U_L}{U}=\frac{U_C}{U}=\frac{1}{\omega_0 CR}=\frac{\omega_0 L}{R} \tag{2-58}$$

在实际应用中，串联谐振电路的感抗和容抗比电阻大得多，所以品质因数 Q 都比较大，在几十到几百之间。

3. 串联谐振的频率特性

谐振回路中，电流和电压随频率变化的特性，称为频率特性，它们随频率变化的曲线称为谐振曲线。现以电流谐振曲线为例来分析回路中电流幅值与外加电压频率之间的关系。

由式(2-46)可得，任意频率 ω 下的回路电流

$$\dot{I}=\frac{\dot{U}}{R+\mathrm{j}\left(\omega L-\frac{1}{\omega C}\right)}$$

电流的模值

$$I=\frac{U}{\sqrt{R^2+\left(\omega L-\frac{1}{\omega C}\right)^2}} \tag{2-59}$$

若 L、C、R 及 U 都不改变时，电流 I 将随 ω 发生变化，由式(2-59)可作出电流随频率变化的曲线，如图 2-22 所示。当电源频率正好等于谐振频率 ω_0 时，电流有一最大值 $I_0=U/R$，当电源频率向着 $\omega>\omega_0$ 或 $\omega<\omega_0$ 方向偏离谐振频率 ω_0 时，Z 都逐渐增大，电流也都逐渐变小至零。

这说明只有在谐振频率附近，电路中的电流才有较大值，偏离这一频率，电流值则很小，这种把谐振频率附近的电流选择出来的特性称为频率选择性。谐振回路频率选择性的好坏可用通频带宽度 Δf 来衡量。在谐振频率 f_0 两端，当电流 I 下降至谐振电流 I_0 的 $1/\sqrt{2}=0.707$ 时，所覆盖的频率范围，称为通频带 $\Delta f=f_2-f_1(\Delta\omega=\omega_2-\omega_1)$，$\Delta f$ 越小，谐振曲线越尖锐，表明电路的选择性就越好。而

$$\Delta f=\frac{1}{Q}f_0 \tag{2-60}$$

$$\Delta\omega=\frac{1}{Q}\omega_0 \tag{2-61}$$

由图 2-23 可知：通频带与回路的品质因数 Q 成反比，Q 越大通频带越窄，选择性越好，因此，Q 是衡量谐振回路选择性的参数。

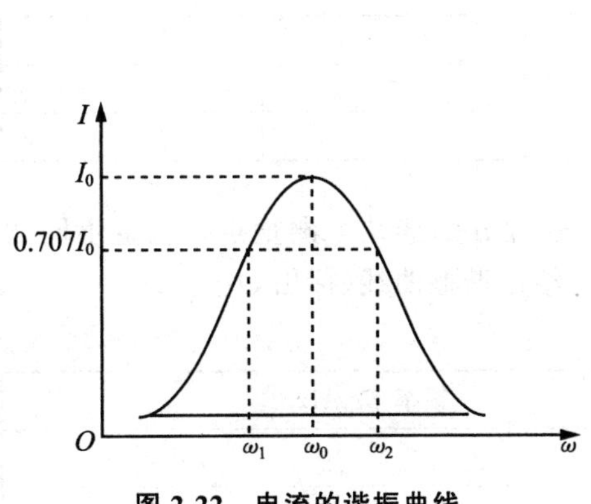

图 2-22 电流的谐振曲线

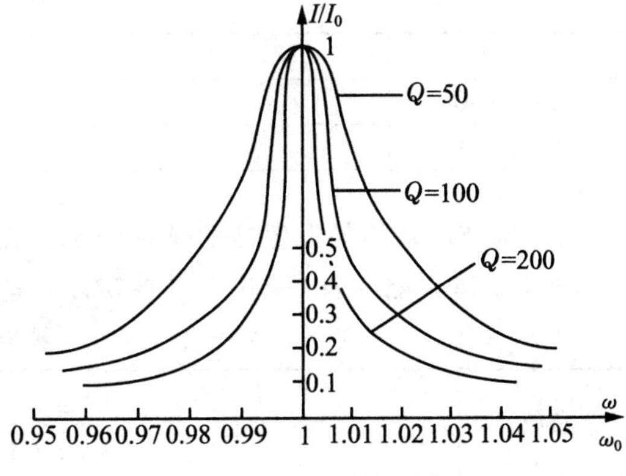

图 2-23 通用谐振曲线

>>> 技能操作

RLC 串联谐振电路的测试

1. 操作目的

(1)观察谐振现象，加深对串联谐振电路特性的理解。

(2)学习测定 *RLC* 串联谐振电路的频率特性曲线。

(3)测量电路的谐振频率，研究电路参数对谐振特性的影响。

2. 操作器材

双踪示波器 1 台、函数信号发生器 1 台、交流毫伏表 1 块、频率计 1 块、谐振电路测试线路板 1 块、电阻 2 kΩ 和 510 Ω 各 1 个、电感 30 mH 1 个、电容 0.1 μF 和 0.01 μF 各 1 个。

3. 操作注意事项

(1)使用交流毫伏表测量电压，在读数时要注意量程是否改变。

(2)在谐振频率附近，应加大测量密度。

(3)每次改变信号源频率时，都要用毫伏表测量信号源的功率输出端电压，并调节“幅度调节”旋钮，使之保持 5 V 不变。

(4)使用毫伏表测量前，要先校正零点。

4. 操作内容与步骤

(1)按电路图 2-24 接线，$R=510\ \Omega$，$L=30\ \text{mH}$，$C=0.1\ \mu\text{F}$，调整函数信号发生器，使其波形为正弦波，输出电压有效值为 3 V，用交流毫伏表监测电阻 R 两端的电压 U_R 调节函数信号发生器的输出频率(注意要维持信号源的输出幅度不变)，当 U_R 的读数为最大值时，读得频率计上的频率值即为谐振频率 f_0。

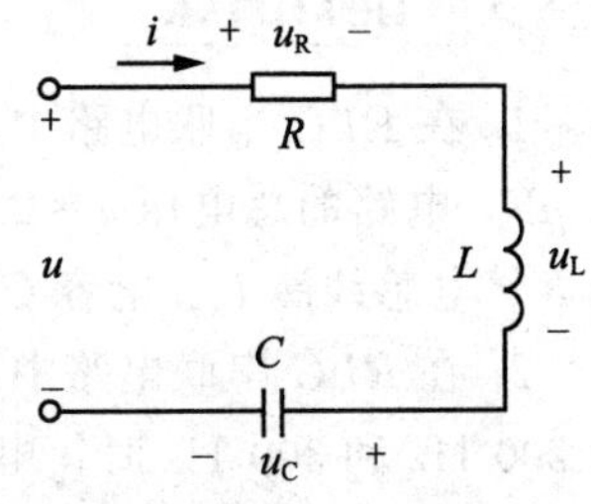

图 2-24 *RLC* 串联电路

(2)用交流毫伏表分别测量电路发生谐振时的 U_i、U_R、U_L、U_C 电压，记入表 2-6 中，如用双踪示波器测量，则应注意共地问题。

表 2-6

条件	U_i/V	U_R/V	U_L/V	U_C/V
$R=510\ \Omega$				
$R=2\ \mathrm{k}\Omega$				

(3)调节函数信号发生器的频率输出，在 f_0 附近分别选几个测量点，测量不同频率时的 U_R 值，记入表 2-7 中，并根据计算结果，绘制谐振曲线(标出 Q 值)。

表 2-7

负载	项目		频率 f/kHz		
			1.0 kHz	f_0	4.0 kHz
$R=510\ \Omega$ $L=30$ mH $C=0.1\ \mu$F	测量值	U_R/V			
	计算值	I/mA			
		I/I_0			
		f/f_0			
$R=2\ \mathrm{k}\Omega$ $L=30$ mH $C=0.1\ \mu$F	测量值	U_R/V			
	计算值	I/mA			
		I/I_0			
		f/f_0			

(4)取 $C=0.01\ \mu$F，重复上述步骤的测量过程，并将所测数据记入自拟表格中。

5. 操作报告要求

(1)完成表格中的计算，并在坐标纸上绘制谐振曲线。

(2)计算测试电路的通频带、谐振频率 f_0 和品质因数 Q，并与实测值相比较，分析产生误差的原因。

(3)回答思考题：

①怎样判断串联电路已经处于谐振状态?

②对于通过测试获得的谐振曲线，分析电路参数对它的影响。

③怎样利用表 2-7 中的数据求得电路的品质因数 Q?

④电路谐振时，电感和电容的端电压比信号源的输出电压要高，为什么?

>>> 能力训练

1. 在 RLC 串联电路中，电阻 $R=30\ \Omega$，电感线圈 $L=45$ mH，电容器的电容 $C=32\ \mu$F，电路的总电压 $u=220\sin314t$ V，求：(1)电路电流的瞬时值 i 的表达式；(2)电阻 R、电感线圈 L、电容 C 两端的电压有效值各是多少?

2. 在 RLC 串联电路中，已知电阻 $R=10\ \Omega$，$L=0.2$ H，$C=10\ \mu$F，在频率分别为 200 Hz 和 300 Hz 时，电路分别呈现什么性质?

3. 在 RLC 串联电路中，已知电阻 $R=100\ \Omega$，$L=0.3$ H，$C=100\ \mu$F，接在 100 V、50 Hz 的交流电源上，试求电流 I，并以电源电压为参考相量，写出电压和电流的瞬时表达式。

4. 在 RLC 串联电路中，电压 $u=60\sin(1\,000t+60°)$V，电阻 $R=30\ \Omega$，电感线圈

的感抗 $X_L=50\ \Omega$，电容器的容抗 $X_C=50\ \Omega$，求：(1)电路中的电流 I；(2)电路中的有功功率 P、感性无功功率 Q_L、容性无功功率 Q_C、视在功率 S 和电路的功率因数 $\cos\varphi$。

5. 在 RLC 串联电路中，电压 $u=10\sin(1000t+30°)\text{V}$，电阻 $R=5\ \Omega$，电感线圈的感抗 $X_L=100\ \Omega$，电容器的容抗 $X_C=100\ \Omega$，求：电路的品质因数 Q、电阻两端的电压 U_R、电感线圈两端的电压 U_L 和电容器两端的电压 U_C。

任务七　*RLC* 并联电路的分析与技能操作

任务目标

1. 理解 RLC 并联交流电路中的能量转换，熟悉并联谐振的条件及特点；

2. 掌握 RLC 并联交流电路中电压与电流的关系，能熟练地画出相应的相量图，学会用相量分析较复杂的交流电路，掌握 RLC 并联交流电路中的功率计算及提高电路功率因数的意义和方法；

3. 理解日光灯电路的工作原理，并学会接线和使用功率表、功率因数表。

任务描述

RLC 并联交流电路常见的是电感(等效为 RL 串联电路)与电容器的并联电路。本任务学习 RLC 并联交流电路中的电压与电流的关系，功率和能量转换，掌握 RLC 并联谐振电路的谐振条件和特点。

相关知识

串联谐振电路一般只适用于内阻较小的信号源。当信号源内阻较大时，如果采用串联谐振，将会使谐振回路的品质因数大大降低，电路的选择性较差，甚至失去选择性，所以当信号内阻较高时应采用并联谐振。一般常见的是电感(等效为 RL 串联电路)与电容器的并联电路。

一、*RLC* 并联电路电压与电流的关系

含有一定电阻的电感性负载和电容器并联，在实际电路中是经常出现的。下面用图 2-25 来说明并联电路的分析方法。由于各支路是同一电压，所以选电压为参考正弦量较为方便，即令 $u=U_m\sin\omega t$。

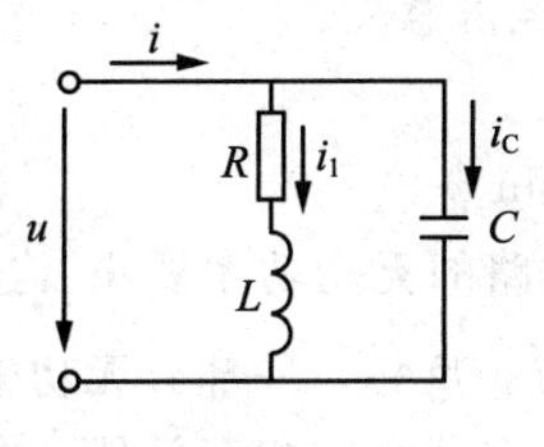

(a) 电路图

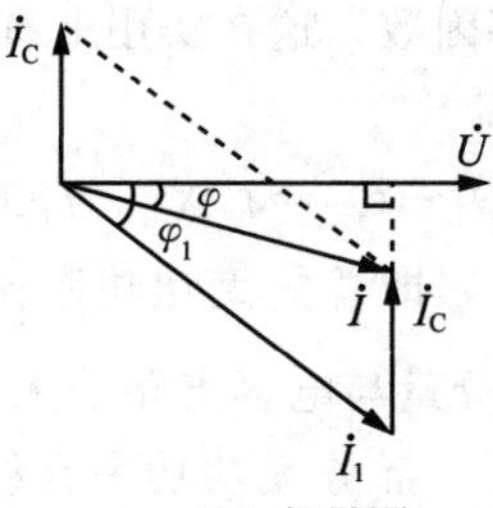

(b) 相量图

图 2-25　并联谐振电路

RLC 并联电路

第一条支路是 RL 串联电路，电流的大小为

$$I_1=\frac{U}{Z}=\frac{U}{\sqrt{R^2+X_L^2}}$$

它滞后电压的相位差为 $\varphi_1=\arctan\frac{X_L}{R}$

第二条支路是电容电路，$I_C=\frac{U}{X_C}$，且 I_C 超前 $U90°$。

根据基尔霍夫电流定律有

$$i=i_1+i_C$$

电流与电压的相量图如图 2-25(b)，总电流 I 的大小和滞后电压的相位差 φ 分别为

$$I=\sqrt{(I_1\cos\varphi_1)^2+(I_1\sin\varphi_1-I_C)^2} \tag{2-62}$$

$$\varphi=\arctan\frac{I_1\sin\varphi_1-I_C}{I_1\cos\varphi_1} \tag{2-63}$$

由式(2-63)及相量图 2-25(b)可看出：

①当 $I_1\sin\varphi_1>I_C$ 时，总电流 $\dot{I}$ 滞后于电压 $\dot{U}$，整个电路为感性负载；

②当 $I_1\sin\varphi_1<I_C$ 时，总电流 $\dot{I}$ 超前于电压 $\dot{U}$，整个电路为容性负载；

③当 $I_1\sin\varphi_1=I_C$ 时，总电流 $\dot{I}$ 与电压 $\dot{U}$ 同相，整个电路为阻性负载，此时总电流 I 的数值最小，而总的功率因数为最大，$\cos\varphi=1$。

从相量图中比较 $\dot{I}$ 与 $\dot{I}_1$ 的大小，发现并联电路的总电流 I 比线圈支路的电流 I_1 还要小。总电流小于并联负载中的电流，这在直流电路中是不可能的，但在交流电路中却是可能的，且不难理解：因为线圈支路的电流 $\dot{I}_1$ 的无功分量与电容支路的电流 $\dot{I}_C$ 的无功分量在相位上相差 π 角度，即它们是反相的，因而在并联后的总电流中有一部分无功电流互相抵消了。

二、RLC 并联电路的功率

1. 并联电路总的有功功率

线圈支路的有功功率 $P_1=UI_1\cos\varphi$，无功功率 $Q_L=UI_1\sin\varphi_1$；电容器不取用有功功率，它的无功功率 $Q_C=UI_C$，故电路的总有功功率就等于线圈支路的有功功率，即

$$P=UI\cos\varphi=UI_1\cos\varphi_1 \tag{2-64}$$

由式(2-64)可以看出，因为 $I<I_1$，所以 $\cos\varphi>\cos\varphi_1$，表示并联电路总的功率因数大于线圈的功率因数，这从相量图中也可以看出。一般地，电感性负载并联适当的电容，可以提高电路总的功率因数，这在实用上有很大的经济意义。

2. 并联电路总的无功功率

$$Q=Q_L-Q_C=I_1^2X_L-I_C^2X_C=UI\sin\varphi \tag{2-65}$$

由式(2-65)可见，$Q<Q_L$，即总的无功功率比线圈支路的无功功率要小。这是因为线圈支路的电流的 $\dot{I}_1$ 无功分量与电容支路的无功电流 $\dot{I}_C$ 反相，一部分无功电流在线圈与电容器之间流通，即有一部分无功功率在线圈与电容器之间相互补偿，在它们之间相互吞吐能量；这样，电路与电源之间能量吞吐的规模只剩下 Q_L-Q_C 了。电路

中总的无功功率的减小，就意味着电路的功率因数提高。

三、并联谐振电路

在电子线路中广泛应用的是实际线圈与电容器组成的并联谐振电路，如图 2-25(a)所示。当线路中的无功电流全部为电容电流所补偿时，即 $I_1\sin\varphi_1=I_C$ 时，总电流与电压同相，整个电路呈纯电阻性，这种状态称为并联谐振。

1. 并联谐振条件和谐振频率

$X_L=X_C$，电路出现并联谐振，谐振的条件为 $\omega_0 L\approx\dfrac{1}{\omega_0 C}$

谐振的频率为

$$f_0=\frac{1}{2\pi\sqrt{LC}} \tag{2-66}$$

2. 并联谐振的特点

(1)总阻抗最大，且为纯电阻性，其值为

$$Z=\frac{L}{RC}=\frac{(\omega_0 L)^2}{R}=R_0$$

这时电路阻抗模为最大，相当于纯电阻，电路总电流为最小，为

$$I=I_0=\frac{U}{R_0}$$

(2)电路谐振时，电压与电流同相，电路呈阻性，电源与电路间没有发生能量交换，能量交换只发生在电容与电感之间。

(3)电感支路与电容支路电流近似相等，且为总电流的 Q 倍

$$Q=\frac{I_1}{I_0}=\frac{\dfrac{U}{\omega_0 L}}{\dfrac{U}{R_0}}=\frac{R_0}{\omega_0 L}=\frac{\dfrac{(\omega_0 L)^2}{R}}{\omega_0 L}=\frac{\omega_0 L}{R} \tag{2-67}$$

(4)在并联电路中，当信号频率等于电路谐振频率时，电路阻抗最大，电流通过时电路两端产生的电压也最大。当信号频率为其他频率时，电路不发生谐振，电路两端的电压也较小。因此，并联谐振电路具有选频作用。电路的品质因数 Q 值越大，谐振时电路的阻抗越大，谐振曲线越尖锐，电路的选择性越强。在电子技术中，常利用并联谐振电路的这一特点来选择信号或消除干扰。

例 2-8 如图 2-25(a)所示，一个 $R=20\ \Omega$，$L=0.2$ mH 的线圈与 $C=50$ pF 的电容并联后，接到 220 V 的电源上，求此时的谐振频率、电路中各支路电流以及电路的品质因数。

解： $f_0=\dfrac{1}{2\pi\sqrt{LC}}=\dfrac{1}{2\times3.14\sqrt{0.2\times10^{-3}\times50\times10^{-12}}}\approx1\ 592\ (\text{kHz})$

$$X_{L0}=2\pi f_0 L=2\times3.14\times1\ 592\times10^3\times0.2\times10^{-3}\approx2\ 000\ (\Omega)$$

$$I=\frac{U}{X_{L0}}=\frac{220}{2\ 000}=0.11\ (\text{A})$$

$$I_C=\omega_0 CU=2\times3.14\times1\ 592\times10^3\times50\times10^{-12}\times220\approx0.11(\text{A})=I_1$$

$$Q=\frac{X_{L0}}{R}=\frac{2\ 000}{20}=100$$

$$I_0=\frac{I_1}{Q}=\frac{0.11}{100}=0.001\ 1(A)=1.1\ (mA)$$

四、功率因数的提高

1. 功率因数提高的意义

对于直流电路而言，电路的功率等于电压与电流的乘积，而交流电路的有功功率计算时则要考虑电压与电流间的相位差 φ，即

$$P=UI\cos\varphi$$

上式中的 $\cos\varphi$ 就等于电路中电压与电流之间相位差的余弦，其大小取决于电路(负载)的参数，即所接负载的性质。例如，当接入纯电阻负载(如白炽灯、电阻炉等)则其功率因数提高，$\cos\varphi=1$；如果接入电感性负载(如日光灯)则电路的功率因数 $\cos\varphi<1$。

在交流电路中，大多数负载都是电感性的，例如常用的异步电动机，满载时的功率因数为 0.7～0.9，轻载时更低，日光灯的功率因数一般在 0.5 左右。负载功率因数低，则 Q 较大，对电源和输电线路会带来以下影响。

(1)功率因数 $\cos\varphi$ 过低，电源设备的容量不能充分利用。交流电源(发电机或变压器)的容量通常用视在功率 $S_N=U_NI_N$ 表示，它代表电源所能输出的最大有功功率。但电源究竟向负载提供多大的有功功率并不取决于电源本身，而取决于负载的大小和性质。例如，供电线路上不接入负载时，电源就不输出功率；若接的是一组电阻性负载，这时 $\cos\varphi=1$，电源则只需输出负载所需的有功功率；若接的是一组电感性负载，这时功率因数 $\cos\varphi<1$，电源不仅要输出有功功率，还要提供负载所需的无功功率。

(2)功率因数 $\cos\varphi$ 过低，将增加电力网中输电线路上的电能损耗。当电源电压 U 和负载功率 P 一定时，电源供给负载的电流(即输电线路上的电流)为

$$I=\frac{P}{U\cos\varphi}$$

显然，功率因数越低，则线路电流越大。因为输电线路本身具有一定的阻抗，它一方面导致线路上的电能损失增加，使用户电压降低；另一方面还使线路上的功率损耗 ΔP 与$\cos^2\varphi$ 成反比，功率因数过低，将使线路损耗大大增加。

2. 提高功率因数的方法

提高功率因数的方法是在感性负载的两端并联电容量适当的电容器。这种方法不会改变负载原来的工作状态，负载取用的电流、有功功率以及负载本身的功率因数仍和原来一样，但是负载的一部分无功电流、无功功率从电容支路得到了补偿，从而使线路的功率因数提高了，总电流减小了，电源设备得到了充分利用。因此变电室内常并联有专用的电力电容器，用来提高该变电室所供负载线路的功率因数。

用并联电容器提高功率因数，一般提高为 0.9 左右就可以了，因为要补偿到功率因数接近 1 时，所需的电容量太大，反而不经济。

设需求的 $\cos\varphi$ 为已知，由图 2-25(b)相量图分析可求得应并联电容器电容值的公式。

因为 $$I_C=I_1\sin\varphi_1-I\sin\varphi=\frac{P}{U}(\tan\varphi_1-\tan\varphi)=\omega CU$$

所以 $$C=\frac{P}{\omega U^2}(\tan\varphi_1-\tan\varphi) \tag{2-68}$$

>>> 技能操作

日光灯电路及功率因数的提高

1. 操作目的

(1)理解日光灯电路的工作原理与接线。

(2)理解提高功率因数在工程上的意义。

(3)掌握提高感性负载功率因数的方法。

(4)学会功率表、功率因数表的使用方法。

2. 操作器材

单相交流电源 1 个、三相自耦调压器 1 台、交流电压表(0～300 V)1 块、交流电流表(0～1 A)1 块、功率因数表 1 块、万用表 1 块、日光灯具(220 V、30 W)1 套、电容器(1 μF、2.2 μF、4.7 μF)各 1 个、电流插座若干、功率因数提高测试线路板 1 块。

3. 操作注意事项

(1)测量用交流市电 220 V，务必注意用电和人身安全。

(2)每次换接线路，均要断开电源，不得在通电状态下换接线路，以免造成人身危险。

(3)在接通电源前，应先将自耦调压器手柄置在零位上。

(4)功率表要正确接入线路，读数时要注意量程和实际读数的折算关系。

(5)线路接线正确，日光灯不能启辉时，注意检查启辉器及其接触是否良好。

4. 操作内容与步骤

(1)日光灯电路及其功率因数的改善

①按图 2-26 测试电路接线，电源电压取自实训装置配电源控制模块上的可调电压输出端，逆时针旋转调压手柄，将调压器调到指示为零，功率因数表接线方式同功率表，电流线圈串入电路，电压线圈并入电路。接线完毕经指导教师检查后，方可接通市电电源。

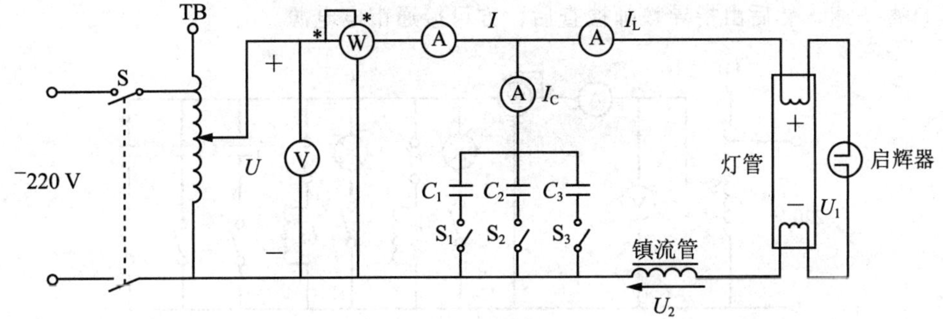

图 2-26 测试电路

测试用的日光灯管 220 V/30 W 一般安装在实验台体的顶端，日光灯管两端 4 根绝缘导线分别与测试线路板上的镇流器、启辉器相连。

②将 S_1、S_2、S_3 断开，将自耦调压器的输出电压调至 220 V，用交流电压表测量电压 U、灯管电压 U_1、镇流器电压 U_2，通过一只交流电流表和三只电流插座分别测量三条支路的电流，用单相功率表测量功率，并记入表 2-8 中。

表 2-8

测量数据						计算数据				
U/V	U_1/V	U_2/V	I_L/A	P/W	$\cos\varphi$	$R=\frac{P}{I_L^2}$	$\lvert Z\rvert=\frac{U}{I_L}$	X_L	L	$\cos\varphi$

③分别并联电容 C_1、C_1+C_2、$C_1+C_2+C_3$，每改变一次电容值，测一次有关参数，记入表 2-9 中。

④在同一坐标系作 $I=f(C)$和 $\cos\varphi=f(C)$曲线，并分析曲线成因。

表 2-9

电容器	测量数据						计算数据	
标算值	U/V	I/A	I_L/A	I_C/A	P/W	$\cos\varphi$	$C=\frac{I_C}{\omega U}$	$\cos\varphi_0=\frac{P}{UI}$
1 μF								
2.2 μF								
3.2 μF								
4.7 μF								
5.7 μF								
6.9 μF								

(2)采用灯泡的感性负载功率因数的提高

测量线路如图 2-27 所示，按图接线，电源电压取自实训装置配电源控制模块上的可调电压输出端，逆时针旋转调压手柄，将调压器调到指示为零，接线完毕，同组同学应自查一遍，然后由指导教师检查后，方可接通市电电源。

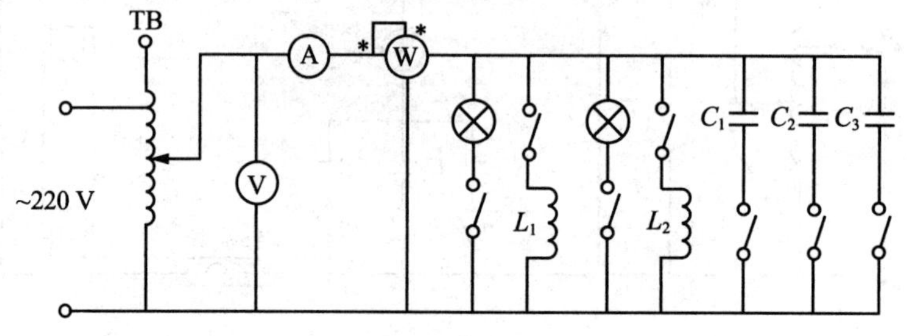

图 2-27 功率因数的提高

①接入纯电阻负载(两只白炽灯)，用交流电压表监测，将电源电压调到 220 V，测量并记录负载的电压、电流和功率。

②将调压器调回到零，断开电源，在负载只是白炽灯的情况下，分别并联电容 C_1、C_1+C_2、$C_1+C_2+C_3$，用交流电压表监测，将电源电压调到 220 V，测量并记录三种情况下负载的电压、电流和功率。

③将调压器调回到零，断开电源，在负载只是白炽灯的情况下，分别并联一个电感 L_1、并联两个电感 L_1 和 L_2，用交流电压表监测，测量并记录两种情况下负载的电压、电流和功率。(注意：L_1、L_2 中流过的电流不得超过其额定电流的 36%。接线、改接线路时必须遵守先接线后通电；先断电后拆线的操作原则)

④将调压器调回到零，断开电源，在电阻负载并联两个电感的情况下，分别并联电容 C_1、C_1+C_2、$C_1+C_2+C_3$，用交流电压表监测，测量并记录三种情况下负载的电压、电流和功率。

表 2-10　采用灯泡的感性负载功率因数提高的数据

负　载	U/V	I/A	P/W	$\cos\varphi$
白炽灯 R				
$R//C_1$				
$R//(C_1+C_2)$				
$R//(C_1+C_2+C_3)$				
$R//L_1$				
$R//L_1//L_2$				
$R//L_1//L_2//C_1$				
$R//L_1//L_2//(C_1+C_2)$				
$R//L_1//L_2//(C_1+C_2+C_3)$				

5. 操作报告要求

(1)完成数据表格中的计算，进行必要的误差分析。

(2)根据表中的数据计算总负载的功率因数等于 1 时，应并联的电容值，并与测量结果相比较。

(3)回答思考题：

①在日常生活中，当日光灯上缺少启辉器时，人们常用一根导线将启辉器的两端短接一下，然后迅速断开，使日光灯点亮；或用一只启辉器去点亮多只同类型的日光灯，这是为什么？

②提高感性负载的功率因数，为什么不采用给负载串联电容的方法？所并电容器是否越大越好？

③并联电容后，总电流和功率因数有何变化？以此说明提高功率因数的实际意义。

④怎样判断电路工作在功率因数等于 1 的状态？

>>> 能力训练

1. 在 RLC 并联电路中，电阻 $R=30\ \Omega$，电感线圈 $L=445$ mH，电容器的电容 $C=32\ \mu$F，求：(1)要使电路发生谐振，电源的频率 f 为多少？(2)当电源的频率为

10 kHz 时，保持线圈不变，并联谐振时的电容 C 的值。

2. 在 LC 并联谐振电路中，已知线圈内阻 $R=2\ \Omega$，线圈 $L=64$ mH，电容 $C=0.1\ \mu F$，求电路的谐振频率、品质因数、谐振等效阻抗、总电流和支路电流。

3. 有一只日光灯，接在 220 V、50 Hz 的正弦交流电上，正常工作时额定功率 $P=40$ W，功率因数为 0.4，试求电路中的电流，如要日光灯电路功率因数增大到 0.8，需要并联多大的电容器，此时电路的电流变为多少？

4. 在 RLC 并联电路中，电压 $u=10\sqrt{2}\sin(1\,000t+60°)$V，电阻 $R=5\ \Omega$，电感线圈 $X_L=100\ \Omega$，电容器的容抗 $X_C=100\ \Omega$，求电路的品质因数 Q、电阻中的电流 I_R、电感线圈中的电流 I_L 和电容器中的电流 I_C。

5. 一个 220 V，40 W 的日光灯，功率因数 $\cos\varphi_1=0.5$，用于频率 $f=50$ Hz，电压 $U=220$ V 的正弦电源，要求把功率因数提高到 $\cos\varphi=0.95$，试计算所需并联电容的电容量 C。

>>> 能力与升华

坚持把发展经济的着力点放在实体经济上，推进新型工业化，加快建设制造强国、质量强国、航天强国、交通强国、网络强国、数字中国。实施产业基础再造工程和重大技术装备攻关工程，支持专精特新企业发展，推动制造业高端化、智能化、绿色化发展。巩固优势产业领先地位，在关系安全发展的领域加快补齐短板，提升战略性资源供应保障能力。推动战略性新兴产业融合集群发展，构建新一代信息技术、人工智能、生物技术、新能源、新材料、高端装备、绿色环保等一批新的增长引擎。我们要学以致用，以技术技能在社会主义经济建设中贡献力量。

项目二　能力测试

一、填空题

1. 已知两个正弦交流电流 $i_1=10\sin(314t-30°)$A，$i_2=310\sin(314t+90°)$A，则 i_1 和 i_2 的相位差为________，________超前________。

2. 已知正弦交流电压 $u=220\sqrt{2}\sin(314t+60°)$V，它的最大值________，有效值________，角频率________，相位____________，初相位________。

3. 正弦交流电的三要素是________、________和________。

4. 某交流供电的频率 $f=400$ Hz，其角频率为________，周期为________。

5. 已知两个正弦交流电流 $\dot{I}_1=(8-j6)$A，$\dot{I}_2=(-8+j6)$A，则它们的瞬时表达式分别为：$i_1=$____________A，$i_2=$____________A。

6. 已知 $i_1=10\sin(\omega t+30°)$A，$i_2=6\sin(\omega t-60°)$A，则 $i_1+i_2=$________A。

7. 在 RLC 串联电路中，当 $X_L>X_C$ 时，电路呈________性；当 $X_L<X_C$ 时，电路呈________性；当 $X_L=X_C$ 时，电路呈________性。

8. 产生串联谐振的条件是____________，谐振频率为__________。

9. 在正弦交流电路中，视在功率 S 是指____________________，单位为________。

10. 在供电设备输出的功率中，既有有功功率又有无功功率，当总功率 S 一定时，

功率因数 $\cos\varphi$ 越低，有功功率就________；无功功率就________。

二、选择题

11. 已知一交流电流，当 $t=0$ 时，$i_0=1$ A，初相为 45°，则这个交流电的有效值为(　　)。

A. 0.5 A　　B. 1.414 A　　C. 1 A　　D. 2 A

12. 一个电热器，接在 10 V 直流电源上，产生一定的热功率。把它改接到交流电源上，使产生的热功率是直流时的一半，则交流电源电压的最大值是(　　)。

A. 7.07 V　　B. 5 V　　C. 14 V　　D. 10 V

13. 在纯电感电路中，感抗应为(　　)。

A. $X_L=j\omega L$　　B. $X_L=\dot{U}/\dot{I}$　　C. $X_L=U/I$

14. 若电路中某元件的端电压 $u=5\sin(314t+35°)$ V，电流 $i=\sin(314t+125°)$ A，u，i 为关联方向，则该元件是(　　)。

A. 电阻　　B. 电感　　C. 电容

15. 交流电路的功率因数等于(　　)。

A. 有功功率与无功功率之比　　B. 有功功率与视在功率之比

C. 无功功率与视在功率之比　　D. 电路中电压与电流相位差

16. 电流 $i=10\sqrt{2}\sin(314t-30°)$ A 的相量为(　　)。

A. $i=10e^{j30°}$ A　　B. $I=10e^{-j30°}$ A　　C. $I=114.1e^{-j30°}$ A　　D. $\dot{I}=10e^{-j30°}$ A

17. 在 RLC 串联交流电路中，端电压与电流的相量图如图 2-28 所示，这个元件是(　　)。

A. 电阻　　B. 电感　　C. 电容

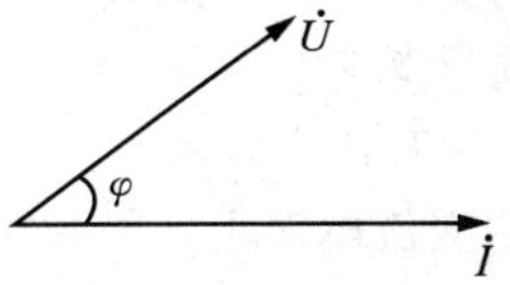

图 2-28　题 17 图

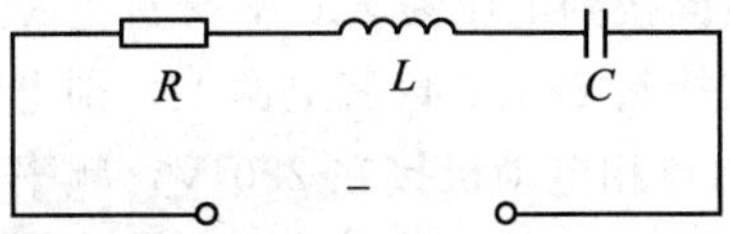

图 2-29　题 18 图

18. 交流电路如图 2-29 所示，电阻、电感和电容两端的电压都是 100 V，则电路的端电压是(　　)。

A. 100 V　　B. 300 V　　C. 200 V　　D. $120\sqrt{3}$ V

19. 在 RLC 串联交流电路中，有功功率 $P=$(　　)。

A. I^2R　　B. $U_R I\cos\varphi$　　C. UI　　D. $S-Q$

20. 在 RLC 并联谐振电路中，电阻 R 越小，其影响是(　　)。

A. 谐振频率升高　　B. 谐振频率降低

C. 电路总电流增大　　D. 电路总电流减少

三、判断题

21. 正弦量的初相角与起始时间的选择有关，而相位差则与起始时间无关。(　　)

22. 两个不同频率的正弦量可以求相位差。(　　)

23. 用交流电表测交流电的数值是平均值。（　　）

24. 只有在纯电阻电路中，端电压与电流的相位差才为零。（　　）

25. 电感性负载总电压滞后电流 90°。（　　）

26. 在 RLC 串联电路中，若 $X_L=X_C$，这时电路的端电压与电流的相位差为零。（　　）

27. 在 RLC 串联电路中，容抗和感抗的数值越小，电路中电流就越大。（　　）

28. 串联谐振会产生过电压，所以也称作电压谐振。（　　）

29. 并联谐振时，支路电流可能比总电流大，所以又称为电流谐振。（　　）

30. 谐振也可能发生在纯电阻电路中。（　　）

四、简答题

31. 为什么说电感元件是储能元件？为什么说电感元件具有"通直阻交"的特性？

32. 为什么说电容元件是储能元件？为什么说电容元件具有"隔直通交"的特性？

33. 为什么说串谐振又叫电压谐振？

34. 并联谐振的条件是什么？其谐振频率又是多少？

35. 提高功率因数的方法是什么？

五、计算题

36. 电压 $u=220\sqrt{2}\sin(100t-30^\circ)$ V 加在电感上，电感 L 的电感量为 0.2 H，选定 u、i 参考方向一致，试求通过电感的电流 i，并绘出电流和电压的相量图。

37. 在 RLC 串联电路中，已知 $R=10\ \Omega$，$L=22$ mH，$C=68\ \mu$F。

(1)若电源为 $u=15\sqrt{2}\sin(10^3t)$(V)，求 i、u_R、u_C、u_L，并画出相量图；

(2)当电源频率为多少时，电路呈电阻性，求此时的 i、u_R、u_C、u_L，并画出相量图。

38. 交流接触器的线圈电感参数为 $R=220\ \Omega$，$L=31.4$ H，试求：

(1)当线圈接到电压为 220 V 交流电源上时，电流为多少？

(2)若错接到 220 V 直流电源上，则电流为多少？会有什么后果？

39. 一台单相电动机接在 220 V，频率为 50 Hz 的交流电源上，吸收 1.4 kW 的功率，功率因数为 0.7，欲将功率因数提高到 0.9，需并联多大的电容？补偿的无功功率为多少？

40. RLC 串联谐振电路中，已知 $R=5\ \Omega$，$L=40$ mH，$C=0.0025\ \mu$F，电源电压为 5 V，求电路谐振时的频率、电路电流、电感和电容两端电压、电路的 Q 值。

项目二　质量评价标准

任务序号	评价项目	评价标准	配分	自评分	教师评分
1	单相正弦交流电路	正弦交流电的三要素	4		
		正弦交流电的表示方法	4		
		学会使用示波器、信号发生器、频率计、交流毫伏表、交流电流表和电压表，并会测量正弦交流电的各项参数	12		

续表

任务序号	评价项目	评价标准	配分	自评分	教师评分
2	纯电阻、电感、电容电路的分析与技能操作	纯电阻交流电路	4		
		纯电感交流电路	4		
		纯电容交流电路	4		
		R、*L*、*C* 元件阻抗特性的测定	6		
3	*RLC* 串联电路的分析与技能操作	*RLC* 串联电路电压与电流的关系	6		
		RLC 串联电路的功率	6		
		串联谐振电路	6		
		RLC 串联谐振电路的测试	6		
4	*RLC* 并联电路的分析与技能操作	*RLC* 并联电路电压与电流的关系	6		
		RLC 并联电路的功率	6		
		并联谐振电路	6		
		知道日光灯电路的工作原理，并学会接线。学会使用功率表、功率因数表和提高功率因数的方法	20		
综合成绩				教师：	

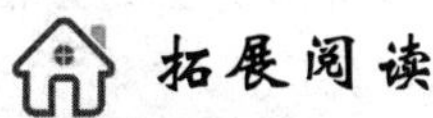

行业先锋：大国工匠——包玉合

项目三　三相交流电路的分析与技能操作

>>> 项目描述

由于在相同的输电条件(功率、距离、电压、效率)下采用三相输电比单相输电经济得多；它与单相交流电相比，具有结构简单、价格低廉、性能良好且工作可靠等优点，所以，电力系统中广泛采用三相制供电。本项目研究三相交流电的产生、三相电源的连接及三相电源的测试，三相负载的星形连接、三角形连接电路中的线电压与相电压关系、线电流与相电流的关系，三相电功率及测试。

>>> 知识目标

1. 知道三相交流电的概念及其产生过程，熟悉相序的定义；
2. 掌握三相电源星形连接时的相电压与线电压之间的关系；
3. 掌握三相对称负载星形、三角形接法的特点，会分析和计算三相交流电路；
4. 理解三相四线制电路中线的作用，能正确地将负载接入三相电源；
5. 掌握三相交流电路功率的计算。

>>> 技能目标

1. 掌握三相负载作星形连接、三角形连接的方法，验证这两种接法下线电压、相电压、线电流、相电流之间的关系；
2. 正确掌握相序指示器电路的接线方法并学会判断三相电路的相序；
3. 能够正确使用单相功率表和三相功率表，并会用功率表测量三相电路的有功功率和无功功率。

任务八　三相交流电源和三相负载的连接与实践

>>> 任务目标

1. 深刻理解对称三相正弦量的瞬时表达式、波形、相量表达式及相量图；
2. 掌握对称三相电源的连接及线电压与相电压的关系、线电流与相电流的关系；
3. 掌握三相负载的连接及线电压与相电压的关系、线电流与相电流的关系；
4. 掌握三相交流电路电压、电流和相序的测量方法。

>>> 任务描述

电力系统中所采用的供电方式，大多是由三相交流电源供电，三相电路应用很广，三相交流电动机就是由三相交流电源供电的负载。日常生活中用的单相电源也是三相交流电源的一相。本任务主要学习三相对称交流电源产生的过程，学会三相电源的(Y

和△)连接和三相对称负载(Y 和△)连接的接线方法，并会分析和计算三相交流电路。正确理解三相电路中线的作用。

>>> 相关知识

一、三相交流电的产生

由三个频率相同、振幅相等、相位互差 120°的正弦电压源所构成的电源称为三相交流电源。三相电源供电的电路称为三相交流电路。图 3-1 是三相交流发电机的模型，它的主要组成部分是电枢和磁极。电枢是固定的，也称为定子，在定子铁芯上冲有凹槽，用以放入三相绕组，每相的绕组材料、线径和匝数是相同的，且放置时相互间隔 120°排列，每组线圈都有首端和尾端，首端分别为 U_1、V_1 和 W_1 端，末端为 U_2、V_2 和 W_2 端。

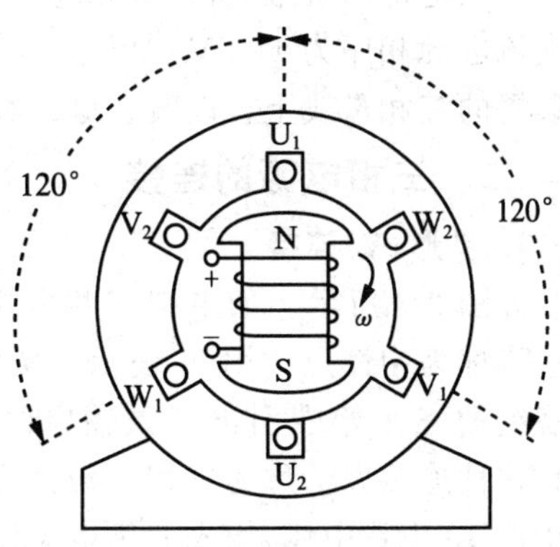

图 3-1　三相交流发电机的示意图

发电机转子上装有磁极，磁极上嵌有线圈，往线圈中通入直流电，便会使磁极产生很强的磁场，这个线圈也叫励磁线圈。

当转子在原动机(水轮机、汽轮机或柴油机等)带动下做匀速旋转时，三个定子绕组切割磁力线，会感应出随时间按正弦规律变化的交流电压，并且三个绕组感应的电压频率和幅度相同，但相位是相差 120°的，三相交流电压表达式为

$$\begin{cases} u_U = U_m \sin \omega t \\ u_V = U_m \sin(\omega t - 120°) \\ u_W = U_m \sin(\omega t - 240°) \end{cases} \tag{3-1}$$

对应相量表达式为

$$\begin{cases} \dot{U}_U = U\angle 0° = U \\ \dot{U}_V = U\angle -120° = -\frac{1}{2}U - j\frac{\sqrt{3}}{2}U \\ \dot{U}_W = U\angle -240° = -\frac{1}{2}U + j\frac{\sqrt{3}}{2}U \end{cases} \tag{3-2}$$

三相电波形图和相量图如图 3-2 所示。

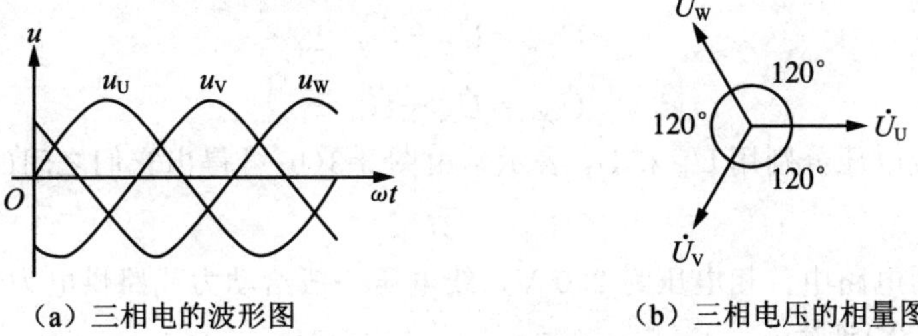

(a) 三相电的波形图　(b) 三相电压的相量图

图 3-2　三相电波形图和相量图

由上面式子可推出，三相电压相量之和瞬时值之和均为零，即

$$\begin{cases}\dot{U}_{U}+\dot{U}_{V}+\dot{U}_{W}=0\\ u_{U}+u_{V}+u_{W}=0\end{cases}\tag{3-3}$$

三相电源出现最大值(或相应零值)的先后次序称为三相交流电源的相序，上述三相交流电源相序为 U－V－W－U，另一种三相交流电源相序为 U－W－V－U。在配电装置的三相母线上，以黄、绿、红三种颜色分别表示 U、V、W 三相电。

二、三相电源的连接

1. 星形(Y)连接

三相交流电源连接

如图 3-3 所示，如果把三相发电机绕组的三个末端连在一点，这一点称为中性点，用 N 表示，从中性点引出的导线称为中性线。从绕组的三个始端引出三条输电线，称为相线(或端线)，俗称火线，这种连接方法称为三相电源的星形(Y)连接。由三根相线、一根中性线(也称中线)构成的供电系统称为三相四线制。通常低压供电网都采用三相四线制。

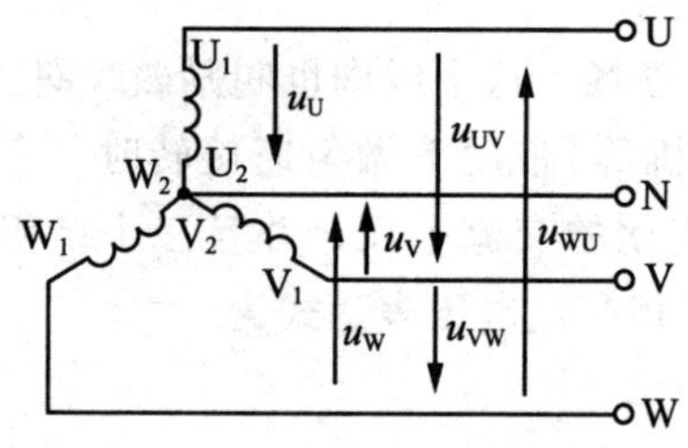

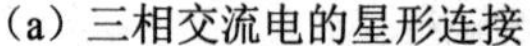

(a) 三相交流电的星形连接

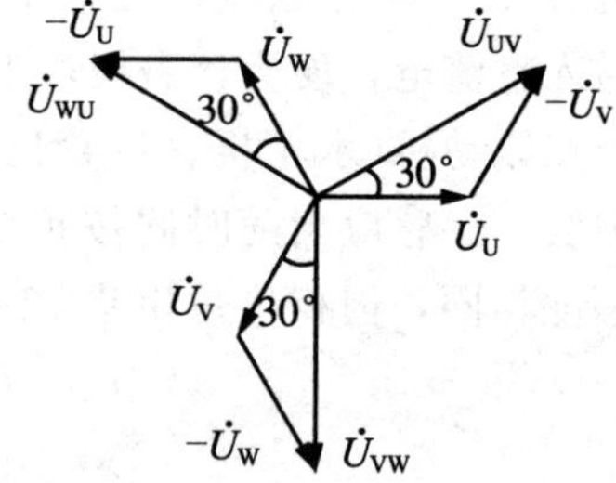

(b) 相电压与线电压的相量图

图 3-3　三相电源星形连接与相量图

相线与中性线间的电压称为相电压，而任意相线之间的电压称为线电压。相量图如图 3-3(b)所示，图中 $\dot{U}_U$、$\dot{U}_V$ 和 $\dot{U}_W$ 为相电压相量，$\dot{U}_{UV}$、$\dot{U}_{VW}$ 和 $\dot{U}_{WU}$ 为线电压相量。由图可知线电压也是频率相同、幅度相等、相位互差 120°的三相对称交流电，但在相位上比相电压超前 30°。

线电压与相电压的关系为 $u_{UV}=u_U-u_V$，$u_{VW}=u_V-u_W$，$u_{WU}=u_W-u_U$。

相量关系式为

$$\begin{cases}\dot{U}_{UV}=\dot{U}_{U}-\dot{U}_{V}\\ \dot{U}_{VW}=\dot{U}_{V}-\dot{U}_{W}\\ \dot{U}_{WU}=\dot{U}_{W}-\dot{U}_{U}\end{cases}\tag{3-4}$$

相电压和线电压分别用 U_P 和 U_L 表示，由图 3-3(b)可得出它们之间的关系为

$$U_L=\sqrt{3}U_P\tag{3-5}$$

在我国照明电路中，相电压为 220 V，线电压一般给动力线路供电为 380 V。

2. 三角形(△)连接

三角形连接如图 3-4 所示，如果将交流发电机三相绕组的首、末端依次相连，从三个连接点引出三根端线，这种连接方法称为三角形连接。这种供电方式只用三根输电

线，称为三相三线制供电。从图 3-4 可以看出，三相电源接成三角形连接时，线电压等于对应的相电压，即

$$u_{UV}=u_U，u_{VW}=u_V，u_{WU}=u_W$$

此时，在三相绕组组成的闭合回路中，因为

$$e_U+e_V+e_W=0$$

即回路中的各相瞬时电动势的和为零，所以，三相绕组中的电流代数和也为零。

当对称三相电源作三角形连接时，由于闭合回路中的电源总电压为零，所以电源内部无环流。若接错，将可能形成很大的环流，以致烧坏绕组，这是不允许的。发电机绕组一般不采用三角形连接而采用星形连接。

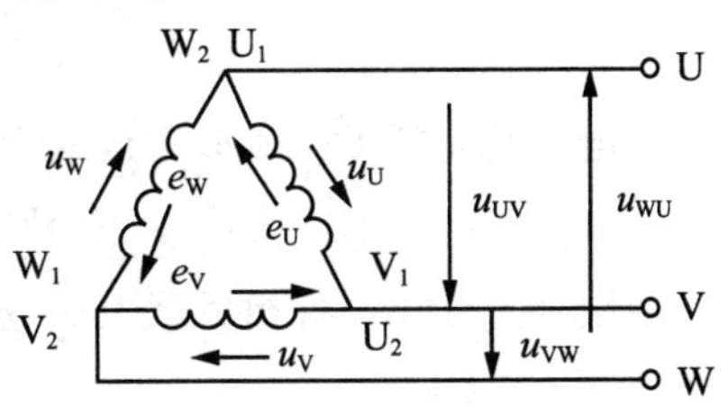

图 3-4　三相电源三角形连接

三、三相负载连接

三相负载连接

在三相交流电路中，接有许多不同类型的用电设备，用电设备有单相设备和三相设备，照明灯具、家电电器、单相交流电动机等小功率设备都是单相设备。三相交流电动机、一部分柜式空调等大功率设备属于三相设备。因此，实际用电设备中，既有三相负载，也有单相负载。

在三相四线制供电系统中，电源的额定电压为相电压 220 V，线电压 380 V。额定电压为 220 V 的单相负载应接在相线与中性线之间，中性点 N 为各个单相负载的公共点。额定电压为 380 V 的单相负载应接在相线与相线之间。

三相设备一般是对称三相负载，即各相的阻抗相等，对称三相负载既可以接成星形，也可以接成三角形，具体接法由三相负载的铭牌决定。

1. 负载星形连接

三相电动机的三个接线端总是与电源的三根相线连接，但三相电动机的三个绕组可以连接成星形，也可能是三角形。它的连接方法在电动机的铭牌上已标出，一般必须按照铭牌的标法接线，如 380 V Y 连接或 380 V△连接。

负载星形连接的三相四线制电路一般按照图 3-5 所示方法连接，每相负载的阻抗分别为 Z_U、Z_V 和 Z_W。

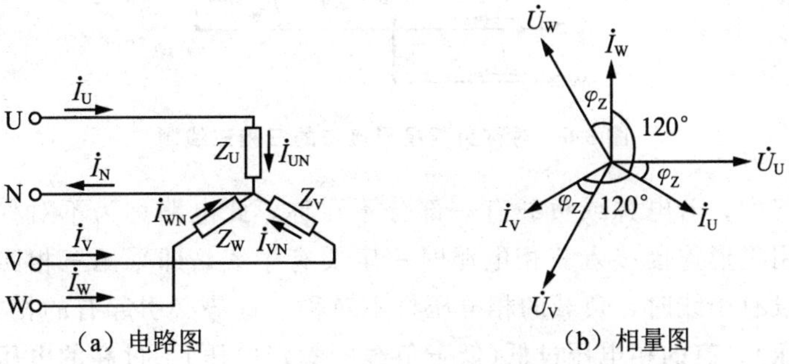

图 3-5　负载星形连接的三相四线制电路

三相电路中的电流有相电流和线电流之分，每相负载中的电流称为相电流，用 I_P 表示，每根相线中的电流称为线电流，用 I_L 表示。当负载星形连接时，相电流即为线电流，即

$$I_P = I_L \tag{3-6}$$

设电源相电压 $\dot{U}_U$ 为参考正弦量，则有

$$\dot{U}_U = U_U \angle 0°, \dot{U}_V = U_V \angle -120°, \dot{U}_W = U_W \angle 120°$$

由图 3-5 可知，各相负载上的电压就是电源相电压，因此各相电流为

$$\begin{aligned} \dot{I}_U &= \frac{\dot{U}_U}{Z_U} \\ \dot{I}_V &= \frac{\dot{U}_V}{Z_V} \\ \dot{I}_W &= \frac{\dot{U}_W}{Z_W} \end{aligned} \tag{3-7}$$

中性线电流，可用基尔霍夫电流定律得出，即

$$\dot{I}_N = \dot{I}_U + \dot{I}_V + \dot{I}_W \tag{3-8}$$

电流与电压相量图如图 3-5(b)所示。若三相负载是对称的，则

$$Z_U = Z_V = Z_W = Z$$

$$\varphi_1 = \varphi_2 = \varphi_3 = \varphi$$

因为电压是对称的，那么电流也是对称的，则

$$I_U = I_V = I_W$$

此时，可算得中性线电流为零，即

$$\dot{I}_N = \dot{I}_U + \dot{I}_V + \dot{I}_W = 0$$

由此可见，当三相负载对称时，中线电流为零，那么中性线就可省去，用三相三线制电路即可，这种接法广泛用于三相电动机中，如图 3-6 所示。

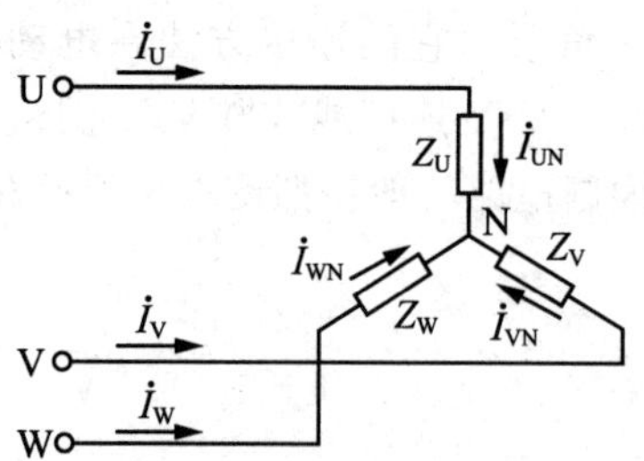

图 3-6　对称负载星形接法的三相三线制

在三相电路中，若电源或负载有一部分不对称，此电路称为不对称电路。在三相不对称负载采用星形连接接入三相电源时一定要有中线，即采用三相四线制。因为负载不对称而又没有中线时，负载的相电压将不对称，这势必引起有的相电压过高(高于负载的额定电压)，有的相电压过低(低于负载的额定电压)。过高的电压会使电气设备损坏或烧毁，过低的电压会使电气设备不能正常工作，也可能引起电气设备损坏。中

线的作用是使星形连接的不对称三相负载的相电压对称，使各相负载能正常工作。为了保证负载的相电压对称，就不应让中线断开，中线必须连接可靠。因此，中线内不允许接入熔断器或开关。在实际配电线路中如果中线断开，往往会使大片用户的电气设备损坏和烧毁，还可能进一步引起火灾，造成严重的责任事故。

例 3-1 如图 3-7 所示的三相四线制电路中，电源线电压为 380 V，负载为电灯，三相电阻分别为 $R_1=30\ \Omega$、$R_2=15\ \Omega$、$R_3=10\ \Omega$，试求：各相电压、各线电流。

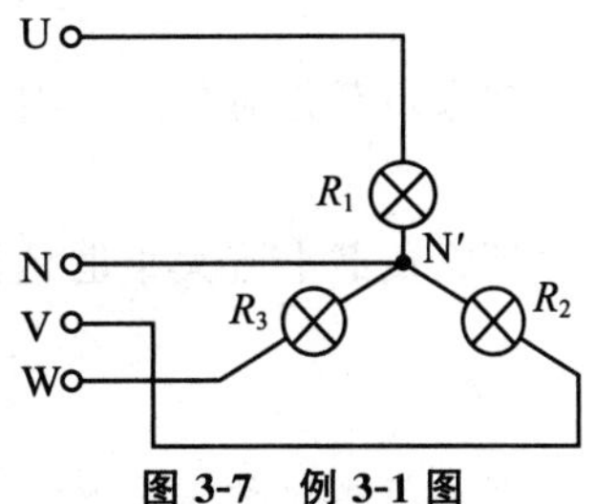

图 3-7 例 3-1 图

解：每相负载所承受的相电压为

$$U_P=\frac{U_L}{\sqrt{3}}=\frac{380}{\sqrt{3}}\approx 220(\text{V})$$

各相电流为

$$I_U=\frac{U_P}{R_1}=\frac{220}{30}\approx 7.3(\text{A})$$

$$I_V=\frac{U_P}{R_2}=\frac{220}{15}\approx 14.7(\text{A})$$

$$I_W=\frac{U_P}{R_3}=\frac{220}{10}=22(\text{A})$$

因为各线电流等于各相电流，所以有

$$I_{UL}=I_U=7.3\ \text{A},\ I_{VL}=I_V=14.7\ \text{A},\ I_{WL}=I_W=22\text{A}$$

2. 负载三角形连接

对于大功率的三相用电设备，大多采用三角形接法，如图 3-8 所示，由图可知，各相负载所得电压就是三相电源的线电压。

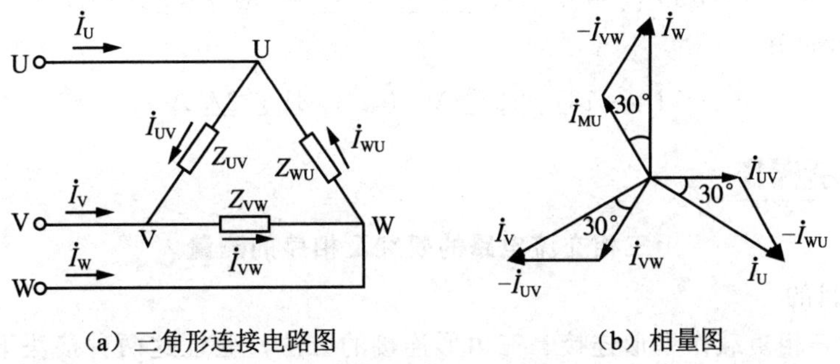

(a) 三角形连接电路图　　(b) 相量图

图 3-8 负载三角形连接的电路

各相负载都直接连接在三相电源的线电压上，因此负载各相电压大小等于三相电源的线电压，即

$$U_{UV}=U_{VW}=U_{WU}=U_P=U_L \tag{3-9}$$

在负载三角形连接中，相电流与线电流是不相等的。各相负载电流的有效值分别为

$$I_{UV}=\frac{U_{UV}}{|Z_{UV}|},\ I_{VW}=\frac{U_{VW}}{|Z_{VW}|},\ I_{WU}=\frac{U_{WU}}{|Z_{WU}|}$$

负载的线电流也可应用基尔霍夫定律计算如下

$$\dot{I}_{U}=\dot{I}_{UV}-\dot{I}_{WU}$$

$$\dot{I}_{V}=\dot{I}_{VW}-\dot{I}_{UV}$$

$$\dot{I}_{W}=\dot{I}_{WU}-\dot{I}_{VW}$$

如果负载是对称的，则

$$|Z_{UV}|=|Z_{VW}|=|Z_{WU}|=|Z|$$

那么负载电流大小也是相等的，即

$$I_{UV}=I_{VW}=I_{WU}=I_{P}=\frac{U_{P}}{|Z|}$$

至于负载对称时线电流与相电流的关系，可由上面式子画出相量图，如图 3-8(b)所示，由图可看出，线电流也是对称的，在相位上比相应的相电流滞后 30°，负载相电流与线电流的关系为

$$I_{L}=\sqrt{3}I_{P} \tag{3-10}$$

例 3-2 已知三相负载是三角形连接，每相阻抗为 $Z=3+j4(\Omega)$，将此负载接到 380 V 的对称线电压上，求各支路上的线电流。

解：设 $\dot{U}_{UV}=380\angle 0°$ (V)，则相电流

$$\dot{I}_{UV}=\frac{\dot{U}_{UV}}{Z}=\frac{380°\angle 0°}{3+j4}=\frac{380°\angle 0°}{5\angle 53°}=76\angle -53° \text{ (A)}$$

线电流为

$$\dot{I}_{U}=\sqrt{3}\dot{I}_{UV}=\sqrt{3}\times 76\angle -53°-30°=131\angle -83° \text{ (A)}$$

由对称性可知

$$\dot{I}_{V}=131\angle 157° \text{ A},\ \dot{I}_{W}=131\angle 37° \text{ A}$$

>>> 技能操作

三相交流电路的研究及相序的测量

1. 操作目的

(1)掌握三相负载作星形连接、三角形连接的方法，验证这两种接法下线电压、相电压、线电流、相电流之间的关系。

(2)充分理解三相四线供电系统中中线的作用。

(3)交流电路相序的测量方法。

2. 操作器材

三相交流电源 1 块、三相自耦调压器 1 台、交流电压表 1 个、交流电流表 1 个、三相灯组负载(15 W、230 V)白炽灯 9 个、电流插座若干。

3. 操作注意事项

(1)采用三相交流市电，线电压为 380 V，应穿绝缘鞋进入实训室，操作时要注意人身安全，不可触及导电部件，防止意外事故发生。

(2)每次接线完毕，同组同学应自查一遍，然后由指导教师检查后，方可接通电

源，必须严格遵守先接线、后通电，先断电、后拆线的操作原则。

(3)星形负载做短路操作时，必须首先断开中线，以免发生短路事故。

(4)为防止三相负载不对称而又无中线时相电压过高而损坏灯泡，本操作采用“三相 230 V 电源”，即线电压为 230 V，可以通过三相自耦调压器来实现。

4. 内容及步骤

(1)三相负载星形连接

按图 3-9 线路组接操作电路，即三相灯组负载经三相自耦调压器接通三相对称电源，并将三相调压器的旋柄置于三相电压输出为 0 V 的位置，经指导教师检查后，方可合上三相电源开关，然后调节调压器的输出，使输出的三相线电压为 230 V(即火线与火线之间的线电压为 230 V，即 U、V 之间的电压为 230 V，V、W 之间的电压为 230 V，U、W 之间的电压为 230 V)。

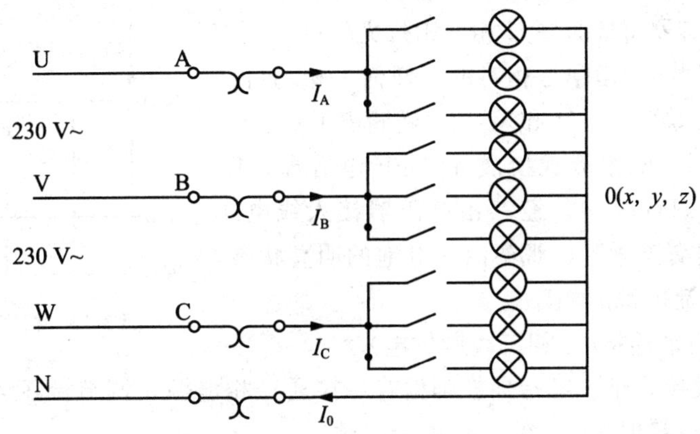

图 3-9 三相负载星形连接

①三相四线制 Y_0 形连接(有中线)。

按表 3-1 要求，测量有中线时三相负载对称和不对称情况下的线电压、相电压、线电流(相电流)和中线电流之值，并观察各相灯组亮暗程度是否一致，特别要注意观察中线的作用。

表 3-1 三相四线制 Y_0 形连接(有中线)

测量数据 / 负载情况	开灯盏数			线电流/A			线电压/V			相电压/V			中线电流 I_O/A	中点电压 U_{NO}/V
	A 相	B 相	C 相	I_A	I_B	I_C	U_{AB}	U_{BC}	U_{CA}	U_{AO}	U_{BO}	U_{CO}		
Y_0 接平衡负载	3	3	3											
Y_0 接不平衡负载	1	2	3											
Y_0 接 B 相断开	1	断	3											

②三相三线制 Y 连接(无中线)。

将中线断开，测量无中线时三相负载对称和不对称情况下的线电压、相电压、线电流(相电流)、电源与负载中点间的电压，记录在表 3-2 中，并观察各相灯亮暗的变化程度。

表 3-2　三相三线制 Y 连接(无中线)

负载情况 \ 测量数据	开灯盏数			线电流/A			线电压/V			相电压/V			中点电压
	A 相	B 相	C 相	I_A	I_B	I_C	U_{AB}	U_{BC}	U_{CA}	U_{AO}	U_{BO}	U_{CO}	U_{NO}/V
Y 接平衡负载	3	3	3										
Y 接不平衡负载	1	2	3										
Y 接 B 相断开	1	断	3										
Y 接 B 相短路	1	短	3										

③判断三相电源的相序。

图 3-10 所示相序指示器电路，用以测定三相电源的相序 U、V、W。它是由一个电容器和两个瓦数相同白炽灯连接成的星形不对称三相负载电路。如果电容器所接的是 U 相，则灯光较亮的是 V 相，较暗的是 W 相。(相序是相对的，任何一相均可作为 U 相，但 U 相确定后，V 和 W 相也就确定了)。

断开中线，将 A 相负载换成 4.7 μF 电容器，B、C 相负载各为白炽灯一盏，经三相调压器接入线电压为 230 V 的三相交流电源，观察两只灯泡的明亮状态，判断所接三相交流电源的相序。

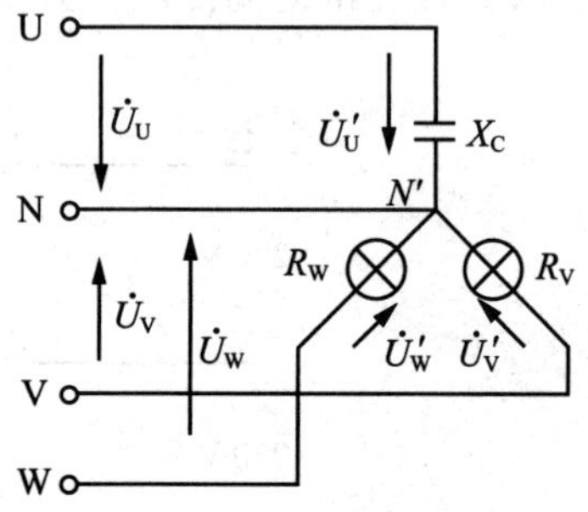

图 3-10　相序指示器电路

(2)负载三角形连接(三相三线制供电)

按图 3-11 改接线路，经指导教师检查后接通三相电源，调节调压器，使其输出线电压为 230 V，按数据表 3-3 的内容进行测试。

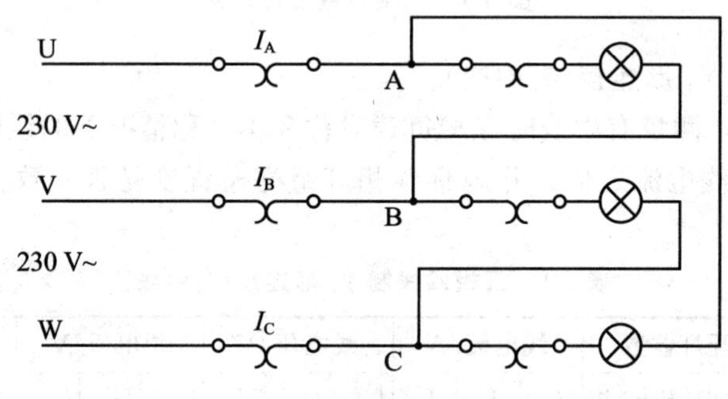

图 3-11　负载三角形连接

表 3-3　负载三角形连接

负载情况 \ 测量数据	开灯盏数			线电流/A			线电压＝相电压/V			相电流/A		
	A－B 相	B－C 相	C－A 相	I_A	I_B	I_C	U_{AB}	U_{BC}	U_{CA}	I_{AB}	I_{BC}	I_{CA}
△接三相平衡	3	3	3									
△接三相不平衡	1	2	3									

5. 操作报告要求

(1)用操作测得的数据验证对称三相电路中的$\sqrt{3}$关系。

(2)用操作数据和观察到的现象，总结三相四线供电系统中中线的作用。

(3)不对称三角形连接的负载，是否正常工作？操作是否能证明这一点？

(4)根据不对称负载三角形连接的相电流值作相量图，并求出线电流值，然后与操作测得的线电流进行比较与分析。

(5)回答思考题：

①三相负载根据什么条件作星形或三角形连接？

②复习三相交流电路有关内容，分析三相星形连接不对称负载在无中线的情况下，当某相负载开路或短路时会出现什么情况？如果接上中线，情况又如何？

③操作中为什么要通过三相调压器将 380 V 的市电线电压降为 230 V 的线电压使用？

>>> 能力训练

1. 有一个星形连接的三相对称负载，每相的电阻 $R=3\ \Omega$；感抗 $X_L=4\ \Omega$，接在线电压为 380 V 的电源上，已知 $u_{UN}=220\sqrt{2}\sin(314t+30°)$V，试求各相负载的相电流的表达式。

2. 有一台三相交流电动机，每相绕组的等效电阻 $R=6\ \Omega$；感抗 $X_L=8\ \Omega$，连成三角形，接在线电压为 380 V 的电源上，试求电动机的相电流和线电流。

3. 对称三相电源，电压为 380 V，向一组负载供电，三相负载 $Z_U=(8+j6)\Omega$，$Z_W=10\ \Omega$，$Z_V=(8+j6)\Omega$，且为星形连接。求：(1)各相电流及中性电流；(2)若 U 相短路，且中性线断开，求各相负载电流。

4. 某对称三相负载，每相负载为 $Z=5\angle 45°\Omega$，接成三角形，接在线电压为 380 V 的电源上，求 $\dot{I}_U$、$\dot{I}_V$、$\dot{I}_W$。

5. 有一星形连接的三相对称负载，已知每相电阻 $R=6\ \Omega$，电感 $L=25.5$ mH，现把它接入线电压为 380 V，$f=50$ Hz 的三相线路中，求通过每相负载的电流和线路上的电流。

任务九 三相交流电路的功率与测试

三相交流电路的功率

一、三相功率的计算

1. 三相功率的一般关系

三相负载有不对称的也有对称的，负载连接方法又有星形连接和三角形连接，但不管何种情况，三相电路的有功功率必等于各相有功功率之和。

$$\begin{aligned}P &= P_U+P_V+P_W \\ &= U_U I_U\cos\varphi_U+U_V I_V\cos\varphi_V+U_W I_W\cos\varphi_W\end{aligned} \tag{3-11}$$

式中 U_U、U_V、U_W——各相相电压；

I_U、I_V、I_W——各相相电流；

$\cos\varphi_U$、$\cos\varphi_V$、$\cos\varphi_W$——各相电路的功率因数。

三相电路的总无功功率等于各相负载的无功功率之和，即

$$Q=Q_U+Q_V+Q_W$$

$$=U_U I_U \sin\varphi_U + U_V I_V \sin\varphi_V + U_W I_W \sin\varphi_W \tag{3-12}$$

三相电路的总视在功率不等于各相电路视在功率之和，即

$$S \neq S_U + S_V + S_W$$

在一般情况下，从交流电路的功率三角形可知电路的视在功率为

$$S = \sqrt{P^2 + Q^2} \tag{3-13}$$

2. 三相对称电路的功率

在三相交流电路中，如果三相负载是对称的，则三相电路的总有功功率等于每相负载上所消耗有功功率的三倍。即

$$P = 3P_P = 3U_P I_P \cos\varphi \tag{3-14}$$

式中，U_P 为相电压，I_P 为相电流，φ 为相电压与相电流之间的相位差。若负载是星形连接，则有 $U_L = \sqrt{3}U_P$、$I_L = I_P$，代入上式，得

$$P = \sqrt{3}U_L I_L \cos\varphi \tag{3-15}$$

同理，负载星形连接时对称三相电路的总无功功率为

$$Q = \sqrt{3}U_L I_L \sin\varphi \tag{3-16}$$

负载星形连接对称三相电路的总视在功率为

$$S = \sqrt{P^2 + Q^2} = \sqrt{3}U_L I_L \tag{3-17}$$

对于对称负载三角形连接时，有 $U_L = U_P$、$I_L = \sqrt{3}I_P$，代入上式，也有

$$P = \sqrt{3}U_L I_L \cos\varphi$$

同理，负载三角形连接时，对称三相电路的总无功功率为

$$Q = \sqrt{3}U_L I_L \sin\varphi$$

负载三角形连接时，对称三相电路的总视在功率为

$$S = \sqrt{P^2 + Q^2} = \sqrt{3}U_L I_L$$

应该指出，接在同一三相电源上的同一对称三相负载，当其连接方式不同时，其三相有功功率是不同的，接成三角形的有功功率是接成星形的有功功率的三倍。

$$P_\triangle = 3P_Y \tag{3-18}$$

例 3-3 有一台三相异步电动机，正常工作时，每相绕组等效电阻为 32 Ω，等效感抗 $X_L = 24\ \Omega$。接于线电压 380 V 的三相电源上，试求在下列情况下的电动机的相电流、线电流和电源输入功率。(1)绕组为星形连接；(2)绕组为三角形连接。

解：(1)负载为星形连接时，相电流与线电流相等，则

$$I_L = I_P = \frac{U_P}{|Z|} = \frac{\frac{U_L}{\sqrt{3}}}{|Z|} = \frac{\frac{380}{\sqrt{3}}}{\sqrt{32^2 + 24^2}} = \frac{220}{40} = 5.5(\text{A})$$

每相等效阻抗为

$$Z = 32 + \text{j}24 = 40\angle 37°(\Omega)$$

电源输入有功功率为

$$P = \sqrt{3}U_L I_L \cos\varphi = \sqrt{3} \times 380 \times 5.5 \times \cos 37° \approx 2.9(\text{kW})$$

电源输入无功功率为

$$Q=\sqrt{3}U_{L}I_{L}\sin\varphi=\sqrt{3}\times380\times5.5\times\sin37^{\circ}\approx2.2(\text{kvar})$$

电源输入总视在功率为

$$S=\sqrt{P^{2}+Q^{2}}=\sqrt{2.9^{2}+2.2^{2}}=3.6(\text{kV}\cdot\text{A})$$

(2)负载为三角形连接时，相电压与线电压相等，有

$$I_{P}=\frac{U_{P}}{|Z|}=\frac{U_{L}}{|Z|}=\frac{380}{\sqrt{32^{2}+24^{2}}}=\frac{380}{40}=9.5(\text{A})$$

线电流

$$I_{L}=\sqrt{3}I_{P}=\sqrt{3}\times9.5\approx16.5(\text{A})$$

电源输入有功功率为

$$P=\sqrt{3}U_{L}I_{L}\cos\varphi=\sqrt{3}\times380\times16.5\times\cos37^{\circ}\approx8.7(\text{kW})$$

电源输入无功功率为

$$Q=\sqrt{3}U_{L}I_{L}\sin\varphi=\sqrt{3}\times380\times16.5\times\sin37^{\circ}\approx6.5(\text{kvar})$$

电源输入总视在功率为

$$S=\sqrt{P^{2}+Q^{2}}=\sqrt{8.7^{2}+6.5^{2}}\approx11(\text{kV}\cdot\text{A})$$

由上计算表明，相同对称负载，三角形接法的线电流是星形接法线电流的三倍，功率也是三倍。但要注意，三相电动机用何种接法，一般必须由铭牌决定，若铭牌是星形接法，却接成三角形，则会使保护电路动作，或者电动机因过流发热而很快烧毁；铭牌是三角形接法，却接成星形，电机起动力矩会不足，电动机可能起动转速慢或不能起动，也会使保护电路动作，或者电动机也因过流发热而烧毁。

二、三相功率的测量

在工程上，除用三相功率表测量三相功率外，一般也可用单相功率表来测量三相功率，其测量方法有三表法、一表法和二表法三种。

1. 三表法

此法用于测量三相四线制不对称负载的功率。测量时把三个功率表分别接在被测的每相电路中。这时，三相电路的总功率为三个功率表的读数之和，即

$$P=P_{U}+P_{V}+P_{W} \tag{3-19}$$

由于这种测量方法需用三个功率表，所以称为三表法，如图 3-12 所示。

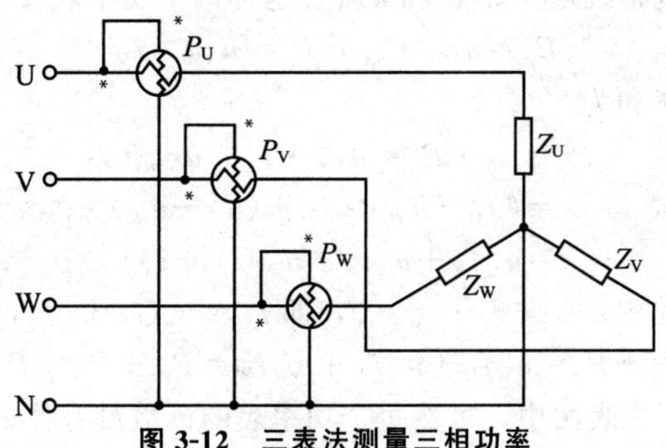

图 3-12　三表法测量三相功率

2. 一表法

在三相对称负载电路中，若三相负载是对称的，则每相负载的功率都相等。这时可以用一个功率表测量其中任一相负载的功率，将测量结果乘 3，就是三相负载的总功率。

由于这种测量方法只用一个功率表，所以称为一表法。如图 3-13 所示，图(a)是测量三相星形连接的对称负载的功率，图(b)是测量三相三角形连接的对称负载的功率。

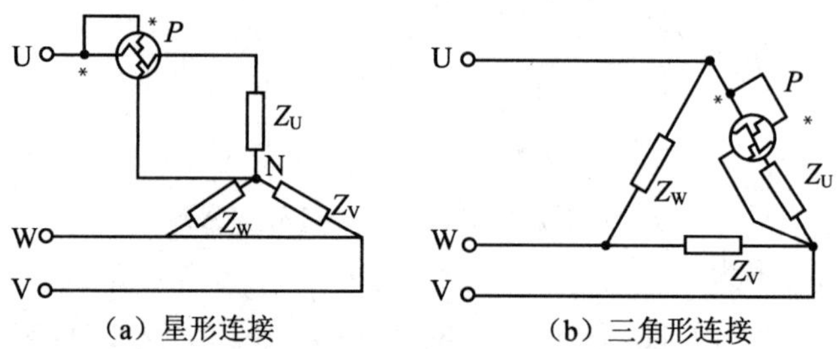

图 3-13　一表法测量三相功率

3. 二表法

二表法常用来测量三相三线制对称或不对称负载的功率，尤其对中点不外露的星形连接或是端点不易拆开的三角形连接的负载测量最为方便。正确的接法是把两功率表的电流线圈串接在任意两根相线中，且标有“ * ”的接线端应接在靠电源那一方，而两电压线圈的未标“ * ”的接线端则必须接在未串联电流线圈的一根相线上。如图 3-14 所示。

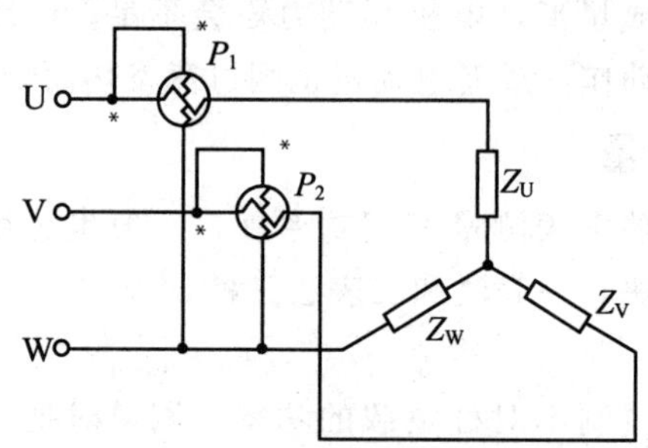

图 3-14　二表法测量三相功率

由图 3-14 可见，两个功率表的电流线圈分别流过 U 相和 V 相的瞬时相电流 i_U 和 i_V，两个电压线圈分别是线电压 u_{UW} 和 u_{VW}。这样两个功率表反映的瞬时功率分别为

$$P_1=u_{UW}\cdot i_U,\ P_2=u_{VW}\cdot i_V$$

两个功率表的功率和为

$$\begin{aligned}P&=P_1+P_2=u_{UW}\cdot i_U+u_{VW}\cdot i_V\\&=(u_U-u_W)\cdot i_U+(u_V-u_W)\cdot i_V\\&=u_Ui_U+u_Vi_V-u_W(i_U+i_V)\end{aligned}$$

在三相三线制电路中，$i_U+i_V+i_W=0$，即 $i_W=-(i_U+i_V)$，因此

$$P_1+P_2=u_Ui_U+u_Vi_V+u_Wi_W=P_U+P_V+P_W \tag{3-20}$$

由式(3-20)可知，二表法中，虽然每个功率表的读数没有什么意义，但两个功率表所测的瞬时功率之和却等于三相总瞬时功率，所以只要将两个功率表的读数相加，即

可求得三相总功率。

如果在二表法测量时，接线虽然正确但却有一个功率表指针反偏或读数为零，这时应将这个功率表的电流线圈端钮反接，使指针正偏，取得读数后要加上一个负号，再与另一个表的读数相加。所以，二表法测出的三相电路总功率，应为两个功率表读数的代数和。

>>> 技能操作

三相电路功率的测试

1. 操作目的

掌握用一表法、二表法测量三相电路的有功功率及无功功率的方法。

2. 操作器材

三相交流电源 1 块、三相自耦调压器 1 台、交流电压表 1 个、交流电流表 1 个、单相功率表 3 块、三相灯组负载(15 W、230 V)白炽灯 9 个、三相电容(1 μF、2.2 μF、4.7 μF)负载若干。

3. 操作注意事项

(1)本次操作用电压较高，要特别注意安全。手不要接触电源外露金属部分，用电流插头时，应先在断电情况下，将测试导线与电流表及电流插孔连接好，然后再通电。每次实验完毕，均需将三相调压器旋柄调回零位；每改变线路，均需断开三相电源，以确保人身安全。

(2)数显功率表需预热 15 min 方能作准确度测量和校验。使用功率表时，注意不要将电流线圈、电压线圈的端子接错。

4. 操作内容及步骤

(1)用一表法测定三相对称 Y 接以及不对称 Y 接负载的总功率。

按图 3-15 线路接线，三相负载星形(Y)连接参考图 3-9，以线路中的电流表和电压表监视三相电流和电压，不得超过功率表电压和电流的量程。

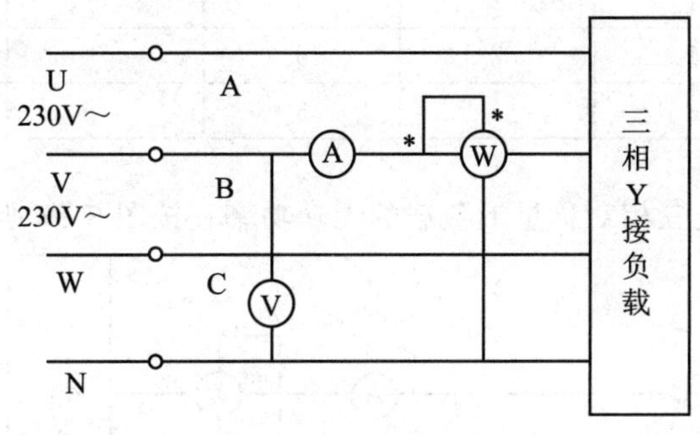

图 3-15

经指导教师检查后，接通三相电源，调节调压器输出，使输出线电压为 230 V，测量时首先将三个仪表按图 3-15 接入某一相(如 B 相)，进行测量，然后分别将三个表换接到 A 相和 C 相，再进行测量，记录到表 3-4 中并进行计算。每次操作完毕，均需将三相调压器旋柄调回零位，每改变线路，均需断开三相电源，以确保人身安全。

表 3-4

负载情况	开灯盏数			测量数据			计算值
	A 相	B 相	C 相	P_A/W	P_B/W	P_C/W	ΣP/W
Y 对称	3	3	3				
Y 不对称	1	2	3				

(2)用二表法测定三相负载的总功率。

①按图 3-16 接线，将三相灯组负载接成 Y 接法，经指导教师检查后，接通三相电源，调节调压器输出线电压为 230 V，按表 3-5 的要求进行测量及计算。每次操作完毕，均需将三相调压器旋柄调回零位，每改变线路，均需断开三相电源，以确保人身安全。

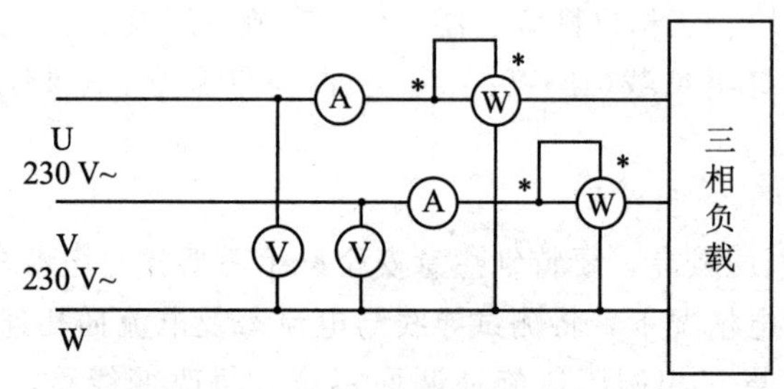

图 3-16

②将三相灯组负载改接成△接法，按表 3-5 要求进行测量及计算。

表 3-5

负载情况	开灯盏数			测量数据		计算值
	A 相	B 相	C 相	P_1/W	P_2/W	ΣP/W
Y 接平衡负载	3	3	3			
Y 接不平衡负载	1	2	3			
△接不平衡负载	1	2	3			
△接平衡负载	3	3	3			

(3)用一表法测定三相对称星形负载的无功功率，按图 3-17 所示的电路接线。

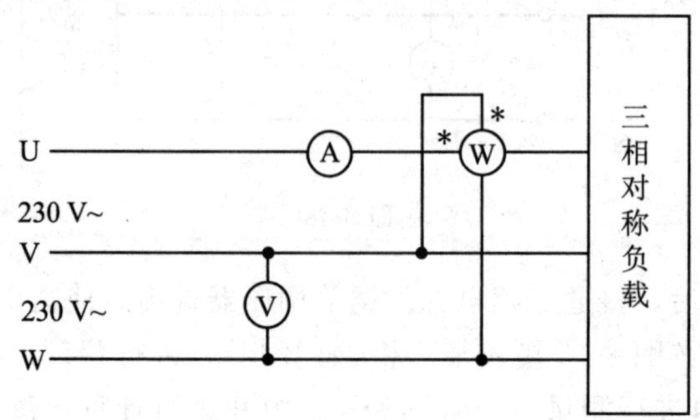

图 3-17

每相负载由三盏白炽灯和 4.7 μF 电容器并联而成，将三相容性负载接成 Y 接法。检查接线无误后，接通三相电源，将调压器的输出线电压调到 230 V，读取三个仪表的读数，并计算无功功率∑Q，记入表 3-6 中。每次操作完毕，均需将三相调压器旋柄调回零位，每改变线路，均需断开三相电源，以确保人身安全。

表 3-6

负载情况	测量值			计算值
	U/V	I/A	Q/var	$\sum Q=\sqrt{3}Q$/var
(1)三相对称灯组(每相开 3 盏)				
(2)三相对称电容器(每相 4.7 μF)				
(1)(2)并联负载				

5. 操作报告要求

(1)完成数据表格中的各项测量和计算任务。比较一表法和二表法的测量结果；

(2)总结、分析三相电路功率测量的方法与结果。

>>> 能力训练

1. 三相对称负载，每相负载的电阻 $R=6\ \Omega$；感抗 $X_L=8\ \Omega$，接入 380 V 的三相三线线制电源。试比较 Y 和△两种连接时消耗的三相功率。

2. 三相负载 Z=(8+6j)Ω，接于线电压为 380 V 的电源上，试求分别作 Y 和△连接时三相电路总的有功功率。

3. 有一个三相对称感性负载，其中每相的 $R=12\ \Omega$；感抗 $X_L=16\ \Omega$，接在 $U_L=380$ V 的三相电源上。若负载作 Y 连接时，计算相电流 I_P、线电流 I_L 及功率 P_Y。如负载改成△连接时，再计算相电流 I_P、线电流 I_L 及功率 $P_\triangle$，并比较两种接法的计算结果。

4. 有一个三相对称负载，每相的电阻是 3 Ω，电抗是 4 Ω。(1)若电源线电压是 380 V，试计算负载分别作 Y 连接和△连接时的有功功率。(2)若线电压为 220 V，试计算负载三角形连接时的有功功率。

5. 有一台三相电动机，它的额定功率为 10 kW，额定电压为 380 V，效率为 0.875，功率因数 $\cos\varphi=0.88$，问在额定功率下，取用电源的电流是多少？

>>> 能力与升华

中华优秀传统文化源远流长、博大精深，是中华文明的智慧结晶，其中蕴含的天下为公、民为邦本、为政以德、革故鼎新、任人唯贤、天人合一、自强不息、厚德载物、讲信修睦、亲仁善邻等，是中国人民在长期生产生活中积累的宇宙观、天下观、社会观、道德观的重要体现，同科学社会主义价值观主张具有高度契合性。我们在考虑问题时，要有文化自信，多从传统文化中借鉴经验，全面思考。

项目三　能力测试

一、填空题

1. 对称三相交流电动势的特征是各相电动势的振幅________，频率________，彼

此间的相位差为________。

2. 各相阻抗相同的三相负载称为________负载；反之叫作________负载。

3. 对称三相负载做 Y 连接时，电源线电压和负载相电压的关系为________，线电流和相电流的关系为________；对称三相负载做△连接时，电源线电压和负载相电压的关系为________，线电流和相电流的关系为________。

4. 相电流是指____________________，用________表示，其方向________。线电流是指____________________，用________表示，规定其方向________。流过中性的电流叫作________，用________表示，规定其方向________。

5. 电力工程上常采用________，________，________三种颜色分别表示 U、V、W 三相。

6. 由____________________所组成的供电网络称为三相四线制电网。

7. 已知对称三相正弦交流电流中，$i_U=10\sqrt{2}\sin(314t+30°)$A，则$i_V=$____________，$i_W=$____________________。

8. 三相对称电源线电压 $U_L=380$ V，对称负载每相阻抗 $Z=10$ Ω。若接成星形，则线电流 $I_{YL}=$________A，若接成三角形，则线电压 $I_{\triangle L}=$________A。

9. 三相负载的连接方式根据____________________来决定。

10. 某对称三相负载，每相负载的额定电压为 220 V，当三相电源的线电压为 380 V 时，负载应做________连接，当三相电源的线电压为 220 A 时，负载应做________连接。

二、选择题

11. 三相负载的连接(　　)。

A. 只能做 Y 连接　　B. 只能做△连接

C. 可以做 Y 连接　　D. 可以做△连接

12. 关于三相负载的连接，下列说法正确的是(　　)。

A. 负载做 Y 连接时，线电压超前相电压 30°

B. 负载做△连接时，线电压超前相电压 30°

C. 负载做 Y 连接时，相电压超前线电压 30°

D. 负载做△连接时，相电压超前线电压 30°

13. 对称三相电路中，功率因数角 $\cos\varphi$ 是(　　)。

A. 线电压与线电流的相位差　　B. 相电压与相电流的相位差

C. 线电压与相电流的相位差　　D. 相电压与线电流的相位差

14. 对称三相感性负载 Z=10 Ω，做△连接，接于线电压为 380 V 三相对称电源上，则线电流为(　　)。

A. $38\sqrt{3}$ A　　B. $38/\sqrt{3}$ A　　C. 38 A　　D. 84 A

15. 对称三相电路中，负载做 Y 连接时，线电压是相电压的(　　)，线电流是相电流的(　　)。

A. $\sqrt{3}$倍　　B. $1/\sqrt{3}$倍　　C. 1 倍　　D. $\sqrt{2}$倍

16. 在三相对称负载电路中，$P=\sqrt{3}U_L I_L\cos\varphi_P$，其中 φ 角是(　　)

A. 线电压与线电流的相位差　　B. 三相等效负载的阻抗角

C. 相电压与相电流之间的相位差　　D. 每一相负载的阻抗角

17. 在 Y 连接的三相对称电路中，相电流与线电流的相位关系是(　　)。

A. 相电流超前线电流 30°　　B. 相电流滞后线电流 30°

C. 相电流超前线电流 60°　　D. 相电流滞后线电流 60°

18. 三相对称负载做△连接时，相电流是 10 A，线电流与相电流最接近的值是(　　)。

A. 14 A　　B. 17 A　　C. 7 A　　D. 20 A

19. 对称三相正弦电源接△对称负载，线电流有效值为 10 A，则相电流有效值为(　　)。

A. 10 A　　B. $10\sqrt{3}$ A　　C. $10/\sqrt{3}$ A　　D. 30 A

20. 一个△连接的对称三相负载，若把它改接成 Y 连接后与原△连接时的关系为(　　)。

A. $P_{Y}=\frac{1}{3}P_{\triangle}$　　B. $P_{Y}=3P_{\triangle}$　　C. $I_{YL}=\frac{1}{3}I_{\triangle L}$　　D. $I_{YP}=3I_{\triangle L}$

三、判断题

21. 电源不变时，对称三相负载接成△时的线电流是做 Y 连接时的$\sqrt{3}$倍。(　　)

22. 对于三相电路各相电流和各相电压的关系都可又用单相的方法来计算。(　　)

23. 三相电路中各相电功率的计算与单相电路的电功率的计算方法相同。(　　)

24. 三相对称负载做 Y 连接或△连接时，总有功功率的表达式相同。(　　)

25. 当三相电源的线电压一定时，同一组对称负载做△连接时消耗的功率为 Y 连接的 3 倍。(　　)

四、简答题

26. 为什么三相电源做△连接，有一相接反时，电源回路的电压是某一相电压的两倍？试用相量图分析。

27. 三相电源做△连接时，如果连接错误会在电源内部产生很大的环形电流，有烧坏电源的危险。有哪种简单方法可用来判断连接是否正确？试说明理由。

28. 当负载 Y 连接时，必须有中性线吗？

29. 三相不对称做△连接时，用电流表测出各相电流相等，则能否说明三相负载是对称的？

30. 有人说三相电路的功率因数 $\cos\varphi$ 是专指对称三相电路而言，这种说法是否正确？不对称三相电路有功率因数吗？

五、计算题

31. 如图 3-18 所示为一不对称 Y 连接负载，接至 380 V 对称三相电源上，U 相为电感 $L=1$ H，V 相和 W 相都接 220 V、60 W 的灯泡。试判断 V 相和 W 相哪个灯亮，并画出相量图。

32. 如图 3-19 所示，电源线电压为 380 V，若各相负载的阻抗都是 10 Ω，中性线电流是否等于零？中性线是否可以去掉？

33. 在三相对称负载中，每相阻抗 $Z=(6+\mathrm{j}8)\Omega$，每相负载额定电压为 380 V。已知三相电源相电压为 380 V，问三相负载应如何连接？试计算相电流和线电流。

34. 有一台三相电动机，其功率为 3.2 kW，功率因数 $\cos\varphi=0.8$，若该电动机接

在 $U_1=380$ V 的电源上，求电动机的线电流。

35. 当使用工业三相电阻炉时，常常采取改变电阻丝的接法来调节加热温度，今有一台三相电阻炉，每相电阻为 8.68 Ω，计算：(1)线电压为 380 V 时，电阻炉为△和 Y 连接的功率各为多少？(2)线电压为 220 V 时，电阻炉为△连接的功率为多少？

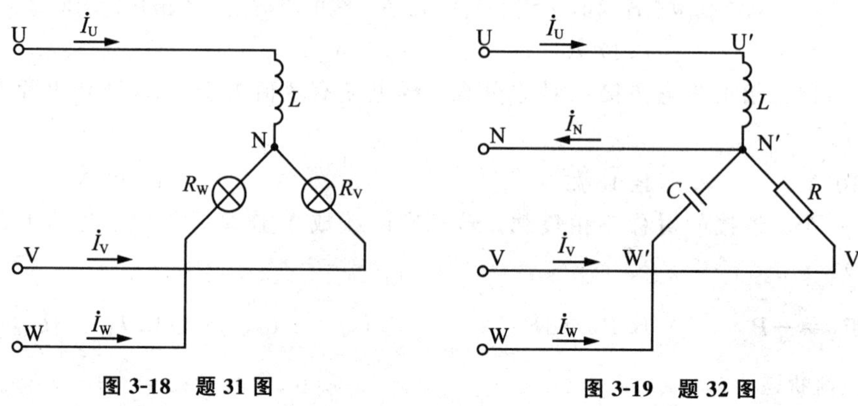

图 3-18　题 31 图　　　　图 3-19　题 32 图

项目三　质量评价标准

任务序号	评价项目	评价标准	配分	自评分	教师评分
1	三相交流电源和三相负载连接与实践	三相交流电产生	10		
		三相电源连接	10		
		三相负载连接	10		
		学会交流相序的测量	20		
2	三相交流电路的功率与测试	学会三相电路功率的计算	10		
		掌握一表法、二表法、三表法测量三相功率原理	20		
		学会操作三相电路功率的测试方法	20		
综合成绩				教师：	

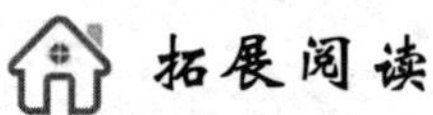

拓展阅读

身边榜样：爱岗敬业——刘志成

项目四　暂态电路的分析与技能操作

>>> 项目描述

当电路中含有电感元件或电容元件时，这种电路就叫暂态电路。电路中的电压和电流的增长或衰减有一个暂态过程。暂态过程经历的时间非常短暂，但影响不容忽视，因此必须认识和掌握这种客观存在的物理现象及其规律。本项目主要完成认识稳态电路和暂态电路，熟悉换路定律，会用换路定律进行暂态电路的初始值的计算，并掌握一阶动态电路暂态过程的基本分析方法。

>>> 知识目标

1. 掌握稳态电路和暂态电路的基本概念和基本分析方法；
2. 熟悉换路定律的基本方法；
3. 学会暂态电路的初始值和稳态值的计算；
4. 掌握一阶动态电路的暂态分析；
5. 掌握微分电路和积分电路的基本原理。

>>> 技能目标

1. 熟练使用示波器和信号发生器测量 *RC* 电路和 *RL* 电路的暂态曲线。
2. 能测试分析和验证暂态电路的基本规律以及定律。

任务十　*RC* 电路的暂态分析与测试

>>> 任务目标

1. 认识稳态电路和暂态电路及理解换路定律；
2. 掌握初始值和稳态值的计算；
3. 掌握 *RC* 电路的暂态分析及应用；
4. 掌握 *RC* 电路充放曲线的描绘。

>>> 任务描述

暂态电路主要由电容元件和电感元件两种动态元件构成。学习掌握这些动态元件和电场能、磁场能之间的关系，才能更好地理解暂态过程产生的原因。熟悉应用换路定律计算动态电路的初始值。*RC* 电路是由电阻元件 *R* 和电容元件 *C* 组成，熟悉并掌握 *RC* 电路的充放电过程的分析方法。理解 *RC* 电路中时间常数对 *RC* 电路充放电过程的影响。认识 *RC* 暂态电路的应用(微分电路和积分电路)，掌握微分电路和积分电路具有的条件。对 *RC* 暂态电路的分析，是分析其他动态电路的重要基础。

>>> 相关知识

一、暂态电路及暂态过程产生的原因

1. 稳态电路和暂态电路

前面项目所讲的电路都是稳态电路。电路中的稳态是指电路中的电流和电压在给定的条件下已达到某一稳定的数值。直流电路在恒定的电源作用下，各部分电压和电流恒定不变，是稳定状态。当电路的条件改变时，如电路中某一开关的接通或切断，可使电路中的电压及电流发生变化，使它们从原来的稳定值到新的稳定值，中间要经历一系列的暂态过程，对应的电路叫作暂态电路。如图 4-1(a)所示，开关 S 处于位置 b 时，电容电压 $u_C=0$。将开关 S 由位置 b 扳向位置 a，RC 与直流电源 U_S 组成串联电路，U_S 经电阻 R 给电容器 C 充电，电容电压 u_C 逐渐增大，直到 $u_C=U_S$，充电结束。在如图 4-1(b)中将开关从位置 a 扳向位置 b 时，电容器 C 通过电阻 R 放电，其电压 u_C 由原来的稳定态值 U_S 逐渐减小到零，放电结束。由此可见，电容的充电或放电都要经历一系列过渡过程到达新的稳定状态。对这一过程中电压与电流随时间变化规律的研究，称为电路的暂态分析。

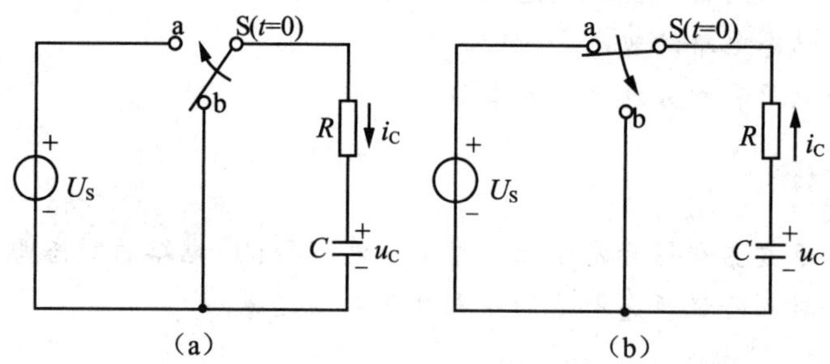

图 4-1 ***RC* 的充电、放电电路**

2. 暂态过程产生的原因

电感元件与电容元件是存储磁场能量和电场能量的理想电路元件，由于它们所存储的能量不能突变，所以含有电感元件与电容元件的电路在换路时必然会产生暂态过程。

电路暂态过程产生的原因是电路中储能元件存储的能量不能突变。由此得出两个重要结论：一是电感元件中电流不能突变，二是电容元件两端的电压不能突变。注意：在换路瞬间，电感元件中电压可以突变，电容元件中的电流可以突变。

二、换路定律

1. 换路定律

当电路中含有电感元件或电容元件时，由于电容元件中的电场能和电感元件中的磁场能不能突变，当电路的工作条件发生变化时，必定有一个暂态过程。由于电容两端的电压不能突变，电感中的电流不能突变，所以在换路的瞬间($t=0$)电感元件中的电流 $i_L(t)$和电容元件两端的电压 $u_C(t)$都应保持原值。其数学表达式为

$$\begin{cases} u_C(0_+)=u_C(0_-) \\ i_L(0_+)=i_L(0_-) \end{cases} \tag{4-1}$$

式中　$t=0_+$——电路在换路后的初始瞬间；

$t=0_-$——电路在换路前的终了瞬间；

$t=0$　——电路正在换路瞬间。

式(4-1)称为电路的换路定律。0_-、0、0_+实质是同一点，但有区别，这里约定换路瞬间是不花费时间的。应该注意换路定律仅适于于换路瞬间，可以用它来确定 $t=0$ 时电感元件中的电流和电容元件两端电压的初始值。

2. 初始值的计算

$t=0_+$时电路中各部分电压和电流的值称为暂态电路的初始值。过渡过程中的电压和电流就是从初始值开始变化的，因此，要研究过渡过程中各元件上电压和电流的变化规律，首先必须确定初始值。

计算各元件上电压和电流的初始值的步骤。

(1)通过 $t=0_-$ 的电路(换路前的稳态电路)求出 $i_L(0_-)$或 $u_C(0_-)$的数值。

(2)由换路定律求初始值 $i_L(0_+)$或 $u_C(0_+)$。

(3)根据基尔霍夫定律求出电路其他电流和电压的初始值。

例 4-1　电路如图 4-2 所示，已知 $U_S=10$ V，$R=1$ kΩ，开关 S 闭合前电容上的电压为零，$t=0$ 时，合上开关 S，试求电容 C 上电流和电压的初始值。

解：已知开关 S 闭合前电容上的电压为零，即 $u_C(0_-)=0$，根据换路定律可得

$$u_C(0_+)=u_C(0_-)=0$$

因此在换路瞬间，根据基尔霍夫定律得出

$$i_C(0_+)=\frac{U_S-u_C(0_+)}{R}=\frac{10-0}{1000}=0.01(\text{A})=10\text{ mA}$$

例 4-2　电路如图 4-3 所示，已知 $R=1$ kΩ，$U=20$ V，开关 S 闭合前 $i_L(0_-)=0$。$t=0$ 时，合上开关 S，试求电感上电流和电压的初始值。

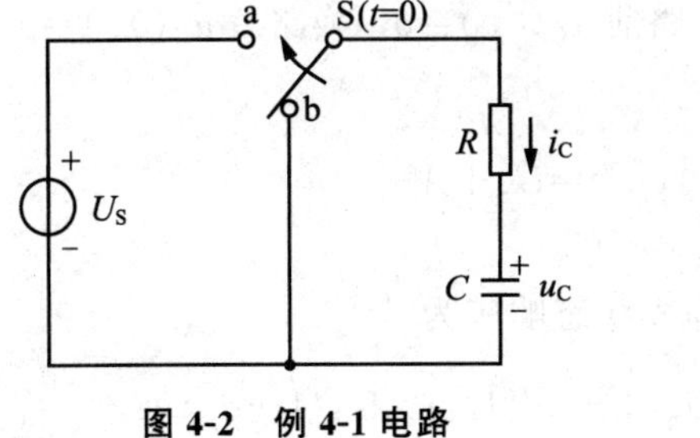

图 4-2　例 4-1 电路

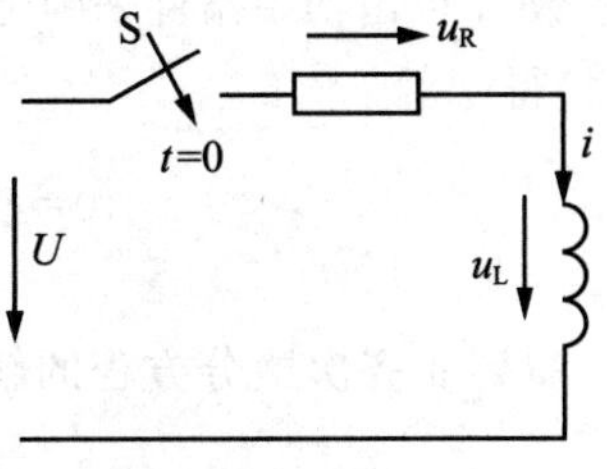

图 4-3　例 4-2 电路

解：已知 $i_L(0_-)=0$，根据换路定律可得

$$i_L(0_+)=i_L(0_-)=0$$

在换路瞬间，根据基尔霍夫定律得出

$$u_L(0_+)=U-i_L(0_+)\cdot R=20-0\cdot R=20(\text{V})$$

三、*RC* 充电过程的暂态分析

图 4-4 是 *RC* 串联电路，开关 S 原来在位置"b"，电路处于稳定状态，$u_C(0_-)=0$，

在 $t=0$ 时，将开关 S 由位置“b”打到位置“a”。电源 U_S 经电阻 R 向电容 C 充电，由换路定律知 $u_C(0_+)=u_C(0_-)=0$，电容电压将从零伏开始升高，充电电流初始值 $i(0_+)=\frac{U_S-0}{R}=\frac{U_S}{R}$，随着 u_C 的增加，充电电流逐渐减小，当电容电压与 U_S 相等时，$i=0$，电路将达到新的稳态，过渡过程结束。下面对此过程进行分析。根据基尔霍夫定律，可列出 $t\geqslant 0$ 时电路中电压和电流方程

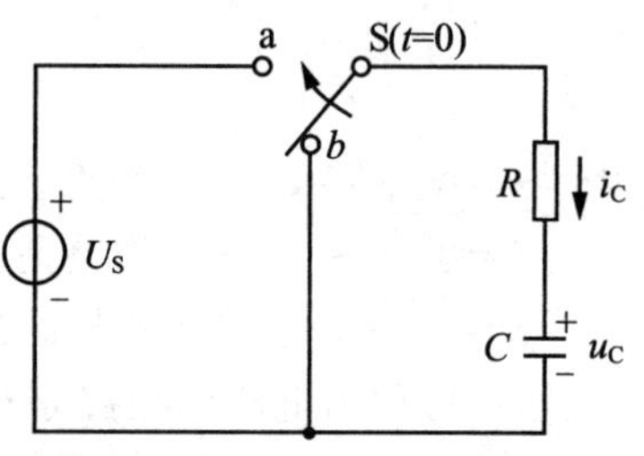

图 4-4　*RC* 串联电路

RC 充电过程的暂态分析

$$U_S=u_R+u_C，\ u_R=iR$$

$$i=C\frac{du_C}{dt}$$

$$RC\frac{du_C}{dt}+u_C=U_S \tag{4-2}$$

这是一个常系数、一阶线性非齐次微分方程，它的解可由其特解 u_C' 和相应的齐次微分方程的通解 u_C'' 组成，即

$$u_C=u_C'+u_C'' \tag{4-3}$$

电容电压的特解就是电路的稳态解，称为稳态响应，不难求出

$$u_C'=U_S$$

齐次微分方程为 $RC\frac{du_C}{dt}+u_C=0$，其通解为 $u_C''=Ae^{-\frac{t}{RC}}$，是一个按指数规律衰减的物理量，仅存在于稳态过程中，亦称为暂态响应。

所以，式(4-3)可理解为

零状态响应=稳态响应+暂态响应

$$u_C=u_C'+u_C''=U_S+Ae^{-\frac{t}{RC}} \tag{4-4}$$

积分常数 A 可由初始条件来确定。换路前 $u_C(0_-)=0$，换路后 $u_C(0_+)=u_C(0_-)=0$，代入式(4-4)得

$$0=U_S+Ae^{-\frac{0}{RC}}=U_S+A$$

所以
$$A=-U_S$$

这样，得到非齐次微分方程的解，即零状态响应为

$$u_C(t)=U_S-U_Se^{-\frac{t}{RC}}=U_S(1-e^{-\frac{t}{RC}}U_S)=U_S(1-e^{-\frac{t}{\tau}}) \tag{4-5}$$

充电电流

$$i=C\frac{du}{dt}=C\frac{d}{dt}(U_S-U_Se^{-\frac{t}{RC}})=C\left(-\frac{1}{RC}\right)(-U_Se^{-\frac{t}{RC}})=\frac{U_S}{R}e^{-\frac{t}{\tau}} \tag{4-6}$$

电阻电压为

$$u_R=i\cdot R=U_Se^{-\frac{t}{RC}}=U_Se^{-\frac{t}{\tau}} \tag{4-7}$$

电容电压 $u_C(t)$ 随时间变化曲线，如图 4-5 所示。它由两个分量 u_C' 和 u_C'' 叠加而得。

u_C' 是电路达到稳定状态的电容电压，它的变化规律和大小都与电源电压有关。u_C''

仅存在于暂态过程中，它的变化规律与电源无关，总是按指数规律变化，但它的大小和初始值都与电源有关。

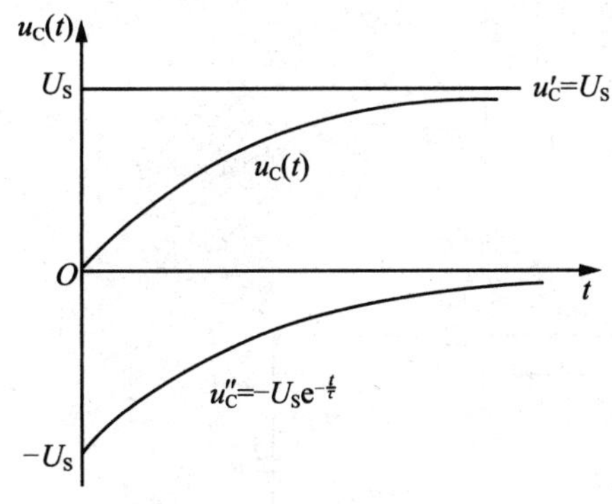

图 4-5　*RC* 零状态响应曲线

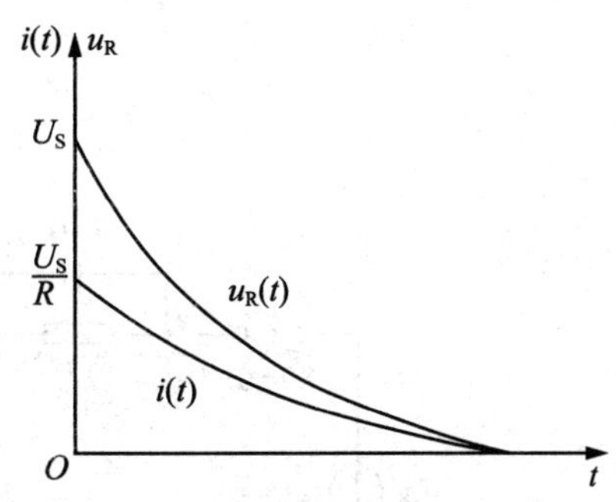

图 4-6　$i(t)$，$u_R(t)$响应曲线零状态响应曲线

电流 $i(t)$的变化规律如图 4-6 所示。在换路开始瞬间，没充电的电容器相当于短路，电路中电流由零跃变到$\frac{U_S}{R}$值，此后随电容充电过程的进行电流按指数规律衰减，最后趋于零。

在式(4-5)～式(4-7)中

$$\tau=RC$$

上式中，C 为充电电容，R 是从电容元件 C 的连接端看进去的等效电阻。当 R 的单位为欧姆(Ω)，C 的单位为法拉(F)时，τ 的单位为秒(s)，具有时间的量纲，所以称 τ 为 RC 电路的时间常数。电容充电的快慢取决于电路的时间常数 $\tau=RC$，τ 越大，充电越慢；τ 越小，充电越快。充电过程中电容元件的电压随时间变化的数值见表 4-1。

表 4-1　电容充电过程电压随时间变化表

t	0	τ	2τ	3τ	4τ	5τ
u_C	0	$0.632U$	$0.865U$	$0.95U$	$0.982U$	$0.993U$

理论上讲，电路要经过 $t=\infty$的时间才能达到稳态值 U，也就是说，过渡过程在经过无限长的时间才能结束。实际上，过渡过程要经历 $t=(3\sim5)\tau$ 的时间后，电容元件的电压 u_C 已经变化了总量的 95%～99.3%，可近似认为暂态过程已经结束。

例 4-3　在图 4-4 电路中，$U_S=50$ V，$R=5\,000$ Ω，$C=2.5$ μF，开关闭合前 $u_C(0_-)=0$，在 $t=0$ 时将开关闭合。求 $t\geqslant0$ 时的 $u_C(t)$、$i(t)$。

解：电路的时间常数为

$$\tau=RC=5\times10^3\times2.5\times10^{-6}=12.5\times10^{-3}(\text{s})$$

由式(4-5)得　$$u_C(t)=50(1-e^{-80t})\text{V}$$

由式(4-6)得　$$i(t)=\frac{50}{5}e^{-80t}=10e^{-80t}(\text{mA})$$

例 4-4　图 4-7 所示电路，在 $t=0$ 时开关闭合，已知 $u_C(0_-)=0$，求 $t\geqslant0$ 时的 $u_C(t)$ 和 $u_{R_2}(t)$。

解：应用戴维南定理，根据 $t \geqslant 0$ 时的电路进行等效变换，从电容支路两端看进去，可将电路等效为一个电压源。其中

$$R_O = \frac{R_1 \cdot R_2}{R_1 + R_2} = \frac{1 \times 2}{1+2} = \frac{2}{3}(\Omega)$$

$$U_{S_O} = \frac{R_1}{R_1 + R_2} U_S = \frac{1}{1+2} \times 1 = \frac{1}{3}(\mathrm{V})$$

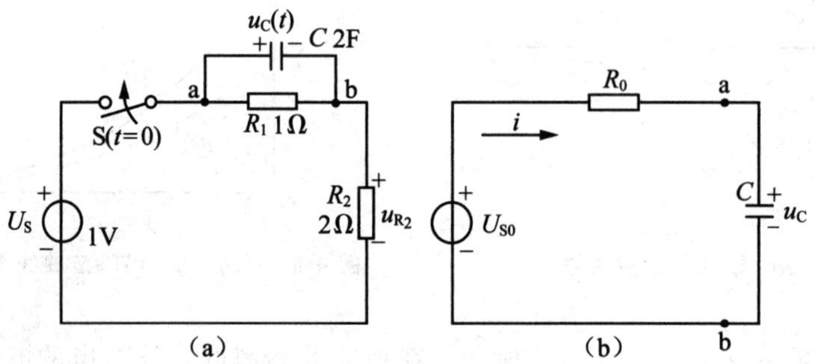

图 4-7　例 4-4 图

等效后的电路如图 4-7(b)所示，由式(4-5)可知

$$u_C(t) = \frac{1}{3}(1 - e^{-\frac{t}{\tau}})\mathrm{V} \quad (t \geqslant 0)$$

其中
$$\tau = R_O C = \frac{2}{3} \times 2 = \frac{4}{3}(\mathrm{ms}) = \frac{4}{3} \times 10^{-3}(\mathrm{s})$$

由电路图可知

$$u_{R_2}(t) = U_S - U_C(t) = 1 - \frac{1}{3} + \frac{1}{3} e^{\frac{3}{4} \times 10^3} = \frac{1}{3}(2 + e^{750t})(\mathrm{V}) \quad (t \geqslant 0)$$

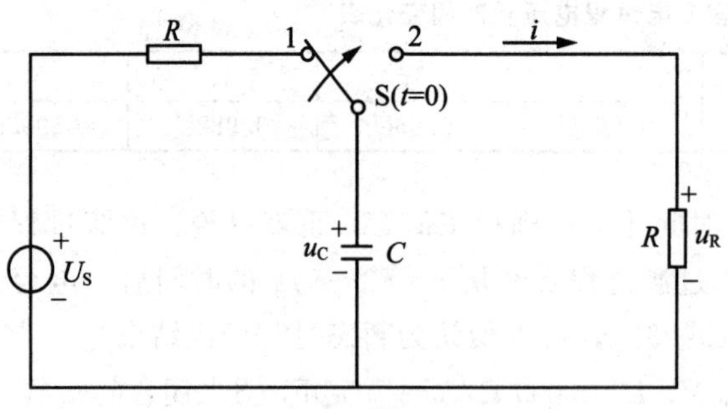

图 4-8　*RC* 放电电路

RC 放电过程的暂态分析

四、*RC* 放电过程的暂态分析

在图 4-8 中，换路前开关 S 合在 1 的位置，电容器 C 充电到电压 $U_O = U_S$。在 $t=0$ 时，开关 S 从 1 切换到 2 的位置，电容器 C 通过电阻 R 放电。下面分析 $t \geqslant 0$ 时电压 U_C 和电流 i 的变化规律。

根据换路定律得

$$u_C(0_+) = u_C(0_-) = U_S$$

根据欧姆定律知

$$i(0_+)=\frac{u_C(0_+)}{R}=\frac{U_O}{R}=\frac{U_S}{R}$$

设放电电路中电流和电压的参考方向如图 4-8 所示，则根据 KVL，可得出电路换路后的回路电压方程为

$$i_C R+u_C=0$$

而 $i_C=C\frac{dU_C}{dt}$，代入上式可得一阶线性齐次微分方程

$$RC\frac{du_C}{dt}+u_C=0$$

其通解为
$$u_C=Ae^{-t/\tau}$$
由初始条件 $t=0$ 时，$u_C=U$，代入上式，得
$$A=U$$

于是求得

$$u_C=Ue^{-t/\tau}\quad(t\geqslant 0)\tag{4-8}$$

放电电流为

$$i_C=C\frac{du}{dt}=-\frac{U}{R}e^{-t/\tau}\quad(t\geqslant 0)\tag{4-9}$$

电阻上电压

$$u_R=i_C R=-Ue^{-t/\tau}\quad(t\geqslant 0)\tag{4-10}$$

电容放电的快慢取决于电路的时间常数 $\tau=RC$，τ 越大，放电越慢；τ 越小，放电越快。理论上，需经过无穷大的时间才能达到新的稳态，实际上经过 $(3\sim5)\tau$ 的时间后，即可认为电路已达到稳态，放电结束。放电过程中电容元件的电压随时间变化的数值见表 4-2。

表 4-2 电容放电过程电压随时间变化表

t	0	τ	2τ	3τ	4τ	5τ
u_C	U	$0.368U$	$0.135U$	$0.05U$	$0.018U$	$0.007U$

例 4-5 在图 4-9 所示电路中，电路已达到稳态。$t=0$，将开关打开，试求 $t\geqslant 0$ 后电容电压 $u_C(t)$ 及电流 $i_{R2}(t)$。

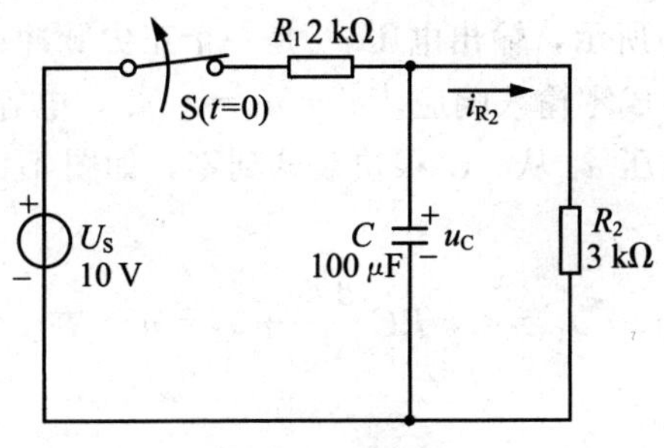

图 4-9 例 4-5 图

解：由于换路前电路处于稳态，换路瞬间($t=0$)：

$$u_C(0_+)=u_C(0_-)=\frac{R_2}{R_1+R_2}U_S=6(\text{V})$$

开关S在打开后，电容元件将通过电阻 R_2 放电

电路的时间常数为　　$\tau=R_2C=3\times10^{-3}\times100\times10^{-6}=0.3(\text{s})$

由电容放电规律可知　　$u_C=A\mathrm{e}^{-t/\tau}=u_C(0_+)\mathrm{e}^{-t/\tau}=6\mathrm{e}^{-\frac{10}{3}t}(\text{V})$

电阻 R_2 上的电流为　　$i_{R_2}=-i_C=-C\dfrac{\mathrm{d}u_C}{\mathrm{d}t}=2\mathrm{e}^{-\frac{10}{3}t}(\text{mA})$

五、*RC* 暂态电路的应用

在电子技术中，常常利用 *RC* 电路的暂态过程，获得输入电压和输出电压的特定关系，例如微分电路和积分电路。用 *RC* 就可以组成微分电路或积分电路。

1. 微分电路

图 4-10 是 *RC* 一阶电路，电路的时间常数 $\tau=RC$。输入电压 u_i 的波形如图 4-11(a)所示是矩形脉冲，t_P 为输入电压的脉冲宽度，T 为周期，U 为幅值。

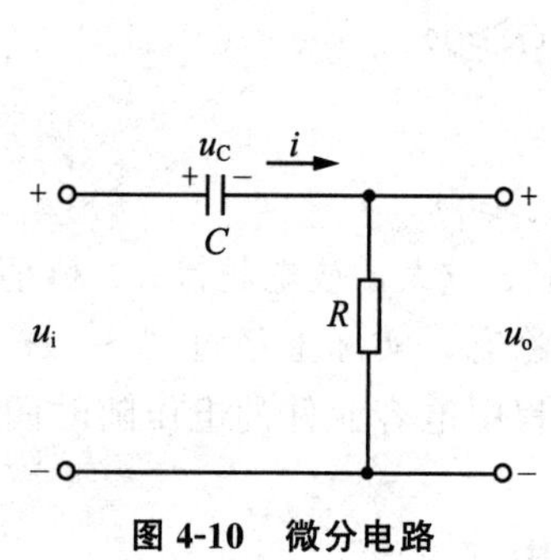

图 4-10　微分电路

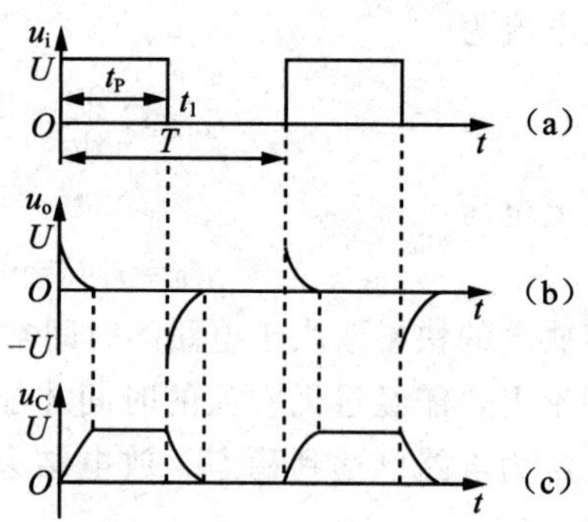

图 4-11　$\tau\ll t_P$ 时 u_o 和 u_C 的波形

输出电压 u_o 为

$$u_o=u_R=iR$$

当 $t=0$ 时，u_i 从零突然上升到 $+U$，电路成零状态响应，$u_C(0_+)=0$，$u_o(0_+)=u_R(0_+)=U$ 之后，电容器 C 开始充电。

当 $\tau\ll t_P$ 时，电路的暂态过程很短，u_C 很快充电到 $+U$，而 u_R 很快衰减到零。如图 4-11(b)、图 4-11(c)所示，输出电压 u_o 是一个正尖脉冲；在 $t=t_1$ 时，$u_i=0$，可将输入端视为短路，电路成零输入响应，$u_o=u_R=-u_C$，电容器 C 开始放电。u_C 从 $+U$ 很快衰减到零，输出电压 u_o 从 $-U$ 很快衰减到零，如图 4-11 所示，输出电压是一个负尖脉冲。

从图 4-10 可以看出 $u_o+u_C=u_i$，$RC\dfrac{\mathrm{d}u_C}{\mathrm{d}t}+u_C=u_i$。在 $\tau\ll t_P$ 条件下，$u_o\ll u_C$，因而 $u_C\approx u_i$。于是可得

$$u_o=i\cdot R=RC\frac{\mathrm{d}u_C}{\mathrm{d}t}\approx RC\frac{\mathrm{d}u_i}{\mathrm{d}t}$$

上式表明，输出电压与输入电压的微分成正比，故称为微分电路。

在脉冲电压中，常常用微分电路把矩形脉冲变换为尖脉冲，作为触发信号。

必须指出，如果不满足 $\tau \ll t_P$ 条件，尽管 RC 电路形式一样，但输出电压不是尖脉冲，电路则成为一般的阻容电路。

2. 积分电路

如果将图 4-10 电路中电阻 R 和电容器 C 对调，即把电容器两端电压作为输出电压，并且电路的时间常数 $\tau \gg t_P$，则此时的电路便成为一个积分电路，如图 4-12 所示。

输入电压 u_i 仍然是矩形波，如图 4-13(a)所示。由于 $\tau \gg t_P$，电容器充放电进行得很慢，如图 4-13(b)所示。在第一个脉冲作用期间，电容电压 u_C 很小，故

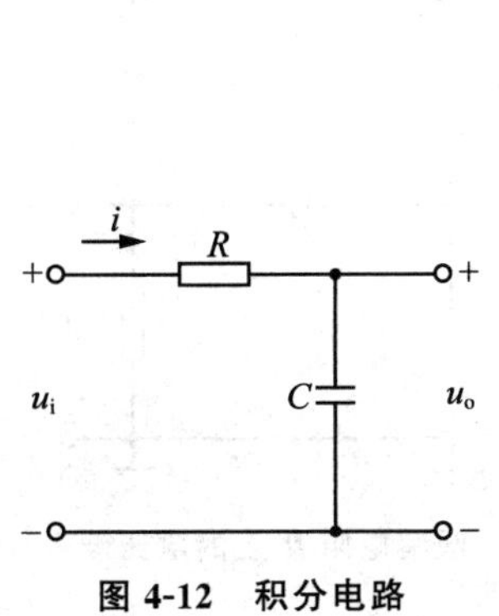

图 4-12　积分电路

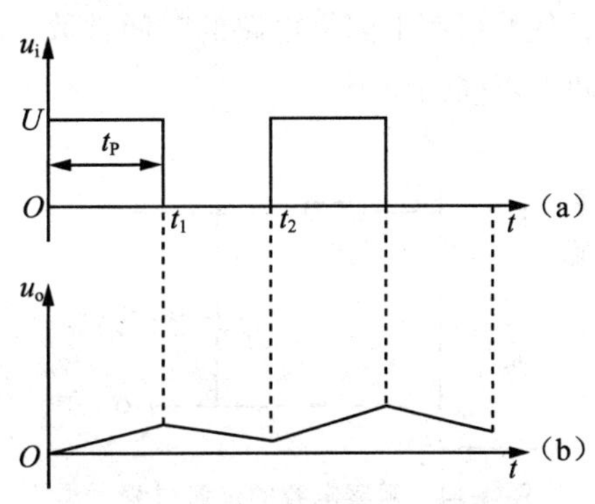

图 4-13　$\tau \gg t_P$ 时 u_i 和 u_o 的波形

$$u_i = iR + u_C = RC\frac{du_C}{dt} + u_C \approx RC\frac{du_C}{dt}$$

而

$$u_o = u_C \approx \frac{1}{RC}\int u_i dt$$

输出电压 u_o 近似正比于输入电压 u_i 的积分，满足于这种关系的电路称为积分电路。经过几个周期后，充电时电压的初始值和放电时电压的初始值基本稳定，输出端输出一个幅值很小的三角波电压。时间常数 τ 越大，积分关系越准确，三角波电压的线性就越好。

>>> 技能操作

测绘 RC 电路的充放电曲线

1. 操作目的

(1)观察 RC 电路的充放电过程，研究元件参数改变对过渡过程的影响。

(2)继续学习脉冲信号发生器和示波器的使用方法。

2. 操作器材

双踪示波器 1 台、脉冲信号源 1 台、动态电路线路板 1 块、电阻箱 1 只。

3. 操作注意事项

(1)调节仪器旋钮时，动作不要过猛。操作前需熟读双踪示波器的使用说明，特别

是观测双踪时，要特别注意开关、旋钮的操作与调节。

(2)信号源的接地端与示波器的接地端要连在一起，以防外界干扰而影响测量的准确性。

(3)示波器的辉度不要过亮，尤其是光点长期停留在荧光屏上不动时，应将辉度调暗，以延长示波器的使用寿命。

(4)熟读仪器的使用说明，做好操作训练预习，准备好画图用的图纸。

4. 操作内容及步骤

(1)按图 4-14 接好电路。调节方波频率为 1 kHz 并使占空比为 1∶1，方波幅值为 2.5 V，图中 $R=300\ \Omega$，$C=0.1\ \mu F$。观察示波器上的波形，并用方格纸记录下所观察到的波形。从波形图上测量电路的时间常数 τ，然后与用电路参数的计算时间常数相比较，分析两者不同的原因。

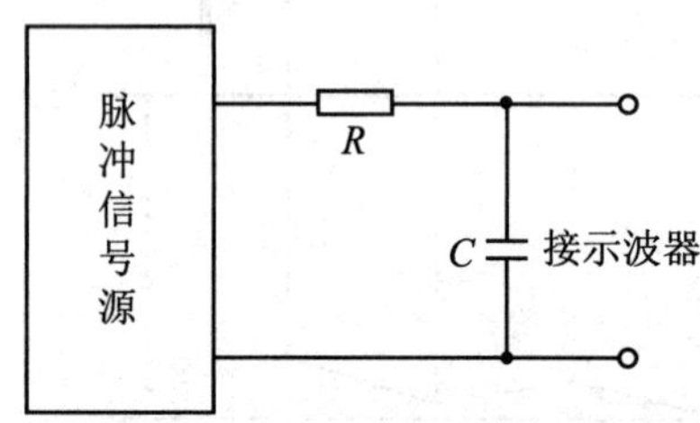

图 4-14　观察电容的过渡过程

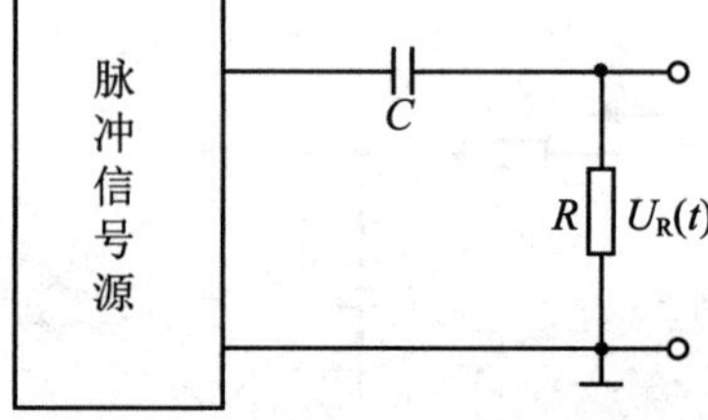

图 4-15　观察电阻 R 上的电压波形

(2)观察并记录参数改变对 $u_C(t)$ 过渡过程的影响。将电路参数改为 $R=800\ \Omega$、$C=0.1\ \mu F$，重复步骤(1)的实验内容。

(3)观察并记录电阻上电压随时间的变化规律 $u_R(t)$。按图 4-15 接好电路，$R=300\ \Omega$，$C=0.1\ \mu F$。调节方波频率为 1 kHz，方波幅值为 2.5 V，观察电阻上电压 $u_R(t)$ 的波形，并用方格纸记录下所观察到的波形。

(4)将电路参数改为 $R=800\ \Omega$、$C=0.1\ \mu F$，重复步骤(3)的实验内容。

5. 操作报告要求

(1)用方格纸绘制所观察到的各种波形。

(2)说明元件参数的改变对过渡过程的影响。

(3)为什么在实践操作中要使 RC 电路的时间常数较方波的周期小很多？如果方波周期较 RC 电路时间常数 τ 小很多，会出现什么情况？

>>> 能力训练

1. 暂态电路和稳态电路的特点是什么？

2. 换路定律是什么？动态元件上的电压和电流都不能跃变吗？

3. RC 一阶动态电路的零输入响应和零状态响应如何分析？其全响应又如何？

4. 在图 4-16 所示电路中，电路已达到稳态。已知 $U_S=10\ V$，$R=5\ k\Omega$，$C=100\ \mu F$，$t=0$ 时，将开关 S 打开，试求 $t\geqslant 0$ 后电容电压 $u_C(t)$ 及电流 $i_{R_2}(t)$。

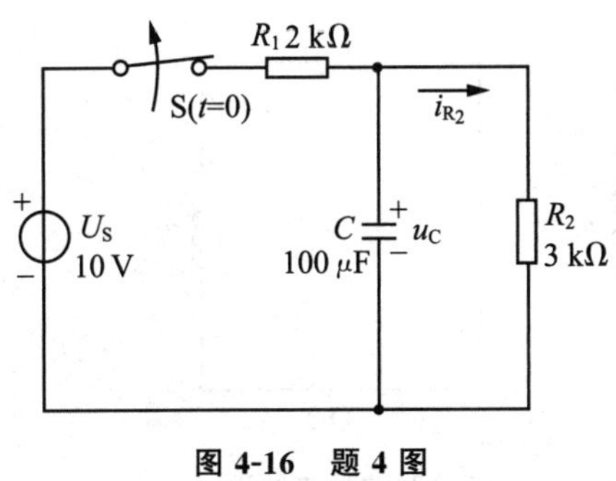

图 4-16　题 4 图

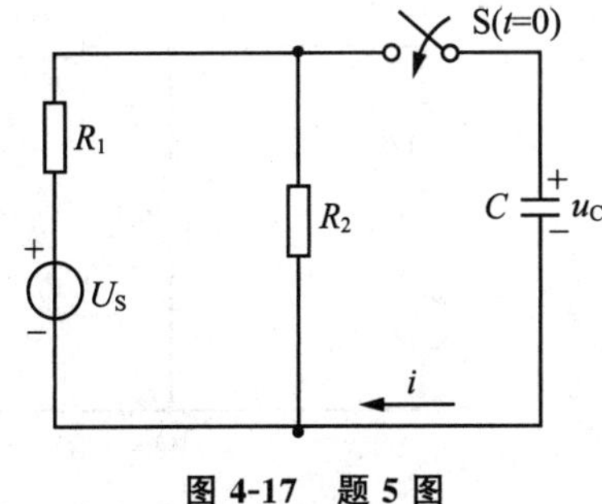

图 4-17　题 5 图

5. 图 4-17 中，$U_S=20$ V，$R_1=R_2=2$ kΩ，$C=10$ μF，在 $t=0$ 时合上开关，求 $t\geqslant 0$ 后电路中电流 $i(t)$[$u_C(0_-)=0$]。

任务十一　*RL* 电路的暂态分析与测试

>>> 任务目标

1. 掌握 *RL* 电路的暂态分析；
2. 进一步掌握一阶动态电路的分析方法；
3. 掌握 *RL* 电路的充放电曲线的绘制。

RL **暂态电路分析**

>>> 任务描述

RL 电路是由电阻元件 *R* 和电感元件 *L* 组成的电路，熟悉并掌握 *RL* 电路的充放电过程的分析方法。掌握 *RL* 电路中时间常数的计算以及对 *RL* 电路充放电过程的影响。对一阶暂态电路的分析，是分析高阶动态电路的重要基础。

>>> 相关知识

一、断开直流电源后 *RL* 电路短接时的瞬态过程

图 4-18(a)所示电路，开关 S 断开时电路处于稳态。当 $t=0$ 时，开关 S 闭合，电路如图 4-18(b)所示。电流的初始值为

$$i_L(0_+)=i_L(0_-)=I_0=\frac{U_S}{R_1+R}$$

达到稳态时，电感中的磁场能量释放掉，电感电流 $i_L(\infty)=0$。下面分析 $t\geqslant 0$ 时电流 i_L 和电压 u_L、u_R 的变化规律。

根据基尔霍夫电压定律，列出方程式

$$u_L+u_R=L\frac{\mathrm{d}i_L}{\mathrm{d}t}+Ri_L=0$$

这也是一个一阶常系数齐次微分方程，微分方程的通解为

$$i_L=A\mathrm{e}^{-\frac{R}{L}t}$$

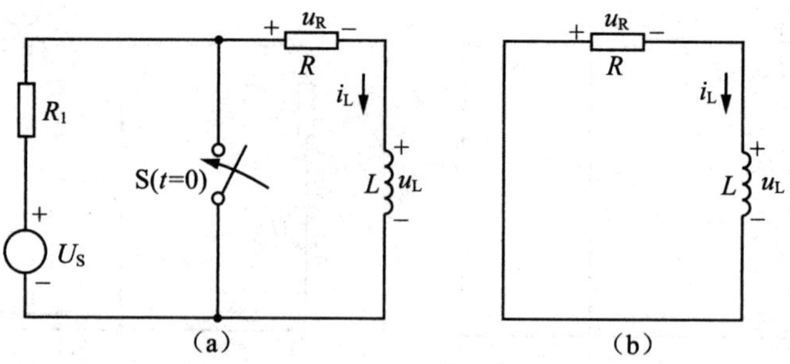

图 4-18　断开直流电源后 *RL* 电路短接时的瞬态过程

常数由初始条件决定

$$i_L(0_+)=I_0=A$$

故

$$i_L=I_0e^{-\frac{R}{L}t} \tag{4-11}$$

由此可以看出电感电流是由初始值 I_0 逐渐衰减到零，衰减的快慢决定于电路的时间常数 τ。

$$\tau=\frac{L}{R} \tag{4-12}$$

它具有时间的量纲，电感的单位为亨(H)，即欧・秒(Ω・s)，则

$$\tau=\frac{L}{R}=\frac{\Omega\cdot s}{\Omega}=s \tag{4-13}$$

RL 一阶电路的时间常数 τ 的大小与电感 L 和电阻 R 的比值有关。如果 L 增加或者 R 减小，则 τ 增大，过渡过程的时间增长；若 L 减小或 R 增大，则 τ 就变小，过渡过程缩短。电感电压为

$$u_L=L\frac{di_L}{dt}=-RI_0e^{-\frac{R}{L}t} \tag{4-14}$$

电阻电压为

$$u_R=Ri_L=RI_0e^{-\frac{R}{L}t} \tag{4-15}$$

电流 i_L、电压 u_L、u_R 随时间变化曲线，如图 4-19 所示。

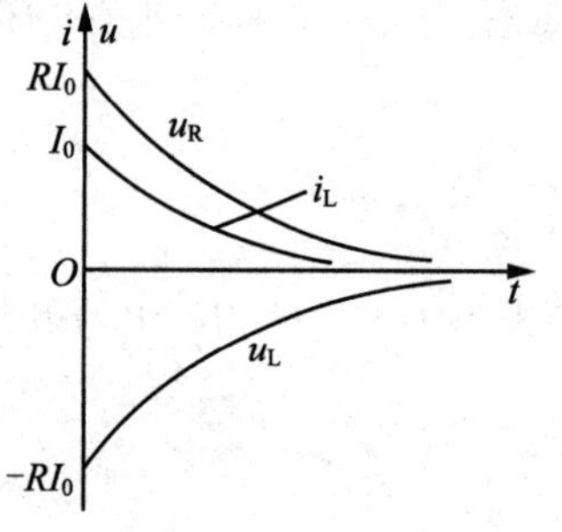

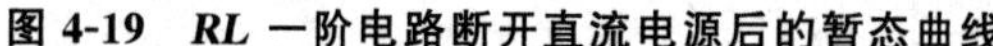

图 4-19　*RL* 一阶电路断开直流电源后的暂态曲线

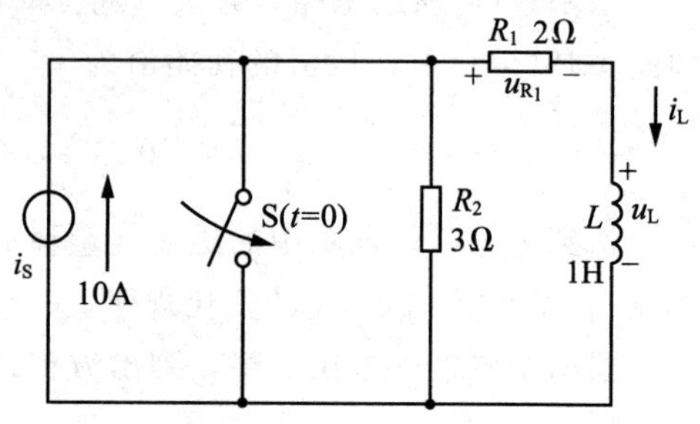

图 4-20　例 4-6 图

例 4-6　在图 4-20 所示电路中，$t<0$ 时开关 S 断开，电路已处于稳态。$t=0$ 时换路，开关 S 闭合。求 $t\geqslant0$ 时 u_L 和 i_L。

解：电感电流的初始值为

$$i_L(0_+)=i_L(0_-)=I_0=I_S\frac{R_2}{R_1+R_2}=6\ \text{A}$$

时间常数为

$$\tau=\frac{L}{R_1}=0.5\ \text{s}$$

电感电流

$$i_L=I_0\text{e}^{-\frac{R}{L}t}=6\text{e}^{-2t}\ \text{A}$$

电感电压

$$u_L=L\frac{\text{d}i_L}{\text{d}t}=-12\text{e}^{-2t}\ \text{V}$$

二、接通直流电源时的瞬态过程

图 4-21 所示 RL 串联电路在与恒压源接通前，电感中没有存储能量，即 $i_L(0_-)=0$，称电路处于零状态。在 $t=0$ 时，开关 S 闭合，$t\geqslant 0$ 时电路的电压方程为

$$U_S=U_R+U_L$$

其中

$$u_R=i_LR,\ u_L=L\frac{\text{d}i_L}{\text{d}t}$$

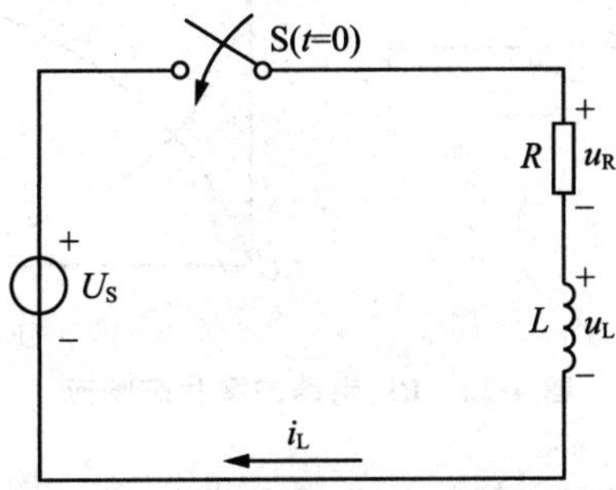

图 4-21　*RL* 一阶电路在接通电源时的瞬时过程

代入电压方程则得到 $t\geqslant 0$ 时的微分方程为

$$L\frac{\text{d}i_L}{\text{d}t}+Ri_L=U_S$$

$$\frac{L}{R}\frac{\text{d}i_L}{\text{d}t}+i_L=\frac{U_S}{R}$$

非齐次微分方程的通解由稳态响应 $i_L'=\frac{U_S}{R}$ 和暂态响应 $i_L''=A\text{e}^{\frac{t}{\tau}}$ 叠加而成，即

$$i_L(t)=i_L'+i_L''=\frac{U_S}{R}+A\text{e}^{-t/\tau} \tag{4-16}$$

式中，τ 为时间常数，与电路参数有关

$$\tau=\frac{L}{R}$$

$t=0$ 时，i_L 的初始值为

$$i_L(0_+)=i_L(0_-)=0$$

代入式(4-16)得积分常数

$$A=-\frac{U_S}{R}$$

因此 i_L 的零状态响应为

$$i_L(t)=\frac{U_S}{R}-\frac{U_S}{R}e^{-\frac{R}{L}t}=\frac{U_S}{R}(1-e^{-\frac{R}{L}t}) \tag{4-17}$$

电阻上电压

$$u_R(t)=Ri_L=U_S(1-e^{-\frac{R}{L}t}) \tag{4-18}$$

电感上电压

$$u_L(t)=L\frac{di_L}{dt}=L\left(-\frac{U_S}{R}\right)\left(-\frac{R}{L}\right)e^{-\frac{R}{L}t}=U_Se^{-\frac{R}{L}t} \tag{4-19}$$

i_L、u_R、u_L 随时间变化的曲线如图 4-22 所示。

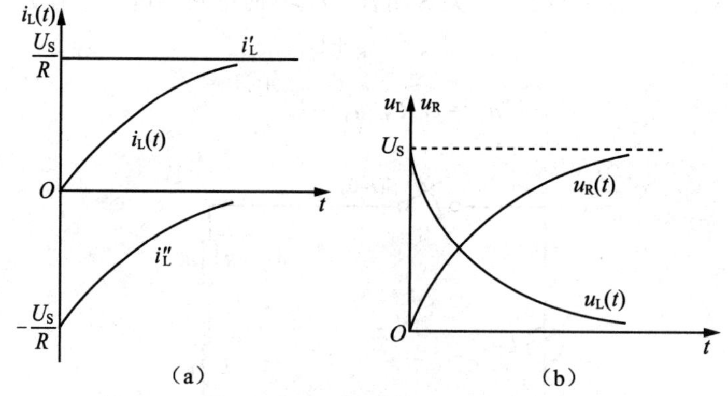

图 4-22 *RL* 电路的零状态响应

从图 4-22 中可以看出，换路瞬间 $i_L=0$，电感电压 $L\frac{di_L}{dt}=U_S$，电阻上电压 $u_R=0$，随着时间增加，电流逐渐上升，电感电压按指数规律下降，电阻电压随之上升，达到稳态时电感电压 $L\frac{di_L}{dt}=0$，电感线圈对直流电压不起作用($u_L=0$ 相当于短路)，电源电压 U_S 就会全部降在电阻上。当 $t=\infty$时，电路进入稳态，$i_L(\infty)=\frac{U_S}{R}$。

例 4-7 在图 4-21 中，$U_S=20$ V，$R=5$ Ω，$L=0.1$ mH，在开关闭合前 $i_L=0$，当$t=0$ 时，合上开关。试求：(1)$t\geqslant 0$ 时的 i_L、u_R、u_L；(2)$t=2\tau$ 时的 u_L。

解：(1)$t\geqslant 0$ 时，时间常数为 $\tau=\frac{L}{R}=2\times 10^{-5}$ s

根据式(4-17)、式(4-18)和式(4-19)得

$$i_L(t)=\frac{U_S}{R}(1-e^{-t/\tau})=4(1-e^{-5\times 10^4 t})\text{A}$$

$$u_L(t)=U_Se^{-t/\tau}=20e^{-5\times 10^4 t}\text{ V}$$

$$u_R(t)=U_S(1-e^{-t/\tau})=20(1-e^{-5\times10^4 t})\ V$$

(2)当 $t=2\tau$ 时

$$u_L(2\tau)=20e^{-2}=2.7\ V$$

例 4-8 如图 4-23(a)所示电路 $R_1=R_2=2\ \Omega$，$R_3=3\ \Omega$，$L=2\ H$，$I_S=10\ A$，S 断开前电路处于稳态，$t=0$ 时开关 S 断开，求 i_L、u_L、u_{R_3}。

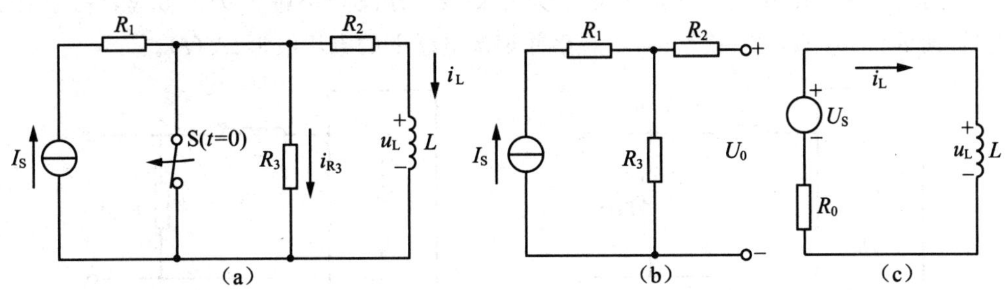

图 4-23 例 4-8 图

解： $i_L(0_+)=i_L(0_-)=0$。开关 S 断开之后($t\geqslant0$)，从电感 L 两端断开，将余下的有源二端网络[图 4-23(b)]用等效电压源来代替，等效电路如图 4-23(c)所示。其中

$$U_S=U_0=I_SR_3=30\ V$$

$$R_0=R_2+R_3=5\ \Omega$$

$$\tau=\frac{L}{R_0}=0.4\ s$$

根据图 4-23(c)得

$$i_L(t)=\frac{U_S}{R_0}(1-e^{-t/\tau})=6(1-e^{-2.5t})\ A$$

$$u_L(t)=U_Se^{-2.5t}=30e^{-2.5t}\ V$$

根据 $t\geqslant0$ 时的电路可得

$$i_{R_3}=I_S-i_L=(4+6e^{-2.5t})A$$

>>> 技能操作

测绘 *RL* 电路的充放电曲线

1. 操作目的

(1)观察 *RL* 电路的充放电过程，研究元件参数改变对过渡过程的影响。

(2)进一步学习脉冲信号发生器和示波器的使用方法。

2. 操作器材

双踪示波器 1 台、脉冲信号源 1 台、动态电路线路板 1 块、电阻箱 1 只。

3. 操作注意事项

(1)调节仪器旋钮时，动作不要过猛。操作前需熟读双踪示波器的使用说明，特别是观测双踪时，要特别注意开关、旋钮的操作与调节。

(2)信号源的接地端与示波器的接地端要连在一起，以防外界干扰而影响测量的准

确性。

(3)示波器的辉度不要过亮，尤其是光点长期停留在荧光屏上不动时，应将辉度调暗，以延长示波器的使用寿命。

(4)熟读仪器的使用说明，做好操作训练预习，准备好画图用的图纸。

4. 操作内容及步骤

(1)按图 4-24 接好线路，调节频率为 1 kHz，方波频率幅值为 2.5 V，占空比为 1∶1，使 $R=300\ \Omega$，$L=22\ \text{mH}$，观察并记录电感上的电压波形 $u_L(t)$。

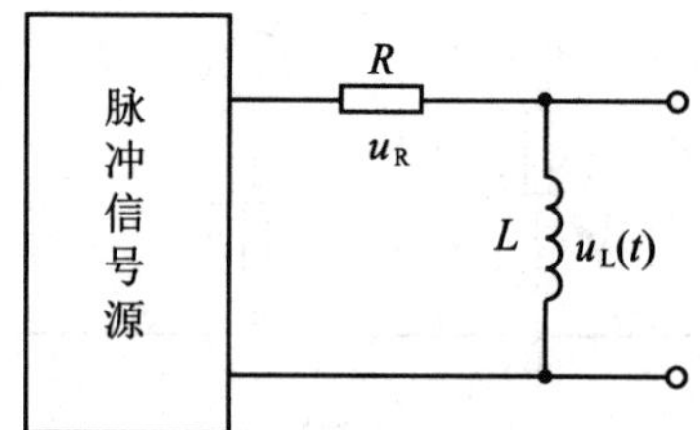

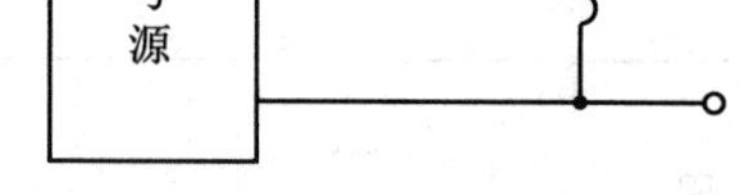

图 4-24　观察 RL 电路中 $u_L(t)$ 的波形

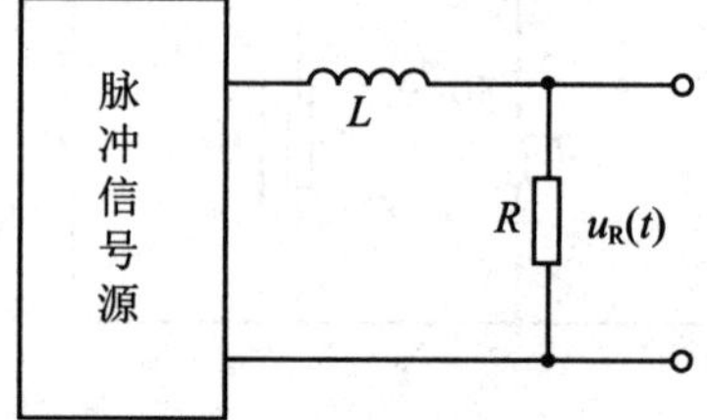

图 4-25　观察 RL 电路中 $u_R(t)$ 的波形

(2)改变参数，使 $R=800\ \Omega$，$L=22\ \text{mH}$，重复步骤(1)的操作内容。

(3)按图 4-25 连接线路，使 $R=300\ \Omega$，$L=22\ \text{mH}$，观察并记录电阻 R 上的电压波形 $u_R(t)$。

(4)改变参数值 $R=800\ \Omega$，$L=22\ \text{mH}$，重复步骤(3)的操作内容。

5. 操作报告要求

(1)用方格纸绘制所观察到的各种波形。

(2)说明元件参数的改变对过渡过程的影响。

>>> 能力训练

1. 总结 RL 一阶动态电路工作的全过程。

2. 电路如图 4-26 所示，开关闭合前电路已处于稳态，在 $t=0$ 时开关闭合。求：$t\geqslant 0$ 时的 $u_L(t)$。

3. 电路如图 4-27 所示，换路前电路已处于稳态。求换路后 a、b 两端的电压 $u_{ab}(t)$。

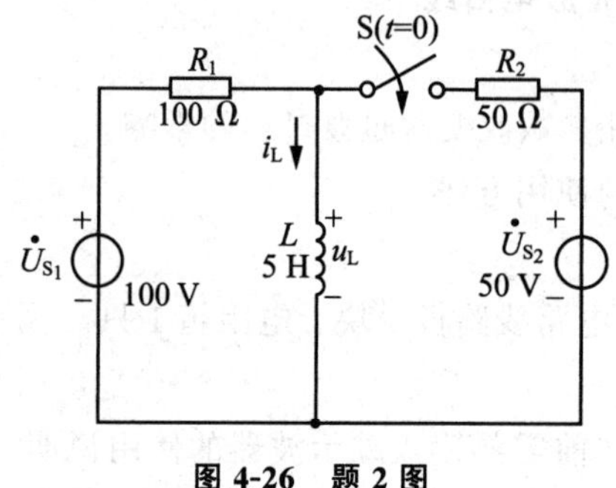

图 4-26　题 2 图

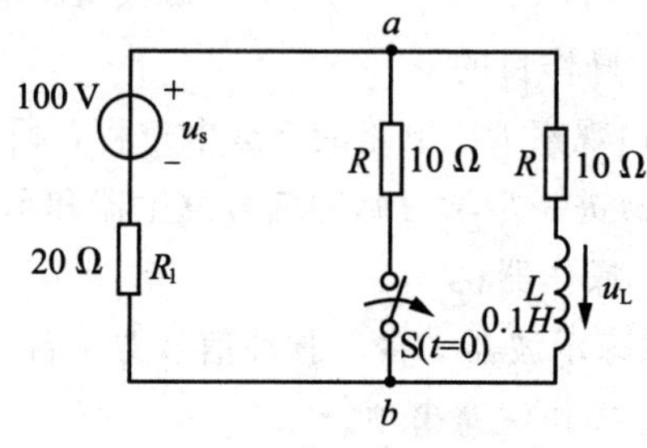

图 4-27　题 3 图

4. 电路如图 4-28 所示，已知 $I_S=5\ \text{mA}$，$R_1=R_2=R_3=R_4=R_5=5\ \text{k}\Omega$，$C=$

0.01 μF，$L=1$ H。开关 S 断开前电路已处于稳态，$t=0$ 时将开关 S 断开。求 S 断开后，(1)电容电压 $u_C(t)$ 及电流 $i_{R_2}(t)$；(2)电感电压 $u_L(t)$。

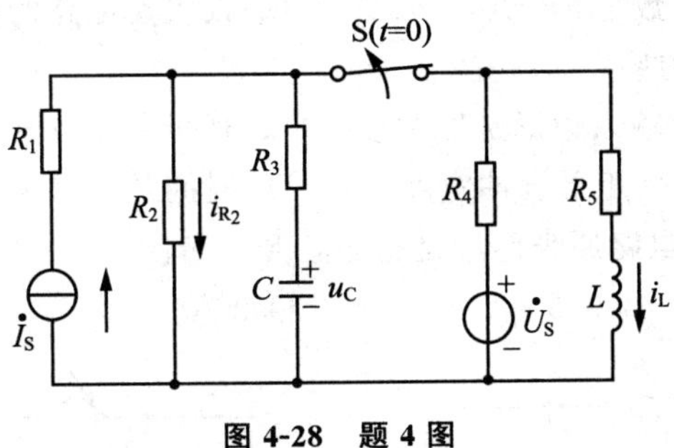

图 4-28　题 4 图

>>> 能力与升华

我们要坚持教育优先发展、科技自立自强、人才引领驱动，加快建设教育强国、科技强国、人才强国，坚持为党育人、为国育才，全面提高人才自主培养质量，着力造就拔尖创新人才，聚天下英才而用之。我们职业院校学生要努力学习，掌握现代化技术，成为为国、为民服务的高技能型人才。

项目四　能力测试

一、填空题

1. 动态元件包括________元件和________元件，含有动态元件的电路在发生换路时要经历________过程。

2. ________的电路称为一阶动态电路。

3. 对于动态电路中的电压和电流，在电路发生换路时，________、________是不可跃变的量。

4. 换路定律的数学表达式是________和________。

5. RC 电路的时间常数 $\tau=$________，RL 电路的时间常数 $\tau=$________，时间常数的单位是________。

6. 动态电路的过渡过程理论上讲要经过无限长的时间，但实际上一般认为 $t=$________时间后过渡过程就结束了。时间常数越大，过渡过程越________。

7. RC 微分电路的条件是________和________。

二、选择题

8. 在直流稳态时，电感元件上(　　)。

A. 有电流，有电压　　B. 有电流，无电压

C. 无电流，有电压　　D. 无电流，无电压

9. 在直流稳态时，电容元件上(　　)。

A. 有电流，有电压　　B. 有电流，无电压

C. 无电流，有电压　　D. 无电流，无电压

10. 一阶线性电路时间常数的数值取决于(　　)。

A. 电路的结构形式　　B. 外加激励的大小

C. 电路的结构和参数　　D. 仅仅是电路的参数

11. 构成积分电路的参数条件是(　　)。

A. 时间常数不小于输入矩形脉冲宽度　　B. 时间常数与输入矩形脉冲宽度相等

C. 时间常数小于输入矩形脉冲宽度　　D. 时间常数远大于输入矩形脉冲宽度

12. 如图 4-29 所示电路原来已经是稳态，开关 S 闭合，$i_1(0_+)$的值为(　　)。

A. 0.2 A　　B. 0.6 A　　C. 0 A　　D. 0.3 A

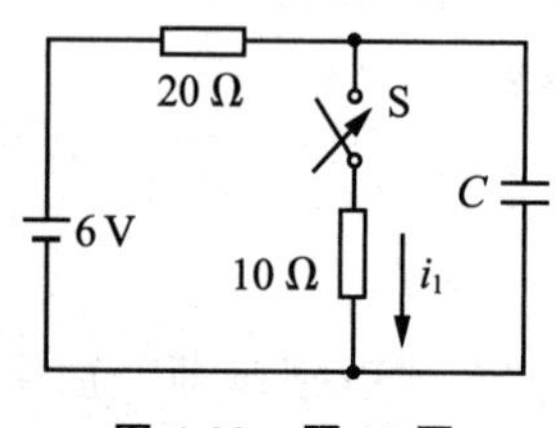

图 4-29　题 12 图

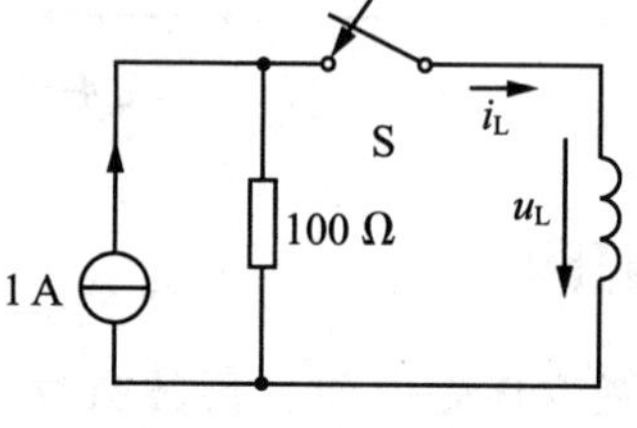

图 4-30　题 13 图

13. 在图 4-30 所示电路中，在开关 S 闭合瞬间，$u_L(0_+)$的值是(　　)。

A. 100 V　　B. 63.2 V　　C. ∞　　D. 0 V

14. 动态电路工作的全过程是(　　)。

A. 前稳态—过渡过程—换路—后稳态　　B. 前稳态—换路—过渡过程—后稳态

C. 换路—前稳态—过渡过程—后稳态　　D. 称路—过渡过程—前稳态—后稳态

15. 时间常数 τ 的意义是(　　)。

A. 在零输入条件下，响应的起始值衰减到 63.2%所需的时间

B. 过渡过程所需的时间

C. 在零输入条件下，响应的起始值衰减到 36.8%所需的时间

D. 在零状态条件下，响应由零值增长到稳态值的 36.8%所需的时间

16. 在图 4-31 所示的三个电路中，输入矩形波信号脉冲宽度 $t_P=1$ ms，其中符合微分电路条件者为图(　　)。

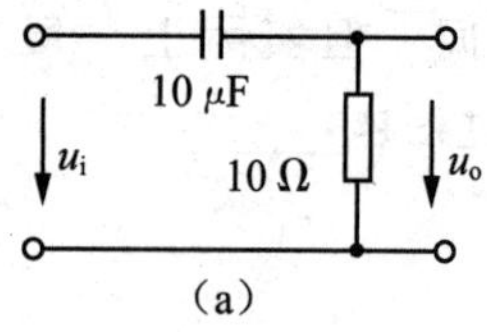

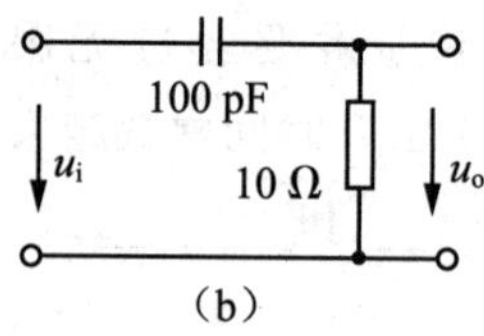

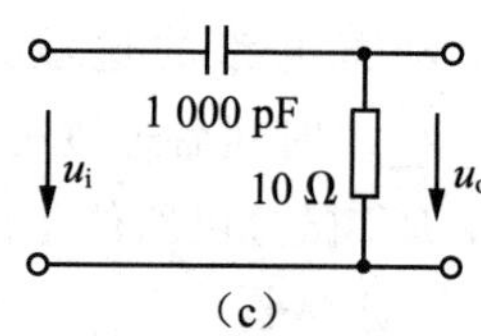

图 4-31　题 16 图

三、判断题

17. 当动态电路发生换路时，电感(电容)元件上的电流和电压都不能发生跃变。(　　)

18. 在一阶线性动态电路中，接通 60 V 直流电源所用的过渡过程时间比接通 20 V 直流电源所用的过渡时间更长。(　　)

19. RL 串联电路中，其他条件不变，增大 R 则过渡时间变长。(　　)

20. 动态元件包括 R、L、C 三种元件。(　　)

21. 动态电路在换路时一定产生过渡过程。(　　)

22. 在 RC 微分电路中，电路的时间常数与输入矩形波信号脉冲宽度无关。(　　)

四、简答题

23. 什么是换路?

24. 暂态过程产生的原因是什么?

25. 如何确定一阶动态电路中的时间常数?

26. 一阶动态电路中如何计算动态元件的稳态值?

27. 一阶动态电路中在换路瞬间如何计算动态元件的初始值?

五、计算题

28. 在图 4-32 所示电路中，开关 S 在 $t=0$ 时断开，换路前电路已处于稳态，试求 i_1、i_2、i_3 及 u_C 的初始值和稳态值。

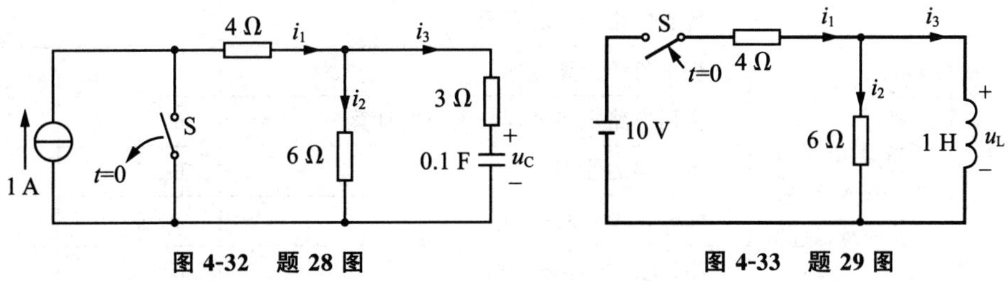

图 4-32　题 28 图　　图 4-33　题 29 图

29. 在图 4-33 所示电路中，开关 S 在 $t=0$ 时闭合，换路前电路已处于稳态，试求 i_1、i_2、i_3 及 u_L 的初始值和稳态值。

30. 在图 4-34 所示电路中，开关 S 断开后 0.2s，电容电压 $u_C=8$ V，试求电容 C 的值。

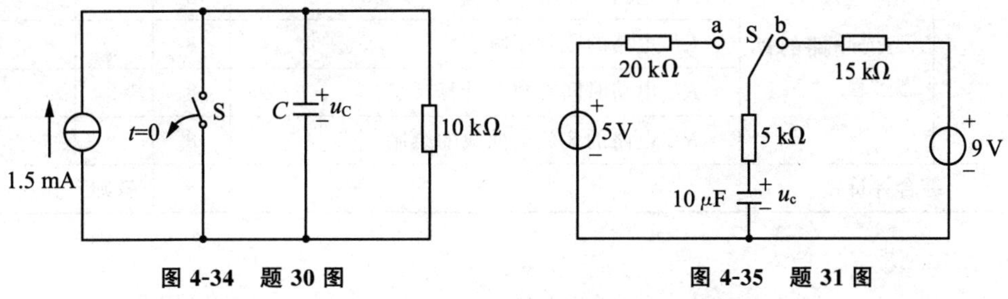

图 4-34　题 30 图　　图 4-35　题 31 图

31. 电路如图 4-35 所示，$t=0$ 时开关 S 从 a 倒向 b，换路前电路已处于稳态，试求 u_C 的表达式。

32. 电路如图 4-36 所示，已知 $R_1=1$ Ω，$R_2=R_3=2$ Ω，$L=2$ H，$E=5$ V，当 $t=0$ 时，开关 S_1 断开、S_2 合上，试写出 i_L、u_L 的表达式。

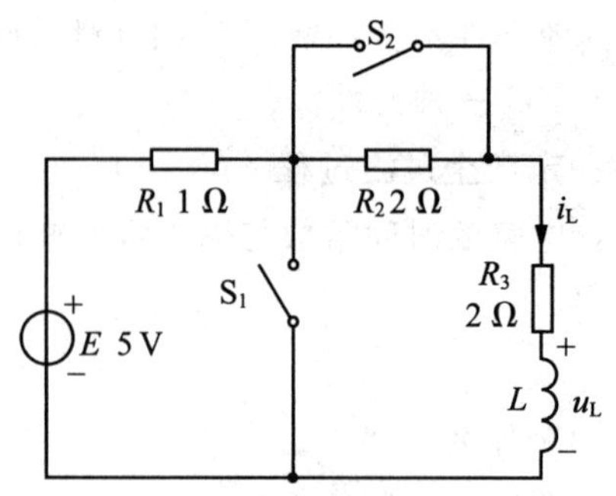

图 4-36　题 32 图

项目四　质量评价标准

任务序号	评价项目	评 价 标 准	配分	自评分	教师评分
1	暂态电路的基本概念和 RC 电路的暂态过程	稳态电路的概念	2		
		暂态电路的概念	2		
		暂态电路产生的原因	4		
		稳态值的计算	4		
		会用换路定律进行初始值的计算	6		
		示波器的使用	6		
		信号发生器的使用	4		
		RC 电路的零输入响应	8		
		RC 电路的零状态响应	8		
		RC 电路时间常数的计算	8		
		RC 电路的应用	8		
		RC 电路的充放电曲线的绘制	8		
2	*RL* 电路的暂态过程	*RL* 电路的零输入响应	8		
		RL 电路的零状态响应	8		
		RL 电路时间常数的计算	8		
		RL 电路的充放电曲线的绘制	8		
综合评价				教师：	

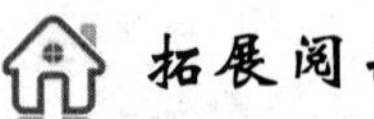

身边榜样：技能报国——和松云团队

项目五　电工基本技能操作

>>> 项目描述

在工业生产中，几乎所有的机械设备都是依靠电气设施进行控制和操作。电气设备的常态化使用，就对相应的从业人员提出了基本的要求，会使用常见的电工工具和电工仪表对基本电路进行安装、检修和维护。在工作过程中能够规范操作，确保自己和他人的人身安全，遇到突发安全事件清楚如何处置。本项目主要介绍了常用电工工具和电工仪表的使用、导线的连接与线路安装、电工的安全用电知识。

>>> 知识目标

1. 认识常见的电工工具并能够熟练使用；
2. 对常见的电工仪表能够熟练使用，并根据结果对电路进行分析；
3. 能够熟练掌握导线的连接和室内电气线路的安装；
4. 熟悉安全用电常识，掌握触电紧急处理与急救方法。

>>> 技能目标

1. 掌握常用电工工具判断电路是否通电；使用各种钳子对导线进行操作；使用电烙铁进行焊接；

2. 熟练使用万用表来测量电路中的电阻、电容和电感元件；使用钳形表测量电流；使用兆欧表测量绝缘电阻；

3. 在安装电气线路时，能够正确进行导线的选择、导线绝缘层剖削、导线绝缘层恢复、导线的连接并能对室内电气线路进行安装检修；

4. 清楚如何防止触电；有人触电时应采取的正确措施；对触电者进行施救的各项方法以及注意事项。

任务十二　电工工具的识别与使用

>>> 任务目标

1. 认识常用的电工工具，熟悉常用工具的种类；
2. 能熟练使用常见的电工工具；
3. 明确常用电工工具使用过程中的注意事项。

>>> 任务描述

电工工具是指完成电路中导线的连接、线路安装及电路维修中常使用到的工具。如常见的验电器(验电笔)、钢丝钳、电烙铁、电工刀等。学习并熟练掌握这些常用电

工工具结构、种类、工作原理、作用、使用方法、安全知识等，才能让我们在电路的安装和维修时规范操作，保护好自身安全的同时完成既定的工作。熟练掌握常用的电工工具也是学习电工基础的基本要求，更是提高电工技能的重要途径。

常用电工工具 1

>>> 相关知识

一、常用电工工具的种类

常用电工工具有验电器、旋具、钳类、电工刀、焊接类、电钻类、凿类和锤类。这些常用电工工具在安装和维修过程中使用方便、高效，但其使用过程中也存在一些危险性，故要求使用者需按照操作规程操作，避免人身伤害和重大事故的发生。

二、验电器

验电器是检验导线和电气设备是否带电的常用检测工具。有低压验电器和高压验电器两种。

1. 低压验电器

低压验电器又称验电笔、试电笔等，检测电压范围一般为 60～500 V，试电笔有钢笔式和螺钉旋具式两种，结构如图 5-1 所示。钢笔式电笔由氖管、电阻、弹簧、笔身和笔尖等组成。当用低压验电器测带电体时，电流经带电体、验电器、人体、大地形成回路，验电器中的氖泡发光。

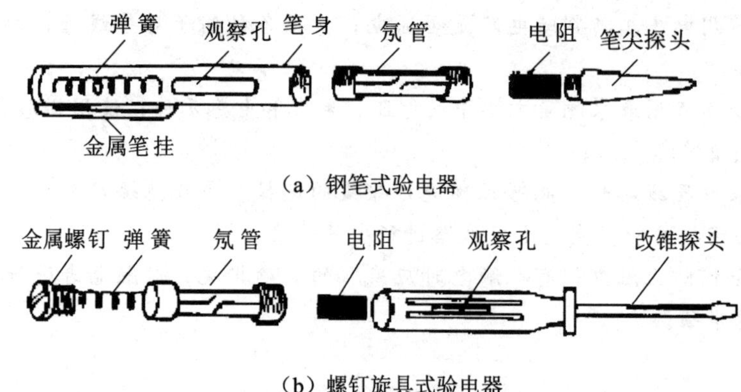

（a）钢笔式验电器

（b）螺钉旋具式验电器

图 5-1　低压验电器的结构

低压验电器除了检验低压导线和电气设备是否带电，还可区别相线、零线；区别电压的高低；区别交流电与直流电，交流电通过验电器时，氖管两个极同时发亮，而直流电氖管只有一个极发光；区别直流电正负极。

使用时应注意，手持验电器尾部，并与尾部金属部分接触，笔尖与带电体接触，但要防止手指触及笔尖的金属部分，以免造成触电事故；在使用前应在有电源处试测，确保验电器工作正常；检测时，应注意遮光检测；测直流时，若人与大地绝缘，人手接触电源任一端，另一手持验电器，验电器与电源另一端接触。图 5-2 所示是低压验电器的使用方法。

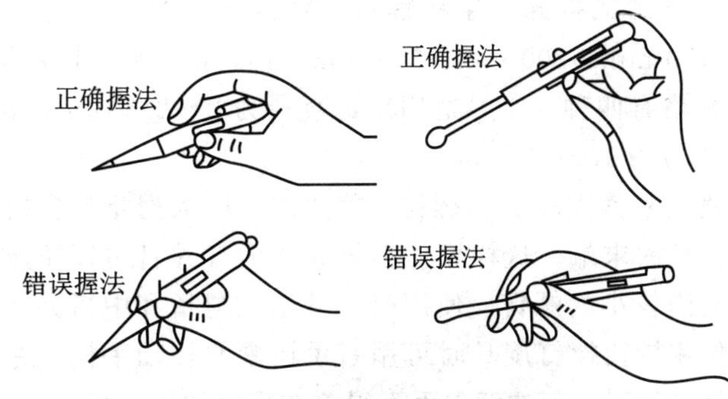

图 5-2 低压验电器的使用方法

2. 高压验电器

高压验电器用于检验高压线路是否带电，它属于防护性用具，检测电压范围为 1 000 V 以上。

使用高压验电器进行检验前，确保验电器良好；室外使用时，必须在气候条件良好的情况下进行，在雪、雨、雾及湿度较大的情况下，不宜使用；使用时必须戴符合耐压要求的绝缘手套；测试时，人体与带电体保持足够的安全距离(10 kV 高压为 0.7 m 以上)；不可单独测试，测试时旁边要有人监护；操作时，手握部位不得超过护环；测试时小心操作，防止发生相间或对地短路事故。图 5-3 所示是高压验电器的结构及使用方法。

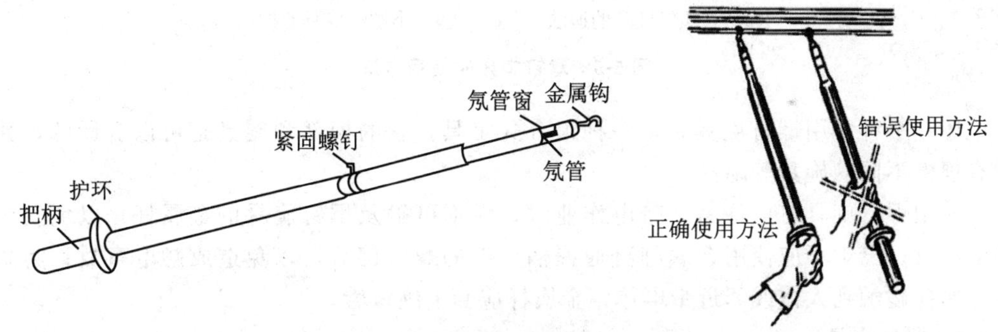

图 5-3 高压验电器的结构及使用方法

三、旋具

1. 螺钉旋具

螺钉旋具俗称螺丝刀，用来紧固或拆卸螺钉。按螺钉旋具头部形状可分为一字形、十字形和异形(如六边形)；按柄部材质可分为木柄和塑料柄。图 5-4 所示是螺钉旋具头部的形状。

图 5-4 螺钉旋具头部的形状

一字形旋具用来紧固或拆卸一字槽螺钉。规格常用刀杆长度来表示，常用的有 50 mm、100 mm、150 mm、200 mm、300 mm、400 mm 等。十字形旋具用来紧固或拆卸十字槽螺钉。规格有四种：Ⅰ号适用螺钉直径为 2～2.5 mm，Ⅱ号为 3～5 mm，Ⅲ号为 6～8 mm，Ⅳ号为 10～12 mm。

大螺钉旋具一般用来紧固较大的螺钉。使用时，除大拇指、食指和中指要夹住握柄外，手掌还要顶住柄的末端，这样可使出较大的力气并且可以防止旋转时滑脱。小螺钉旋具一般用来紧固较小的螺钉。使用时，可用大拇指和中指夹住握柄，用食指顶住柄的末端旋转。使用较长螺钉旋具时可用右手压紧并转动手柄，左手握住螺钉旋具的中间，避免螺钉旋具滑脱，但注意左手不得放在螺钉周围，以免螺钉旋具滑出伤人。使用方法如图 5-5 所示。

(a) 大螺钉旋具的握法

(b) 小螺钉旋具的握法

图 5-5　螺钉旋具的使用方法

还有一种多用螺钉旋具，是一种组合式工具，它的柄部和旋具是可以拆卸的，并附有规格不同的旋具等附件。

使用螺钉旋具时应注意，带电作业时，手不可触及螺钉旋具的金属杆，以免发生触电事故；电工不应使用金属杆直通握柄顶部的螺钉旋具，以免造成触电事故；为防止金属杆碰触到人体或邻近带电体，金属杆应套上绝缘管。

2. 螺母旋具

常见的螺母旋具是扳手，用来紧固或拆卸螺母。常见的有活动扳手、固定扳手和套筒扳手。

活动扳手主要由活扳唇、呆扳唇、扳口、涡轮、轴销等构成，如图 5-6(a)所示。其规格由长度(mm)×最大开口宽度(mm)表示，常用的有 150×19(6 in)、200×24(8 in)、250×30(10 in)、300×36(12 in)。使用活动扳手扳动大螺母时，需较大力矩，手应握在近柄尾处。扳动较小螺母时，需用力矩不大，手应握在近头部处，可随时调节涡轮，收紧活络扳唇防止打滑。活扳手不可反用，以免损坏活扳唇，也不可用钢管接长手柄来施加较大的扳拧力矩。活扳手不得当作撬棒和手锤使用。

除了活动扳手外，还有固定扳手和套筒扳手。固定扳手(呆扳手)的扳口为固定口径，不能调整，但使用时不易打滑，常见的有开口扳手、梅花扳手两种。套筒扳手的扳口是筒形，扳手有多种，能插接各种扳口，适合狭小空间使用。

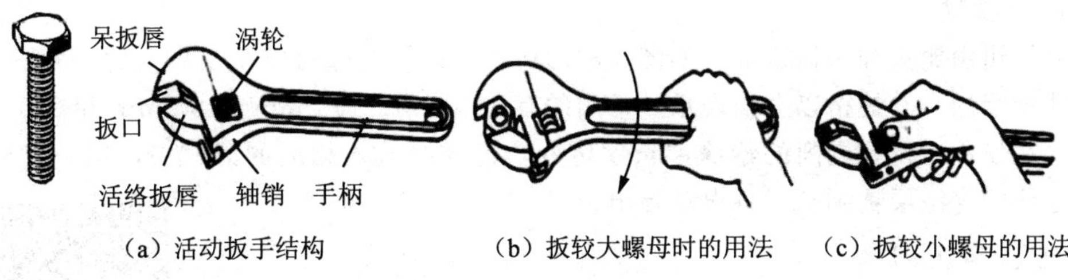

（a）活动扳手结构　（b）扳较大螺母时的用法　（c）扳较小螺母的用法

图 5-6　活动扳手

四、钳具

1. 钢丝钳

钢丝钳在电工作业时，用途广泛。钢丝钳由钳头和钳柄组成，钳柄绝缘耐压 500 V。钳头由钳口、齿口、刀口和铡口组成。钳口可用来弯绞或钳夹导线线头；齿口可用来紧固或起松螺母；刀口可用来剪切导线或钳削导线绝缘层；铡口可用来铡切导线线芯、钢丝等较硬线材。它的规格以全长表示，常用的有 150 mm、175 mm、200 mm 三种。钢丝钳各用途的使用方法如图 5-7 所示。

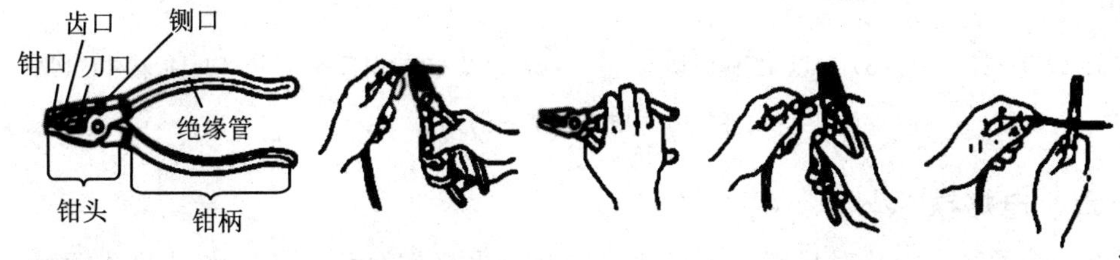

图 5-7　钢丝钳的结构和使用方法

使用前必须检查钳柄绝缘是否完好。剪切带电导线时，不得同时剪切相线和零线，以免发生短路故障。

2. 尖嘴钳

尖嘴钳由钳头和钳柄组成，如图 5-8(a)所示，钳柄绝缘耐压 500 V。用于剪切细小金属丝，夹持较小螺钉、垫圈、导线等元件，还可将导线弯成一定圆弧的接线鼻子。若使用尖嘴钳带电作业，应检查其绝缘是否良好，并在作业时金属部分不要触及人体或邻近的带电体。

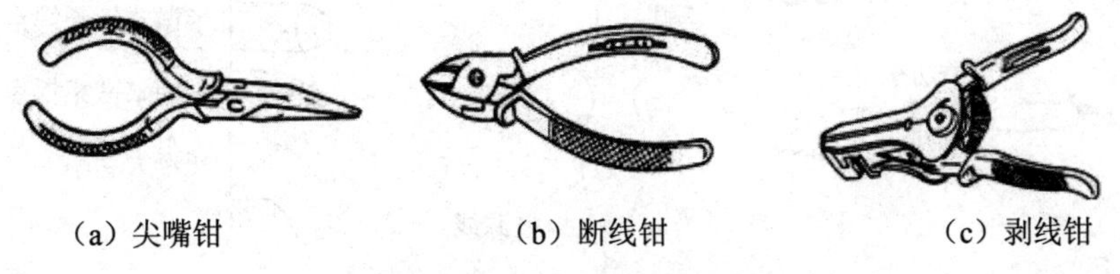
（a）尖嘴钳　（b）断线钳　（c）剥线钳

图 5-8　尖嘴钳、断线钳及剥线钳

3. 断线钳

断线钳的头部“扁斜”，因此又叫斜口钳，如图 5-8(b)所示。专供剪断较粗的导线、金属丝及导线电缆剖削导线绝缘层等用，绝缘柄耐压为 1 000 V。

4. 剥线钳

剥线钳由钳头和钳柄组成，如图 5-8(c)所示，钳柄绝缘耐压 500 V。用于剥削小线径导线绝缘层。其规格以全长表示，常用的有 130 mm、160 mm、180 mm 和 200 mm 四种。在使用时将要剥削的绝缘层长度定好，把导线放入相应的刃口中，用手将柄握紧，导线的绝缘层被割破，且自动弹出。

五、电工刀

常用电工工具 2

电工刀用来剖切导线、电缆的绝缘层，切割木台缺口、电缆槽等。使用时，刀口朝外剖削，剖削导线绝缘时，应使刀面与导线成较小的锐角，以免割伤导线；使用电工刀时，注意避免伤手，不得传递未折进刀柄的电工刀；电工刀用毕，随时将刀身折进刀柄；电工刀刀柄无绝缘保护，不能用于带电作业，以免触电。电工刀切削的方法如图 5-9 所示。

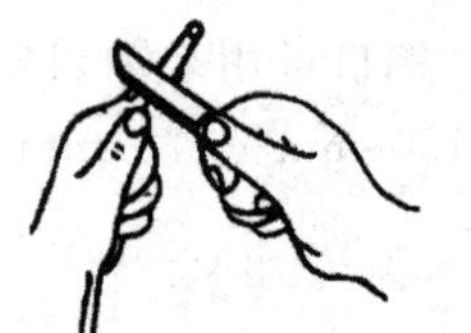

（a）握刀姿势

（b）刀以 45°倾斜切入

（c）刀以 15°倾斜推削

（d）扳转外皮切断

图 5-9　电工刀切削的方法

六、电烙铁

电烙铁通过电加热对导线、元件进行焊接，电烙铁分为内热式和外热式两种。电烙铁由烙铁头、加热芯、手柄和电源线组成，如图 5-10 所示。通电后，加热芯发热，借助焊料和助焊剂将导线或元件焊接在一起。焊接前，一般要把焊头的氧化层除去，并用焊剂进行上锡处理，使得焊头的前端经常保持一层薄锡，以防止氧化且减少能耗使其导热良好。焊接时，焊料一般为丝状焊锡或纯锡，常见的助焊剂有松香、焊膏等。

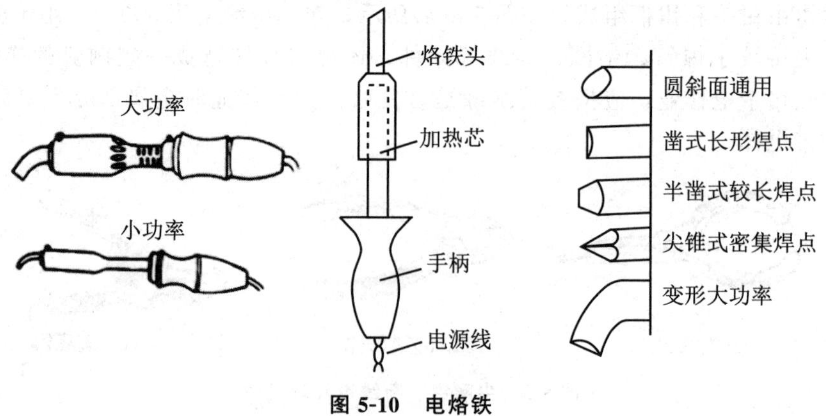

图 5-10　电烙铁

电烙铁的握法没有统一的要求，以不易疲劳、操作方便为原则，一般有笔握法和拳握法两种，如图 5-11 所示。

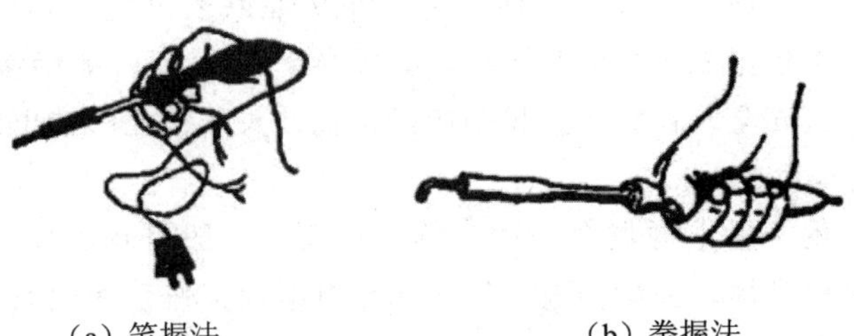

（a）笔握法　　（b）拳握法

图 5-11　电烙铁的握法

对焊接的基本要求是，焊点必须牢固，锡液必须充分渗透，焊点表面光滑有泽，应防止出现“虚焊”“假焊”。产生“虚焊”的原因是因为焊件表面未清除干净或焊剂太少，使得焊锡不能充分流动，造成焊件表面挂锡太少，焊件之间未能充分固定；造成“假焊”的原因是因为烙铁温度低或焊接时烙铁停留时间太短，焊锡未能充分熔化。

在使用电烙铁时应注意，使用前应检查电源线是否完好，外绝缘皮有无被烫伤；焊接电子类元件(特别是集成块)时，应采用防漏电等安全措施；当焊头因氧化而不“吃锡”时，不可硬烧；当焊头上锡较多不便焊接时，不可甩锡，不可敲击；焊接较小元件时，时间不宜过长，以免因温度过高损坏元件或绝缘；焊接完毕，应拔去电源插头，将电烙铁置于金属支架上，防止烫伤或火灾的发生。

七、电钻

1. 手电钻

手电钻是一种手持式电动工具，如图 5-12 所示。可用于在金属、木材、塑料等较薄构件上钻孔。手电钻由串激电动机、减速器、手柄、钻夹头及电源开关组成。高速的可达 2 200 r/min，低速的可达 750 r/min，规格有 4 mm、6 mm、8 mm、10 mm、13 mm、16 mm 几种。常用的手电钻有手枪式和手提式两种。手电钻一般采用 220 V 或 36 V 的交流电源，使用电压为 220 V 的电钻时应戴绝缘手套，在潮湿环境中应采用 36 V 的电钻。

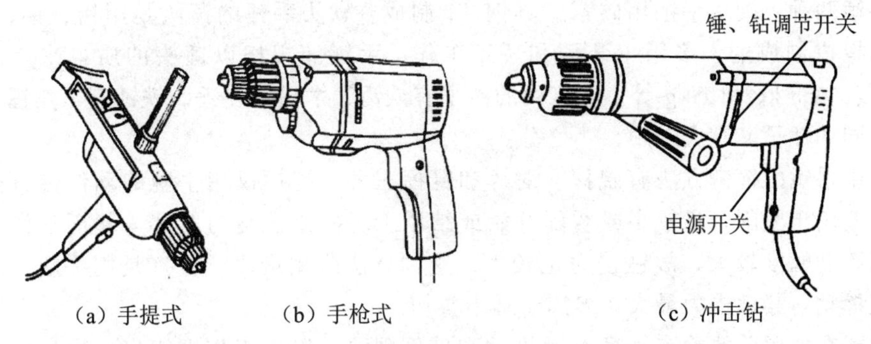

（a）手提式　　（b）手枪式　　（c）冲击钻

图 5-12　手电钻

2. 冲击钻

冲击钻采用旋转带冲击的工作方式，一般带有调节开关。调节开关在“钻”的位置时，功能与普通电钻相同；调节开关在“锤”的位置时，能在混凝土和砖墙等建筑物上

钻孔。长期不用的冲击钻，使用前必须使用 500 V 兆欧表测定对地绝缘电阻，其阻值不小于 0.5 MΩ。使用金属外壳冲击钻时，必须戴绝缘手套、穿绝缘鞋或站在绝缘板上，以确保操作人员安全。在钻孔过程中应经常把钻头从钻孔中抽出以便排除钻屑。

3. 充电电钻

充电电站主要用于无电源场合，适合移动使用。一般可正、反转，转速通过扳机可调，既可当螺钉旋具用，又能作电钻用。靠充电电池工作，使用灵活方便。

4. 台式电钻

台式电钻用于在较厚的金属构件上打孔。结构由底座、立柱、电动机、皮带减速器、钻夹头、上下回转机构、电源连接装置等组成。电动机通过五挡 V 带传动，可使主轴获得几种转速。工作台可在立柱上移动、转动和左右倾斜 45°，并可用手柄锁紧。台钻的规格有 16～48 mm(最大钻孔直径)多种。

八、凿

电工用凿有麻线凿、小扁凿、长凿等。

1. 麻线凿

麻线凿用来凿打混凝土结构建筑物的木榫孔。电工常用的麻线凿有 16 号和 18 号两种：16 号可凿直径 8 mm 的木榫孔；18 号可凿直径 6 mm 的木榫孔。凿孔时，要用左手握住麻线凿，并要不断地转动凿子，使碎石及时排出。

2. 小扁凿

小扁凿用来凿打砖墙上的方形木榫孔。电工常用凿口宽 12 mm 的小扁凿。

3. 长凿

长凿用来凿打穿墙孔。用来凿打混凝土穿墙孔的由中碳圆钢制成，用来凿打其他穿墙孔的由无缝钢管制成。长凿直径有 19 mm、25 mm 和 30 mm，长度通常有 300 mm、400 mm 和 500 mm 等。使用时，应不断旋转，及时排出碎屑。

九、手锤

手锤由锤头、木柄和楔子(斜楔铁)组成。手锤的种类较多，一般分为硬头手锤和软头手锤两种。硬头手锤用碳素工具钢 T7 制成。软头手锤的锤头是用铅、铜、硬木、牛皮或橡皮制成的，多用于装配和矫正工作。手锤的规格以锤头的质量来表示，有 0.25 kg、0.5 kg 和 1 kg 等。电工用的锤子有铁锤、木槌、皮锤。铁锤有羊角锤、圆头锤。不同的锤子又有大、中、小之分。

使用手锤的挥锤方法有腕挥、肘挥和臂挥三种。腕挥仅用手腕的动作进行锤击运动，一般用于錾削余量较小或錾削开始或结尾。肘挥是手腕与肘部一起挥动作锤击运动，因挥动幅度较大，故锤击力也较大，这种方法应用最多。臂挥是用手腕、肘和全臂一起挥动，其锤击力最大，多用于强力錾切。

手锤在使用前要检查锤柄有无松动和破例现象，以免工作中飞出发生危险；使用时要擦净手及手锤上的油污，以防工作中滑出伤人。

>>> 技能操作

常用电工工具的使用

1. 操作目的

(1)正确识别各种常用电工工具的名称，知道其结构、作用和使用方法。

(2)能正确使用各种常用电工工具。

2. 操作器材

验电器、螺钉旋具、电工刀、钢丝钳、尖嘴钳、断线钳、剥线钳、扳手、冲击钻各1只；平口、十字口自攻螺钉各5只；单芯硬导线、多芯软导线若干。

3. 操作注意事项

各种电工工具在使用操作时，注意相关知识中的使用注意问题，确保人身和设备的安全。

4. 操作内容及步骤

(1)识别各种常用电工工具的名称、作用

结合各种电工工具的外形特点，指出各工具对应名称，并简要说明其作用。

(2)电工工具的使用

①用低压验电器检测操作室电源三芯插座的各插孔电压情况。

a. 打开操作室电源开关，用手握住低压验电器尾部的金属部分，用低压验电器的尖端探入其相线端插孔中，观察低压验电器的氖管是否发光，再分别探入另两个插孔中，观察氖管发光情况。

b. 断开操作室电源开关，再分别测试各插孔中电压情况。

②用手电钻练习在木板上钻孔。

a. 给手电钻安装直径合适的钻头(应配合自攻螺钉规格，使钻头直径略小于螺钉直径)，注意钻头应上紧。

b. 接通电源，将钻头对准木板，在上面钻10个孔，注意孔应垂直于板面，不能钻歪。

③用螺钉旋具在木板上拧装平口、十字口自攻螺钉各5只。

a. 将自攻螺钉放到钻好的孔上，并压入约1/4长度。

b. 用与螺钉槽口相一致的螺钉旋具，将刀口压紧螺钉槽口，然后顺时针旋动螺钉旋具，将螺钉约5/6长度旋入木板中，注意不要旋歪。

④钢丝钳，尖嘴钳。

a. 用钢丝钳或尖嘴钳的钳口将旋入木板中的螺钉端部夹持住，再逆时针方向旋出螺钉。

b. 用钢丝钳或尖嘴钳的刀口将多芯软导线、单芯硬导线分别剪断为5段。

c. 用尖嘴钳将单股导线的端头剥除绝缘层。再将端头弯成一定圆弧的接线端(线鼻子)。

⑤剥线钳。将用钢丝钳剪断的5段多芯软导线进行端头绝缘层去除，注意剥线钳的孔径选择要与导线的线径相符。

5. 操作报告要求

(1)根据操作结果，总结常用电工工具使用时注意的问题。

(2)回答思考题：

①低压验电器的工作原理是什么？

②用低压验电器分别测试交流和直流电，观察有什么区别？能否用低压验电器区别直流电的正、负极？

>>> 能力训练

1. 验电器的种类有哪些？低压验电器如何使用？
2. 常见螺钉旋具包含哪些？螺钉旋具使用时应注意哪些问题？
3. 钢丝钳能用来剥导线绝缘层吗？
4. 进行手工焊接时，电烙铁的常用握持方法有哪几种？
5. “虚焊”“假焊”产生的原因是什么？
6. 手电钻与冲击钻的区别是什么？

任务十三　常用电工仪表的识别与使用

>>> 任务目标

1. 认识常用的电工仪表，知道各种电工仪表的用途；
2. 能用电工仪表进行测试，并可以初步判断简单的电路故障；
3. 清楚常用仪表的使用注意事项。

>>> 任务描述

电工仪表是实现电磁测量过程中所需技术工具的总称，常用于测量电压、电流、电能、电功率等电量和电阻、电感、电容等电路参数，在电气设备安全、经济、合理运行的监测与故障检修中起着十分重要的作用。工业生产中电工仪表已经成为不可缺少的计量工具。但电工仪表不同的结构及使用方法会影响测量的精确度，故要求操作者必须能合理选用电工仪表，并且了解常用电工仪表的基本工作原理及使用方法。常见的电工仪表如万用表、兆欧表、钳形表、电能表等。

>>> 相关知识

一、常用电工仪表的分类

常用电工仪表可分为直读指示仪表，它把电量直接转换成指针偏转角，如指针式万用表；比较仪表，它与标准器比较，并读取二者比值，如直流电桥；图示仪表，它显示两个相关量的变化关系，如示波器；数字仪表，它把模拟量转换成数字量直接显示，如数字万用表。常用电工仪表按其结构特点及工作原理分类有磁电式、电磁式、电动式、感应式、整流式、静电式和数字式等。

在电工仪表的表盘上有许多符号是为了表示仪表的一些技术性能，如被测量单位的符号、电流种类符号等，如万用表上的“DCV”指的该挡位测的是直流电压。

仪表的误差分为基本误差和附加误差两部分。基本误差是仪表本身特性及制造、装配缺陷所引起的，基本误差的大小是用仪表的引用误差表示的。仪表准确度等级共七级，如表5-1所示。通常0.1和0.2级仪表为标准表，0.5～1.5级仪表用于实验室，1.5～5.0级则用于电气工程测量。数字越小，仪表准确度越高。选择仪表的准确度必须从测量的实际出发，不要盲目提高准确度，准确度高的仪表在使用不合理时产生的相对误差可能会大于准确度低的仪表。附加误差是仪表使用时的外界因素影响所引起的，如外界温度，外来电磁场，仪表工作位置等。

表5-1　准确度等级

准确度等级	0.1	0.2	0.5	1.0	1.5	2.5	5.0
基本误差/%	±0.1	±0.2	±0.5	±1.0	±1.5	±2.5	±5.0

二、万用表

万用表的使用

指针式万用表是一种多功能、多量程的便携式电工仪表，一般的万用表可以测量交直流电流、交直流电压和电阻等。有些万用表还可测量电容、功率、晶体管共射极直流放大系数 h_{FE} 等，是电气设备检修、试验和调试等工作中常用的测量工具。万用表主要由指示部分(表头)、测量电路、转换装置三部分组成，可分为指针式万用表和数字式万用表。

1. 指针式万用表

(1)指针式万用表的性能特点与结构

万用表主要由面板、磁电系表头(测量机构)、测量线路和转换开关四个部分组成。以MF47型指针式万用表为例进行介绍。

①面板。万用表的面板上设有多条标度尺的表盘、表头指针、转换开关的开关柄、机械调零电阻挡零欧姆调节旋钮和表笔插孔，如图5-13所示。

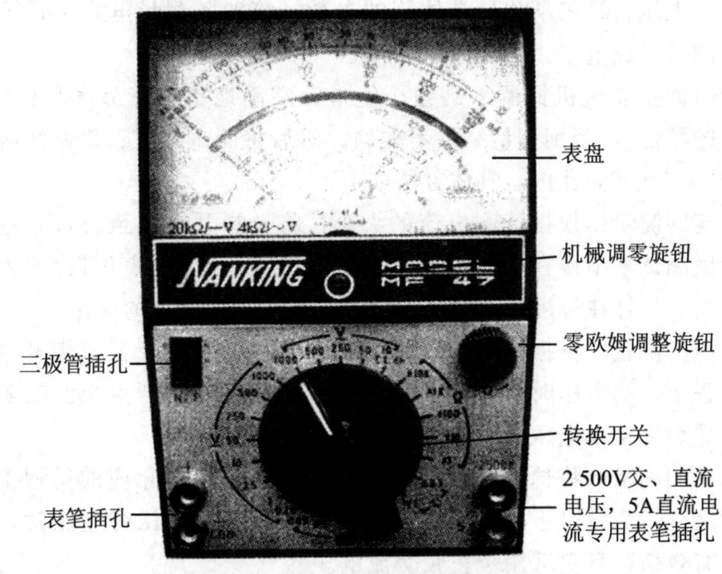

图5-13　MF47型万用表面板结构

②表头与表盘。表头是万用表进行各种不同测量的公用部分，是一只高灵敏度的磁电式直流电流表，万用表主要性能指标基本取决于表头的性能。表头灵敏度越高，内阻越大，则万用表性能越好。

表盘上的多条标度尺与各种测量项目相对应，如图 5-14 所示，使用时应熟悉每条标度尺上的刻度及所对应的被测量。

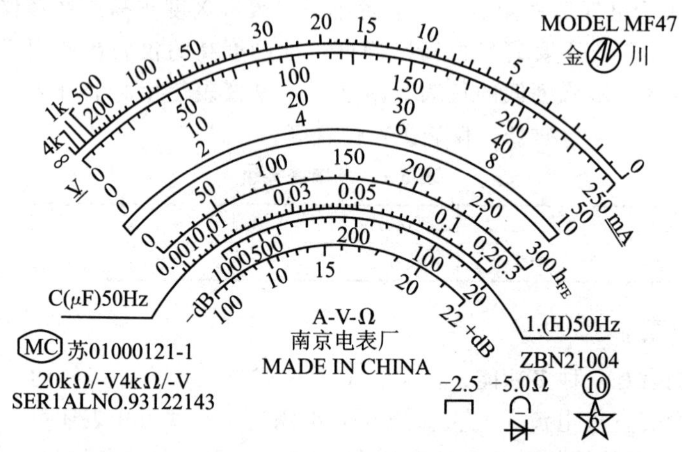

图 5-14　MF47 型万用表盘

③测量线路。万用表用一只表头完成对多种电量进行多量程的测量，关键在于万用表内设置了一套测量线路，电路由各基本参量(电流、电压、电阻等)的测量电路综合而成。旋转面板上的转换开关可选择所需要的测量项目和量程。

④转换开关。万用表转换开关由固定触点、可动触点和开关柄组成，其作用是按测量种类及量程选择的要求，在测量线路中组成所需要的测量电路。

(2)指针式万用表的使用

MF47 型万用表共有六条标度尺，上面第一条测量电阻；第二条测量直流电流、电压和交流电流、电压；第三条测量晶体管的参数；第四条测量电容量；第五条测量电感量；第六条测量音频电平。

使用之前需调整表头机械调零旋钮，使指针准确地指示在标度尺的零位上(指电流、电压刻度的零位)，否则测量结果不准确。然后将测试笔红、黑两短杆分别插入万用表面板上的“＋”“－”插孔内。具体方法如下：

①直流电流的测量。根据待测电流的大小，将选择开关旋至与直流电流相应的量程上并将红、黑测试笔串接在被测电路中，电流从红表笔(电表正极)流入，从黑表笔(电表负极)流出。指针在标度尺上对应的数值，即为被测电流的大小。

②直流电压的测量。根据待测电压的大小，将选择开关旋至与待测电压大小相应的直流电压量程上。测电压时应将两支表笔并联在要测量的两点上。红表笔应接在电压高的一端，黑表笔接在电压低的一端。

③交流电压的测量。将选择开关旋至与待测的交流电压相应的量程上，交流电压无正、负极性之分，测量时不必考虑极性问题。测量交流电压时应注意，表盘上交流电压的刻度是有效值，且只适用于正弦交流电。

④电阻的测量。测量电阻之前，选择适当的倍率挡，并在相应挡调零，即将两表笔短接，旋动零欧姆调节器，使表针指在 0 Ω 处，然后将两表笔分开，接入被测元件。当表笔短路调零时，调整零欧姆调节器，指针不能调至零时，可能是电池电压不足，应更换新电池。

(3)指针式万用表使用应注意事项

①测量前，根据被测量的种类和大小，把转换开关置于合适的位置。选择适当量程，使指针接近刻度尺满刻度的 2/3 左右。

②在测试未知量时，先将选择开关旋至最高量程位置，而后自高向低逐次向低量程挡转换，避免造成电路损坏和打弯指针。

③测量高压和大电流，不能在测量时旋转转换开关，避免转换开关的触点产生电弧而损坏开关。

④测量电阻时，应先将电路电源断开，不允许带电测量电阻。测量高电阻值元件时，操作者手不能接触被测量元件的两端，也不允许用万用表的欧姆挡直接测量微安表表头、检流计、标准电池等的内阻。

⑤测量完毕，应将转换开关置于交流电压最高挡，防止再次使用时，因不慎损坏表头。

⑥被测电压高于 100 V 时需注意安全。

⑦万用表应在干燥、无振动、无强磁场、环境温度适宜的条件下使用。

⑧表长时间不用时，应取出电池。

2. 数字万用表

数字万用表 DMM 采用大规模集成电路和液晶数字显示技术，具有结构简单、测量精度高、输入阻抗高、显示直观、过载能力强、功能全、耗电省、自动量程转换等优点，许多数字万用表还带有测电容、频率、温度等功能。它可用于测量交、直流电压，交、直流电流，电阻，电容，二极管，晶体管，音频信号频率等，其面板结构如图 5-15 所示。

(1)数字万用表的外形结构

图 5-15 为 DT-830 型数字万用表的面板图，包括 LCD 液晶显示器、电源开关、量程选择开关、表笔插孔等，后面板装有电池盒。

①液晶显示器。液晶显示器最大显示值为 1999，超过这一值，显示“1”或“－1”。具有自动显示极性功能，若被测电压或电流的极性为负，则显示值前带“－”号。

②电源开关。在量程开关左上方标有“POWER”字样的开关即为电源开关。若将此开关拨到“ON”表示接通电源，即可使用。测量完毕，应将其置于“OFF”位置，以免空耗电池。

③量程选择开关。它位于面板中央。如图 5-15 所示的 DT-830 型数字式万用表面板图的量程开关为 6 刀 28 掷转换开关，提供 28 种测量功能和量程，供使用者选择。若使用表内蜂鸣器做线路通断检查时，量程开关应放在标有“•)))”的挡位上。

④H_{FE} 插座。该插座采用四眼插座，旁边分别标有字符 B、C、E。其中 E 孔有两个，在内部连通。测量时，应将被测晶体管 3 个极对应插入 B、C、E 孔内。

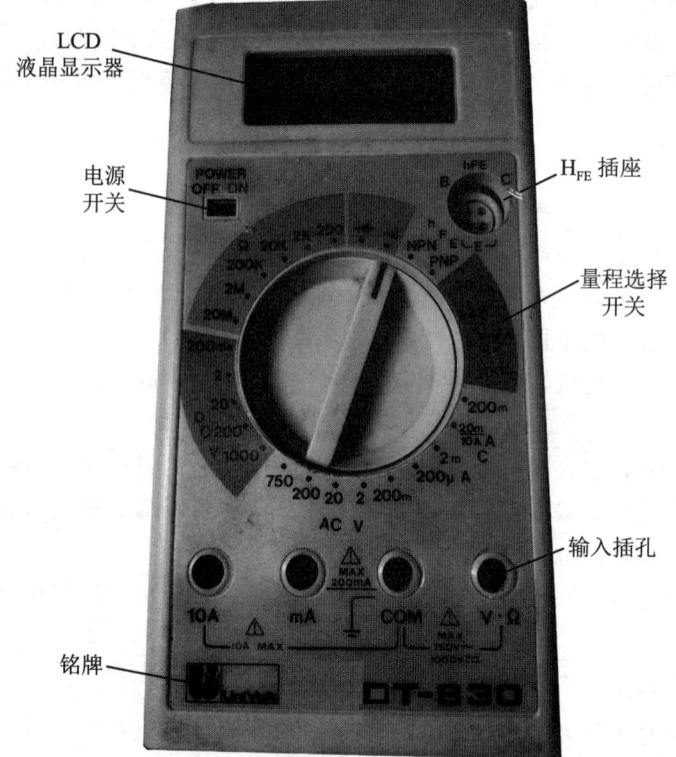

图 5-15 DT-830 型数字万用表

⑤输入插孔。输入插孔共有 4 个，位于面板下方。使用时，黑表笔插在“COM”插孔，红表笔则应根据被测量的种类和量程不同，分别插在“V · Ω”“mA”或“10 A”插孔内。

使用时应注意：在“V · Ω”与“COM”之间标有“MAX 750 V～”“1 000 V—”的字样，表示从这两个孔输入的交流电压不得超过 750 V(有效值)，直流电压不得超过 1 000 V。另外，在“mA”与“COM”之间标有“MAX 200 mA”，在“10 A”与“COM”之间标有“10 A MAX”分别表示在对应插孔输入的交、直流电流值不得超过 200 mA 和 10 A。

⑥电池盒。电池盒位于后盖下方。为便于检修，起过载保护的 0.5 A 快速熔丝管也装在电池盒内。

(2)数字万用表的使用

①直流电压测量。先将黑表笔插入“COM”插孔，红表笔插入“V · Ω”插孔。再将量程开关置于“DCV”的适当量程。将电源开关拨至“ON”位置，两表笔并联在被测电路两端，显示屏上就显示出被测直流电压的数值。

②交流电压测量。将量程开关置于“ACV”范围内的适当量程，表笔接法同上，测量方法与测量直流电压相同。

③直流电流测量。量程开关拨至“DCA”范围内的合适挡，黑表笔插入“COM”插孔，红表笔插入“mA”插孔(电流值<200 mA)或“10 A”插孔(电流值>200 mA)。将电

源开关拨至“ON”位置，把仪表串联在被测电路中，即可显示出被测直流电流的数值。

④交流电流的测量。将量程开关拨至“ACA”的合适挡，表笔接法和测量方法与测量直流电流相同。

⑤电阻的测量。量程开关拨至“Ω”范围内合适挡，红表笔插在“V·Ω”插孔。如量程开关置于 20M 或 2M 挡，显示值以“MΩ”为单位，置于 2k 挡是以“kΩ”为单位，置于 200 挡是以“Ω”为单位。

⑥二极管的测量。将量程开关拨至“Ω”挡，红表笔插入“V·Ω”插孔，接二极管正极；黑表笔插入“COM”插孔，接二极管负极。此时显示的是二极管的正向电压，若为锗管应显示 0.150～0.300 V；若为硅管应显示 0.550～0.700 V。如果显示 000，表示二极管被击穿；显示 1，表示二极管内部开路。

⑦晶体管 H_{FE} 的测量。将被测晶体管的管脚插入 H_{FE} 相应孔内，根据被测管类型选择“PNP”或“NPN”挡位，电源开关拨至“ON”，显示值即为 h_{FE} 值。

⑧线路通、断的检查。量程开关拨至“·)))”蜂鸣器挡，红表笔插入“V·Ω”插孔，黑表笔插入“COM”插孔，若被测线路电阻低于规定值(20 Ω±10 Ω)，蜂鸣器发出声音，表示线路接通。反之，表示线路不通。

(3)使用数字式万用表的注意事项

①使用数字式万用表之前、应仔细阅读使用说明书，熟悉面板结构及各旋钮、插孔的作用，以免在使用中发生差错。

②测量前，应校对量程开关位置及两表笔所插的插孔，无误后再进行测量。

③测量前若无法估计被测量大小，应先用最高量程测量，再视测量结果选择合适的量程。

④严禁测量高压或大电流时拨动量程开关，以防止产生电弧，烧毁开关触点。

⑤当使用数字式万用表电阻挡测量晶体管、电解电容等元器件时，应注意，红表笔接“V·Ω”插孔，带正电；黑表笔接“COM”插孔，带负电。这点与模拟式万用表正好相反。

⑥严禁在被测电路带电的情况下测量电阻，以免损坏仪表。

⑦为延长电池使用寿命，每次使用完毕应将电源开关拨至“OFF”位置。长期不用的仪表，要取出电池，防止因电池内电解液漏出而腐蚀表内元器件。

三、兆欧表

兆欧表即绝缘电阻表，又称摇表，是用来测量大电阻和绝缘电阻的专用仪器，它的标度尺单位是“兆欧”，用“MΩ”表示，故称兆欧表，其外形如图 5-16 所示。主要由磁电式流比计和手摇直流发电机组成，手摇发电机提供一个便于携带的高电压测量电源，输出电压有 500 V、1 000 V、2 500 V、5 000 V 四种，磁电式比率表是测量两个电流比值的仪表，由电磁力产生反作用力矩来测量电器设备的绝缘电阻值。根据其测量结果，可以简单地鉴别电气设备绝缘的好坏。随着电子技术的发

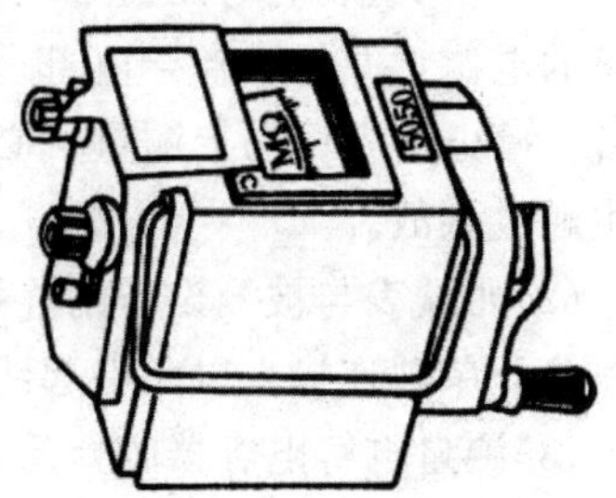

图 5-16 兆欧表

展，现在也出现用干电池及晶体管直流变换器把电池低压直流转换为高压直流，来代替手摇发电机的兆欧表。

使用时兆欧表的额定电压应根据被测电气设备的额定电压来选择。测量 500 V 以下的设备，选用 500 V 或 1 000 V 的兆欧表；额定电压在 500 V 以上的设备，应选用 1 000 V 或 2 500 V 的兆欧表；对于绝缘子、母线等要选用 2 500 V 或 3 000 V 兆欧表。

1. 兆欧表使用前的准备工作

将兆欧表水平放置，检查指针偏转情况：将 E、L 两端开路，观测指针是否指到"∞"处；然后将 E、L 两端短接，缓慢摇动手柄，观测指针是否指到"0"处，经检查完好才能使用。

使用前要检查指针的"0"与"∞"位置是否正确。检查方法是，先使"L""E"两端子开路，将兆欧表水平且平稳放置，以约 120 r/min 的转速摇动手柄，指针应指在"∞"位置上。如不能达到"∞"，说明测试用引线绝缘不良或绝缘电阻表本身受潮。可用干燥清洁的软布，擦拭"L"端与"E"端子间的绝缘，或将绝缘电阻表放在绝缘垫上，若仍然达不到"∞"值，则应更换测试引线。然后再将"L""E"两端子短路，轻摇发电机，指针应指在"0"位置上。如指针不指零，说明测试引线未接好或绝缘电阻表有问题。

2. 兆欧表的使用

(1)正确接线。兆欧表有三个接线柱：线路(L)、接地(E)、屏蔽(G)。测试引线应选用绝缘良好的多股软线，"L""E"两端子引线应独立分开，避免缠绕在一起，以提高测试结果的准确性。

例如，测量电气设备的对地绝缘电阻时，"L"用单根导线接设备的待测部位，"E"用单根导线接设备外壳；若测量电气设备内两绕组间绝缘电阻量，"L""E"分别接两绕组的接线端；若测量电缆绝缘电阻时，"L"接线芯，"E"接外壳，"G"接线芯与外壳之间绝缘层，以消除表面漏电产生的误差。

(2)在摇测绝缘时由慢到快摇动手柄，当转速在 120 r/min 左右时，保持手柄的转速均匀、稳定，一般转动 1 min，测试开始时先将"E"端子引线与被测设备外壳与地相连接，待转动摇柄至额定转速后再将"L"端子引线与被测设备的测试极相碰接，待指针稳定后，读取并记录电阻值。

(3)测量结束时，应先将"L"端子引线与被测设备的测试极断开，再停止摇柄转动。可以防止被测设备的电容对绝缘电阻表的反充电而损坏表针。

3. 兆欧表的使用注意事项

(1)用兆欧表进行测量必须在设备和线路停电状态下进行，所以测量前要切断被测设备的电源，并将设备导电部分接地短路放电，保证被测设备不带电。对于大容量的设备，停电后不可马上测量，必须待完全放电后再行测量，测量后要及时放电，以防发生触电事故。

(2)兆欧表与被测设备的连接不能用双股绝缘线和绞线，应该使用绝缘良好的单股导线分开单独连接，以免引起线间误差。

(3)测量电解电容器的介质绝缘电阻时，应根据电容器耐压的等级选用兆欧表，将电容器的正极接"L"，负极接"E"，不可反接，否则会使电容器击穿。测量其他电容器介质绝缘电阻时，可不考虑极性。

(4)测量时，转动发电机摇柄应由慢渐快至 120 r/min 左右，忌忽快忽慢使指针摆动而加大误差，一般以摇动 1 min 以后的读数为准。当发现指针指零，说明被测绝缘物有短路现象，应立即停止摇动手柄。

(5)测量完毕，在兆欧表没有停止转动和被测设备没有放电之前，不要用手去触及被测设备的测量部分或拆除导线，以防电击。对电容量较大的设备进行测量时，应该是在读取数值后一面降低手柄转速，一面将被测物对地短接放电，最后停止摇动，141
防止因电容放电而损坏兆欧表。

四、钳形电流表

钳形电流表是一种不需要断开电路就可以直接测量交流电路的便携式仪表，这种仪表测量精度不高，可对设备或电路的运行情况进行粗略的了解，由于使用方便，应用很广泛。

如图 5-17 所示，钳形电流表主要由一只电磁式电流表和穿心式电流互感器组成。当被测载流导线中有交变电流通过时，交流电流的磁通在互感器副绕组中感应出电流，电流表接于副绕组两端，它的指针所指示的电流与钳入的载流导线的工作电流成正比，可直接从刻度盘上读出被测电流值。

1. 钳形电流表使用前的准备工作

检查仪表的钳口上是否有杂物或油污，待清理干净后再测量，进行仪表的机械调零。

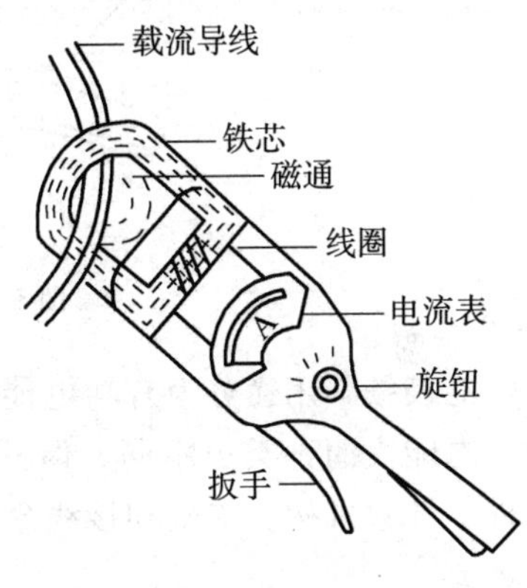

图 5-17　钳形电流表外形结构

2. 钳形电流表的使用

(1)估计被测电流的大小，将转换开关调至需要的测量挡。如无法估计被测电流大小，先用最高量程挡测量，然后根据测量情况调到合适的量程。

(2)握紧钳柄，用食指勾紧铁芯开关，便于打开铁芯。将被测导线从铁芯缺口引入铁芯中央，然后放松食指，铁芯即自动闭合。为减少误差，被测导线应置于钳形口的中央。

(3)钳口的结合面应保持接触良好，若有明显噪声或表针振动厉害，可检查钳口清洁，或可将钳口重新开合几次或转动手柄。

(4)测量 5 A 以下的小电流时，为提高测量精度，在条件允许的情况下，可将被测导线多绕几圈，再放入钳口进行测量。此时实际电流应是仪表读数除以放入钳口中的导线圈数。在测量较大电流后，为减小剩磁对测量结果的影响，应立即测量较小电流，并把钳口开合数次。

(5)测量完毕，将选择量程开关拨到最大量程挡位上。

3. 钳形电流表的使用注意事项

(1)使用前应检查外观是否良好，绝缘有无破损，手柄是否清洁、干燥。

(2)测量时应戴绝缘手套或干净的线手套，并注意保持安全间距。

(3)测量过程中不得切换挡位。在换挡前，应先将载流导线退出钳口。

(4)钳形电流表只能用来测量低压系统的电流，被测线路的电压不能超过钳形表所规定的使用电压。

(5)每次测量只能钳入一根导线。

(6)若不是特别需要，一般不测量裸导线的电流。

(7)测量完毕应将量程开关置于最大挡位，以防下次使用时，因疏忽大意而造成仪表的意外损坏。

五、电能表

1. 电能表的结构

电能表又称电度表，或叫千瓦小时表，俗称火表，是计量电功(电能)的仪表。电度表有感应式与电子式两种，如图 5-18 所示是最常用的一种交流感应式电能表。

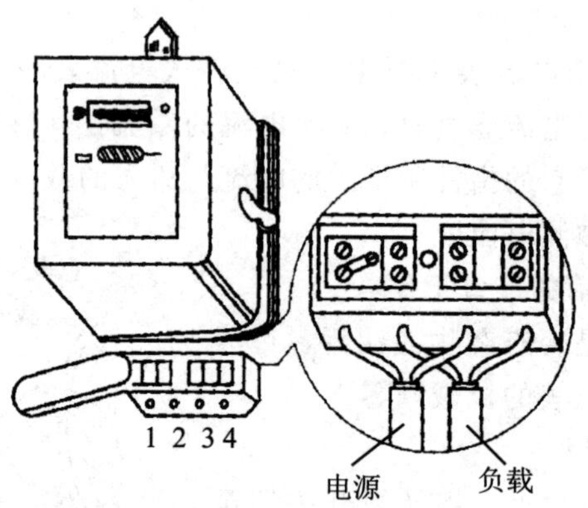

图 5-18　单相电能表的示意图

电能表按其用途分为有功电能表和无功电能表两种，按结构分为单相表和三相表两种。电能表的种类虽不同，但其结构是一样的。它们都有驱动元件、转动元件、制动元件、计数机构、支座和接线盒 6 个部件。单相电能表的结构如图 5-19 所示。

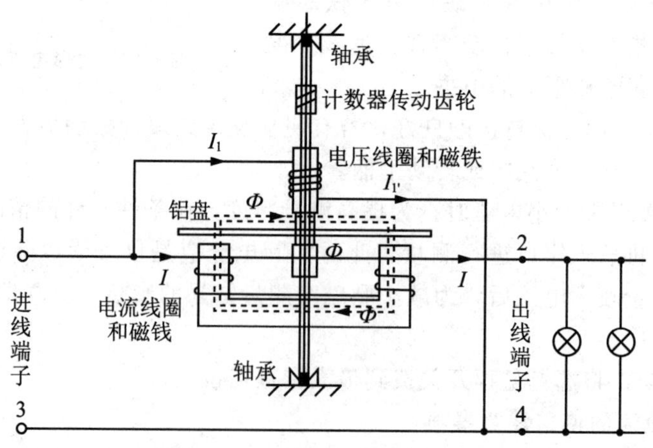

图 5-19　交流单相电能表结构图

(1)驱动元件。驱动元件有两个电磁元件，即电流元件和电压元件。转盘下面是电流元件，由铁芯及绕在上面的电流线圈所组成。电流线圈匝数少、线径粗，与用电设备串联。转盘上面部分是电压元件，由铁芯及绕在上面的电压线圈所组成。电压线圈匝数多、线径细，与照明线路的用电器并联。

(2)转动元件。转动元件是由铝制转盘及转轴组成。

(3)制动元件。制动元件是一块永久磁铁，在转盘转动时产生制动力矩，使转盘转动的转速与用电器的功率大小成正比。

(4)计数机构。计数机构由涡轮杆齿轮机构组成。

(5)支座。支座用于支承驱动元件、制动元件和计数机构等部件。

(6)接线盒。接线盒用于连接电能表内外线路。

2. 电能表的接入

电能表分为单相电能表和三相电能表，都有两个回路，即电压回路和电流回路，其连接方式有直接接入方式和间接接入方式。

(1)电能表的直接接入方式。在低压较小电流线路中，电能表可采用直接接入方式，即电能表直接接入线路上，如图 5-20 所示。电能表的接线图一般粘贴在接线盒盖的背面。

(2)电能表的间接接入方式。在低压大电流线路中，若线路负载电路超过电能表的量程，需经电流互感器将电流变小，即将电能表以间接接入方式接在线路上，如图 5-21 所示。在计算用电量时，只要把电能表上的耗电数值，乘以电流互感器的倍数，就是实际耗电量。

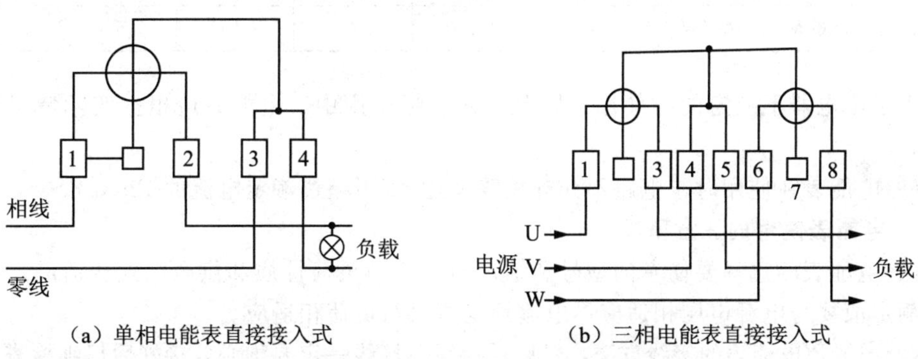

(a) 单相电能表直接接入式　　(b) 三相电能表直接接入式

图 5-20　电能表的直接接入方式接线图

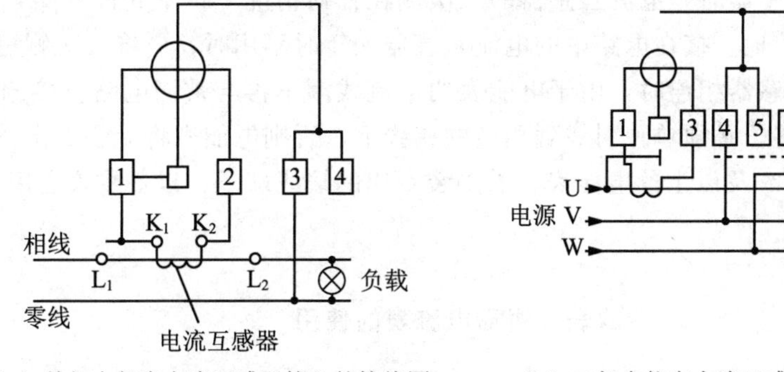

(a) 单相电能表电流互感器接入的接线图　　(b) 三相电能表电流互感器接入的接线图

图 5-21　电能表的间接接入方式接线图

3. 电能表的安装

(1)电能表应按设计装配图规定的位置进行安装，不能安装在高温潮湿多尘及有腐蚀气体的地方。

(2)电能表应安装在不易受震动的墙上或开关板上，离地面以不低于 1.8m 为宜。这样不仅安全，而且便于检查和“抄表”。

(3)为了保证电能表工作的准确性，电能表必须严格垂直装设。如有倾斜，会发生计数不准或停走等故障。

(4)接入电能表的导线中间不应有接头。接线时接线盒内螺钉应拧紧，不能松动，以免接触不良，引起桩头发热而烧坏。配线应整齐美观，尽量避免交叉。

(5)电能表在额定电压下，当电流线圈无电流通过时，铝盘的转动不超过一转，功率消耗不超过 1.5 W。根据实践经验，一般 5 A 的单相电能表无电流通过时每月耗电不到 1 度。

(6)电能表装好后，开亮电灯，电能表的铝盘应从左向右转动。若铝盘从右向左转动，说明接线错误，应把相线(火线)的进出线调接一下。

(7)单相电能表的选用必须与用电器总功率相适应。在 220 V 电压的情况下，根据公式 $P=UI\cos\varphi$ 算出不同规格的电能表可装用电器的最大功率，如表 5-2 所示。

表 5-2　不同规格的电能表可装用电器的最大功率

电能表的规格/A	3	5	10	20	25	30
可装用电器的最大功率/W	660	1 100	2 200	4 400	5 500	6 600

由于用电器不一定同时使用，因此，在实际使用中，电能表应根据实际情况加以选择。

(8)电能表在使用时，电路不允许短路及过载(不超过额定电流的 125%)。

4. 电能表使用的注意事项

(1)电能表的选择要使它的型号和结构与被测的负荷性质和供电制式相适应，它的电压额定值要与电源电压相适应，电流额定值要与负荷相适应。

(2)要弄清电能表的接线方法，然后再接线。接线一定要细心，接好后仔细检查。如果发生接线错误，轻则造成计量不准或者电表反转，重则导致烧表，甚至危及人身安全。

(3)配用电流互感器时，电流互感器的二次侧在任何情况下都不允许开路。二次侧的一端应做良好的接地。接在电路中的电流互感器如暂时不用时，应将二次侧短路。

(4)通过电流互感器相连时，由于电能表的电流线圈不再与被测电路直接相连，所以电压线圈的接线端子必须单独引线到相应的相线上，否则电能表将无法工作。

(5)容量在 250 A 及以上的电能表，需加装专用的接线端子，以备校表之用。

>>> 技能操作

兆欧表、钳形电流表的使用

1. 操作目的

(1)熟练掌握兆欧表的使用方法，能根据测量要求正确选用兆欧表。

(2)熟练掌握钳形电流表的使用方法。

(3)能用兆欧表测量电气设备和电气线路的绝缘电阻。

(4)能用钳形电流表测量导线电流。

2. 操作器材

兆欧表1个、钳形电流表1个、三相笼形异步电动机1台、电源变压器1台、万用表1块、电工工具(尖嘴钳、一字和十字螺钉旋具、剥线钳、测电笔、电工刀等)1套、连接导线若干。

3. 操作注意事项

(1)测量时要注意安全，防止发生触电。

(2)摇动手柄的过程中，若发现指针指零，说明被测绝缘物发生短路，应立即停止摇动。

(3)测量后，在兆欧表没有停止转动和被测设备没有放电之前，不要用手去触及被测设备的测量部分或拆除导线，以防电击。

(4)电动机外壳必须可靠接地。

(5)不允许用钳形电流表去测量裸导线中的电流。

(6)操作结束后要整理工具，清理工位，经过指导教师的检查验收后方可离开操作室。

4. 操作内容与步骤

(1)测量三相异步电动机的绝缘电阻

①清点并检查所用器件、材料。

②观察兆欧表的面板、各端子，熟悉使用方法。

③检查兆欧表。先将“L”“E”两个端钮开路，手摇发电机的转速达到额定转速120 r/min，观察指针是否指向标尺的“∞”处；再将“L”端和“E”端短接，缓慢摇动手柄，观察指针是否指在“0”位上，如果观察到的指针位置不对，表明兆欧表有故障，必须检修后才能使用。

④切断被测电动机的电源，打开接线盒，将电动机的导电部分接地，进行充分放电。

⑤测量各相绕组对地的绝缘电阻。将兆欧表的“E”端与电动机的外壳相接，“L”端与电动机被测相绕组接线端相接，转动发电机摇柄应由慢渐快至120 r/min左右，匀速摇动1 min左右读数。

⑥测量电动机两相绕组之间的绝缘电阻。将兆欧表的“E”端和“L”端分别与所测的两相绕组接线端相接，转动发电机摇柄应由慢渐快至120 r/min左右，匀速摇动1 min左右读数。

将三相异步电动机绝缘电阻测量数据填入表5-3。

表5-3　三相异步电动机绝缘电阻测量数据(MΩ)

U—V	U—W	V—W	U—外壳	V—外壳	W—外壳

⑦测量结束后要将被测电动机对地充分放电。

(2)测量电源变压器绝缘电阻

①分别测量变压器一次侧与二次侧两组线圈之间的电阻，测量方法同上。

②测量变压器一次侧两组线圈与铁芯之间的电阻，测量方法同上。

③分别测量变压器二次侧两组铁芯之间的电阻，测量方法同上。

将电源变压器绝缘电阻测量数据填入表 5-4。

④测量结束后要将被测线圈放电。

表 5-4　电源变压器绝缘电阻测量数据(MΩ)

Ⅰ－Ⅱ(1)	Ⅰ－Ⅱ(2)	Ⅰ－铁芯	Ⅱ(1)－铁芯	Ⅱ(2)－铁芯

(3)用钳形电流表测量三相异步电动机工作电流

①清点、检查所用器材。

②观察钳形电流表的面板，熟悉使用方法。

③连接三相异步电动机线路。

④检查无误，接通电动机电源、空载起动。

⑤电动机正常运行后，分别测量电动机定子绕组工作电流。分别测量 3 组，测量数据填入表 5-5。

表 5-5　三相异步电动机工作电流测量数据(A)

测量项目	I_U			I_V			I_W		
测量值									
平均值									

5. 操作报告要求

(1)结合本次操作，将钳形电流表、兆欧表的使用方法及其注意事项作一小结。

(2)回答思考题：

①钳形电流表的工作原理是什么？

②如何使用兆欧表测量电气设备的绝缘电阻？

>>> 能力训练

1. 万用表主要用来测量哪些参数？
2. 怎样正确使用兆欧表？
3. 钳形电流表使用时应注意什么？
4. 简述电流互感器的单相电能表的接法。

任务十四　认识与检测日用电器

>>> 任务目标

1. 认识日用电器(如电烙铁、电饭锅、电热吹风机、电熨斗、石英电暖器等)；

2. 会用万用表检测电器；用绝缘电阻表测量电器的绝缘电阻。

>>> 任务描述

在日常生活中，常常需要对日用电器进行使用和维护。了解日用电器的基本工作原理及使用方法；会用万用表检测日用电器，并能够排除和维修简单的电器故障。

>>> 相关知识

一、电—光转换电器

电—光转换电器最常用的是各种电光源。电能转换成光能至今是人类使用电能的主要用途之一，目前常用电光源可分为热辐射光源和气体放电光源两大类。

1. 热辐射光源

热辐射光源结构简单，所需附件较少，价格便宜，缺点是电源波动对其寿命和发光效率影响很大。热辐射光源主要有白炽灯和卤钨灯。

(1)白炽灯

现在使用的白炽灯的灯丝是由钨丝制成的，绕成单螺旋或双螺旋状，通过电流使灯丝被加热达 3 600℃左右的白炽状态而发光，为了在这样高的温度下灯丝不氧化或蒸发，一般玻璃泡抽成真空然后充入惰性气体。

常用的白炽灯有插口和螺口两种，如图 5-22 所示，使用时应注意将相线接到螺口灯泡顶部的电极上，并选用与电源电压相符的白炽灯。

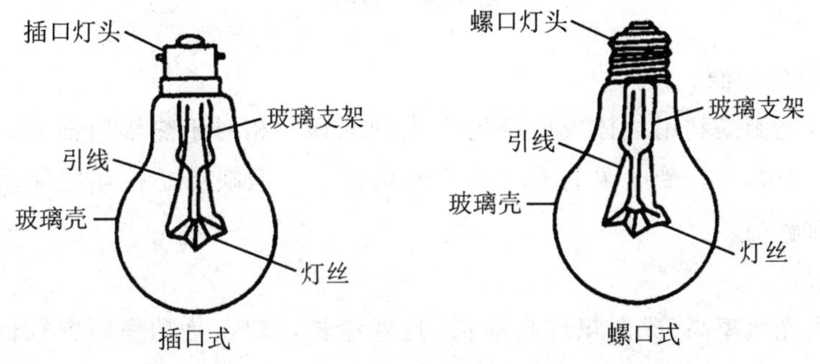

图 5-22 白炽灯

(2)卤钨灯

如图 5-23 所示的卤钨灯发光原理与白炽灯相同。在耐高温的石英管内充入含有少量卤族元素或卤化物(如碘化物或溴化物)的气体，以防止钨蒸发沉积在灯管壁上影响发光。卤钨灯在安装时须保持水平(倾角不得大于 4°)，否则容易将灯管烧坏。

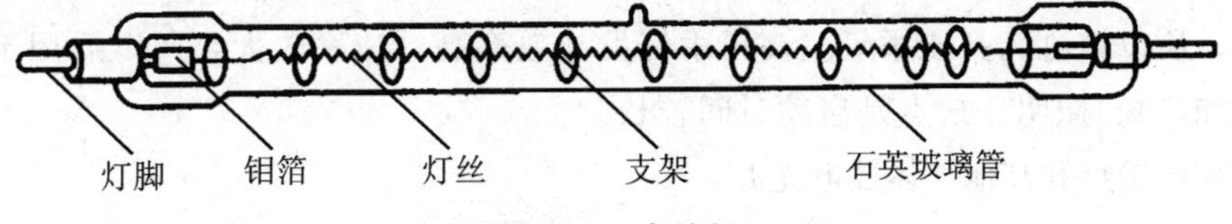

图 5-23 卤钨灯

2. 节能灯

三基色节能荧光灯的发光效率可比普通荧光灯提高30%，是白炽灯的5～7倍，也就是说一只7 W的三基色节能荧光灯发出的光通量与一只40 W白炽灯相当。而且光色柔和、显色性好、体积小，造型别致。其外形有直管形、单U形、双U形、环形、2D形、H形等。H形三基色节能荧光灯由两根平行排列且顶部相通的玻璃灯管和灯头组成，如图5-24所示。这种灯应采用专用灯座，拆装时应捏住灯头的铝壳部分平行地拔出，不要捏住玻璃灯管摇动和推拉，以免灯管与灯头松脱。

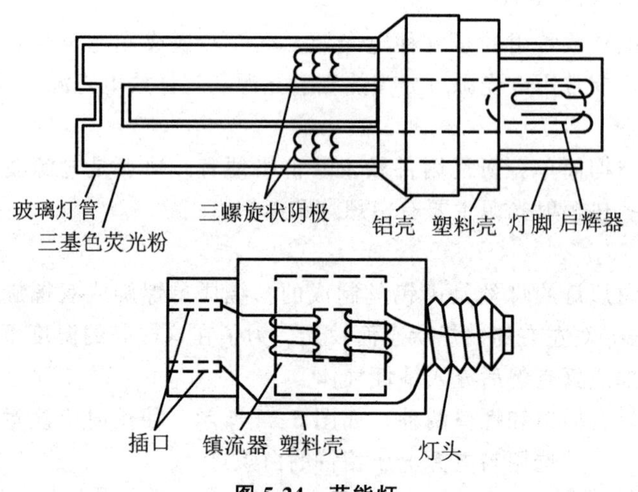

图 5-24　节能灯

3. 气体放电光源

气体放电光源是利用气体放电辐射发光的原理，相对于热辐射而言，气体放电发光效率较高，寿命长，受电源电压波动的影响较小；但缺点是控制电路较复杂，附件多，价格相对较高。

(1)荧光灯

荧光灯发光效率高(比白炽灯高5倍)且寿命长，缺点是功率因数较低，还存在频闪效应(即灯光随电流的周期性变化而频繁闪烁)，容易使人产生错觉。

(2)高压汞灯

高压汞灯也称高压水银灯，其原理与荧光灯相同，结构如图5-25所示。

高压汞灯在工作时第一主电极与辅助电极间先行放电，使内层石英放电管内汞气化，而后第一、第二主电极之间弧光放电，辐射大量紫外线，致使外层玻璃泡内壁上的荧光粉受激发发出可见光。因为石英放电管内部气压在电极放电后可达0.2～0.6MPa，所以被称为高压汞灯。高压汞灯发光效率高，功率较大，所以适用于大面积的室外(如广场)照明。缺点是启动时间较长。

(3)高压钠灯和其他气体放电光源

高压钠灯的结构与高压汞灯基本相同，如图5-26所示。高压钠灯利用高气压的钠蒸气放电发光，其发光效率比高压汞灯还高一倍，启动的时间也较长。

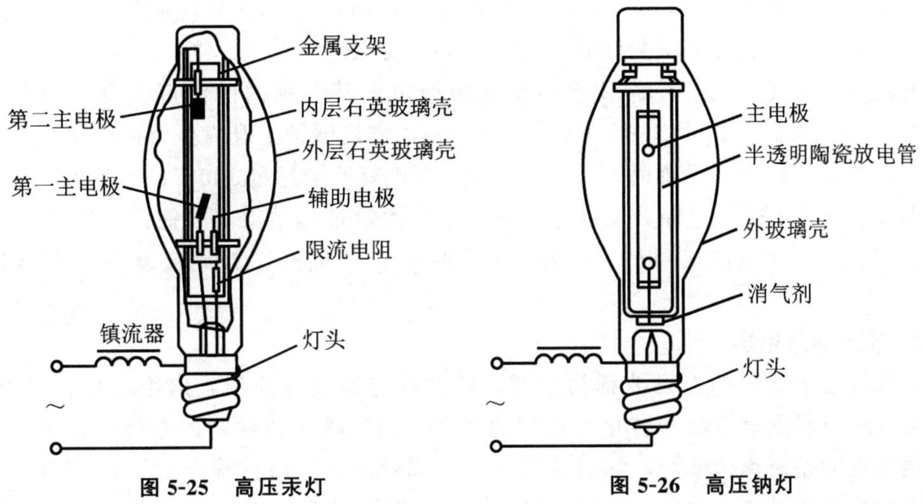

图 5-25 高压汞灯 **图 5-26 高压钠灯**

金属卤化物灯是在高压汞灯的基础上为改善光色而研制的一种新型电光源。氙灯是一种充有高压氙气的大功率(可达 100 kW)的气体放电灯，俗称人造“小太阳”。此外还有各种用于特殊用途的气体放电光源，如用于广告和装饰的霓虹灯，用于消毒的紫外线灯和作为热源的红外线灯等。

二、电—热转换电器

按照电能转换为热能的形式电—热转换电器可分为电阻加热电器、电弧加热电器、微波加热电器、远红外加热电器和感应加热电器五种类型。

1. 电阻加热电器

电阻加热是将电能转换为热能的主要形式，许多电热类电器都是采用电阻加热形式，如图 5-27 所示的电饭锅。其中一种比较简单的控制电路如图 5-27(b)所示，其工作

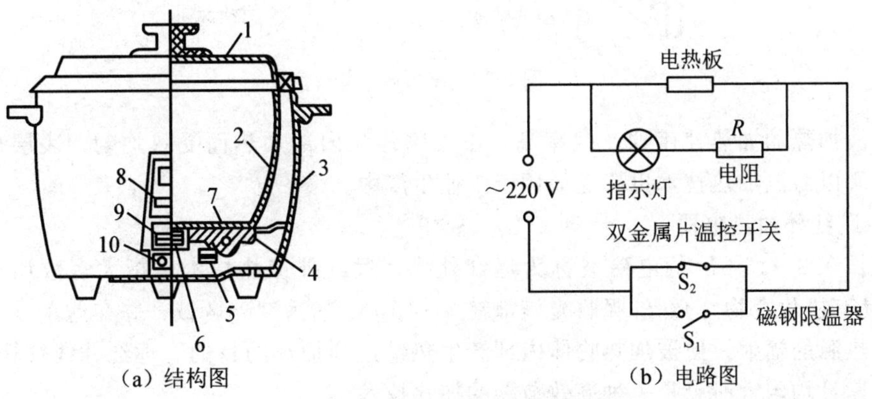

(a) 结构图 (b) 电路图

图 5-27 电饭锅

1—锅盖；2—内锅；3—外壳；4—电热板；
5—双金属片温控开关；6—磁钢限温器；
7—管状电热元件；8—指示灯；9—开关；
10—电源插座

原理如下：电路中有两个温控开关：S_1 为磁钢限温器开关。其控制温度为 103℃±2℃；S_2 为双金属片温控开关(动断触点)，控制温度为 70℃±5℃。当插上电源插头后，同时按下 S_1 的按钮使 S_1 闭合，电热板通电发热，锅内的温度上升，当上升到 70℃时，S_2 断开，但由于 S_1 仍然闭合，所以锅内温度继续上升直至钢内的水沸腾开始煮饭。在煮饭过程中，只要锅内有一定的水，温度就不会超过 100℃；当锅内的水煮干后，温度超过 100℃，S_1 断开切断电热板电源，煮饭过程结束。当锅内温度低于 70℃时，S_2 又闭合，接通电热板；当超过 70℃时，S_2 又断开，如此反复以实现保温的作用。

2. 微波加热电器

波长在厘米波段的电磁波称为微波，微波具有遇金属反射，遇绝缘材料可透过，遇水或含水材料则被吸收并转化为热能的特性。利用这一特性制成了各种微波加热电器，最常见的是家用微波炉，如图 5-28 所示。微波炉内的磁控管产生 2 450 MHz 的微波，经波导管传输到炉腔内，再通过炉腔反射，激励食物中的水分子高速振动，相互摩擦产生高热以煮熟或加热食物。微波炉内的玻璃转盘在食物加热过程中不断转动，以使食物加热均匀，功率调节器和定时器用来调节加热的功率和时间。

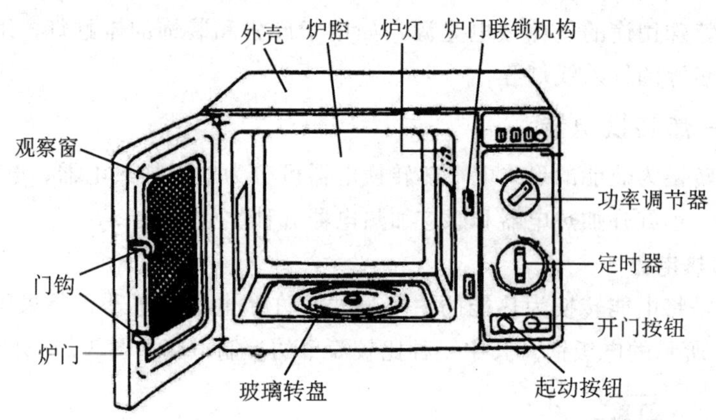

图 5-28 家用微波炉

微波加热的加热速度快、效率高，由于物体从内部加热而受热均匀、表层过热危险小，所以微波加热技术也广泛应用于工业生产中。

3. 远红外加热电器

波长在 3～15 μm 的电磁波称为远红外线。远红外加热技术是指大多数加热物质(特别是有机化合物)的红外吸收光谱都在 3～15 μm 的远红外区域，并在这个波段上吸收来自热源的辐射，使被加热物体内部产生热量达到加热的目的。远红外线穿透力强、加热迅速且均匀，所以是一种高效节能的加热技术。

图 5-29 所示的石英电暖器是一种家庭常用的远红外加热电器，由石英管产生远红外线，经反射罩反射后照射在人体或物体上，利用人体或物体对远红外线较强的吸收功能，达到取暖加热的效果。

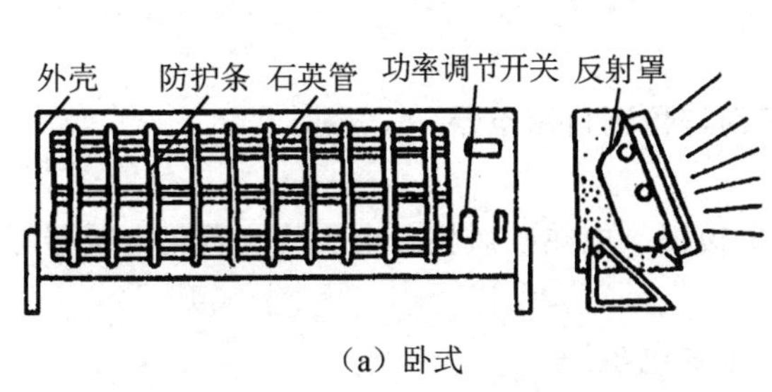

(a) 卧式　　　　(b) 立式

图 5-29　石英电暖器

三、用电能制冷日用电器

1. 冰箱和空调器制冷系统原理

家用冰箱和空调器的使用已十分普遍。冰箱和空调器的共同点是都有一个制冷系统。目前家用冰箱和空调器一般采用的是蒸气压缩式制冷方式。冰箱的制冷系统如图5-30所示，它的工作过程如下所述。

蒸气压缩式制冷方式有压缩、冷凝、节流、蒸发四个过程，形成一个循环。首先，压缩机将气态的制冷剂(如氟利昂)吸入汽缸内，并将其压缩成高温高压的蒸气排至冷凝器。制冷剂的蒸气在冷凝器冷却后变回液态，再经过毛细管节流器降压后，进入蒸发器。在蒸发器内，液态的制冷剂迅速沸腾而成为低压低温的蒸气，同时在蒸发沸腾的过程中大量吸收热量，达到制冷的目的。经过蒸发器的气态的制冷剂又被压缩机抽走并压缩，从而进入下一个循环。

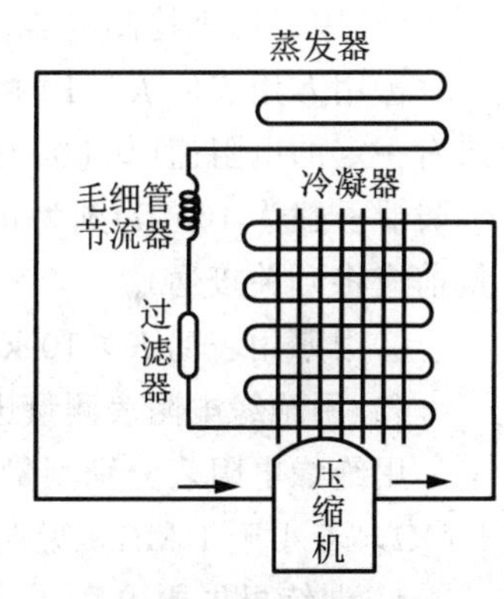

图 5-30　冰箱制冷系统组成和原理示意图

空调器制冷系统的工作原理与此相一致，所不同的是空调器组成和原理示意图要达到室内和室外的热交换，还具有室内与室外的通风系统。

2. 变频空调器

普通空调器采用由温度继电器控制压缩机电动机启动、停机的方式来调节温度，这种调节方式存在以下问题：由于压缩机不是连续运行，所以会造成室内温度波动；压缩机不能及时跟随室内外温度的变化相应地调整其运行状态；同时压缩机电动机每次的启动和停机会使制冷回路的制冷剂压力变化，引起损耗增加。这样不但制冷效果差，而且效率低、能耗大，压缩机电动机的启动电流还会对电网产生影响。如果将交流异步电动机的变频调速技术应用于空调器的控制中，将能很好地解决以上问题。变频空调器控制系统还可以将单相交流电源变成频率可调的三相交流电，所以压缩机电动机可以使用性能更好的三相异步电动机。变频系统由微处理器控制，可以根据所设定的温度和室内外的温度，控制压缩机电动机的运行速度：电动机启动时，可选择较低的频率和电压来限制启动电流；如果室温与设定温度相差较大，可选择高频(高速)运行；当温差减小时，则选择低频(低速)运行。变频调速使电动机的转速能够在更大的范围内变化，达到高效率运行状态，并取得很好的节能效果，变频空调器比一般空调器节电 20%～30%。

>>> 技能操作

识别与检测日用电器

1. 训练目的

(1)认识日用电器(如电烙铁、电饭锅、电热吹风机、电熨斗、石英电暖器等)。

(2)会用万用表检测电器。

(3)会用绝缘电阻表测量电器的绝缘电阻。

2. 训练器材

万用表 1 块、单相交流电源 220 V 电源实训台 1 个、绝缘电阻表 1 个、日用电器(如电烙铁、电饭锅、电热吹风机、电熨斗、石英电暖器等)若干、电工电子实训通用工具一套。

3. 训练内容及步骤

(1)认识日用电器(如电烙铁、电饭锅、电热吹风机、电熨斗、石英电暖器等)，观察其结构、接线端。

(2)用万用表检测电器。

①用万用表的 $R\times10$ 挡测电器的两个电源接线端，测量电器的冷态直流电阻，如果有一定的电阻值(如 800～1 000 W 电饭锅的直流电阻一般为 40～50 Ω，450 W 石英电暖器一般为 100 Ω)则为正常；如果 $R=0$ 则出现短路，如果 $R=\infty$ 则为开路(注意测量前应将开关接通)。

②用万用表的 $R\times10$ k 挡分别测量电器的电源接线端与金属外壳之间的绝缘电阻。

(3)用绝缘电阻表测量电器的绝缘电阻。

用绝缘电阻表分别测量电器的电源接线端与金属外壳之间的绝缘电阻，R 应大于 1 MΩ，若小于 1 MΩ，说明绝缘损坏；若 $R=0$，则出现短路。

4. 训练报告要求

(1)总结万用表和绝缘电阻表的使用及注意事项。

(2)根据训练过程总结训练结果。

>>> 能力训练

1. 热辐射光源和气体放电光源的原理有什么区别?

2. 荧光灯有什么优缺点?

3. 微波加热具有什么特点?

任务十五　导线的连接

>>> 任务目标

1. 学会导线的剖削、连接、焊接、封端及绝缘层的恢复的操作要领，掌握其技能及方法；

2. 知道导线连接、焊接及绝缘层恢复时的注意事项。

>>> 任务描述

在电工作业中，常常要进行导线的连接及绝缘恢复。本任务学习导线的剖削方法，导线连接的方法、导线的焊接、导线的封端、绝缘层的恢复。

>>> 相关知识

一、剥离线头绝缘层

在连接前，必须先剖削导线的绝缘层，要求剖削后的芯线长度必须适合连接需要，不应过长或过短，且不应损伤芯线。

1. 塑料硬线绝缘层的剖削方法

(1)用钢丝钳剖削塑料硬线绝缘层。线芯截面在 4 mm^2 及以下的塑料硬线，可用钢丝钳剖削，先在线头所需长度处，用钢丝钳口轻轻切破绝缘层表皮，然后左手拉紧导线，右手适当用力捏住钢丝钳头部，用力向外勒去绝缘层。在操作中注意：不能用力过大，切痕不可过深，以免伤及线芯，在勒去绝缘层时，不可在钳口处加剪切力，这样会伤及线芯，甚至将导线剪断，如图 5-31 所示。

(2)对于规格大于 4 mm^2 的塑料硬线的绝缘层，直接用钢丝钳剖削较为困难，可用电工刀剖削。先根据线头所需长度，用电工刀刀口对导线成 45°角切入塑料绝缘层，注意掌握刀口刚好削透绝缘层而不伤及线芯，如图 5-32(a)所示。然后调整刀口与导线间的角度以 15°角向前推进，将绝缘层削出一个缺口，如图 5-32(b)所示。接着将未削去的绝缘层向后扳翻，再用电工刀切齐，如图 5-32(c)所示。

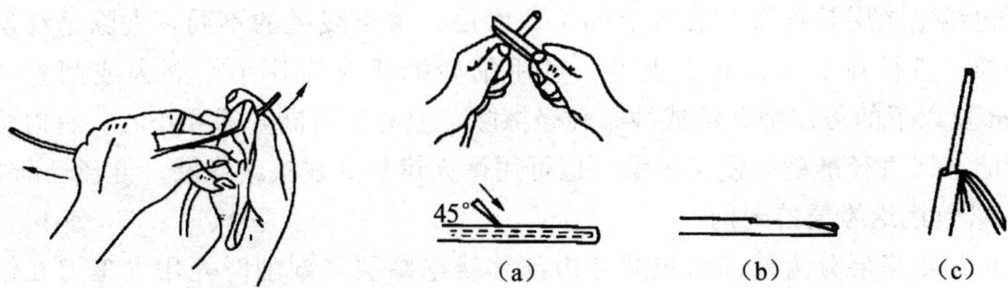

图 5-31 用钢丝钳勒去导线绝缘层

图 5-32 用电工刀剖削塑料硬线

2. 塑料软线绝缘层的剖削

塑料软线绝缘层剖削除用剥线钳外，仍可用钢丝钳直接剖削截面为 4 mm^2 及以下的导线，方法与用钢丝钳剖削塑料硬线绝缘层相同，但不能用电工刀剖削，因为塑料软线太软，线芯又由多股铜丝组成，用电工刀很容易伤及线芯。

3. 塑料护套线绝缘层的剖削

塑料护套线绝缘层分为外层的公共护套层和内部每根芯线的绝缘层。公共护套层一般用电工刀剖削，先按线头所需长度，将刀尖对准两股芯线的中缝划开护套层，并将护套层向后扳翻，然后用电工刀齐根切去，如图 5-33 所示。切去护套层后，露出的

每根芯线绝缘层可用钢丝钳或电工刀按照剖削塑料硬线绝缘层的方法分别除去。钢丝钳或电工刀在切入时切口应离护套层 5～10 mm。

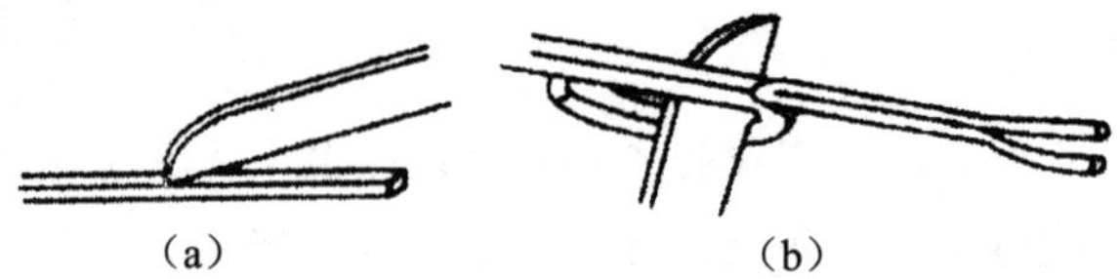

(a)　　(b)

图 5-33　塑料护套线绝缘层剖削

4. 橡皮线绝缘层的剖削

橡皮线绝缘层外面包着一层柔韧的纤维编织保护层，先用剖削护套线护套层的办法，用电工刀尖划开纤维编织层，并将其扳翻后齐根切去，再用剖削塑料硬线绝缘层的方法，除去橡皮绝缘层。如橡皮绝缘层内的芯线上还包缠着棉纱，可将该棉纱层松开，齐根切去。

5. 花线绝缘层的剖削

花线绝缘层分外层和内层，外层是一层柔韧的棉纱编织层。剖削时先用电工刀在线头所需长度处切割一圈拉去，然后在距离棉纱编织层 10 mm 左右处用钢丝钳按照剖削塑料软线的方法将内层的橡皮绝缘层勒去。有的花线在紧贴线芯处还包缠有棉纱层，在勒去橡皮绝缘层后，再将棉纱层松开扳翻，齐根切去。

6. 橡套软电缆线绝缘层的剖削

用电工刀从端头任意两芯线缝隙中割破部分护套层，然后把割破已分成两片的护套层连同芯线(分成两组)一起进行反向分拉来撕破护套层，直到所需长度。再将护套层向后扳翻，在根部分别切断。

7. 漆包线绝缘层的去除

漆包线绝缘层是喷涂在芯线上的绝缘漆层，由于线径的不同，去除绝缘层的方法也不一样。直径在 0.6 mm 以上的，可用细砂纸或薄刀片小心磨去或刮去；直径在 0.1 mm 及以下的可用细砂纸或纱布轻轻擦除，但易于折断，需要小心。有时为了确保漆包线的芯线直径准确以便于测量，也可用微火烤焦其线头绝缘层，再轻轻刮去。

8. 铅包线绝缘层的剖削

铅包线绝缘层分为外部铅包层和内部芯线绝缘层，剖削时先用电工刀在铅包层上切下一个刀痕，再用双手来回扳动切口处，将其折断，将铅包层拉出来。内部芯线的绝缘层的剖削与塑料硬线绝缘层的剖削方法相同，操作过程如图 5-34 所示。

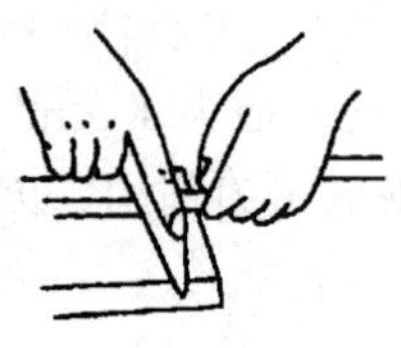

(a) 剖切铅包层

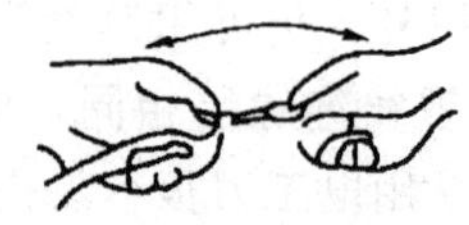

(b) 折断和拉出铅包层

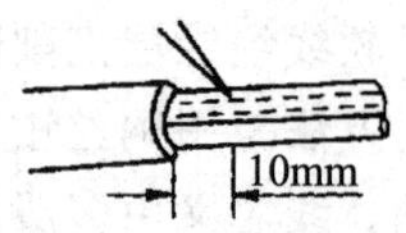

(c) 剖削芯线绝缘层

图 5-34　铅包线绝缘层的剖削

二、导线的连接

1. 导线连接的基本要求

(1)接触紧密，接头电阻小，稳定性好。与同长度同截面积导线的电阻比应不大于1。

(2)接头的机械强度应不小于导线机械强度的80%。

(3)耐腐蚀。对于铝与铝连接，如采用熔焊法，主要防止残余焊剂或熔渣的化学腐蚀；对于铝与铜连接，主要防止电化腐蚀，在接头前后，要采取措施，避免这类腐蚀的存在。

(4)接头的绝缘层强度应与导线的绝缘强度一样。

2. 导线的连接的方法

导线线头连接的方法一般分为：单股导线与导线的连接、多股导线与导线的连接、导线与接线桩(端子)的连接等几种。

(1)单股导线与导线的连接。单股导线与导线的连接有直接连接和分支连接两种。

①单股硬导线直接连接的操作步骤，如图5-35所示。

第1步，将两根线头在离芯线根部的1/3处呈"×"。

第2步，把两线头如麻花状相互紧绞两圈。

第3步，把一根线头扳起，与另一根处于下边的线头保持垂直。

第4步，把扳起的线头按顺时针方向在另一根线头上紧绕6～8圈，圈间不应有缝隙，且应垂直排绕。绕毕切去线芯余端。

第5步，另一线端头的加工方法，按第3、第4步的要求操作。

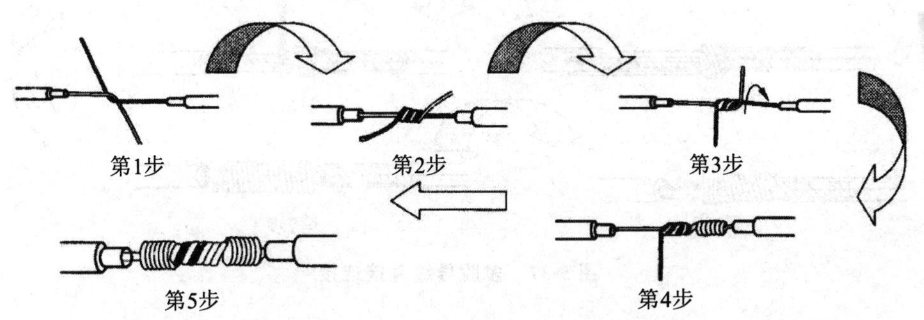

图5-35 单股硬导线直接连接

②单股硬导线分支连接的操作步骤，如图5-36所示。

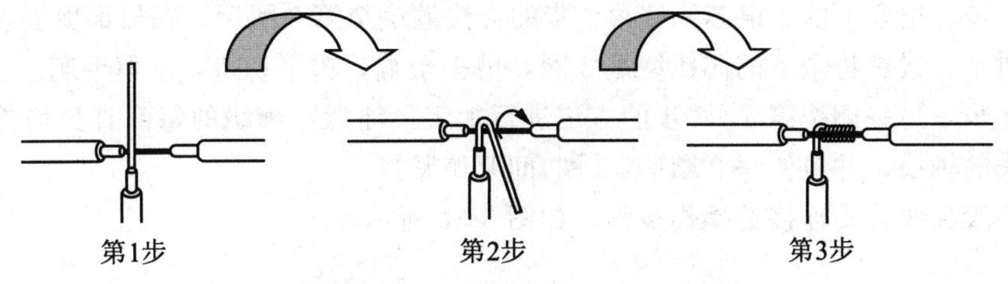

图5-36 单股硬导线分支连接

第 1 步，将剖削绝缘层的分支线芯，垂直搭接在已剖削绝缘层的主干导线的线芯上。

第 2 步，将分支线芯按顺时针方向在主干线芯上紧绕 6～8 圈，圈间不应有缝隙。

第 3 步，绕毕，切去分支线芯余端。

(2)多股导线与导线的连接。多股导线与导线的连接有直接连接和分支连接两种。

①多股导线直接连接的操作步骤，如图 5-37 所示。

第 1 步，在剖削绝缘层切口约全长 2/5 处的线芯进一步绞紧，接着把余下 3/5 的线芯松散呈伞状。

第 2 步，把两伞状线芯隔股对插，并插到底。

第 3 步，捏平插入后的两侧所有芯线，并捋直每股芯线，使每股芯线的间隔均匀；同时用钢丝钳紧插口处，消除空隙。

第 4 步，将导线一端距芯线插口中线的 3 根单股芯线折起，成 90°(垂直于下边多股芯线的轴线)。

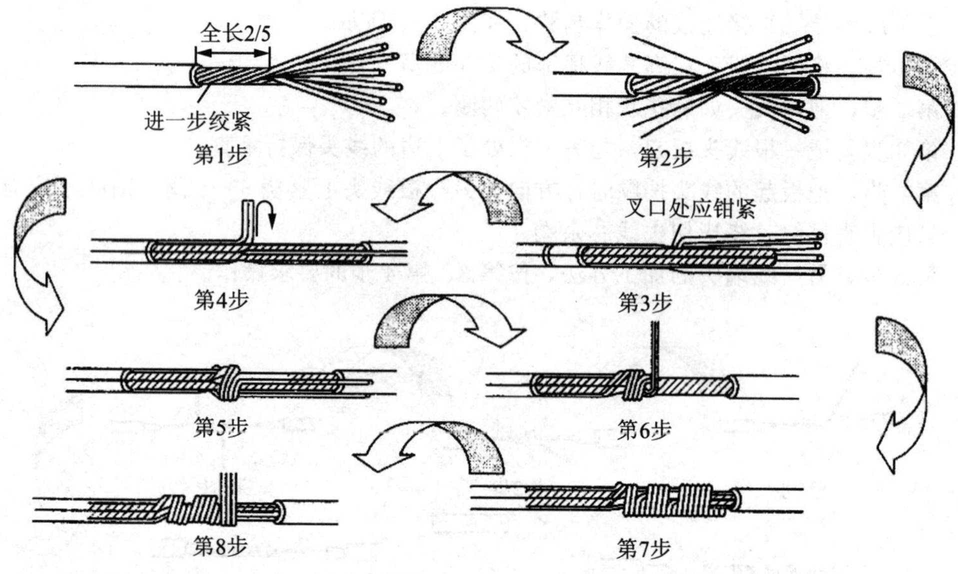

图 5-37　多股导线直接连接

第 5 步，先按顺时针方向紧绕两圈后，再折回 90°，并平卧在扳起前的轴线位置上。

第 6 步，将紧挨平卧的另两根芯线折成 90°，再按第 5 步的方法进行操作。

第 7 步，把余下的 3 根芯线按第 5 步的方法缠绕至第 2 圈后，在根部剪去多余的芯线，并钳平；接着将余下的芯线绕足 3 圈，剪去余端，钳平切口，不留毛刺。

第 8 步，另一侧按第 4～7 步的方法进行加工。注意：缠绕的每圈直径均应垂直于下边芯线的轴线，并应使每 2 圈(或 3 圈)间紧缠紧挨。

②多股导线分支连接的操作步骤，如图 5-38 所示。

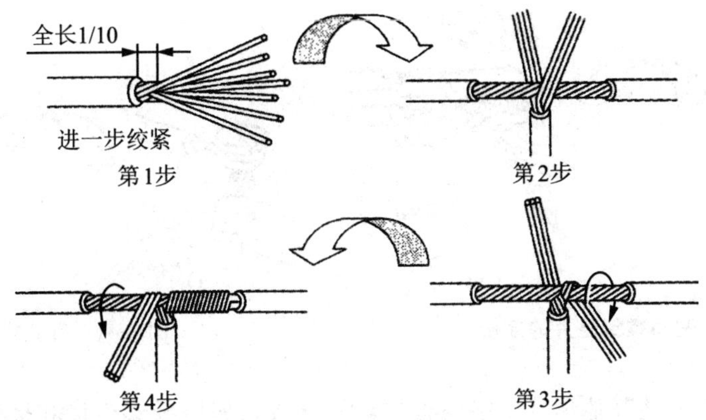

图 5-38 多股导线分支连接

第 1 步，剖削支线线头绝缘层后，把支线线头离绝缘层切口根部约 1/10 的一段芯线作进一步的绞紧，并把余下 9/10 的线芯松散呈伞状。

第 2 步，剖削干线中间芯线绝缘层后，把干线芯线中间用螺钉旋具插入芯线股间，并将分成均匀两组中的一组芯线插入干线芯线的缝隙中，同时移正位置。

第 3 步，先钳紧干线插入口处，接着将一组芯线在干线芯线上按顺时针方向垂直地紧紧排绕，剪去多余的芯线端头，不留毛刺。

第 4 步，另一组芯线按第 3 步的方法紧紧排绕，同样剪去多余的芯线端头，不留毛刺。

(3)导线与接线桩(端子)的连接。导线与接线桩(端子)的连接有螺钉式连接、针孔式连接及压板式连接和接线耳式连接等。

①螺钉式连接。通常利用圆头螺钉进行压接，其间有加垫片与不加垫片两种。在灯头、灯开关和插座等电器上，一般都不加垫片，其操作如下。

第 1 步，羊眼圈的制作，如图 5-39 所示。

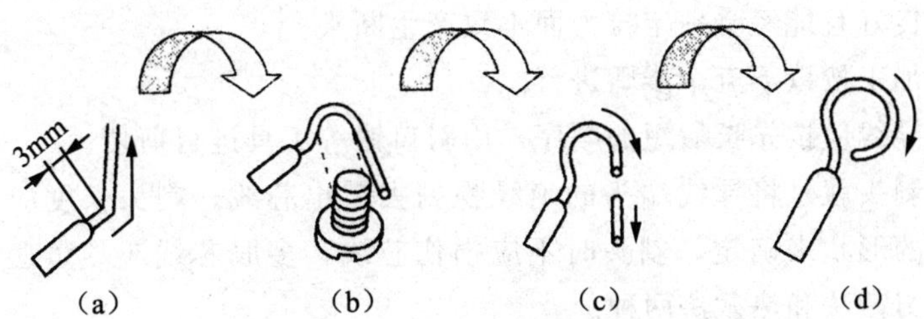

图 5-39 羊眼圈的制作步骤

第 2 步，导线的装接，如图 5-40 所示。

②针孔式连接。通常利用黄铜制成矩形接线桩，端面有导线承接孔，顶面装有压紧导线的螺钉，其操作如下。

第 1 步，用剥线钳或尖嘴钳、钢丝钳剖削导线端头的绝缘层，如 5-41(a)所示。

第 2 步，当导线端头芯线插入承接孔后，再拧紧压紧螺钉就实现了两者之间的电气连接，如图 5-41(b)所示。

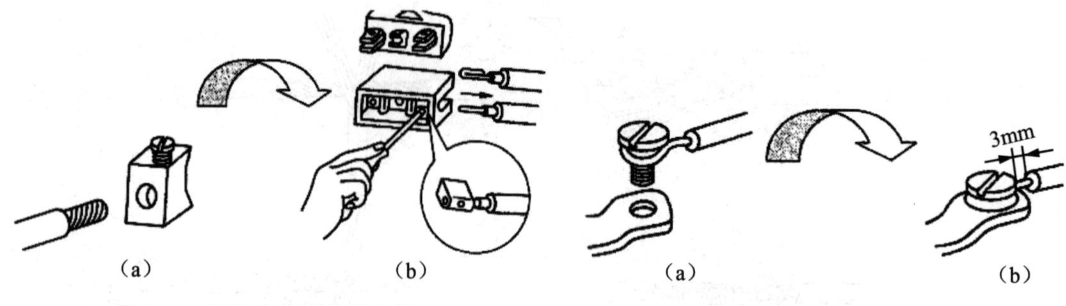

图 5-40　利用螺钉垫片的连接　　　　图 5-41　针孔式连接

此外，还有一些其他形式的接线桩(端子)连接，如压板式连接和接线耳式连接等，如图 5-42 所示。

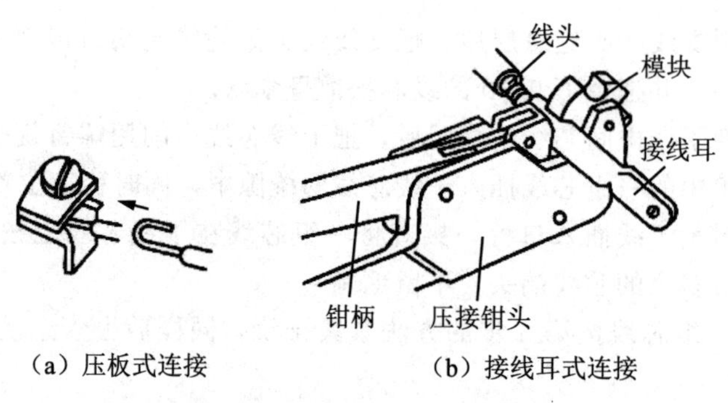

图 5-42　其他两种形式的连接

三、导线的焊接

1. 绝缘导线加工方法

带绝缘层的导线在接入电路组件前必须进行加工处理，以保证引线接入电路后装接可靠、导电良好且能经受一定拉力而不致产生断头。

导线端头加工按以下五个步骤进行。

①剪裁。导线应按先长后短的顺序，用斜口钳等工具进行剪切。

②剥头。剥头就是将导线端头的绝缘物剥去露出芯线。剥头长度应根据芯线截面积和接线端子的形状来确定，剥头时不应损伤芯线，多股芯线应尽量避免断股。常用的剥头方法有刃截法和热截法两种。

③清洁。绝缘导线在空气中长时间放置，导线端头易被氧化，因此在焊接前应进行清洁处理，除去芯线表面的氧化层，提高其可焊性。清洁的方法有两种：一是用小刀刮去氧化层，在刮时注意用力适度，同时转动导线。二是用砂纸清除芯线上的氧化层，清除时，砂纸应由导线的绝缘层端向端头单向运动，以避免损伤导线。

④捻头。多股导线经剥头处理后，芯线容易松散，一定要经捻头处理。具体方法是，按芯线原来捻紧方向继续捻紧，一般螺旋角为 30°～40°。

⑤浸锡。为防止捻好头的导线再次氧化，必须对其浸锡处理，可采用锡锅浸锡和电烙铁上锡两种方法。锡锅浸锡是将捻好头的导线蘸上助焊剂，然后将导线垂直放入

焊料熔化的锡锅内，并且使浸锡层与绝缘层之间留有 1～2 mm 间隙，浸润后取出，浸锡时间为 1～3 s。电烙铁上锡是将加热的电烙铁蘸满焊锡，将导线端头放在一块松香上，烙铁头压在导线端头，左手边慢慢转动边往后拉，直到导线端头脱离烙铁。

2. 导线焊接

导线的焊接主要有导线与接线端子的焊接、导线与导线之间的焊接，常采用绕焊、钩焊和搭焊三种基本形式，如图 5-43 所示。

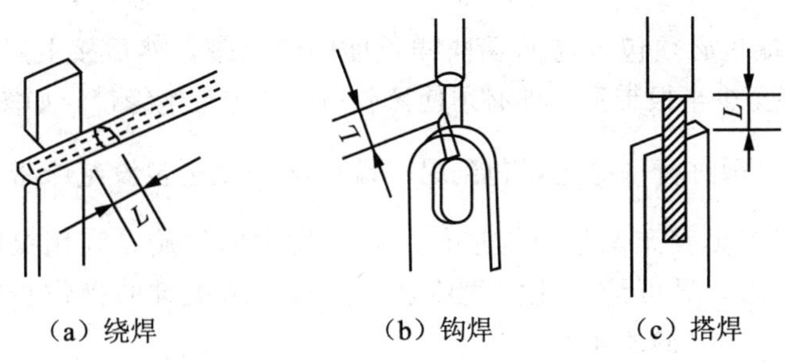

（a）绕焊　　（b）钩焊　　（c）搭焊

图 5-43　导线与接线端子的焊接

绕焊：把经过镀锡的导线端头在接线端子上绕一圈，用钳子拉紧缠牢后进行焊接。

钩焊：将导线端子弯成钩形，钩在接线端子上，用钳子夹紧后焊接。

搭焊：把镀锡的导线端搭到接线端子上焊接。

四、导线的封端

安装好的配线最终要与电气设备相连，为了保证导线线头与电气设备接触良好并具有较强的机械性能，对于多股铝线和截面大于 2.5 mm 的多股铜线，都必须在导线终端焊接或压接一个接线端子，再与设备相连。这种工艺过程称为导线的封端。

1. 铜导线的封端

(1)锡焊法

锡焊前，先将导线表面和接线端子孔用砂布擦干净，涂上一层无酸焊锡膏，将线芯搪上一层锡，然后把接线端子放在喷灯火焰上加热，当接线端子烧热后，把焊锡熔化在端子孔内，并将搪好锡的线芯慢慢插入，待焊锡完全渗透到线芯缝隙中后，即可停止加热。

(2)压接法

将表面清洁且已加工好的线头直接插入内表面已清洁的接线端子线孔，用压钳进行压接。

2. 铝导线的封端

铝导线一般用压接法封端。压接前，剥掉导线端部的绝缘层，其长度为接线端子孔的深度加上 5 mm，除掉导线表面和端子孔内壁的氧化膜，涂上中性凡士林，再将线芯插入接线端子内，用压接钳进行压接。当铝导线出线端与设备铜端子连接时，由于存在电化腐蚀问题，应采用预制好的铜铝过渡接线端子，压接方法同前所述。

五、导线绝缘层的恢复

在线头连接完成后，导线连接前破坏的绝缘层必须恢复，且恢复后的绝缘强度一般

不应低于剖削前的绝缘强度，才能保证用电安全。在低压电路中，常用的恢复材料有黄蜡布带、聚氯乙烯塑料带和黑胶布等多种。一般采用 20 mm 的规格，其包缠方法如下。

(1)包缠时，先将绝缘带从左侧的完好绝缘层上开始包缠，应包入绝缘层 30～40 mm，包缠绝缘带时要用力拉紧，带与导线之间应保持约 45°倾斜，如图 5-44(a)所示。

(2)进行每圈斜叠缠包，后一圈必须压叠住前一圈的$\frac{1}{2}$带宽，如图 5-44(b)所示。

(3)包至另一端也必须包入与始端同样长度的绝缘带，然后接上黑胶布，并应使黑胶布包出绝缘带层至少半根带宽，即必须使黑胶布完全包没绝缘带，如图 5-44(c)所示。

(4)黑胶布也必须进行$\frac{1}{2}$叠包，包到另一端也必须完全包没绝缘带，收尾后应用双手的拇指和食指紧捏黑胶布两端口，进行一正一反方向拧旋，利用黑胶布的黏性，将两端口充分密封起来，尽可能不让空气流通。这是一道关键的操作步骤，决定着加工质量的优劣，如图 5-44(d)所示。

在实际应用中，为了保证经恢复的导线绝缘层的绝缘性能达到或超过原有标准，一般均包两层绝缘带后再包一层黑胶布。

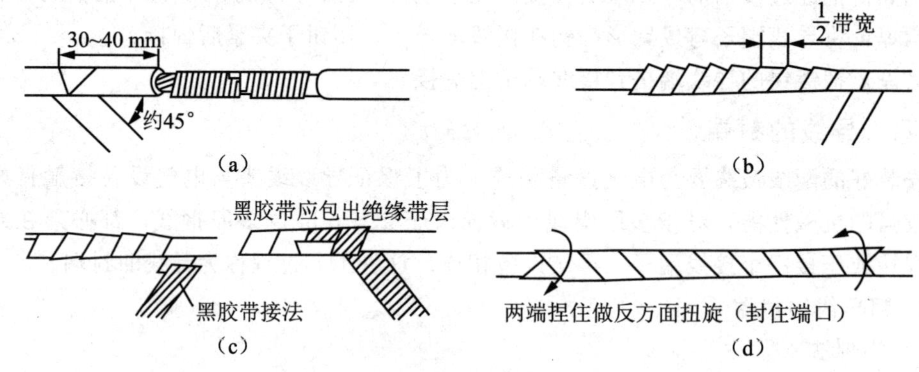

图 5-44　对接接点绝缘层的恢复

>>> 技能操作

导线的连接与绝缘层的恢复

1. 操作目的

(1)掌握常用电工工具的使用方法。

(2)掌握绝缘导线常见的连接方法、焊接方法和导线绝缘能力的恢复方法。

2. 操作器材

电工工具(钢丝钳、螺钉旋具、电工刀、剥线钳、断线钳、电烙铁)1 套、松香、焊锡若干、单股铜线多股铜线各 1 米、电工胶布 1 卷。

3. 操作注意事项

(1)各种电工工具在使用操作时，要确保人身和设备的安全。

(2)剖削导线绝缘层时不能损伤线芯。

4. 操作内容与步骤

(1)单股和多股铜线的线头绝缘层的剥离训练，剖削导线绝缘层，并将有关数据记入表 5-6 中。

表 5-6 常用导线绝缘层剖削

导线种类	导线规格	剖削长度	剖削工艺要点
塑料硬线			
塑料软线			
塑料护套线			
花线			

(2)导线线头连接操作，将常用导线进行连接，并将连接情况记入表 5-7 中。

表 5-7 常用导线连接

导线种类	导线规格	连接方式	线头长度	绞合圈数	密缠长度	线头连接工艺要点
单股芯线		直连				
单股芯线		T 形连				
7 股芯线		直连				
7 股芯线		T 形连				

(3)导线焊接操作，用铜线分别焊接成正方体和圆锥体，并将连接情况记入表 5-8 中。

表 5-8 导线焊接记录

几何图形	电烙铁规格	焊料、焊剂	图形主要尺寸	图示
正方体				
圆锥体				

(4)线头绝缘层的恢复在连接完工的线头上用符合要求的绝缘材料包缠绝缘层，并将包缠情况记入表 5-9 中。

表 5-9 线头绝缘层包缠

线路工作电压	所用绝缘材料	各自包缠层数	包缠工艺要点
380 V			
220 V			

5. 操作报告要求

(1)结合本次操作，将导线连接方法及注意事项作一小结。

(2)回答思考题：

①7 股芯线 T 形连接时的工艺特点是什么？用什么方法实现连接的牢固和美观？

②恢复导线绝缘层时怎样做到保证它的绝缘强度和外形美观的？

>>> 能力训练

1. 试举出几种导线连接的基本要求。
2. 如何进行塑料硬、软线绝缘层的剖削？
3. 如何进行塑料护套线绝缘层的剖削？
4. 简述单股与7股铜芯层数的连接方法。
5. 简述导线绝缘层的恢复的操作步骤。

任务十六　线路安装与安全用电

>>> 任务目标

1. 掌握室内配线的一般要求和工序；熟悉线管、护套线的安装要求；
2. 能按照操作规范完成导线、线管的敷设；线管的连接；线管与配电箱的连接；
3. 学会安装照明灯具、开关、插座等电气元件；学会使用常用电工工具；
4. 知道触电的种类和方式，触电的原因及预防措施，安全用电常识；
5. 掌握安全用电的要求，会对触电现场进行处理，能快速实施人工急救。

>>> 任务描述

在安装线路时，需要先进行室内配线、灯具、开关及插座的设计，以确保生活用电的安全。本任务学习室内配线的基本要求和工序；护套线配线、线管配线的基本要求和操作方法。

学习安全用电和触电急救的措施。

>>> 相关知识

一、照明器具的选用和安装

1. 照明器具的选用

常用照明器具有灯具、灯座、开关、插座、接线盒等。

(1)灯具

灯具主要起将光源的光线按照需要的方向进行分布并起到固定和保护光源的作用。按灯具的结构特点可分为开启型、闭合型、密闭型、增安型和隔爆型五种类型。

(2)灯座

灯座的作用是固定灯泡(或灯管)并供给电源，有螺口和卡口两种。灯座按照安装方式分为吊式灯座、平灯座和管式灯座；按灯座的外壳材料分为胶木、瓷质和金属灯座；按用途可分为普通灯座、防水灯座和多用灯座等。

(3)开关

开关的作用是接通或断开照明电源。开关根据安装形式分为明装式和暗装式，明装式有拉线开关、扳把开关等，暗装式多采用跷扳开关和扳把开关。按照开关的结构，还分为单极开关、双极开关、三极开关、单控开关、双控开关、旋转开关等。

(4)插座

插座的作用是为移动式照明电器、家用电器或其他用电设备提供电源，具有连接方便、灵活多用的特点，有明装和暗装之分。按插座的结构可分为单相双极双孔、单相三极三孔(其中一极为保护接地或接零)、三相四极四孔和组合式多孔多用插座等。

(5)接线盒

接线盒也称为吊线盒，其作用是用来悬挂吊线灯或连接线路，一般有塑料和瓷质两种。

2. 照明器具的安装

(1)照明器具安装的一般要求

①灯具的安装高度：室内一般不低于2.5 m，室外一般不低于3.0 m。如遇特殊情况难以达到要求时，可采取相应的保护措施或改用36 V安全电压供电。

②根据不同的安装场所和用途，照明灯具使用的导线最小线芯应符合表5-10的规定。

表5-10 灯具线芯最小截面

灯具的安装场所和用途		线芯最小截面/mm^2		
		铜芯软线	铜线	铝线
灯头线	民用建筑室内	0.4	0.5	2.5
	工业建筑室内	0.5	0.8	2.5
	室外	1.0	1.0	2.5
移动用电设备的导线	生活用	0.2		
	生产用	1.0		

③明插座的安装高度不宜低于1.3 m，在托儿所、幼儿园、小学及民用住宅中，明插座的高度不宜低于1.8 m，暗插座一般离地0.3 m，特殊场所不宜低于0.15 m。同一场所安装的电源插座的高度应一致。

④固定灯具需用接线盒及木台等配件。安装木台前，应预埋木台固定件或采用膨胀螺钉安装时，先按照器具的安装位置钻孔，并锯好线槽(明配线)，然后将导线从木台出线孔穿出，再固定木台，最后安装挂线盒或灯具。

⑤当采用螺口灯座或灯头时，应将相线(开关控制的火线)连接到与螺口内中心弹簧片连接的接线端子，零线连接到与螺旋部分连接的接线端子。采用双芯棉织绝缘线(花线)时，其中有色花线接相线，无花色线接零线。

⑥吊灯灯具超过3 kg时，应预埋吊钩或用螺栓固定。软线吊灯的质量限于1 kg以下，超过时增设吊链。

⑦吸顶灯具安装采用木质底台时，应在灯具与底台之间敷垫石棉或石棉布。日光灯安装时，其附件位置应便于维护检修，整流器应做好防水隔热处理和防止绝缘油溢流措施。

⑧照明装置的接线必须牢固，接触良好。需要接零或接地的灯具、插座盒、开关

盒等金属外壳应由接地螺栓连接牢固，不得用导线缠绕。

(2)灯具的安装

照明灯具的安装应根据设计施工的要求确定，分为室内和室外两种安装类型。室内安装通常有悬吊式(悬挂式)、嵌顶式和壁装式等方式。

①悬吊式灯具的安装方式又分为吊线式、吊链式和吊杆式。

吊线式：直接由软线承重，大多采用普通白炽灯作为照明光源。由于挂线盒内接线螺钉承重小，安装时需把在挂线盒内的吊线打结，使线结卡在盒盖的线孔处；有时还在导线上采用自在器，以便调整灯的悬挂高度。

吊链式：安装方式与软线吊灯相似，悬挂重量由吊链承担，下端连接灯具，上端固定在吊线盒内或挂钩上。

吊杆式：当灯具自重较大时，可采用钢管来悬挂灯具。

②嵌顶式灯具的安装方式分为吸顶式和嵌入式。

吸顶式：通过木台将灯具安装在屋顶面上。在空心楼板上安装木台时，可采用弓形板固定。弓形板适用于护套线直接穿楼板孔的敷设方式。

嵌入式：适用于室内自吊顶的场所。其方法是在吊顶制作时，根据灯具的嵌入尺寸预留孔洞，再将灯具嵌装在吊顶上。

③壁装式灯具一般称为壁灯，通常安装在墙壁或立柱上，安装前应预埋木台固定件，如木桩、焊接铁件、膨胀螺栓等。

(3)开关和插座的安装

①开关应接在电源的相线上，接通、断开的上、下位置在同一过程中应一致。

②插座的安装与开关相似，当不同电压等级、不同电源类型的插座安装在同一场所时，必须有明显区别，防止插头与插座的误插。

二、室内配线和线路安装

1. 室内配线的基本要求和工序

(1)室内配线的基本要求

①配线时要求导线额定电压应大于线路的工作电压，导线绝缘强度应符合线路安装方案和敷设条件，导线截面应满足供电负荷和机械强度要求。

②接头的质量是造成线路故障和事故的主要因素之一，所以配线时应尽量减少导线接头。在导线的连接和分支处，应避免受到机械力的作用。穿管导线和槽板配线中间不允许有接头，必要时可采用接线盒(如线管较长)或线盒(如线路分支)。

③明线敷设要保持水平和垂直。敷设时，导线与地面的最小距离应符合以下要求：导线水平敷设时，室内：2.5 m，室外：2.7 m；导线垂直敷设时，室内：1.8 m，室外：2.7 m。否则应穿管保护，以利安全和防止受机械损伤。配线位置应便于检查和维护。

④绝缘导线穿越楼板时，应将导线穿入钢管或硬塑料管内保护。保护管上端口距地面不应小于 1.8 m，下端口到楼板下为止。

⑤导线穿墙时，应加装保护管(瓷管、塑料管、竹管或钢管)。保护管伸出墙面的长度不应小于 10 mm，并应保持一定的倾斜度。

⑥导线通过建筑物的伸缩缝或沉降缝时，敷设导线应稍有余量。敷设线管时应装设补偿装置。

⑦导线相互交叉时，为避免相互碰触，应在每根导线上加套绝缘管，并将套管在导线上固定牢靠。

⑧为确保安全，室内外电气管线和配电设备与各种管道间以及与建筑物、地面间的最小允许距离应满足一定要求。

(2)室内配线的工序

①首先熟悉设计施工图，做好预留预埋工作(其主要内容有电源引入方式的预留预埋位置；电源引入配电箱的路径；垂直引上、引下以及水平穿越梁、柱、墙等的位置和预埋保护管)。

②按设计施工图确定灯具、插座、开关、配电箱及电气设备的准确位置，并沿建筑物确定导线敷设的路径。

③在土建粉刷前，将配线中所有的固定点打好眼孔，将预埋件埋齐，并检查有无遗漏和错位。

④装设绝缘支承物、线夹或线管及开关箱、盒。

⑤敷设导线。

⑥连接导线。

⑦将导线出线端与电器件及设备连接。

⑧检验工程是否符合设计和安装工艺要求。

2. 配线方法

(1)塑料护套线配线方法

①画线定位。按照线路的走向、电器的安装位置，用弹线袋画线，并按护套线的安装要求每 150～300 mm 画出铝片线卡的位置，靠近开关插座和灯具等处均需设置铝片线卡。

②凿眼并安装木榫。錾打整个线路中的木榫孔，并安装好所有的木榫。

③固定铝片线卡。按固定的方式不同、铝片线卡的形状有用小钉固定和用黏合剂固定两种。在木结构上，可用铁钉固定铝片线卡；在抹灰浆的墙上，每隔 4～5 挡，进入木台和转弯处需用小铁钉在木榫上固定铝片线卡；其余的可用小铁钉直接将铝片线卡钉入灰浆中：在砖墙和混凝土墙上可用本榫或环氧树脂黏合剂固定铝片线卡。

④敷设导线。勒直导线，将护套线依次夹入铝片线卡。

⑤铝片线卡的夹持。护套线均置于铝片线卡的钉孔位后，即按如图 5-45 所示的顺序将铝片线卡收紧夹持护套线。

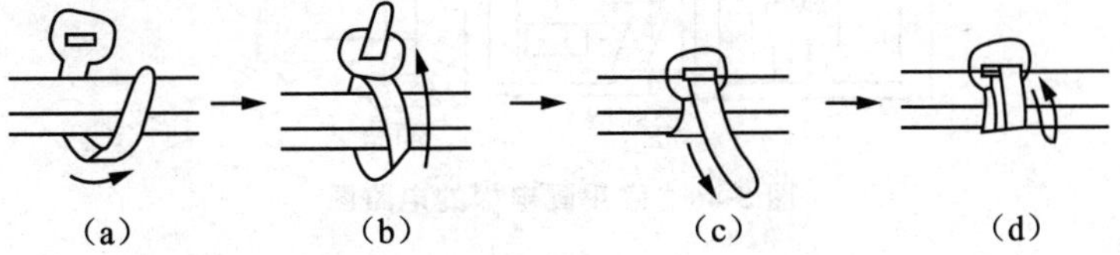

图 5-45 铝片线卡夹住护套线操作

(2)管道配线

将绝缘导线穿在管内敷设叫作管道配线。管道配线的优点是线路不会受机械损伤，不受潮湿、多尘的影响，不易发生火灾，适用于易燃易爆场所；缺点是造价高，维修不方便。管道配线分钢管配线和硬塑料管配线。按敷设部位不同可分为明敷和暗敷。

①硬塑料管的选用。敷设电气线路的硬塑料管应选用热塑料管。对管壁厚度的要求是明敷不小于 2 mm，暗敷不小于 3 mm。

②硬塑料管的连接。

a. 直接加热连接法：直径为 50 mm 及以下的塑料管采用直接加热法进行连接，连接时首先倒角，然后清除污垢，再加热。

b. 模具胀管法：直径为 65 mm 及以上的硬塑料管采用模具胀管法。

c. 套管连接法：套管的长度为自身内径的 2.5～3 倍，套管内径以待插接的硬塑料管在热态刚能插进为合适。插接前仍须对两管接头部位进行倒角、清洁并涂上黏合剂，然后加热到 120℃后，趁热从套管两端插入，使两管口对齐并处在同一轴线上。

③弯管。

塑料管的弯曲通常用热弯曲法。加热时要掌握好火候，既要使管子软化又不得烤坏：弯曲半径的选择，明敷时不能小于管径的 6 倍，暗敷时不能小于管径的 10 倍。

④硬塑料管的敷设。

a. 明敷时，固定管子的管卡距始端、终端、转角中点、接线盒或电气设备边缘 150～500 mm；中间直线部分间距均匀，其最大允许间距随管径的不同而不同：管内径为 20 mm 及以下时间距为 1.0 m；管内径为 25～40 mm 时间距为 1.5 m；管内径为 50 mm 以上时间距为 2.0 m。

b. 明敷时应加钢管保护以防受机械损伤。

c. 在施工中，每敷设 30 m，应加装一只塑料补偿盒。

d. 与硬塑料管配套的接线盒、灯头盒不能用金属制品，只能用塑料制品；且与接线盒、灯头盒之间的固定用胀扎管头绑扎。

3. 配电板(箱)的制作与安装

(1)根据设计要求制作面板

家用配电板的电路如图 5-46 所示。配电板的参考尺寸如图 5-47 所示。

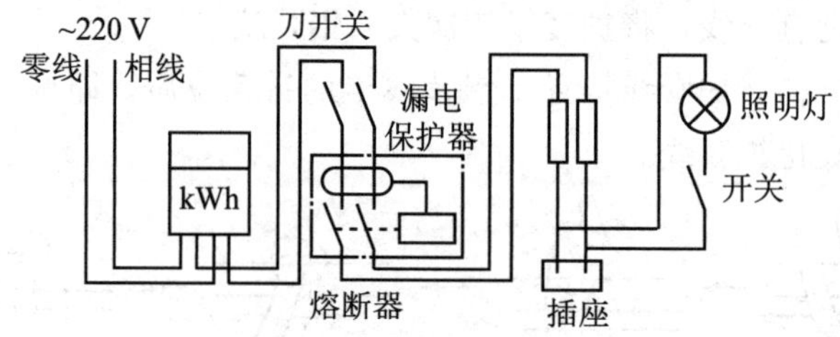

图 5-46　家用配电板的电路图

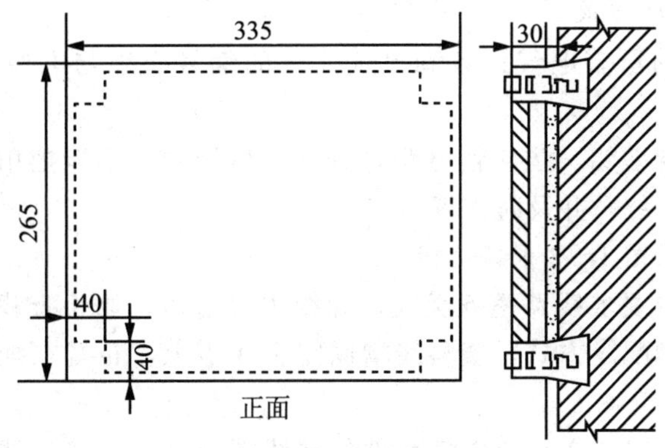

图 5-47　配电板的参考尺寸

配电板的尺寸可根据单相电度表、熔断器、刀开关或自动低压断路器、漏电保护器等设备的规格来确定。面板的四周与箱体侧壁之间应留有适当的缝隙，以方便面板在箱内的固定。配电板还需要加框边，以方便在板的背面布线。

(2)实物排列和安装要求

所有配电设备应水平配置在配电板上，要整齐美观。电度表安装在配电板上方便观察的位置，各回路的自动低压断路器、漏电保护器、熔断器等安装在便于操作和维护的位置。

各种元器件、出线口、绝缘导管等离盘面边缘的距离要求大于 3 cm。先按照配电器件排列的实际位置标出器件的安装孔和进出线孔的位置，然后钻 $\phi3$ mm 的孔，用木螺钉固定，进行面板刷漆。若采用厚度 2 mm 以上的铁质盘面板制作，则应在除锈后先刷防锈漆再安装。

面板上的油漆干了以后，应在出线孔套上玻璃纤维绝缘导管或橡皮护套，保护导线。最后将全部配电器件摆正，用木螺钉固定。

(3)配电板的接线

①根据电器设备的容量、规格选取导线的材料、截面和长度。

②将导线排列整齐，捆绑成束。

③用卡钉固定在配电面板的背面，注意引入和引出的导线应留有余量，以便维修；

④导线敷设好后，按设计图对用电设备接线连接。

(4)配电板的安装

垂直放置的开关、熔断器等设备的上端接电源，下端接负载；水平放置的设备左侧接电源，右侧接负载；螺旋式熔断器的中间端子接电源，螺旋端子接负载。

根据母线的类型进行母线颜色的选用或用相应颜色标志，一般规定如下。

①三相电源 L_1、L_2、L_3，分别用黄色、绿色、红色，中性线用紫色，接地线用黑色。

②接零系统中的零母线由零线端子板分路引至各支路或设备，零线端子板上各分支路的排列位置必须与分支路熔断器的位置相对应。

③接地或接零保护线必须先通过地线端子，再用保护接零或接地的端子板分路。

④配电板上所有器件的下方均安装卡片框，用来标明回路的名称，并可在适当的部位标出电气接线系统图。

(5)配电板的配线要求

①配电板内外的所有电气设备和电气元件的编号必须与电原理图上的编号完全一致。

②为了防止出现差错，主、辅电路要分开先后接线，不能把用线搞错。控制电路应按每个回路进行接线，并及时进行测试。

③导线穿管应预留1～2根备用线。

④配电板明配线要求线路整齐美观，导线去向清楚，便于查找故障，当板内空间较大时，可采用线槽配线方式，塑料线槽固定在底板上，布置在配电板的四周和电器之间。

⑤配电板暗配线时，在每个电气元件的接线端处钻比连接导线外径略大的孔，在孔中插入塑料套管，用于穿线。

⑥连接线的两端根据电气原理图或接线图套上相应的线号。

⑦导线线头按螺钉拧紧的方向弯成圆环或直接接上，多股线压头处应镀上焊锡。

⑧一个接线端子压两根以上不同截面导线时，较大截面的导线放在下层，小截面导线放在上层。

⑨所有压紧螺栓需配置镀锌的平垫圈、弹簧垫圈，要求牢固压紧，防止松动。

⑩接线完毕，应根据原理图、接线图进行仔细检查。

三、室内线路的故障和检修

1. 短路故障

当发生短路故障时，电流急剧增大，若保护装置失灵，会烧毁线路和电气设备。短路可以分为相间短路和相地短路，相地短路又可分为相线与中性线间短路和相线与大地间短路。

绝缘导线的线路本身发生短路的可能性很小，主要是用电设备开关和保护装置内部发生故障所致。因此，检查和排除短路故障应先使故障区域的用电设备脱离电源，如果故障依然存在，再分别检查开关和保护装置。

管线线路和护套线线路往往因为线路上存在严重过载或漏电等故障，使导线长期过载、绝缘老化，或因外界机械损伤而破坏了导线的绝缘层，都会引起线路的短路。所以，要定期检查导线的绝缘层的状况，测量绝缘电阻，如果发现绝缘电阻下降或绝缘层龟裂，应及时更换。

2. 断路故障

线路发生断路故障通常有以下几个方面的原因。

(1)导线线头连接松散或脱落。

(2)小截面导线因受外界机械力作用而断裂或被老鼠咬断。

(3)导线因严重过载或短路而烧断。

(4)单股小截面导线因质量不佳或因安装时受到损伤而断裂。

(5)活动部分的连接线路因机械疲劳而断裂。

断路故障的排除应根据故障的具体原因，采取相应的措施。

3. 漏电故障

在线路中因为部分绝缘体轻度损坏会形成不同程度的漏电，分为相间漏电和相地漏电两种情况。出现漏电故障时，耗电量会增加，随着漏电程度的发展，会导致过载和短路故障的发生。出现漏电故障的原因主要有以下几个方面。

(1)线路和设备的绝缘老化。

(2)线路、电气设备安装不符合技术要求。

(3)线路和设备因受潮、受热或化学腐蚀使绝缘性能下降。

(4)修复绝缘层不符合要求。

漏电现象的排除应根据故障的具体原因，采取相应的措施，如更换导线、纠正不符合技术规范的安装形式等。

4. 发热故障

线路导线发热或连接点发热的原因主要有以下几个方面。

(1)导线规格不符合要求，如导线截面过小。

(2)电气设备的容量增大，超过设计要求。

(3)线路、电气设备有漏电现象。

(4)单根导线穿过具有环状的磁性金属，如钢管。

(5)导线连接点松动，使接触电阻增加。

四、安全用电

1. 触电的基本知识

(1)触电

人体触及电压较高的带电体并导致局部受伤或死亡的现象称为触电。触电分为电伤和电击。

①电伤。电伤是指电流的热效应、化学效应等对人体表面造成的伤害，例如，电弧烧伤、熔丝熔断造成金属溅伤等。

②电击。电击是指电流通过人体，造成人体内部组织的破坏的触电事故，分为直接电击和间接电击两种情况。

直接电击是指人体接触到正常的带电体造成的触电，例如，人体不慎接触到 220 V 的线。

间接电击是指人体接触到正常时不带电，因为故障而带电的意外带电体而受到的触电伤害。电击是最危险的触电伤害。例如人体接触到由于绝缘材料损坏而带电的电器设备外壳。

调查表明，绝大部分的触电事故都是电击造成的，而电击对人体的伤害通常比电伤严重，电击对人体造成伤害的程度取决于通过人体电流的大小、频率、持续时间以及电流通过人体的途径等因素。

频率为 50～60 Hz 的交流电对人体是最危险的，生活中所使用的正是频率为 50 Hz 的工频交流电。一般地，通过人体的电流强度对电击伤害的程度有决定性作用，通过的电流越大，人体的生理反应越明显，感觉越强烈，人体所允许的工频交流电安全电流是 30 mA·s，致命的电流强度为 50 mA·s，这时会引起呼吸器官麻痹、心室颤动，有致命的危险。电流通过人体持续时间越长，对人体组织的破坏就越严重，对心脏的危险性就越大。

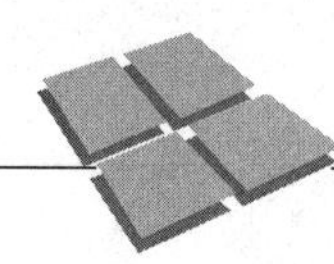

(2)常见的触电形式

①单相触电。当人站在地面上或其他接地体上，人体的某一部位触及一相带电体时，电流通过人体流入大地(或中性线)，称为单相触电，如图 5-48 所示。

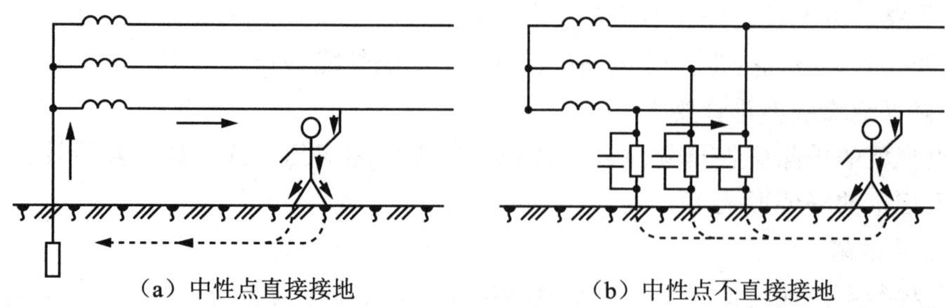

（a）中性点直接接地　　（b）中性点不直接接地

图 5-48　单相触电

②两相触电。两相触电是指人体两处同时触及同一电源的两相带电体，以及在高压系统中，人体距离高带电体小于规定的安全距离，造成电弧放电时，电流从一相导体流入另一相导体的触电方式，如图 5-49 所示。两相触电加在人体上的电压为线电压，因此不论电网的中性点接地与否，其触电危险性都最大。

③跨步电压触电。当带电体接地时有电流向大地流散，在以接地点为圆心，半径 20 m 的圆面积内形成分布位。人站在接地点周围，两脚之间(以 0.8 m 计算)的电位差称为跨步电压 U_K，如图 5-50 所示，由此引起的触电事故称为跨步电压触电。

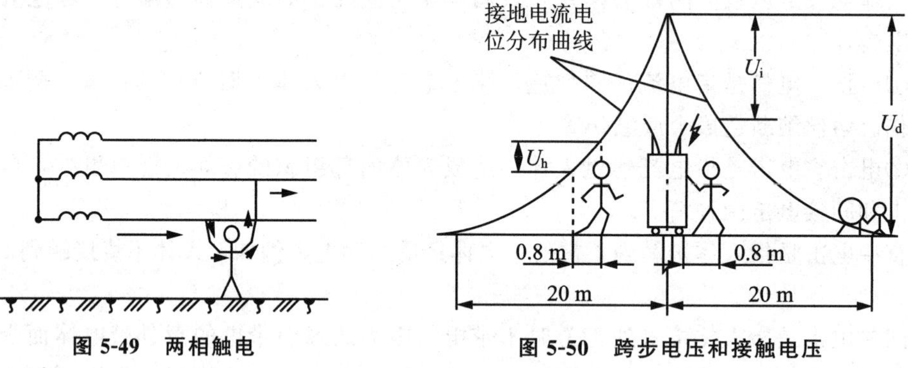

图 5-49　两相触电　　**图 5-50　跨步电压和接触电压**

④接触电压触电。运行中的电气设备绝缘损坏或其他原因造成接地短路故障时，接地电流通过接地点向大地流散，会以接地故障点为中心、20 m 为半径的范围内形成分布电位，当人触及漏电设备外壳时，电流通过人体和大地形成回路，造成触电事故，这称为接触电压触电。这时加在人体两点的电位差即接触电压 U_j(按水平距离 0.8 m，垂直距离 1.8 m 考虑)，如图 5-50 所示。

2. 触电事故产生的原因

(1)缺乏用电常识，触及带电的导线。

(2)没有遵守操作规程，人体直接与带电体部分接触。

(3)由于用电设备管理不当，使绝缘损坏，发生漏电，人体碰触漏电设备外壳。

(4)高压线路落地，造成跨步电压引起对人体的伤害。

(5)检修中，安全组织措施和安全技术措施不完善，接线错误，造成触电事故。

(6)其他偶然因素，如人体受雷击等。

3. 安全用电的措施

(1)使用安全电压

发生触电时，作用在人体的电压对人体的伤害将随着电压的升高而更为严重。原因是作用于人体的电压升高时，人体电阻会急剧下降，从而使电流迅速增加，对人体造成更严重的伤害。

人体触电时的安全电压与人体安全电流以及人体实际电阻等因素有关，不同的人，其电阻存在一定的差异，同一个人在不同环境下的电阻也是不同的。通常，根据具体条件环境的不同，所规定的安全电压等级有 42 V、36 V、24 V 和 12 V。在干燥、温暖、无导电粉尘、地面绝缘好的环境中也有以 65 V 作为安全电压的。

(2)采用保护接地和保护接零措施

①保护接地。就是把电气设备的金属外壳及与外壳相连的金属构架用接地装置与大地可靠地连接起来，以保证人身安全的保护方式。保护接地一般用在 1 000 V 以下的中性点不接地的电网与 1 000 V 以上的电网中。

如图 5-51 所示，假设电动机的 A 相绕组因绝缘损坏而碰壳，外壳带电。当人体接触外壳时，接地电流由 A 相到碰壳地点分成两路，一路经接地装置的电阻及未碰壳体(B 相和 C 相)的绝缘电阻返回电源；另一路经人体的电阻和大地返回电源。由于人体电阻远远大于接地电阻，所以通过人体的电流很小，这就避免了触电危险。

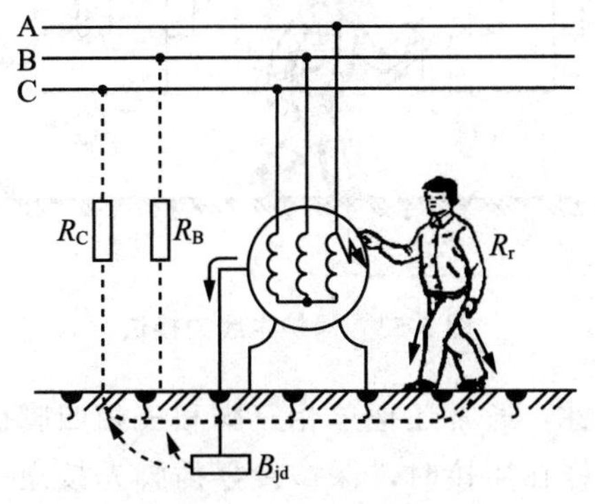

图 5-51 保护接地

电气安装规程规定：1 000 V 以下的电气设备，保护性接地装置的接地电阻小于 4 Ω。接地装置包括接地极和接地干线，通常用埋入地下的钢管、角钢、扁钢或自来水管作成。接地干线和接地极相连接，设于厂房内，再用接地支线把电气设备和接地干线连接起来。

②保护接零。就是把电气设备中不带电的金属外壳以及与外壳相连的金属构架，与中性点直接接地系统中的零线连接起来，以保护人身安全的保护方式。保护接中线一般用在 1 000 V 以下的中性点接地的三相四线制电网中。目前在 380/220 V 中性点接地的三相四线制电网中广泛采用这种保护措施。

如图 5-52 所示，当电动机某相碰壳时，就形成单相短路，电流很大，于是熔断器和自动开关(图中未画出)动作，故障电动机则自动从线路上切除，从而避免了触电危险。

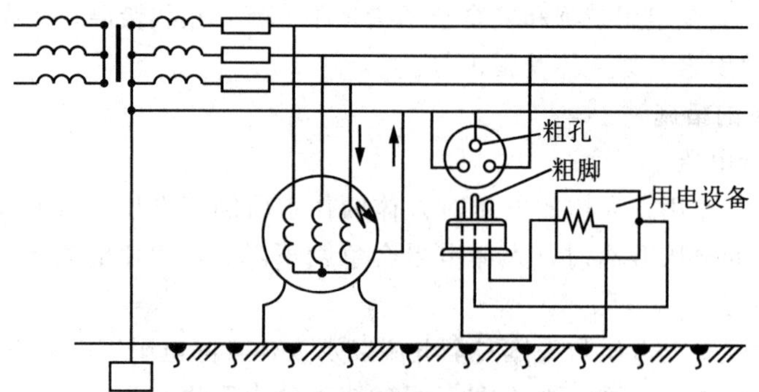

图 5-52　保护接中线

对于小型单相(或三相)用电设备所使用的单相三孔插座(或三相四孔插座)和三脚插头(或四脚插头)，如图 5-52 所示。正确的接线是用导线把用电设备的金属外壳接在插头的粗脚上，插座上对应的粗孔应用导线与电源中线相连。绝不允许把保护中线接在用电设备的工作中线上，如图 5-53 所示。从图中可以看出，不正确的接法会引起触电事故。

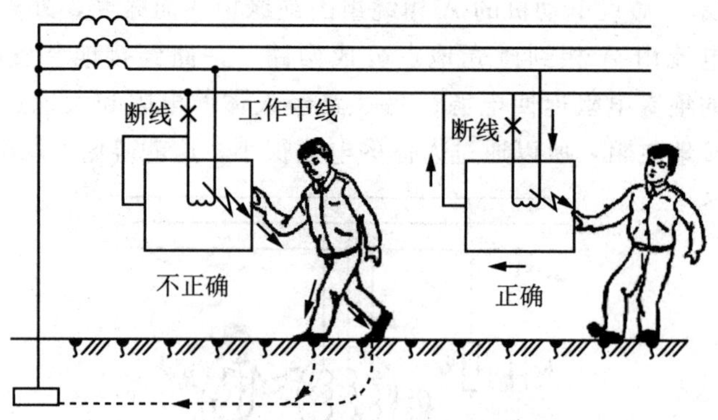

图 5-53　保护中线的接法

为了保证接零的可靠性，通常还把单相三脚和三相四脚插头的保护接零插脚做得比其他几个插脚长些。这样在插接时，保护接零插脚先接通；拔下插头时，保护接零插脚后断开，从而保证了接零的可靠性。

4. 触电急救

当发生人体触电事故时，触电时间越长，触电者的生命就越危险，所以应使触电者尽快脱离电源。如果电源开关就在附近，应迅速地拉掉开关，拔掉插头，切断电源。如果电源开关离触电者比较远，可用带绝缘手柄的钳子或装有干燥木柄的刀、斧等刃具将电线切断，同时救护人应该特别注意不要被切断的电源线触及人体。当导线搭在触电者的身上或被压在身下时，可用干燥木棒、竹竿或其他带有绝缘手柄的工具迅速挑开电线，千万注意不能直接用手或导电的物体(如潮湿的木棒等)去挑电线，以防自身触电。如果触电者在高空触电，则应采取相关安全措施，以防电源切断后，触电者从高空掉下致残甚至致死。

当触电者脱离电源后，应立即进行现场紧急救护，同时尽快派人请医生前来诊治。

(1)如果触电者所受的伤害并不严重，神志尚且清醒，只是心慌，一度昏迷，但未失去知觉时，应该让触电者安静休息，不要行动，并密切观察。

(2)如果触电者所受的伤害较严重，失去知觉，应该着重检查触电者的双目瞳孔是否放大，呼吸是否停止以及心脏跳动情况等。触电者停止呼吸，但心脏微微跳动时，应采取口对口人工呼吸法进行救护；触电者有呼吸，但心脏停止跳动时，则应采取人工胸外挤压心脏法进行救护。

(3)触电者的呼吸和心跳均已停止，完全失去知觉时(常被称为触电假死)，则需采用口对口人工呼吸和人工胸外挤压心脏两种方法同时进行救护(现场需有两人抢救)。若现场仅有一人抢救时，可交替使用这两种方法，先胸外挤压心脏 2～8 次，然后暂停，再口对口吹气 2～3 次，再挤压心脏，如此循环反复地进行操作。

上述急救中，应尽可能地在现场进行。只有在现场危及安全时，才允许将触电者移到安全的地方进行急救，在运送医院的途中，这种急救也不应该间断。

在对严重的触电者，如触电假死者实行人工呼吸和心脏按压救治时，抢救者应密切观察其反应。一旦发现触电者有苏醒迹象，例如眼皮或嘴唇颤动，就应中止操作几秒钟，以让其自行呼吸和心跳。在救护现场，这种救护工作是非常艰辛和疲劳的，对触电假死者，一定要坚持救护，直到触电者苏醒或医务人员前来救治为止。

>>> 技能操作

日光灯线路的安装与检修

1. 操作目的

(1)根据日光灯照明线路的安装图完成线路的敷设。

(2)掌握日光灯线路、插座的布线以及安装方法。

(3)掌握用槽板布线的操作方法。

(4)掌握日光灯线路故障检修方法。

2. 操作器材

电工常用工具(一字和十字螺钉旋具、尖嘴钳、剥线钳、测电笔等)1 套、配电木板 1 块、塑料软导线 1 条、塑料槽板 1 块、开关盒、单联开关、插座、灯头盒、熔断器各 1 个、日光灯灯具(日光灯灯管、镇流器、启辉器)1 套、布线材料(小钉子、木螺钉、钢筋扎头等)。

3. 操作内容与步骤

用一个插座和一个开关控制一只日光灯的照明线路安装图如图 5-54 所示。

(1)线路安装

①根据日光灯线路安装图，确定施工方案。

②根据施工方案准备施工材料和工具。

③确定电源、开关、灯座的位置和线路的走线。

④根据实际安装位置及尺寸，截取塑料槽板，对每段槽板的位置进行标记。

⑤打孔、固定槽板。每段槽板的两端及间隔 0.5 m 左右的距离钻孔，镶嵌木榫，用木螺钉对槽板进行固定。

⑥在槽板中敷设导线，同时将盖板固定在槽板上。塑料槽板内不允许有导线接头，

如果必须有接头常加装接线盒。导线敷设到灯具、开关、插座等连接处，应留出0.1 m左右的线头。

⑦装接熔断器(或低压断路器)、开关、插座、灯头盒，连接灯座。

⑧对线路进行检查，检查无误，连接电源，通电检验。

⑨经过指导教师的检查验收后，拆除线路，整理工具，清理工位。

(2)线路故障分析及处理

故障现象1：启辉器不工作，灯管不亮。

灯管不亮，并且启辉器也不工作可能是因为熔断器的熔丝烧断(或低压断路器分断)，灯座、开关接线接触不良，灯丝烧断，线路中有断路现象。

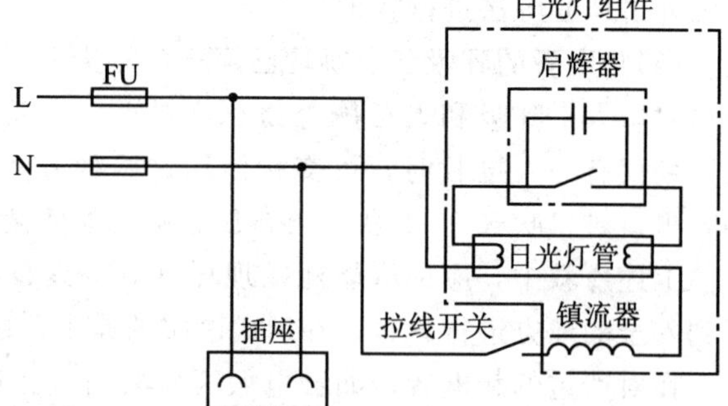

图5-54 日光灯线路安装图

①检查电源是否正常。

②熔丝是否烧断(如果采用低压断路器，检查是否动作)，如果烧断，查明原因并更换熔丝。

③查看灯管的灯丝是否烧断。如果不能看清，用万用表电阻挡测量，如果灯丝烧断，更换灯管。

④从电源处开始用验电笔检查各段电源情况，查明线路的断路处，修复。

故障现象2：灯管启辉困难。

灯管启辉困难主要原因可能是电源电压过低、启辉器损坏、接线错误、灯脚接触不良等。

①检查电源电压是否正常。

②更换启辉器。

③检查线路的连接是否正确，灯脚接触是否良好。

故障现象3：灯管两端发红，灯光抖动。

故障原因可能是接线错误或灯脚松动，启辉器损坏，以及灯管使用寿命快终结等。

①检查线路，更正。

②更换启辉器。

③更换灯管。

故障现象4：灯光闪烁或灯光有滚动。

日光灯闪烁或灯光在灯管内有滚动的主要原因是启辉器损坏或接触不良，使用环境温度过低，新灯管也可能出现这种现象。

①如果是新灯管，点灯时间长一些或多开启几次，现象可消失。

②检查或转动启辉器，更换。

③如果环境温度过低，可提高操作场所温度。

4. 操作报告要求

(1)结合本次操作，总结如何安装日光灯。

(2)回答思考题：

①日光灯灯光闪烁，可能有哪些原因？

②日光灯管两端发黑，分析原因及解决办法。

>>> 能力训练

1. 室内配线的工序有哪些？
2. 开关和插座应如何安装？
3. 触电对人体有哪些伤害？
4. 什么是安全电压？我国安全电压等级有哪些？
5. 发现有人触电应如何抢救？在抢救过程中应注意什么？

>>> 能力与升华

全面贯彻党的教育方针，以立德树人为根本，培养德智体美劳全面发展的社会主义建设者和接班人。坚持以人民为中心发展教育，加快建设高质量教育体系，发展素质教育，促进教育公平。统筹职业教育、高等教育、继续教育协同创新，推进职普融通、产教融合、科教融汇，优化职业教育类型定位。加强基础学科、新兴学科、交叉学科建设，加快建设中国特色、世界一流的大学和优势学科。加强师德师风建设，培养高素质教师队伍，弘扬尊师重教社会风尚。目前职业教育蓬勃发展，职业院校学生在加强职业技能的学习时，也要在文化素质方面不断充实自己，做一个全面发展的全方位人才。

项目五　能力测试

一、填空题

1. 电工常用工具有________、________、________、________等，电工辅助工具有________、________等。

2. 电工刀是用来剖削电工材料绝缘层的工具，如________、________等。

3. 万用表是一种用来测量________、________和________等参数的测量仪表。

4. 兆欧表，又称________，是一种测量电动机、电器、电缆等的仪表。兆欧表上有两个接线柱，一个是________，另一个是________，此外还有一个铜环，称________。

5. 导线绝缘层的剥离方法有：用________、________和________等。

6. 导线线头连接的方法一般有________、________、________和________等。

7. 在灯具安装时，为了不使接头处承受灯具的重力，吊灯电源线在进入接线盒后，在离接线端头________处应打一个保险结(电工结)。

8. 触电是指____。

9. 触电的形式有________、________和________3种。

10. 凡对地电压在________以上者为高压电，对地电压在________以下者为低压电。

二、选择题

11. 验电笔验电时如果氖管内的金属丝单根发光，则是(　　)电。

A. 交流　　B. 直流　　C. 交、直流

12. 兆欧表的“E”接线端应接(　　)。

A. 线路　　B. 地　　C. 绕组　　D. 任意端

13. 穿管敷设时，铝芯导线截面积应不低于(　　)。

A. 1 mm^2　　B. 1.5 mm^2　　C. 2.5 mm^2　　D. 3.5 mm^2

14. 触电最危险的电流路径是(　　)。

A. 脚与脚　　B. 脚与地　　C. 手与手　　D. 手与脚

15. 人体所允许的工频交流电安全电流是(　　)。

A. 20 mA・s　　B. 30 mA・s　　C. 40 mA・s　　D. 50 mA・s

三、判断题

16. 尖嘴钳使用时注意不能当作敲打工具，要保护好钳柄绝缘管，以免碰伤而造成触电事故。(　　)

17. 使用万用表时，在通电测量状态下可任意转换量程选开关。(　　)

18. 选择万用表量程的原则是，在测量时，使万用表的指针尽可能在中心刻度线附近，因为这时的误差最小。(　　)

19. 用万用表测电阻时，不必要每次进行欧姆调零。(　　)

20. 家用火表是一种计量家用电器电功率的仪表。(　　)

21. 万用表的黑表笔应接“－”极插孔，红表笔应接“＋”极插孔。(　　)

22. 人体的不同部位分别接触到同一电源的两根不同相位的相线，电流由一根相线经人体流到另一根相线的触电现象称两相触电。(　　)

23. 我国工厂所有的380 V交流电是高压电。(　　)

24. 为了保证用电安全，在变压器的中性线上不允许安装熔断器。(　　)

25. 接通日光灯具电源后，发现启辉器不跳动，灯管两端和中间都不亮，表示日光灯管没有工作。(　　)

四、简答题

26. 使用兆欧表应注意什么?

27. 铜导线和铝导线各应怎样封端?

28. 怎样对导线接头进行直接点连接和分支点(T)连接?

29. 怎样正确包扎绝缘胶布，才能确保导线的绝缘性能?

30. 日光灯由哪些部分组成? 各部件的主要结构和作用是什么?

项目五　质量评价标准

任务序号	评价项目	评价标准	配分	自评分	教师评分
1	电工工具的识别与使用	验电笔、钢丝钳、螺钉旋具、剥线钳、电工刀、电烙铁、电钻、凿手锤的使用	16		
2	常用电工仪表的识别与使用	万用表的使用	8		
		兆欧表的使用	8		
		钳形电流表的使用	8		
		电能表的使用	6		

续表

任务序号	评价项目	评 价 标 准	配分	自评分	教师评分
3	认识和检测日用电器	认识与检测电烙铁、电饭锅、电热吹风机、电熨斗、石英电暖器等	10		
4	导线的连接	绝缘导线的剖削	6		
		导线的连接	6		
		导线的焊接	6		
		导线的封端	6		
		绝缘层的恢复	6		
5	线路安装与安全用电	照明器具的选用和安装	6		
		室内配线和线路安装	6		
		室内线路的故障和检修	6		
		安全用电	6		
综合评价				教师：	

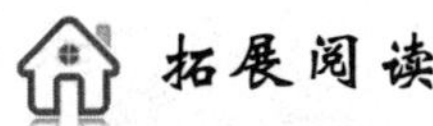

行业先锋：知识型工人——邓建军

项目六　变压器的基本知识与技能操作

>>> 项目描述

在各种电气设备中，往往需要不同的电压电源。发电机发出来的电力根据输送距离将按照不同的电压等级输送出去，就需要一种专门改变电压的设备，这种设备叫作“变压器”。磁通经铁芯构成的闭合回路，叫“磁路”，它是变压器分析、研究的基础。本项目主要完成磁路的分析，掌握变压器的工作原理，认识变压器的特性及额定值，熟悉变压器同名端的判断，并能完成小型变压器的拆装和绕制。

>>> 知识目标

1. 掌握磁场的基本概念及其基本物理量；
2. 掌握磁路的基本概念及磁路欧姆定律；
3. 掌握变压器的基本结构并熟悉变压器的三种变换原理；
4. 掌握变压器的同名端及其测定；
5. 掌握变压器的特性和额定值。

>>> 技能目标

1. 掌握互感电路同名端、互感系数以及耦合系数的测定方法；
2. 理解两个线圈相对位置的改变，以及用不同材料作线圈芯时对互感的影响；
3. 熟练掌握小型变压器的拆装、绕制。

任务十七　磁路、磁路欧姆定律与实践

>>> 任务目标

1. 认识磁场及其基本物理量；
2. 认识电磁感应现象；
3. 掌握磁路及磁路欧姆定律，并学会磁路的分析方法；
4. 掌握互感线圈同名端的实验判定方法。

>>> 任务描述

在很多电工设备(如变压器、电机、电磁铁等)中，不仅有电路的问题，还有磁路的问题。只有同时掌握了电路和磁路的基本理论，才能对上述电工设备作全面分析。在前面的任务中讨论了电路的基本理论及其分析方法。学习掌握磁场的基本概念和基本物理量，认识电磁感应现象，掌握磁路的分析方法，给变压器的学习和分析提供基础。

>>> 相关知识

磁场及基本物理量

一、磁场及其基本物理量

1. 磁场的基本概念

我们的生活每时每刻都和磁场有关。没有磁，我们就无法看电视、听收音机、打电话。比如，收音机要使用电声扬声器将电信号变成声音，而一般最常见的电声扬声器便是永磁式电声扬声器。这种扬声器的结构示意图如图 6-1 所示，收音机收到电台发射机已将声音转换成的电信号后，经过检波、混频、放大等电路，最终到达负载——扬声器，再受到电声扬声器中永久磁铁的磁场作用而使线圈振动发声，这样便将电台发射的已转换为电信号的声音复原了。电声扬声器中的永久磁铁的磁场在这种电—声转换中起着重要的作用。扬声器则将电线圈的振动发声放大。

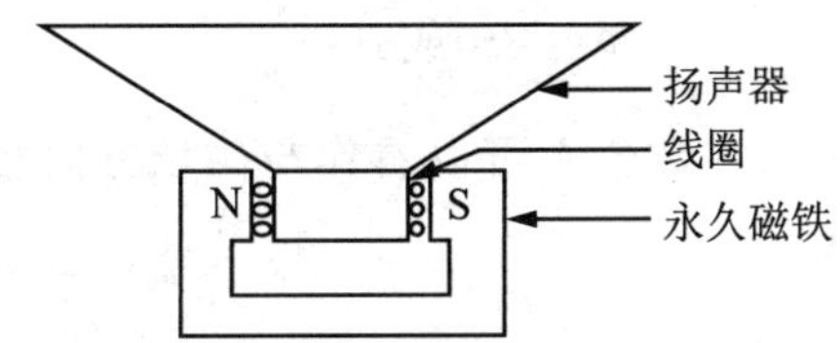

图 6-1　收音机中应用的永磁式电声扬声器示意图

磁场虽然看不见、摸不着，但它是客观存在的。如果将一根磁铁放在另一根磁铁的附近，两根磁铁的磁极之间会产生相互作用的磁力，同名磁极相互排斥，异名磁极相互吸引。磁极之间相互作用的磁力，是通过磁极周围的磁场传递的。磁极在自己周围空间里产生磁场，对处在它里面的磁极均产生磁场力的作用。

磁场可以用磁力线(磁感线)来表示，磁力线存在于磁极之间的空间中。在一般情况下，磁力线不能被阻挡或隔绝，它可以穿过任何物质，可以穿过磁铁及其周围空间形成闭合环路，磁力线的方向从北极(N 极)出来，进入南极(S 极)，磁力线在磁极处最密集，并在该处产生最大磁场强度，离磁极越远，磁力线越疏。

磁铁在自己周围的空间产生磁场，条形磁铁周围的磁场方向如图 6-2 所示。通电导体在其周围的空间也产生磁场。通电直导线产生的磁场如图 6-3 所示。

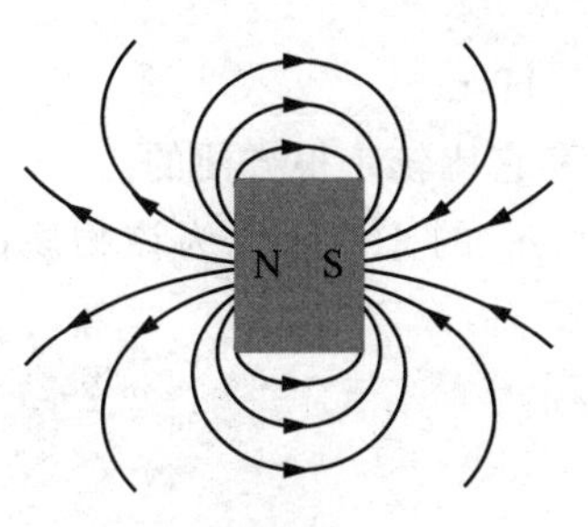

图 6-2　条形磁铁的磁力线

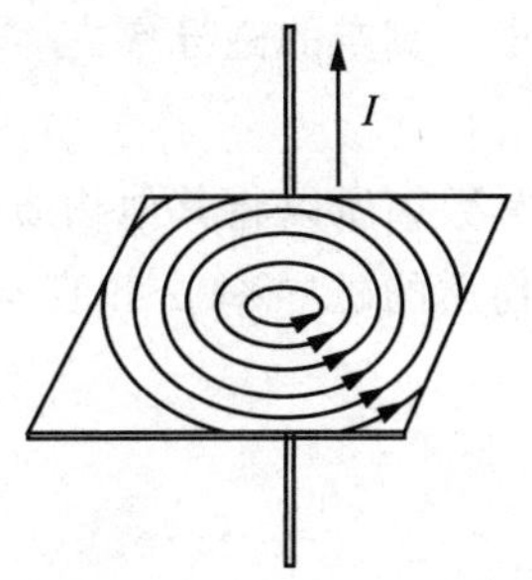

图 6-3　通电直导线的磁场

磁力线(磁场)方向可用安培定则(右手螺旋法则)来判定：用右手握住导线，让伸直的大拇指所指的方向跟电流方向一致，那么弯曲的四指所指的方向就是磁力线的环绕方向。磁力线是一些围绕线圈的闭合曲线，其方向也可用安培定则来判定：让右手弯曲的四指和线圈电流的方向一致，那么伸直的拇指所指的方向就是线圈中心轴线上磁力线的方向。

2. 磁场中的基本物理量

(1)磁感应强度

磁感应强度 B 是表示磁场内某点磁场的强弱和方向的物理量。它是一个矢量，它与电流(电流产生磁场)之间的方向关系可用右手螺旋定则来确定。如果磁场内各点的磁感应强度的大小相等，方向相同，这样的磁场称为均匀磁场。

(2)磁通

磁感应强度 B(如果不是均匀磁场，则取 B 的平均值)与垂直于磁场方向的面积 S 的乘积，称为通过该面积的磁通 Φ，即

$$\Phi=BS \text{ 或 } B=\frac{\Phi}{S} \tag{6-1}$$

由上式可见，磁感应强度在数值上可以看作与磁场方向相垂直的单位面积所通过的磁通，故又称为磁通密度。

根据电磁感应定律的公式

$$e=-N\frac{\mathrm{d}\Phi}{\mathrm{d}t}$$

可知，磁通的单位是伏·秒(V·s)，通常称为韦伯(Wb)。

磁感应强度的单位是特斯拉(T)，特斯拉也就是韦伯每平方米($\mathrm{Wb/m^2}$)。

(3)磁导率 μ

磁导率 μ 是一个用来表示磁场介质磁性的物理量，也就是用来衡量物质导磁能力的物理量。它与磁场强度的乘积就等于磁感应强度，即

$$B=\mu H$$

磁导率 μ 的单位是亨利每米(H/m)。即

$$\mu \text{ 的单位}=\frac{B\text{ 的单位}}{H\text{ 的单位}}=\frac{\mathrm{Wb/m^2}}{\mathrm{A/m}}=\frac{\mathrm{V\cdot s}}{\mathrm{A\cdot m}}=\frac{\Omega\cdot\mathrm{s}}{\mathrm{m}}=\frac{\mathrm{H}}{\mathrm{m}}$$

式中，欧·秒(Ω·s)又称亨利(H)，是电感的单位。

由实验测出，真空的磁导率

$$\mu_0=4\pi\times10^{-7}\ \mathrm{H/m} \tag{6-2}$$

因为这是一个常数，所以将其他物质的磁导率和它比较是很方便的。

任意一种物质的磁导率 μ 和真空的磁导率 μ_0 的比值，称为该物质的相对磁导率 μ_r，即

$$\mu_r=\frac{\mu}{\mu_0} \tag{6-3}$$

(4)磁场强度

磁场中各点磁感应强度的大小与介质的性质有关，因此使磁场的计算显得比较复杂。为简化计算，便引入磁场强度 H——一个与周围介质无关的物理量。在磁场中，各点磁场强度的大小只与电流的大小和导体的形状有关，而与介质的性质无关。H 的

方向与 B 相同，在数值上

$$B=\mu H=\mu_r\mu_0 H \tag{6-4}$$

H 的单位为安/米(A/m)。

电磁感应

二、电磁感应(自感、互感)

1. 电磁感应现象

如图 6-4 所示，把线圈 A 的两端接在电流计上。在这个回路中没接电源，所以电流计的指针并不偏转。现在把一根磁棒插入线圈，在插入的过程中，电流计的指针发生偏转，这表明线圈中产生了电流，如图 6-4(a)所示。这种电流叫作感应电流。当磁棒插在线圈内不动时，电流计的指针就不再偏转，这时线圈中没有感应电流。再把磁棒从线圈内拔出，在拔出的过程中，电流计指针又发生偏转，偏转的方向与插入磁棒时相反，这表明感应电流的方向与前面相反，如图 6-4(b)所示。

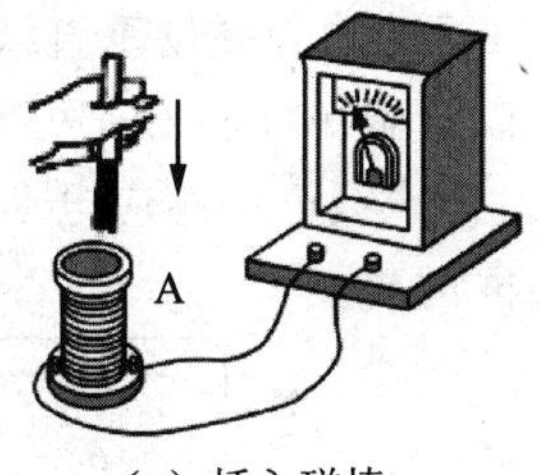

(a) 插入磁棒

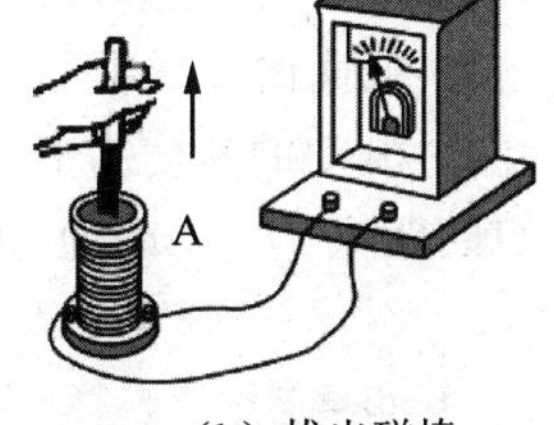

(b) 拔出磁棒

图 6-4 电磁感应现象演示之一

在实验中，磁棒插入或拔出的速度越快，电流计指针偏转的角度就越大，也就是感应电流越大。如果保持磁棒静止，使线圈相对磁棒运动，也可以观察到同样的现象。

如图 6-5 所示，取另一个线圈 A′与直流电源相连。用这个通电线圈 A′代替磁棒重复上面的实验，可以观察到同样的现象。也就是说，在通电线圈 A′和线圈 A 相对运动的过程中，线圈 A 中产生感应电流。相对运动的速度越快，感应电流越大，相对运动的方向不同(插入或拔出)，感应电流的方向也不同。

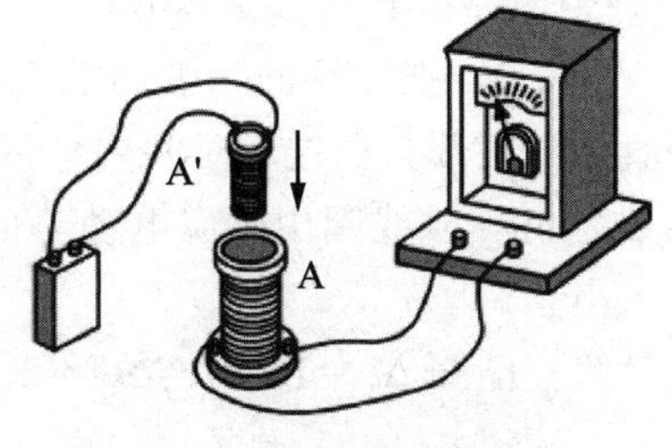

图 6-5 电磁感应现象演示之二

概括以上两个实验，我们可以得到结论：当穿过闭合回路的磁通量发生变化时，回路中就产生感应电流，这种现象就是电磁感应现象。

2. 电磁感应定律

实验表明，导体回路中感应电动势 ε 的大小与穿过回路的磁通量的变化率成正比。这个结论叫作法拉第电磁感应定律。用公式表示就是

$$\varepsilon\propto\frac{\mathrm{d}\Phi}{\mathrm{d}t}\text{或}\varepsilon=-k\ \frac{\mathrm{d}\Phi}{\mathrm{d}t}$$

式中，k 是比例常数，它的数值决定于式中各量的单位。如果 Φ 的单位用 Wb，t 的单位用 s，ε 的单位用 V，则 $k=1$，于是

$$\varepsilon=-\frac{\mathrm{d}\Phi}{\mathrm{d}t} \tag{6-5}$$

式中，负号代表感应电动势的方向，可以用楞次定律来解释。

楞次定律则描述了感应电动势及感应电流与原磁通之间方向的关系。根据楞次定律，感应电流产生的磁通总是阻碍线圈中原磁通的变化。

式(6-5)只适用于单匝导线组成的回路。如果回路不是单匝线圈而是多匝线圈，那么当磁通量变化时，每匝中都将产生感应电动势。整个线圈的总电动势就等于各匝所产生的电动势之和。

如果线圈有 N 匝，而且磁通全部穿过 N 匝，则与线圈相交链的总磁通为 $N\Phi$，称为磁链，用"Ψ"表示，单位还是韦伯(Wb)。假设感应电动势 ε 与磁通 Φ 的参考方向满足右手螺旋关系，则线圈的感应电动势为

$$\varepsilon=-\frac{\mathrm{d}\Psi}{\mathrm{d}t}=-N\frac{\mathrm{d}\Phi}{\mathrm{d}t} \tag{6-6}$$

例 6-1 如图 6-6 所示，磁感应强度为 $B=0.1T$ 的均匀磁场垂直纸面向里，一矩形导体线框 ABCD 平放在纸面内，线框的 CD 边可以沿着 AD 和 BC 边滑动。设 CD 边的长度为 $l=10$ cm，向右滑动的速度为 $v=1.0$ m/s。求线框中感应电动势的大小。

解：设 BC 之间的距离为 s，则通过导体线框的磁通量为

$$\Phi=Bls$$

$$v=\frac{\mathrm{d}s}{\mathrm{d}t}$$

$$\varepsilon=\frac{\mathrm{d}\Phi}{\mathrm{d}t}=\frac{\mathrm{d}(Bls)}{\mathrm{d}t}=Bl\frac{\mathrm{d}s}{\mathrm{d}t}=Blv$$

$$\varepsilon=0.10\times0.10\times1.0=1.0\times10^{-2}(\mathrm{V})$$

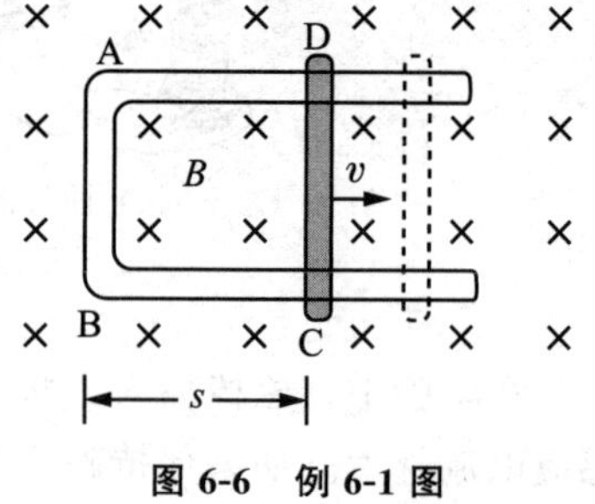

图 6-6 例 6-1 图

例 6-2 把磁棒的一极用 1.5s 的时间由线圈的顶部一直插到底部。在这段时间内穿过每一匝线圈的磁通量改变了 5.0×10^{-5} Wb，线圈的匝数为 60，求线圈中感应电动势的大小。若闭合回路的总电阻为 800 Ω，求感应电流的大小。

解：已知 $\Delta t=1.5$ s，$\Delta\Phi=5.0\times10^{-5}$ Wb，$N=60$，$R=800$ Ω，代入式(6-6)即得

$$\varepsilon=N\frac{\Delta\Phi}{\Delta t}=60\times\frac{5.0\times10^{-5}}{1.5}=2.0\times10^{-3}(\mathrm{V})$$

由闭合电路的欧姆定律可知

$$I=\frac{\varepsilon}{R}=\frac{2.0\times10^{-3}}{800}=2.5\times10^{-6}(\mathrm{A})$$

3. 自感与互感

(1)自感

如果流过导线或线圈的电流发生变化，电流所产生的磁通也发生变化，于是在导线或线圈中将因交链的磁通变化而产生感应电动势。这种由于流过线圈本身的电流变化而引起感应电动势的现象，称为自感现象。这个感应电动势称为自感电动势。

当电流流过回路时，在回路内要产生磁通，此磁通称为自感磁通，用符号 Φ_L 表

示。当电流流过匝数为 N 的线圈时，线圈的每一匝都有自感磁通穿过，如果穿过线圈每一匝的磁通都一样，那么，这个线圈的自感磁链 Ψ_L 为

$$\Psi_L = N\Phi_L \tag{6-7}$$

当同一电流通过不同的线圈时，所产生的自感磁链 Ψ_L 各不相同。为了表明各个线圈产生自感磁链的能力，将线圈的自感磁链与电流的比值称为线圈的自感系数，简称自感，用符号 L 表示，即

$$L = \frac{\Psi_L}{I} \tag{6-8}$$

L 表示一个线圈通过单位电流时所产生的磁链，单位为亨利，用字母 H 表示。亨利的单位比较大，实用上常用毫亨(mH)与微亨(μH)作为自感的单位。

(2)互感

如图 6-7 所示，将两个线圈缠在同一铁芯骨架上，交流铁芯线圈的绕组Ⅰ接正弦交流电源，绕组Ⅱ接交流电压表，当绕组中有电流 i_1 流过时，绕组Ⅱ上连接的电压表指针发生了偏转。实验表明，绕组Ⅱ上虽然没有直接连接电源，但当绕组Ⅰ中的电流发生变化时，会在绕组Ⅱ上感应出一个电压，这种由于一个线圈中的电流发生变化，而在另一个线圈中产生感应电压的现象，称为互感现象。

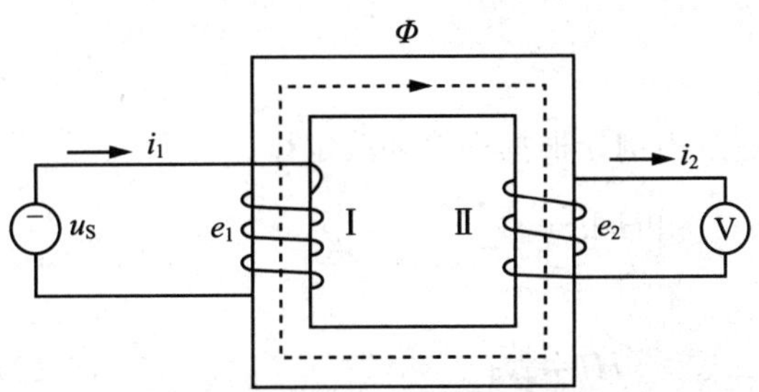

图 6-7　互感现象实验电路

由线圈Ⅰ电流 i_1 所产生的穿过线圈Ⅱ的那部分磁通，称为互感磁通，用 Φ_{21} 表示。由它所产生的磁链 Ψ_{21}($N_2\Phi_{21}$)称为互感磁链。磁链 Ψ_{21} 随时间变化，在线圈Ⅱ中产生的感应电动势称为互感电动势，用 e_{M2} 表示。反之，若线圈Ⅱ中有电流 i_2 流过，它产生的磁通为 Φ_{12}，也会有一部分穿过线圈Ⅰ，产生互感磁链 Ψ_{12}($N_1\Phi_{12}$)。当互感磁链 Ψ_{12} 变化时，在线圈Ⅰ中也会产生感应电动势 e_{M1}。这种由于一个线圈流过电流所产生的磁通穿过另一个线圈的现象，称为磁耦合。

在两个有磁耦合的线圈中，互感磁链与产生该磁链的电流的比值，称为这两个线圈的互感系数，简称互感，用符号 M 表示，即

$$M = M_{12} = M_{21} = \frac{\Psi_{21}}{i_1} = \frac{\Psi_{12}}{i_2} \tag{6-9}$$

互感系数的单位和自感系数一样，也是亨利(H)。互感系数 M 取决于两个耦合线圈的几何尺寸、匝数、相对位置和磁介质。当磁介质为非铁磁性物质时，M 是常数。

工程上常用耦合系数 k 表示两个线圈耦合的紧密程度，耦合系数定义为

$$k = \frac{M}{\sqrt{L_1 L_2}} \tag{6-10}$$

显然，$k\leqslant 1$。当 $k=1$ 时，称为两个线圈为全耦合，此时自感磁通全部为互感磁通。

当线圈Ⅰ中的电流 i_1 变化时，在线圈Ⅱ中产生变化的互感磁链 Ψ_{21}，而 Ψ_{21} 的变化将在线圈Ⅱ中产生互感电动势 e_{M2} 及互感电压 u_{21}。如果选择电流 i_1 与 Ψ_{21} 的参考方向满足右手螺旋关系，且 u_{21} 与 e_{M2} 方向一致并与 Ψ_{21} 的参考方向符合右手螺旋定则，根据电磁感应定律，可得

$$u_{21}=-e_{M2}=\frac{\mathrm{d}\Psi_{21}}{\mathrm{d}t}=M\frac{\mathrm{d}i_1}{\mathrm{d}t}$$

同理 (6-11)

$$u_{12}=-e_{M1}=\frac{\mathrm{d}\Psi_{12}}{\mathrm{d}t}=M\frac{\mathrm{d}i_2}{\mathrm{d}t}$$

磁路欧姆定律

三、磁路及磁路欧姆定律

1. 磁路

变压器、电机、磁电式仪表等电工设备，为了能使较小的励磁电流产生足够强的磁场或磁通，常将线圈缠绕在具有一定形状的铁芯上，由于铁芯由铁磁物质构成，其磁导率远远高于周围非铁磁性物质的磁导率，所以磁通的绝大部分都经铁芯而形成一个闭合回路，即磁路。换句话说，磁路是指由铁芯所限定的磁通的路径。

2. 磁路欧姆定律

以图 6-8 所示的磁路为例，根据安培环路定律

$$\oint H\,\mathrm{d}l=\sum I$$

可得出

$$Hl=NI \tag{6-12}$$

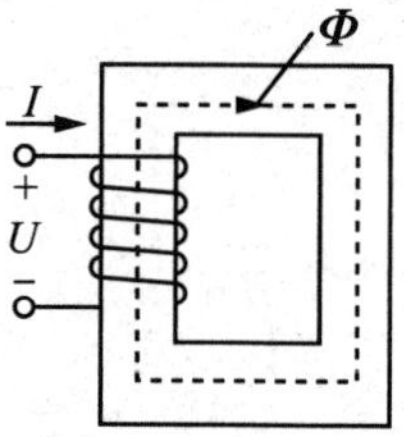

图 6-8　磁路

式中　N——线圈的匝数；

l——磁路(闭合回线)的平均长度；

H——磁路铁芯的磁场强度。

上式中线圈匝数与电流的乘积 NI 称为磁通势，用字母 F 代表，即

$$F=NI \tag{6-13}$$

磁通就是由它产生的。它的单位是安培(A)。

将 $H=B/\mu$ 和 $B=\Phi/S$ 代入式(6-12)，得

$$\Phi=\frac{Nl}{\dfrac{l}{\mu S}}=\frac{F}{R_m} \tag{6-14}$$

式中　R_m——磁路的磁阻；

S——磁路的截面积。

式(6-14)与电路的欧姆定律在形式上相似，所以称为磁路的欧姆定律。

磁路和电路有很多相似之处，但分析与处理磁路比分析与处理电路难得多。

(1)在处理电路时一般不涉及电场问题，而在处理磁路时离不开磁场的概念。例如在讨论电机时，常常要分析电机磁路的气隙中磁感应强度的分布情况。

(2)在处理电路时一般可以不考虑漏电流(因为导体的电导率比周围介质的电导率大得多)，但在处理磁路时一般都要考虑漏磁通(因为磁路材料的磁导率比周围介质的磁导率大得不太多)。

(3)磁路的欧姆定律与电路的欧姆定律只是形式上相似。由于 μ 不是常数(μ 随 H 或 I 的变化而变化)，其磁阻 R_m 也随 H 的变化而变化，所以磁位差 U_m 与磁通 Φ 之间不是线性关系，因此，一般情况下，式(6-14)只能用于定性分析。

(4)在电路中，当 $E=0$ 时，$I=0$；但在磁路中，由于有剩磁，当 $F=0$ 时，$\Phi\neq 0$。

(5)磁路几个基本物理量的单位也较复杂，学习时应注意。

关于磁路的计算简单介绍如下：

在计算电机、电器等的磁路时，往往预先给铁芯中的磁通(或磁感应强度)，而后按照所给的磁通及磁路各段的尺寸和材料去求产生预定磁通所需的磁通势 $F=NI$。

如上所述，计算磁路不能应用式(6-14)，而要用式(6-12)，即

$$Hl=NI$$

上式是对均匀磁路而言的。如果磁路是由不同材料或不同长度和截面积的几段组成的，即磁路由磁阻不同的几段串联而成，则

$$NI=H_1l_1+H_2l_2+\cdots=\sum(Hl) \tag{6-15}$$

这是计算磁路的基本公式。式中 H_1l_1，H_2l_2，…也常称为磁路各段的磁压降。

>>> 技能操作

互感电路测试

1. 操作目的

(1)学会互感电路同名端、互感系数以及耦合系数的测定方法。

(2)理解两个线圈相对位置的改变，以及用不同材料作线圈芯时对互感的影响。

2. 操作器材

数字直流电压表 1 块、数字直流电流表 1 块、交流电压表 1 块、交流电流表 1 块、空心互感线圈 1 对、自耦调压器 1 台、直流稳压电源 1 台、电阻箱 2 个、发光二极管 1 个、粗线铁棒及铝棒各 1 根、变压器 1 个。

3. 操作注意事项

(1)为避免互感线圈因电流过大而烧毁，整个操作测试过程中，注意流过线圈 N_1 的电流不得超过 0.5 A，流过线圈 N_2 的电流不得超过 1 A。

(2)做交流测试前，首先要检查自耦调压器，要保证手柄置于零位，调节时要特别仔细、小心，要随时观察电流表的读数，不得超过规定值。

4. 操作内容及步骤

(1)分别用直流法和交流法测定互感线圈的同名端。

①直流法。

测试操作线路如图 6-9 所示，先将 N_1 和 N_2 两个线圈的四个接线端子编以 1、2、3 和 4。将 N_1、N_2 同心地套在一起，并放入红铁棒。U 为可调直流稳压电源，调至 10 V。流过 N_1 侧的电流不可超过 0.4 A(选用 5 A 量程的数字电流表)。N_2 侧直接接入 2 mA 的毫安电流表，将铁棒迅速地拔出和插入，观察毫安表读数正负的变化，来判

定 N_1 和 N_2 两个线圈的同名端。

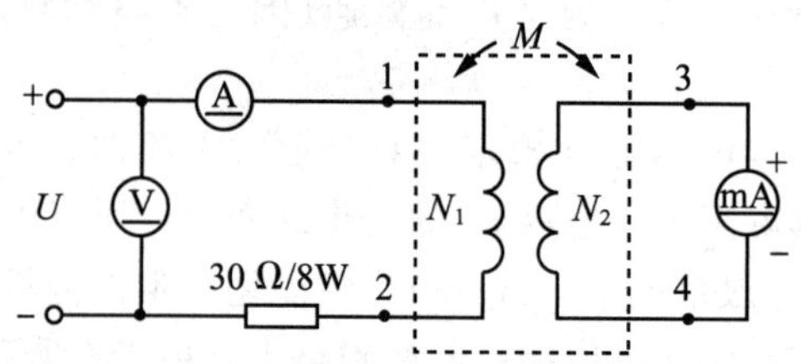

图 6-9　直流测定互感线圈同名端线路

②交流法。

此方法中，N_1 上的电压仅 2 V 左右，直接用屏内调压器很难调节，因此采用图 6-10 的线路来扩展调压器的调节范围。图中 W、N 为主屏上的自耦调压器的输出端，B 为 DGJ-04 挂箱中的升压铁芯变压器，此处作降压用。将 N_2 放入 N_1 中，并在两线圈中插入铁棒。A 为 2.5 A 以上量程的电流表，N_2 侧开路。

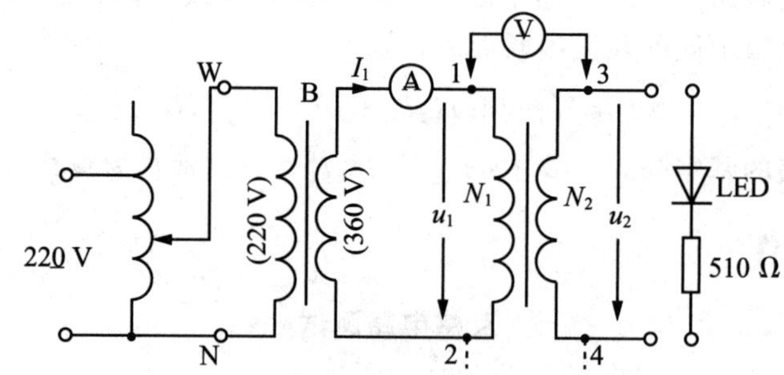

图 6-10　交流测定互感线圈同名端线路

接通电源前，应首先检查自耦调压器是否调至零位，确认后方可接通交流电源，令自耦调压器输出一个很低的电压(约 12 V)，使流过电流表的电流小于 1.4 A，然后用 0～30 V 量程的交流电压表测量 U_{13}、U_{12}、U_{34}，判定同名端。拆去 2、4 连线，并将 2、3 相接，重复上述步骤，判定同名端。

(2)拆除 2、3 连线，测 U_1、I_1 和 U_2，计算出 M。

(3)将低压交流加在 N_2 侧，使流过 N_2 侧电流小于 1 A，N_1 侧开路，按步骤(2)测出 U_2、I_2 和 U_1。

(4)用万用表的 $R\times1$ 挡分别测出 N_1 和 N_2 线圈的电阻值 R_1 和 R_2，计算 K 值。

(5)观察互感现象。

在图 6-10 的 N_2 侧接入 LED 与 510 Ω(电阻箱)串联的支路。

①将铁棒慢慢地从两线圈中拔出和插入，观察 LED 亮度的变化及各电表读数的变化，记录现象。

②将两线圈改为并排放置，并改变其间距，以及分别或同时插入铁棒，观察 LED 亮度的变化及仪表读数。

③改用铝棒替代铁棒，重复①②的步骤，观察 LED 亮度的变化，记录现象。

5. 操作报告要求

(1)总结对互感线圈同名端、互感系数的测试结果。

(2)自拟测试数据表格，完成计算任务。

(3)解释测试操作中观察到的互感现象。

>>> 能力训练

1. 磁场有哪些基本物理量?

2. 为什么不能应用 $F=\Phi R_m$ 来计算磁路?

3. 自感为 0.2 H 的线圈中，当电流在 1/16 s 内由 2 A 均匀减小到零时，求线圈中自感电动势的大小?

4. 一铁芯上绕有线圈 100 匝，已知铁芯中磁通量与时间的关系为 $\Phi=8.0\times 10^{-5}\sin 100\pi t$，式中 Φ 的单位为 W_b，t 的单位是 s。求在 $t=1.0\times 10^{-2}$ s 时线圈的感应电动势。

任务十八　变压器的基础知识与实践

>>> 任务目标

1. 认识变压器的基本结构；
2. 理解变压器的工作原理；
3. 掌握变压器同名端及其测定方法；
4. 认识几种常用变压器。

>>> 任务描述

加强企业主导的产学研深度融合，强化目标导向，提高科技成果转化和产业化水平。变压器是由企业制造生产出来的，那么，变压器是一个什么设备呢？变压器是根据互感原理将交流电压升高或降低，并保持其频率不变的一种电气设备。在电力系统和电子线路中被广泛应用。在电力系统中，变压器除了能改变交流电压外，还可以改变交流电流、变换阻抗、改变相位等。在电子线路中，变压器除作为电源变压器外，还可用来耦合电路、传递信号，并实现阻抗匹配。

此外，还有自耦变压器、互感器及各种专用变压器。变压器的种类很多，但是它们的基本结构和工作原理是相同的。

>>> 相关知识

一、变压器的基本结构和工作原理

变压器的结构
和工作原理

1. 变压器的基本结构

变压器种类不同，但其基本结构相同，主要是由绕组和铁芯两部分构成。现以单相双绕组变压器为例，介绍其基本结构特点。

变压器按铁芯和绕组的组合方式，可分为心式和壳式，如图 6-11 所示。

心式变压器是绕组包围着铁芯，而壳式变压器是铁芯上有分支，铁芯包围着绕组。心式变压器用铁量比较少，多用于大容量的电力变压器；壳式变压器用铁量比较多，

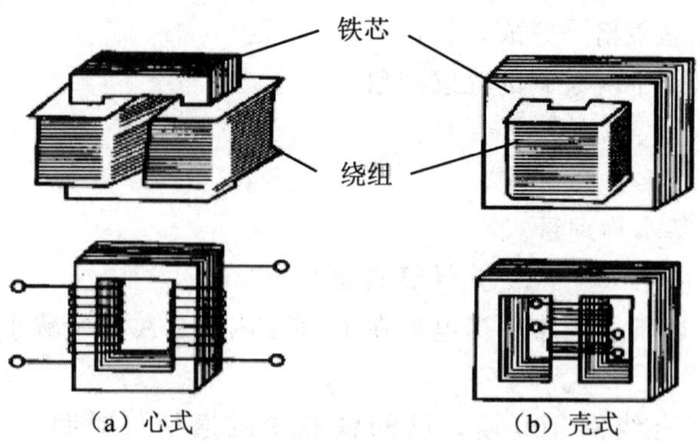

图 6-11 部分电工设备的磁路

但不需要专门的变压器外壳，常用于小容量的电子设备和仪器中的变压器。

此外，为解决运行中的散热问题，大容量的电力变压器，除铁芯和绕组主要部件之外，还装有油箱、散热管、风扇等冷却装置。

(1)铁芯

图 6-12 为几种常见的铁芯形状。

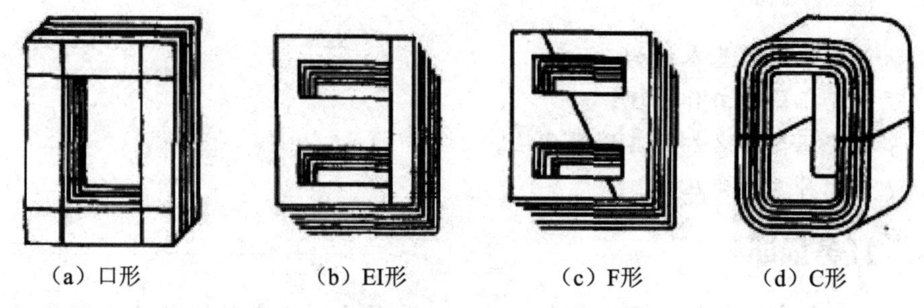

图 6-12 变压器的铁芯

我们知道，一个没有铁芯的载流线圈产生的磁通量是弥散在整个空间的，如图 6-13 所示。若把同样的线圈绕在一个闭合的铁芯上时，由于铁芯的磁导率 μ 很大(数量级通常在 $10^2 \sim 10^6$ 及以上)，远远高于周围空气等非磁性材料的磁导率，这就使绝大多数的磁通量集中到铁芯内部，并形成一个闭合的通路，如图 6-14 所示。这种人为造成的磁通的路径，称为磁路。实质上，磁路就是局限在一定范围内的磁场，因而，磁场的有关物理量和定律均适合于磁路。总之，铁芯具有汇聚磁通使铁芯内部的磁场足够强，从而增强一次、二次绕组磁耦合的作用。

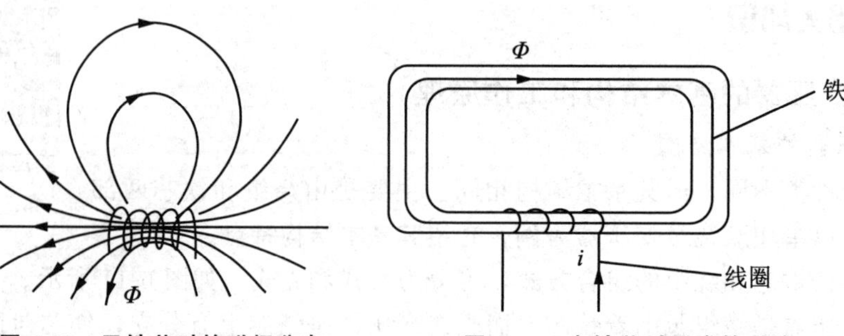

图 6-13 无铁芯时的磁场分布　　图 6-14 有铁芯时形成的磁路

(2)绕组

变压器的绕组又称线圈，小容量的变压器绕组是由高强度的漆包线绕成，大容量的变压器绕组可用包有绝缘的铜线或铝线制成，其形状多为圆筒形。在变压器中，一般有两种绕组，接电源的绕组称为一次绕组(或原绕组)，匝数为 N_1；接负载的绕组称为二次绕组(或副绕组)，匝数为 N_2。一般 N_1 不等于 N_2，将匝数多的绕组称为高压绕组，将匝数少的绕组称为低压绕组。

通常，为加强一次、二次绕组间的电磁耦合作用，将一次、二次绕组套在同一铁芯柱上。二者的排列方式是，为降低绝缘要求，一般将低压绕组放置在靠近铁芯的位置，而将高压绕组套在低压绕组的外侧。应注意的是，高、低压绕组以及低压绕组与铁芯之间必须进行可靠的绝缘。

2. 变压器的工作原理

图 6-15 所示的是变压器的原理图。为了便于分析，将高压绕组和低压绕组分别画在两边。与电源相连的称为一次绕组(或称初级绕组、原绕组)，与负载相连的称为二次绕组(或称次级绕组、副绕组)。一次、二次绕组的匝数分别 N_1 和 N_2。

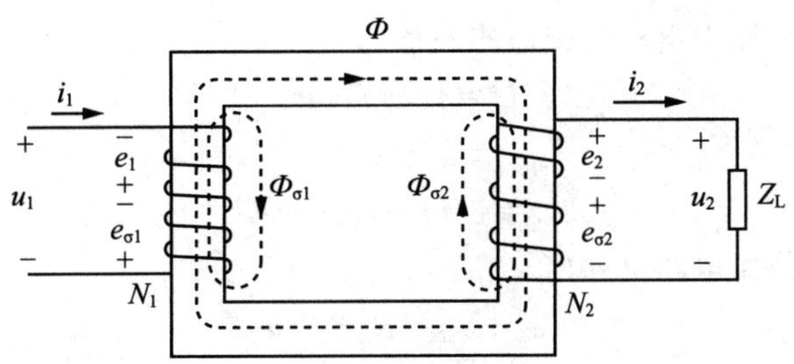

图 6-15 变压器的原理图

当一次绕组接上交流电压 u_1 时，一次绕组中便有电流 i_1 通过。一次绕组的磁通势 N_1i_1 产生的磁通绝大部分通过铁芯而闭合，从而在二次绕组中感应出电动势。如果二次绕组接有负载，那么二次绕组中就有电流 i_2 通过。二次绕组的磁通势 N_2i_2 也产生磁通，其绝大部分也通过铁芯而闭合。因此，铁芯中的磁通是一个由一次、二次绕组的磁通势共同产生的合成磁通，它称为主磁通，用 Φ 表示。主磁通穿过一次绕组和二次绕组而在其中感应出的电动势分别为 e_1 和 e_2。此外，一次、二次绕组的磁通势还分别产生漏磁通 $\Phi_{\sigma1}$ 和 $\Phi_{\sigma2}$(仅与本绕组相连)，从而在各自的绕组中分别产生漏磁电动势 $e_{\sigma1}$ 和 $e_{\sigma2}$。

上述的电磁关系可表示如下。

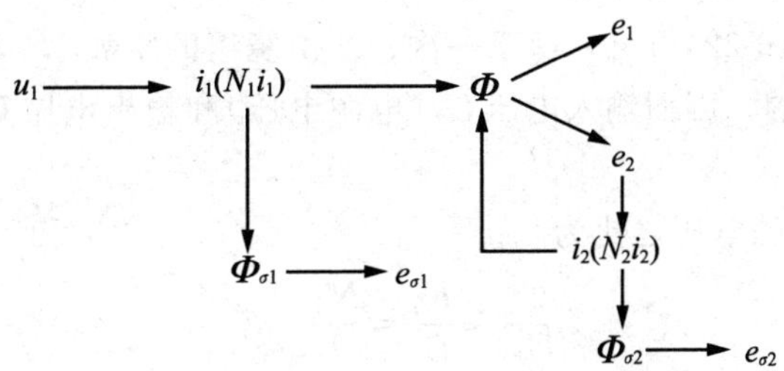

下面分别讨论变压器的电压变换、电流变换及阻抗变换。

变压器的作用

(1)电压变换

根据基尔霍夫电压定律，对一次绕组电路可列出电压方程，即

$$u_1+e_1+e_{\sigma 1}=R_1 i_1$$

或

$$u_1=R_1 i_1+(-e_{\sigma 1})+(-e_1)=R_1 i_1+L_{\sigma 1}\frac{\mathrm{d}i_1}{\mathrm{d}t}+(-e_1) \tag{6-16}$$

通常一次绕组上所加的是正弦电压 u_1。在正弦电压作用的情况下，上式可用相量表示

$$\dot{U}_1=R_1\dot{I}_1+(-\dot{E}_{\sigma 1})+(-\dot{E}_1)=R_1\dot{I}_1+jX_1\dot{I}_1+(-\dot{E}_1) \tag{6-17}$$

式中，R_1 和 $X_1=\omega L_{\sigma 1}$ 分别为一次绕组的电阻和感抗(漏磁感抗，由漏磁通产生)。

由于一次绕组的电阻 R_1 和感抗 X_1(或漏磁通 $\Phi_{\sigma 1}$)较小，因而它们两端的电压降也较小，与主磁电动势 E_1 比较起来，可以忽略不计。于是

$$\dot{U}_1\approx-\dot{E}_1$$

根据交流铁芯线圈中电压与磁通的关系

$$U=4.44fN\Phi_{\mathrm{m}} \tag{6-18}$$

得到 e_1 的有效值为

$$E_1=4.44fN_1\Phi_{\mathrm{m}}\approx U_1 \tag{6-19}$$

同理，对二次绕组电路可列出

$$e_2+e_{\sigma 2}=R_2 i_2+u_2$$

或

$$e_2=R_2 i_2+(-e_{\sigma 2})+u_2=R_2 i_2+L_{\sigma 2}\frac{\mathrm{d}i_2}{\mathrm{d}t}+u_2 \tag{6-20}$$

如用相量表示，则为

$$\dot{E}_2=R_2\dot{I}_2+(-\dot{E}_{\sigma 2})+\dot{U}_2=R_2\dot{I}_2+jX_2\dot{I}_2+\dot{U}_2 \tag{6-21}$$

式中，R_2 和 $X_2=\omega L_{\sigma 2}$ 分别为二次绕组的电阻和感抗，$\dot{U}_2$ 为二次绕组的端电压。

感应电动势 e_2 的有效值为

$$E_2=4.44fN_2\Phi_{\mathrm{m}} \tag{6-22}$$

在变压器空载时

$$I_2=0,\ E_2=U_{20}$$

式中，U_{20} 是空载时二次绕组的端电压。

由式(6-19)和式(6-22)可见，由于一次、二次绕组的匝数 N_1 和 N_2 不相等，故 E_1 和 E_2 的大小是不等的，因而输入电压 U_1(电源电压)和输出电压 U_2(负载电压)的大小也是不等的。

一次、二次绕组的电压之比为

$$\frac{U_1}{U_{20}}\approx\frac{E_1}{E_2}=\frac{N_1}{N_2}=K \tag{6-23}$$

式中，K 称为变压器的变比，亦即一次、二次绕组的匝数比。可见，当电源电压 U_1 一

定时，只要改变匝数比，就可得出不同的输出电压 U_2。

变比在变压器的铭牌上注明，它表示一次、二次绕组的额定电压之比，例如“6 000/400 V”($K=15$)。这表示一次绕组的额定电压 $U_{1N}=6\ 000$ V，二次绕组的额定电压 $U_{2N}=400$ V。所谓二次绕组的额定电压是指一次绕组加上额定电压时二次绕组的空载电压。由于变压器有内阻抗电压下降，所以二次绕组的空载电压一般应较满载时的电压高 5%～10%。

(2)电流变换

由 $U_1 \approx E_1 = 4.44 f N_1 \Phi_m$ 可见，当电源电压 U_1 和频率 f 不变时，E_1 和 Φ_m 也都趋于常数。就是说，铁芯中主磁通的最大值在变压器空载或有负载时是差不多恒定的。因此，有负载时产生主磁通的一次、二次绕组的合成磁通势($N_1 i_1 + N_2 i_2$)应该和空载时产生主磁通的一次绕组的磁通势 $N_1 i_0$ 差不多相等，即

$$N_1 i_1 + N_2 i_2 \approx N_1 i_0$$

如用相量表示，则为

$$N_1 \dot{I}_1 + N_2 \dot{I}_2 \approx N_1 \dot{I}_0 \tag{6-24}$$

变压器的空载电流 i_0 是励磁用的。由于铁芯的磁导率高，空载电流是很小的。它的有效值 I_0 在一次绕组额定电流 I_1N 的 10%以内。因此 $N_1 I_0$ 与 $N_1 I_1$ 相比，常可忽略。于是式(6-24)可写成

$$N_1 \dot{I}_1 \approx -N_2 \dot{I}_2 \tag{6-25}$$

由上式可知，一次、二次绕组的电流关系为

$$\frac{I_1}{I_2} \approx \frac{N_2}{N_1} = \frac{1}{K} \tag{6-26}$$

上式表明变压器一次、二次绕组的电流之比近似等于它们的匝数比的倒数。可见，变压器中的电流虽然由负载的大小确定，但是一次、二次绕组中电流的比值是差不多不变的；因为当负载增加时，I_2 和 $N_2 I_2$ 随着增大，而 I_1 和 $N_1 I_1$ 也必须相应增大，以抵偿二次绕组的电流和磁通势对主磁通的影响，从而维持主磁通的最大值近于不变。

变压器的额定电流 I_{1N} 和 I_{2N} 是指按规定工作方式(长时连续工作或短时工作或间歇工作)运行一次、二次绕组允许通过的最大电流，它们是根据绝缘材料允许的温度确定的。

二次绕组额定电压与额定电流的乘积称为变压器的额定容量，即

$$S_N = U_{2N} I_{2N} \approx U_{1N} I_{1N}(\text{单相})$$

它是视在功率(单位是 V·A)，与输出功率(单位是 W)不同。

例 6-3 有一台电力变压器，一次绕组电压 $U_1=3\ 000$ V，二次绕组电压 $U_2=220$ V，若二次绕组的电流为 150 A，变压器的一次绕组的电流为多大？

解： 根据

$$\frac{I_1}{I_2} \approx \frac{N_2}{N_1} = \frac{U_2}{U_1} = \frac{1}{K}$$

可得

$$I_1 = \frac{U_2 I_2}{U_1} = \frac{220 \times 150}{3\ 000} = 11(\text{A})$$

(3)阻抗变换

上面讲过变压器能起变换电压和变换电流的作用。此外，它还有变换负载阻抗的作用，以实现“匹配”。

在图 6-16(a)中，负载阻抗 Z_L 接在变压器二次侧，而图中的线框部分可以用一个阻抗 Z'_L 来等效代替。所谓等效，就是输入电路的电压、电流和功率不变。就是说，直接接在电源上的阻抗 Z'_L 和接在变压器二次侧的负载阻抗 Z_L 是等效的。两者的关系可通过下面计算得出。

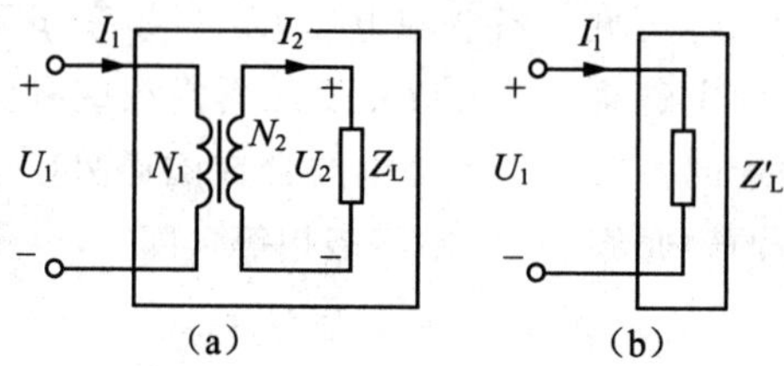

图 6-16　负载阻抗的等效交换

根据式(6-23)和式(6-26)可得出

$$\frac{U_1}{I_1}=\frac{\frac{N_1}{N_2}U_2}{\frac{N_2}{N_1}I_2}=\left(\frac{N_1}{N_2}\right)^2\frac{U_2}{I_2}$$

由图 6-16 可知

$$\frac{U_1}{I_1}=Z'_L,\ \frac{U_2}{I_2}=Z_L$$

代入则得

$$Z'_L=\left(\frac{N_1}{N_2}\right)^2 Z_L \tag{6-27}$$

匝数比不同，负载阻抗 Z_L 折算到(反映到)一次侧的等效阻抗 Z'_L 也不同。可以采用不同的匝数比，把负载阻抗变换为所需要的、比较合适的数值。这种做法通常称为阻抗匹配。

例 6-4　一交流信号源的电动势 $E=20$ V，内阻 $R_0=180\ \Omega$，现有一个电阻 R_L 为 5 Ω 负载，如果将 R_L 直接与信号源连接，试求信号源输出功率(负载获得的功率)。如果通过变压器实现阻抗匹配($R'_L=R_0$)，试求信号源输出的功率及变压器的匝数比。

解： 图 6-17(a)为信号源直接接负载的电路，由电路可得

$$I=\frac{E}{R_0+R_L}=\frac{20}{180+5}\approx 0.11(\text{A})$$

信号源输出的功率为

$$P=I^2R_L=0.11^2\times 5\approx 0.06(\text{W})$$

图 6-17(b)、图 6-17(c)为通过变压器实现阻抗匹配的电路，由电路可得

$$P=I^2R'_L=0.055^2\times 180\approx 0.55(\text{W})$$

由上述计算可见，通过变压器实现阻抗匹配后，输出功率增加近 10 倍。

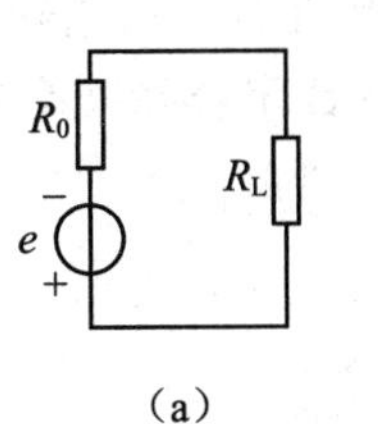

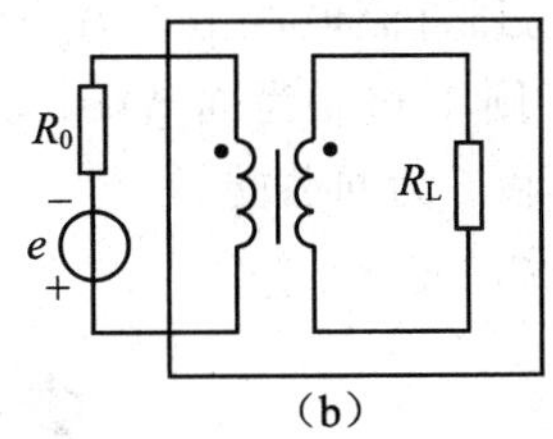

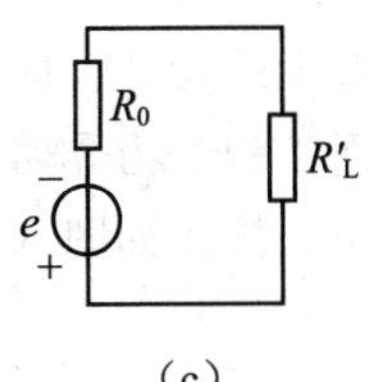

图 6-17 例 6-4 图

变压器的同名端

变压器的匝数比为 $K=\sqrt{\frac{R_0}{R_L}}=\sqrt{\frac{180}{5}}=6$

二、变压器同名端及其测定

1. 变压器的同名端

变压器的同名端是指变压器的原、副绕组感应电动势之间的相位关系。当一个绕组的某一端瞬时电位为正，另一绕组必然也有一个瞬时为正的对应端，这两个端称为同名端。在电路中，同名端用相同的记号“*”“·”或“△”等标注。

2. 同名端的测定

(1)若绕向已知

其方法是，若彼此有互感的两个绕组分别有电流流入，且两电流建立的磁场相互加强，则两电流的流入端(或流出端)称为两绕组的同名端。如图 6-18(a)所示，i_1 和 i_2 流入两个绕组，磁场相互加强，则 1、3(或 2、4)为同名端；如图 6-18(b)所示，i_1 和 i_2 流入两个绕组，磁场相互减弱，则 1、4(或 2、3)为同名端。

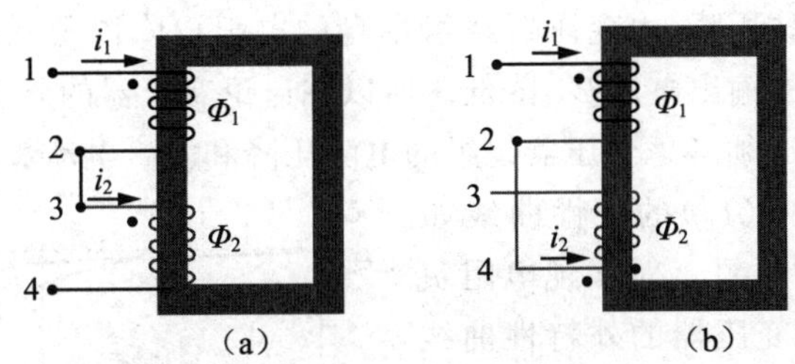

图 6-18 同名端的判断

(2)绕组的绕向未知

此时需要用实验的方法判定变压器的同名端。常用的方法有直流法和交流法。

①直流法(三“正”法)。接线如图 6-19 所示。

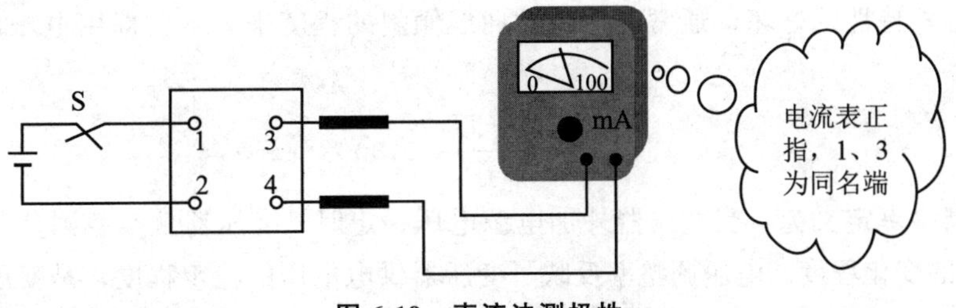

图 6-19 直流法测极性

将一个绕组通过一个开关 S 接到直流电源上，另一绕组两端接一毫安表，如果 S 闭合瞬间毫安表的指针正向偏转，则 1 和 3 为同名端；如果 S 闭合瞬间毫安表的指针反向偏转，则 1 和 3 为异名端，1 和 4 为同名端。

②交流法。接线如图 6-20 所示。

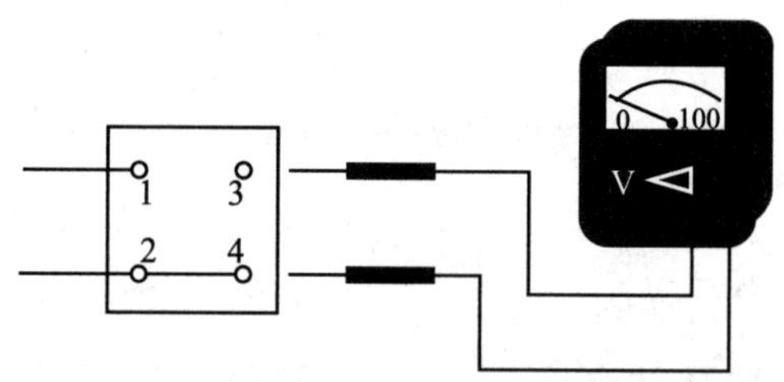

图 6-20　交流法测极性

用导线将两绕组 1、2 和 3、4 中的任一端(如 2 和 4)连在一起(成等电位点)，将较低的电压加在任一绕组(如 1、2 绕组)，然后用电压表分别测出 U_{12}、U_{34} 及 U_{13}，若满足 $U_{13}=U_{12}-U_{34}$，1、3 为同名端；$U_{13}=U_{12}+U_{34}$，1、4 为同名端。

三、变压器的外特性和额定值

1. 变压器的外特性

变压器的外特性是指变压器带有负载时，在电源电压及负载功率因数不变的条件下，副边电压与副边电流的伏安特性，即 $U_2=f(I_2)$的关系曲线。

在前面对变压器工作原理的分析中，均忽略了原、副边的漏磁电动势及原、副边电阻的影响，得到了变压器三种变换原理。但是当变压器实际运行时，随着副边电流的增大，变压器内阻抗压降(由变压器绕组本身的电阻压降以及漏磁电动势组成)都将增大，从而使变压器的输出电压 U_2 降低。所以在讨论变压器的外特性时，不能忽略其内阻抗 Z 的作用，即必须考虑变压器绕组的电阻压降和漏磁电动势的影响。

实验测得，$U_2=f(I_2)$的特性曲线如图 6-21 所示。从图中可见，对于纯电阻负载和感性负载而言，变压器的外特性曲线稍向下倾斜；而且，随着负载功率因数的降低，曲线越向下倾斜。此外，曲线上电压的最大值为 $I_2=0$ 时的副边的电压值，可以证明，U_{20} 为变压器空载运行时副边的电压。

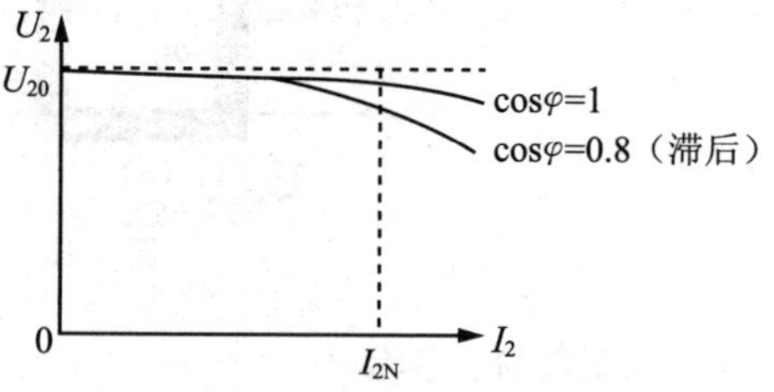

图 6-21　变压器的外特性

变压器外特性的好坏，通常可用特性曲线倾斜的程度来表示，即用电压调整率 ΔU 表示。

$$\Delta U=\frac{U_{20}-U_2}{U_{20}}\times 100\% \tag{6-28}$$

电压调整率定义为，当变压器外加电源电压一定时，变压器从空载到负载运行，副边电压 U_2 的变化程度。电压调整率反映了变压器供电电压的稳定程度，是变压器负载运行性能的主要性能指标之一，希望越小越好。一般地，电压调整率不超过 5%。

2. 变压器的损耗与效率

和交流铁芯线圈一样，变压器的功率损耗包括铁芯中的铁损耗 ΔP_{Fe} 和绕组上的铜损耗 ΔP_{Cu} 两部分。铁损耗的大小与铁芯内磁感应强度的最大值 B_m 有关，与负载大小无关，而铜损耗则与负载大小(正比于电流平方)有关。

变压器的效率常用下式确定

$$\eta=\frac{P_2}{P_1}=\frac{P_2}{P_2+\Delta P_{Fe}+\Delta P_{Cu}} \tag{6-29}$$

式中 P_2——变压器的输出功率；

P_1——输入功率。

变压器的功率损耗很小，所以效率很高，通常在 95%以上。在一般电力变压器中，当负载在额定负载的 50%～75%时，效率达到最大值。

3. 变压器的额定值

变压器在实际运行过程中，工作电压、电流和功率等物理量必须在一定范围之内，才能使变压器正常、安全地运行。如果变压器负载电流过大，则原、副边的绝缘将因过热而损坏；如果原边电源电压过高，则有可能造成变压器的绝缘击穿，不仅损坏变压器，还会危及人身安全。反之，如果变压器负载电流过低，则变压器的效率将大为降低。所以，为确保变压器合理、安全地运行，生产厂家根据国家技术标准，对变压器的工作条件进行了使用上的规定，为用户提供了变压器的容许工作数据，称为额定值。它们通常标注在变压器的铭牌上，故也称为铭牌值，并用下标"N"表示。现将主要数据介绍如下。

(1)额定电压

根据变压器的绝缘强度和允许温升所规定的电压值，变压器电压分为原边额定电压 U_{1N} 和副边额定电压 U_{2N}，以 V 或 kV 为单位，U_{1N} 是指变压器原边的电源电压的有效值，U_{2N} 是指当变压器原边加额定电压 U_{1N}、副边空载时的副边电压的有效值，即 $U_{2N}=U_{20}$。对于三相变压器，额定电压是指线电压的有效值。

(2)额定电流

当变压器按规定运行方式运行时，原、副边绕组允许通过的最大电流称为变压器的额定电流。它们是根据绝缘材料允许的温度确定的，分为原边额定电流 I_{1N} 和副边额定电流 I_{2N}，以 A 或 kA 为单位。对三相变压器，额定电流是指线电流的有效值。

变压器的满载运行是指副边电流等于副边额定电流的运行方式，也称为变压器带额定负载运行。

(3)额定功率

变压器的额定功率是指变压器副边输出的额定视在功率，用 S_N 表示，单位是 V·A 或 kV·A。由于变压器具有很高的运行效率，通常原、副边的额定功率设计得相等。额定功率的大小与额定电压、额定电流的关系是

单相变压器 $S_N=U_{2N}I_{2N}=U_{1N}I_{1N}$

三相变压器 $S_N=\sqrt{3}U_{2N}I_{2N}=\sqrt{3}U_{1N}I_{1N}$

变压器的额定功率反映了传输电功率的能力，但不是实际的输出功率，因为变压器的输出功率 P_2 就是负载的功率，而 P_2 与负载的功率因数有关。例如，容量为 $S_N=10$ kV·A 的变压器，当接入 $\cos\varphi=0.8$ 的负载时，变压器的输出功率 $P_2=$

$U_{2N}I_{2N}\cos\varphi=8$ kW，为充分发挥变压器的性能，希望负载的功率因数越大越好。

例 6-5 有一带电阻负载的三相变压器，其额定数据如下：$S_N=100$ kV·A，$U_{1N}=6\,000$ V，$U_{2N}=U_{20}=400$ V，$f=50$ Hz。绕组为 Y/Y$_0$ 连接。由实验测得，$\Delta P_{Fe}=600$ W，额定负载时的 $\Delta P_{Cu}=2\,400$ W。试求：(1)变压器的额定电流；(2)满载和半载时的效率。

解：(1)根据式 $S_N=\sqrt{3}U_NI_N$ 可以求出额定电流为

$$I_{2N}=\frac{S_N}{\sqrt{3}U_{2N}}=\frac{100\times10^3}{\sqrt{3}\times400}=144(\text{A})$$

$$I_{1N}=\frac{S_N}{\sqrt{3}U_{1N}}=\frac{100\times10^3}{\sqrt{3}\times6\,000}=9.62(\text{A})$$

(2)满载时和半载时的效率分别为

$$\eta_1=\frac{P_2}{P_2+\Delta P_{Fe}+\Delta P_{Cu}}=\frac{100\times10^3}{100\times10^3+600+2\,400}\times100\%=97.1\%$$

$$\eta_{\frac{1}{2}}=\frac{P_2}{P_2+\Delta P_{Fe}+\Delta P_{Cu}}=\frac{\frac{1}{2}\times100\times10^3}{\frac{1}{2}\times100\times10^3+600+\left(\frac{1}{2}\right)^2\times2\,400}\times100\%=97.6\%$$

四、认识几种常用变压器

1. 自耦变压器

图 6-22 所示的是一种自耦变压器，其结构特点是二次绕组是一次绕组的一部分。至于一次、二次绕组电压之比和电流之比也是

$$\frac{U_1}{U_2}=\frac{N_1}{N_2}=K \qquad \frac{I_1}{I_2}=\frac{N_2}{N_1}=\frac{1}{K}$$

实验室常见的调压器就是一种可改变二次绕组匝数的自耦变压器，其外形和电路如图 6-23 所示。

自耦变压器的缺点是原、副边之间有电的直接联系，不够安全。使用时应注意：①原、副边不能对调使用，即不能将电源接到副边，否则可能烧坏自耦变压器；②原、副边的 X 端必须接电源地线，使副边电压 U_2 对地电位不高，保证用电安全。

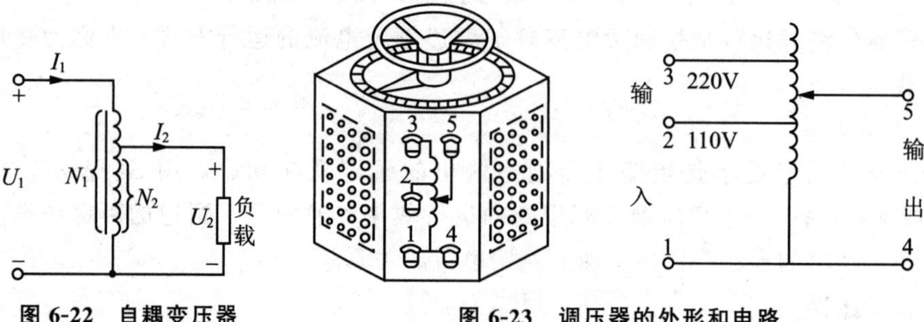

图 6-22 自耦变压器　　图 6-23 调压器的外形和电路

2. 仪用互感器

仪用互感器是一种用于测量、自动控制及保护用的特殊变压器。在高电压、大电流的系统和装置中，为了测量和使用上的方便和安全，需要用互感器把电压、电流降

低，用于电压变换的叫电压互感器，用于电流变换的叫电流互感器。

(1)电压互感器

电压互感器是一个降压变压器，一次绕组匝数多，二次绕组匝数少，如图6-24所示，将一次绕组并联在被测的高压电路上，二次绕组与电压表相连接，由变压器原理得

$$U_2=\frac{U_1}{K_v} \tag{6-30}$$

式中 U_2——电压表的读数；

K_v——电压互感器的电压变换系数；

U_1——被测的高电压。

根据U_1和U_2的关系，可以在专用的电压表刻度上，直接标出电压U_1的值。

在使用时，电压互感器的铁芯、金属外壳及低压绕组的一端必须接地，如果不接地，若高、低压绕组之间绝缘损坏，则低压侧将出现高压，这是非常危险的。另外，使用时要防止低压侧短路，因为短路电流很大，会烧坏绕组。为此在高压侧应装有熔断器作短路保护。

(2)电流互感器

电流互感器是用来扩大测量交流电流的量程，因为要测量交流电路的电流(如测量容量较大的电动机、工频炉、焊机等的电流时)，通常电流表的量程是不够的。

此外，使用电流互感器也是为了使测量仪表与高压电路隔开，以保证人身与设备的安全。电流互感器的接线图如图6-25所示。一次绕组的匝数很少(只有一匝或几匝)，它串联在被测电路中。二次绕组的匝数较多，它与电流表或其他仪表及继电器的电流线圈相连接。

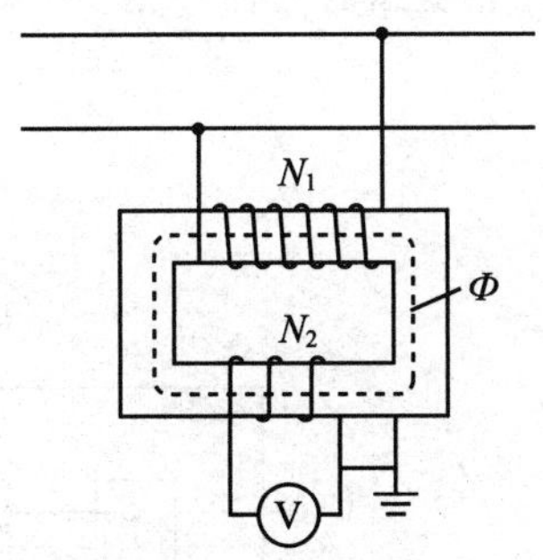

图6-24 电压互感器接线图

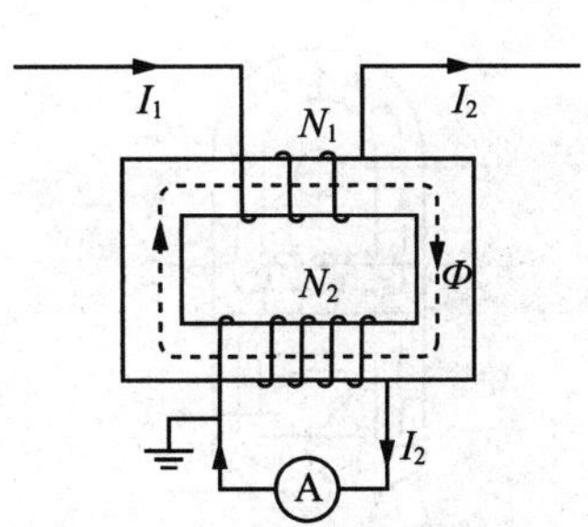

图6-25 电流互感器接线图

根据变压器原理，可认为

$$\frac{I_1}{I_2}=\frac{N_2}{N_1}=K_i$$

或

$$I_1=\frac{N_2}{N_1}I_2=K_iI_2 \tag{6-31}$$

式中，K_i是电流互感器的变换系数。

由式(6-31)可见，利用电流互感器可将大电流变换为小电流。电流表的读数 I_2 乘 K_i 即为被测出的大电流 I_1(在电流表的刻度上可直接标出被测电流值)。通常电流互感器二次绕组的额定电流都规定为 5 A 或 1 A。

测流钳是电流互感器的一种变形。它的铁芯如同一钳，同弹簧压紧。测量时将钳压开而引入被测导线。这时该导线就是一次绕组，二次绕组绕在铁芯上并与电流表接通。利用测流钳可以随时随地测量线路中的电流，不必像普通电流互感器那样必须固定在一处或者在测量时要断开电路而将一次绕组串联进去。测流钳的原理图如图 6-26 所示。

在使用电流互感器时，二次绕组电路是不允许断开的。这点和普通变压器不一样。因为它的一次绕组是与负载串联的，其中电流 I_1 的大小是决定于负载的大小，不是决定于二次绕组电流 I_2。所以当二次绕组电路断开时(如在拆下仪表时未将二次绕组短接)，二次绕组的电流和磁通势立即消失，但是一次的电流 I_1 未变。这时铁芯内的磁通全由一次绕组的磁通势 N_1I_1 产生，结果造成铁芯内很大的磁通(因为这时二次绕组的磁通势为零，不能对一次绕组的磁通势起去磁作用了)。这一方面使铁损耗大大增加，从而使铁芯发热到不能容许的程度；另一方面又使二次绕组的感应电动势增高到危险的程度。

此外，为了使用安全起见，电流互感器的铁芯及二次绕组的一端应该接地。

(3)三相变压器

现在工农业生产通常采用三相交流电，为了变换三相电压可采用三相变压器。图 6-27 是芯式三相变压器的原理图，它的铁芯上有 3 个铁芯柱，每个铁芯柱上都套装一次、二次绕组。一次绕组的始端和末端分别用 U_1、V_1、W_1 和 U_2、V_2、W_2 表示，二次绕组则用 u_1、v_1、w_1 和 u_2、v_2、w_2 表示。一次绕组同电源相连，二次绕组同负载相连。因此，三相变压器的每一相都当于一个单独的单相变压器。前述单相变压器所用的分析方法和得出一些基本公式，也适合于三相变压器的任一相。

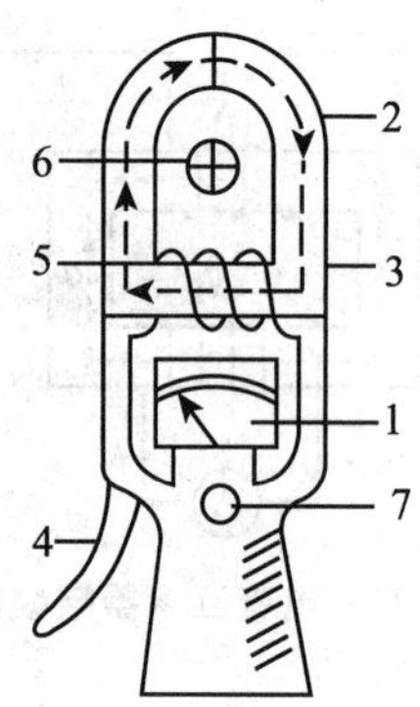

图 6-26 测流钳原理图

1. 电流表；2. 电流互感器；3. 铁芯；4. 手柄；
5. 二次绕组；6. 被测导线；7. 量程开关

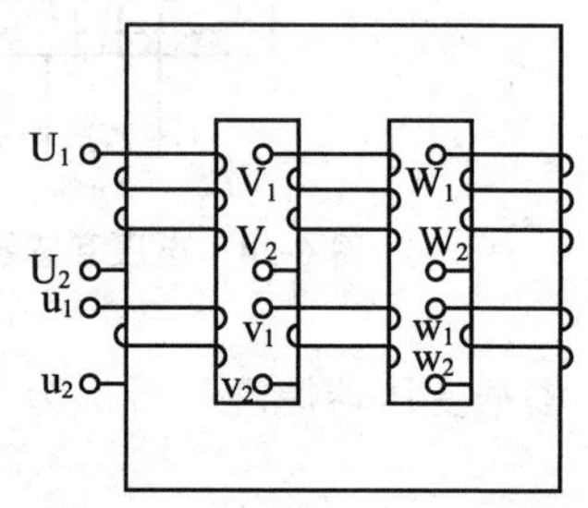

图 6-27 三相变压器原理图

三相变压器的一次、二次绕组都可以连接成 Y 或△。连接方式用连接组标号表示。例如 Y，y－n，其中第一个字母表示一次绕组接成 Y，第二个字母表示一次绕组也接成 Y，n 表示一次侧线电压与二次侧对应线电压之间的相位差除以的倍数；Y，d－n

中，d 表示二次绕组接成△。当三相变压器 Y，y_0 连接时，其一次、二次侧线电压、相电压之间变换关系如图 6-28(a)所示，且二次绕组的中点接地，这样连接的三相变压器是提供动力负载和照明负载共用的。当 Y，d 连接时，一次侧和二次侧的线电压、相电压之间的变换关系如图 6-28(b)所示。K 为变压器的变比，它的大小为一次侧相电压/二次侧相电压。

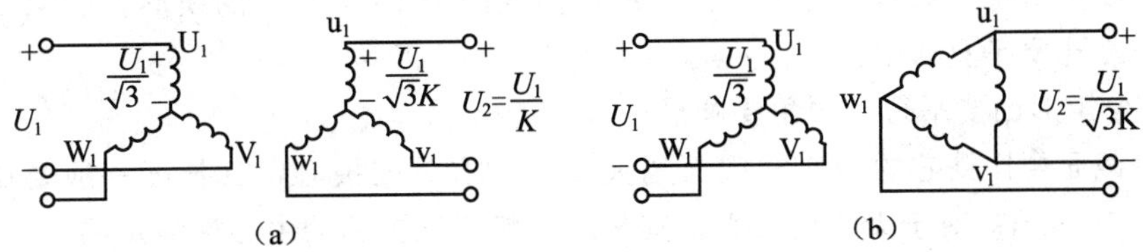

图 6-28　三相变压器的连接法举例

每台变压器上都标有一块铭牌，上面记载变压器的型号及各种额定数据，包括额定容量、额定电压、额定电流等，必须了解铭牌上的各种数据的意义，才能正确使用变压器。SL_7－500/10 是三相变压器型号的一例，其中 S—三相，L—铝线，7—设计序号，500—500 kV·A，10—高压侧电压 10 kV。

>>> 技能操作

小型变压器的拆装、绕制

1. 操作目的

(1)掌握小型变压器的拆装和维护方法。

(2)掌握小型变压器绕组的绕制方法。

2. 操作器材

绕线机 1 台、变压器组件 1 套、电工工具 1 套。

3. 操作内容及步骤

(1)记录原始数据

在拆卸小型变压器前及拆卸过程中，要记录下列原始数据，作为重绕变压器的依据。

①铭牌数据：型号、相数、额定功率(容量)、原副边电压、连接组和绝缘等级等。

②绕组数据：导线规格、匝数、尺寸、引出线规格与长度、质量等。

③铁芯数据：铁芯形状、铁芯尺寸、铁芯厚度、叠压顺序和叠压方式等。

(2)拆卸铁芯

拆卸步骤：

①拆除外壳、接线柱。

②拆除铁芯夹板或铁轭。

③用螺钉旋具把黏合在一起的硅钢片插松。

④用钢丝钳将硅钢片一一拉出。

⑤对硅钢片进行表面处理。

⑥将硅钢片叠放完整，妥善保管。

(3)制作模心及骨架

在绕制变压器绕组前，应根据旧绕组和旧骨架的尺寸制作模心和骨架。

模心是绕组绕制过程的支撑体。将模心套在绕线机的转轴上，转动绕线机，导线可方便地绕制在模心上。模心的制作要求：

①制作材料多为干燥硬木，如杨木、杉木等。

②为使绕组绕好后脱模方便，模心通常做成两个45°对半开的楔形。

③中心孔要平直居中。

④4个矩形面要平行，边角要圆滑。

⑤横截面要比铁芯的中心柱截面稍大，对于有骨架模心，其长度一般要比铁芯的中心柱长10 mm；对于无骨架模心，其长度一般要比铁芯的中心柱略短些。

骨架主要起支撑绕组和对地绝缘的作用。骨架要求具有一定的机械强度和绝缘性能，尺寸与铁芯、绕组相符合。骨架分为无框骨架(也称绕芯线)和有框骨架。无框骨架一般采用弹性纸或红钢纸制成，其厚度由变压器的容量决定。有框骨架一般采用红钢纸或层压板制成，也可采用塑料、尼龙或其他绝缘材料。制作时骨架的边沿应平整、垂直，长度应比铁芯窗口高度小2 mm左右。

(4)绕制绕组

绕组绕制的工艺质量是决定变压器性能的关键。

绕组的基本要求：

①导线规格符合要求。

②绕组尺寸与匝数正确。

③导线排列整齐、紧密、绝缘良好。

绕制步骤：

①检查模心与骨架尺寸，并将模心安装在绕线机的转轴上。

②在骨架上垫上绝缘衬垫，并校对计数器。

③起绕时，在导线引线头上压入一条绝缘带折条，待绕几匝后抽紧起始线头。

④绕线时，通常按照一次侧绕组、静电屏蔽、二次侧高压绕组、二次侧低压绕组的顺序依次叠绕。当二次侧绕组数较多时，每绕好一组后，用万用表测量是否有断线。

⑤每绕完一层导线，应安放层间绝缘。根据变压器绕组要求，做好中间抽头。导线从左到右排列整齐、紧密，不得有交叉或叠线现象，直至绕至规定匝数为止。

⑥当绕组绕至靠近末端时，先垫入固定出线用的绝缘带折条，待绕至末端时，把线条穿入折条内，然后抽紧末端线头，如图6-29所示。

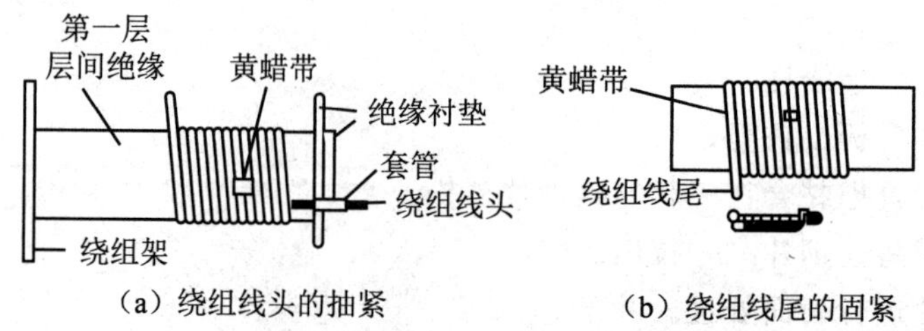

(a) 绕组线头的抽紧　　(b) 绕组线尾的固紧

图6-29　绕组的绕制

⑦拆下模心，取出绕组，包扎绝缘，并用胶水或绝缘胶粘牢。

绕线的工艺要点：

①绝缘导线的选用要符合规格。小型变压器绕组一般采用缩醛漆包圆铜线或聚酯漆包圆铜线。导线截面乘导线匝数应小于铁芯窗口的 30%，否则线包就可能装不进铁芯。

②绝缘材料的选用必须考虑耐压要求和允许厚度。

③当线径不小于 0.35 mm 时，绕组的引出线可用原线；当线径小于 0.35 mm 时，应另用多股软线作为引出线，如图 6-30 所示。绕线时通常用最后一层的导线将引出线压紧。

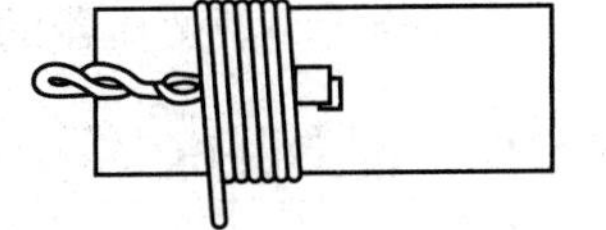

图 6-30 利用多股软线做引出线

④导线起绕点不可过于靠近无框骨架边沿，以防导线滑出。

⑤绕线时，应使导线的移动速度与绕线机的转速相适应，务必使导线排齐、排紧，如图 6-31 所示。

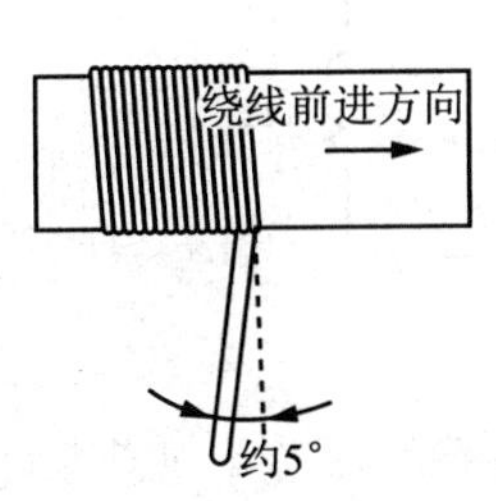

图 6-31 绕制过程中的持线方法

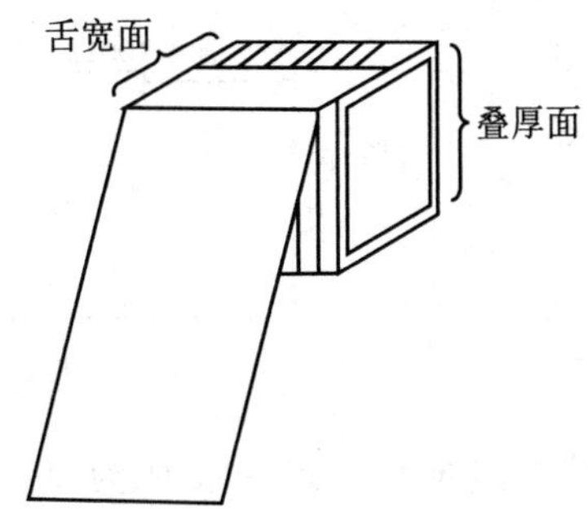

图 6-32 安放层间绝缘

⑥安放层间绝缘时，必须使骨架所对应的铁芯舌宽面开始安放，如图 6-32 所示。

⑦应放置静电屏蔽层，以减弱外来电磁场对电路的干扰。

⑧绕组绕制完成后，应进行匝数检查、尺寸检查和外观检查。

(5)绝缘处理

①预烘：将绕组放入电热干燥箱中，加热温度至 110℃左右，3～4 h。

②浸漆：将预烘干燥的绕组取出，放入树脂漆中浸泡 0.5 h，然后取出绕组滴干余漆。

③烘干：放入电热干燥箱中，温度至 120℃左右，时间为 9 h 左右。

(6)铁芯装配

①在绕组两边，两片两片地交叉对插，插到较紧时，一片一片地交叉对插。

②当绕组中插满硅钢片时，余下约 1/6 比较难插的紧片，用螺钉旋具撬开硅钢片夹缝插入。

③镶插条形片(横条)，按铁芯剩余空隙厚度叠好插入。

④镶片完毕后，将变压器放在平板上，两头用木槌敲打平整，然后用螺钉或夹板紧固铁芯，并将引出线连到焊片或连接柱上。

(7)检查和试验

变压器重新绕制后还应进行以下检查和试验。

①外观质量检查。

②绕组的通断检查。

③绝缘电阻的测定。

④空载电压的测定。

⑤空载电流的测定。

4. 操作报告要求

总结分析小型变压器的拆装与绕制方法。

>>> 能力训练

1. 变压器的三种变换公式是什么？

2. 如何判断变压器同名端？

3. 电路如图 6-33 所示，求 $\dot{U}_1$、$\dot{U}_2$、$\dot{I}_2$ 及电路吸收的功率 P。

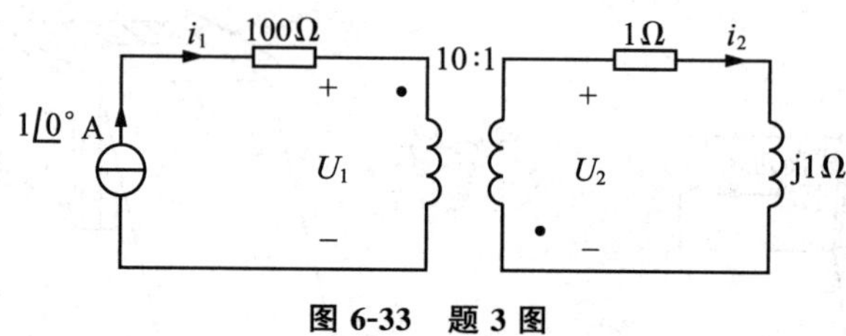

图 6-33　题 3 图

4. 电路如图 6-34 所示，求 R 为何值时能获得最大功率 P_m，P_m 为多大？

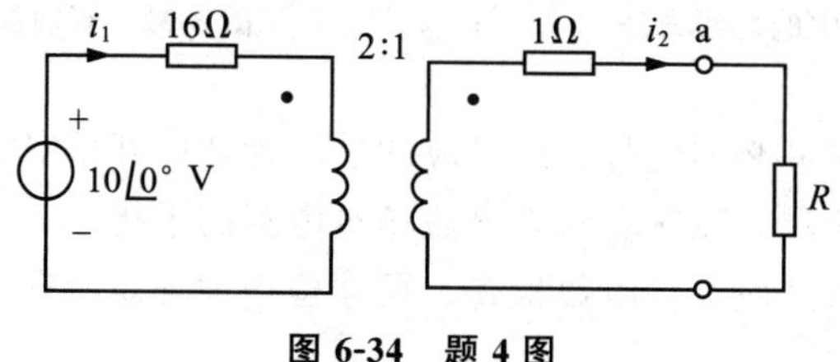

图 6-34　题 4 图

5. 有一单相照明变压器，容量为 10 kV・A，电压为 3 300 V/220 V，欲在二次绕组接上 60 W，220 V 的白炽灯，如果要变压器在额定情况下运行，这种电灯可接多少个？并求一、二次绕组的额定电流。

>>> 能力与升华

青年强，则国家强。当代中国青年生逢其时，施展才干的舞台无比广阔，实现梦想的前景无比光明。全党要把青年工作作为战略性工作来抓，用党的科学理论武装青年，用党的初心使命感召青年，做青年朋友的知心人、青年工作的热心人、青年群众的引路人。作为新时代的大学生，我们要坚定不移听党话、跟党走，怀抱梦想又脚踏实地，敢想敢为又善作善成，立志做有理想、敢担当、能吃苦、肯奋斗的新时代好青年，让青春在全面建设社会主义现代化国家的火热实践中绽放绚丽之花。

项目六　能力测试

一、填空题

1. 磁场的基本物理量有________、________、________和________。

2. 变压器工作时与电源连接的绕组称为________，与负载连接的绕组称为________。

3. 变压器有变换________、变换________和变换________的作用。

4. 变压器________改变一次、二次绕组电压数值，________改变其频率数值。(能或不能)

5. 当通电线圈中电流发生变化时，该电流产生的________也将随之变化，线圈两端将产生________电动势，这个电动势总是阻碍线圈中________的变化。

6. 用实验的方法判定变压器的同名端。常用的方法有________和________。

7. 变压器的基本结构是由________和________两大部分组成。

二、选择题

8. 变压器中起传递电能作用的是(　　)。

A. 磁通　　　B. 电压　　　C. 电流

9. 磁感应强度的单位是(　　)。

A. 韦伯　　　B. 特斯拉　　　C. 伏·秒

10. 变压器中一次、二次绕组中不能改变的物理量是(　　)。

A. 电压　　　B. 电流　　　C. 阻抗　　　D. 频率

11. 如图 6-35 所示的是一电源变压器，一次绕组有 550 匝，接 220 V 电源电压。二次绕组有两个：一个电压 36 V；另一个电压 12 V，则两个二次绕组的匝数分别为(　　)。

A. 90 匝　30 匝　　　B. 30 匝　90 匝　　　C. 90 匝　60 匝

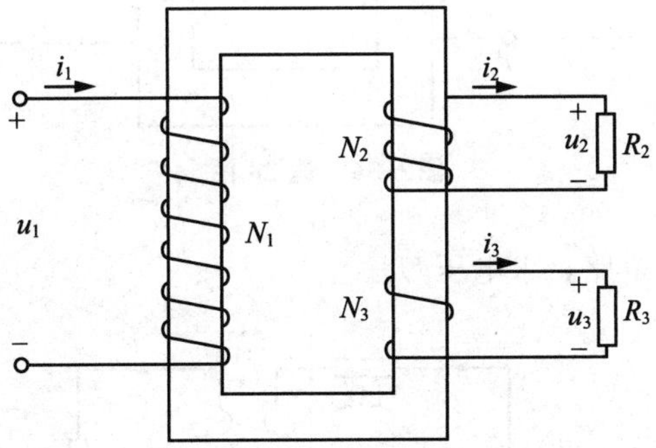

图 6-35　题 11 图

12. 将某变压器的一次绕组接上信号源电动势 $E=6$ V，内阻 $R_0=100\ \Omega$，将 $R_L=8\ \Omega$ 的扬声器接在变压器的二次绕组，已知 $N_1=300$，$N_2=100$，则信号源输出的功率为(　　)。

A. 44 mW　　　B. 8.7 mW　　　C. 87 mW

三、判断题

13. 感应电动势与磁通量的变化量成正比。（　　）

14. 某载流线圈的自感系数与线圈上流过的电流有关。（　　）

15. 磁路的欧姆定律与电路的欧姆定律一样，都可用于定量分析。（　　）

16. 在使用电流互感器时，一次绕组电路是不允许断开的。（　　）

17. 变压器一次、二次绕组中的电流与其匝数成正比。（　　）

四、简答题

18. 如何判断感应电动势的方向？

19. 什么叫磁路？

20. 常见的变压器有哪些？

21. 变压器二次绕组上的额定电压如何定义？

22. 简单说明测流钳的工作原理。

五、计算题

23. 一铁芯上绕有线圈 200 匝，已知铁芯中磁通量与时间的关系为 $\Phi=4\times10^{-4}\times\sin(100\pi t-60°)$，式中 Φ 的单位为 Wb，t 的单位为 s。求在 $t=1.0\times10^{-2}$ s 时，线圈中的感应电动势。

24. 两个具有耦合的线圈如图 6-36 所示。

(1)标出它们的同名端；

(2)当图中开关 S 闭合时或闭合后再打开时，试根据毫伏表的偏转方向确定同名端。

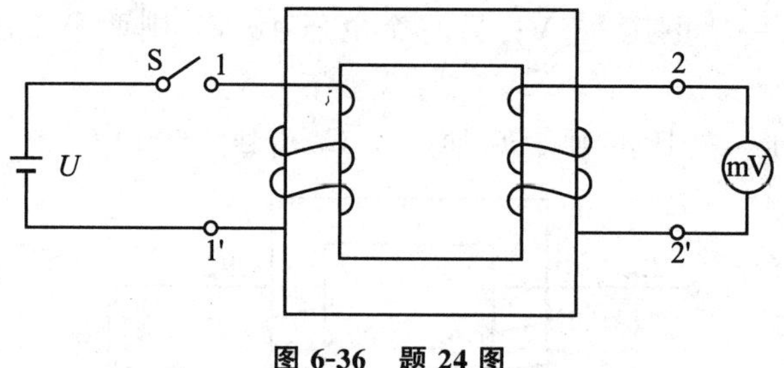

图 6-36　题 24 图

25. 如图 6-37 所示电路，求电压 $\dot{U}_2$。

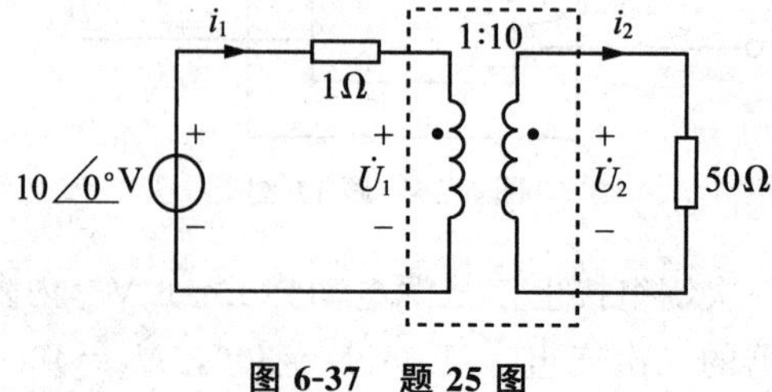

图 6-37　题 25 图

26. 电路如图 6-38 所示，求 a、b 端输入电阻 R。

27. 电路如图 6-39 所示，已知电源内阻 $R_S=9$ kΩ，负载电阻 $R_L=1$ kΩ，为使负载上获得最大功率，变压器的变压 $n=N_1/N_2$ 应为多少？

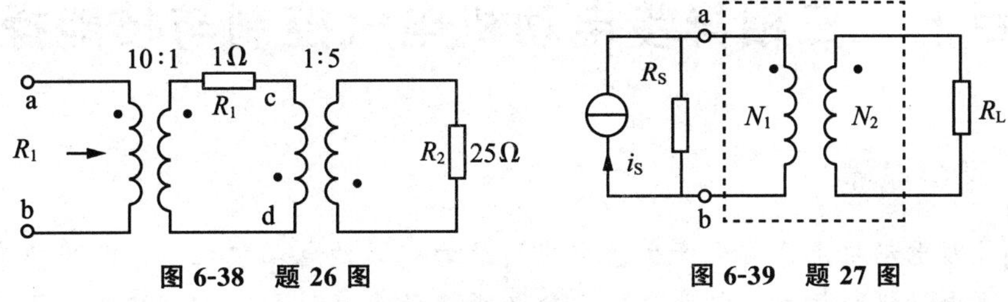

图 6-38　题 26 图　　图 6-39　题 27 图

项目六　质量评价标准

任务序号	评价项目	评价标准	配分	自评分	教师评分
1	磁路及磁路欧姆定律	磁场的基本概念	2		
		磁场的基本物理量	4		
		电磁感应现象	6		
		自感	8		
		互感	8		
		磁路的基本概念	4		
		磁路欧姆定律	4		
2	变压器的基础知识	变压器的基本结构	4		
		变压器的工作原理	10		
		变压器同名端的判断	8		
		变压器的外特性	6		
		变压器的损耗和效率	6		
		变压器的额定值	6		
		自耦变压器	4		
		电压互感器	6		
		电流互感器	6		
		三相变压器	8		
综合成绩				教师：	

拓展阅读

身边榜样：勇攀高峰——田志永

项目七　三相异步电动机电气控制与技能操作

>>> 项目描述

三相异步电动机是目前生产生活中应用最为广泛的电动机之一，几乎所有的生产设备都要由电动机来带动。电动机的运行必须满足生产过程的控制要求。本项目主要完成小型异步电动机的拆装、绕制和检测，低压电器元件的识别、拆装和检修，掌握异步电动机控制原理图的识图方法并能够熟练识读电路图，会设计异步电动机的控制原理图，能够熟练应用接触器、继电器、按钮、行程开关等一系列的低压电器元件安装控制线路，实现对电动机的起动、制动、反转、调速等控制。

>>> 知识目标

1. 掌握异步电动机起动、调速及制动的基本原理和基本方法；
2. 掌握常用低压电器元件的工作原理和应用；
3. 掌握异步电动机控制原理图的识图方法，并能够熟练识读电路图；
4. 会设计异步电动机起动、停止、正反转、降压起动、制动和调速等控制电路。

>>> 技能目标

1. 掌握小型异步电动机的拆装、绕制及检测方法，熟练应用拉马、扳手、铜棒等拆卸工具，并能熟练应用万用表、钳形表、兆欧表对电动机进行检测；
2. 能熟练识别常用低压电器，并能对其拆装与检验；
3. 能熟练安装异步电动机起动、停止、正反转、降压起动、制动、调速等控制电路。

任务十九　异步电动机的基础知识与实践

>>> 任务目标

1. 熟悉三相异步电动机的结构、型号和铭牌；
2. 掌握三相异步电动机的工作原理；
3. 熟悉单相异步电动机的结构；
4. 掌握单相异步电动机的工作原理。

>>> 任务描述

异步电动机是由气隙旋转磁场与转子绕组感应电流相互作用产生电磁转矩，从而实现电能转换为机械能量的一种交流电动机。因其转子绕组电流是感应产生的，又称感应电动机。异步电动机是各类电动机中应用最广泛、需求量最大的一种。通过学习，要熟悉异步电动机的结构和工作原理，熟练掌握小型异步电动机的拆装，会用万用表、兆欧表等工具对电动机进行检测。

三相异步电动机

>>> 相关知识

一、三相异步电动机的结构

异步电动机种类很多，按电源相数可分为单相、两相和三相异步电动机；按外壳的防护形式可分为开启式、防护式和封闭式异步电动机；按转子结构形式可分为鼠笼式和绕线式异步电动机。

鼠笼式和绕线式异步电动机的结构分别如图 7-1、图 7-2 所示。它们的区别在于转子结构不同。异步电动机结构主要由固定不动的定子和旋转的转子所组成，定子与转子间存在很小的间隙，称为气隙。

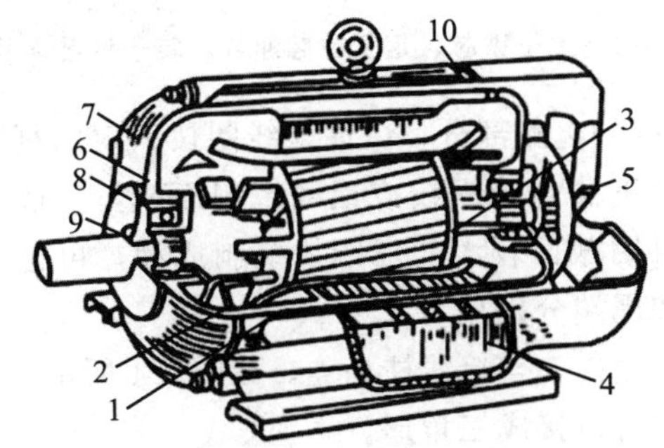

图 7-1　鼠笼式异步电动机的结构

1—定子；2—定子绕组；3—转子；4—线盒；5—风扇；6—轴承；7—端盖；8—内盖；9—外盖；10—风罩

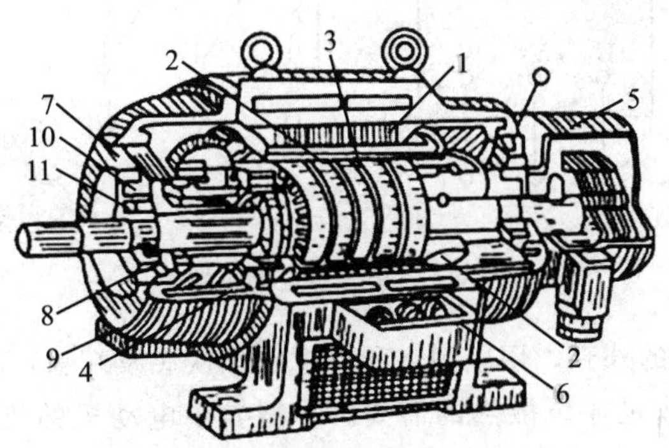

图 7-2　绕线式异步电动机的结构

1—定子；2—定子绕组；3—转子；4—转子绕组；5—滑环风扇；6—出线盒；7—轴承；8—轴承盒；9—端盖；10—内盖；11—外盖

1. 定子

异步电动机定子由定子铁芯、定子绕组和机座等部件组成，定子的作用是用来产生旋转磁场。

(1)定子铁芯：电动机磁路的一部分，由于异步电动机中的磁场是旋转的，定子铁

芯中的磁通为交变磁通，如图 7-3(a)所示为异步电动机的定子铁芯。为了减小磁场在铁芯中引起的涡流和磁滞损耗，定子铁芯由导磁性能较好的 0.5 mm 厚、表面具有绝缘层的硅钢片叠压而成。定子铁芯叠片内圆冲有均匀分布的一定形状的槽，用以嵌放定子绕组。中小型电机的定子铁芯采用整圆冲片，如图 7-3(b)所示。大、中型电动机常采用扇形冲片拼成一个圆。

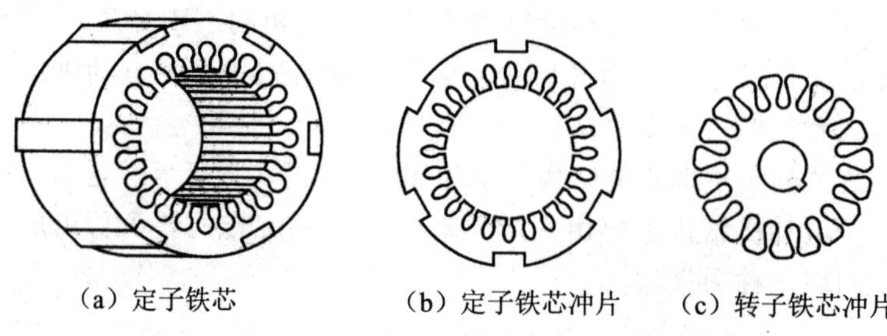

(a) 定子铁芯　(b) 定子铁芯冲片　(c) 转子铁芯冲片

图 7-3　定子铁芯、定子铁芯冲片、转子铁芯冲片

(2)定子绕组：电动机的电路部分，由许多线圈按一定的规律连接而成。小型异步电动机的定子绕组由高强度漆包圆铜线或铝线绕制而成，一般采用单层绕组；大、中型异步电动机的定子绕组用截面较大的扁铜线绕制成型，再包上绝缘，一般采用双层绕组。每相绕组的首端和尾端分别用 U_1、V_1、W_1 和 U_2、V_2、W_2 表示，通常将三相绕组的 6 个端子引入接线盒内，与接线柱相连，如图 7-4 所示。三相对称定子绕组根据需要既可以接成星形，也可以接成三角形。

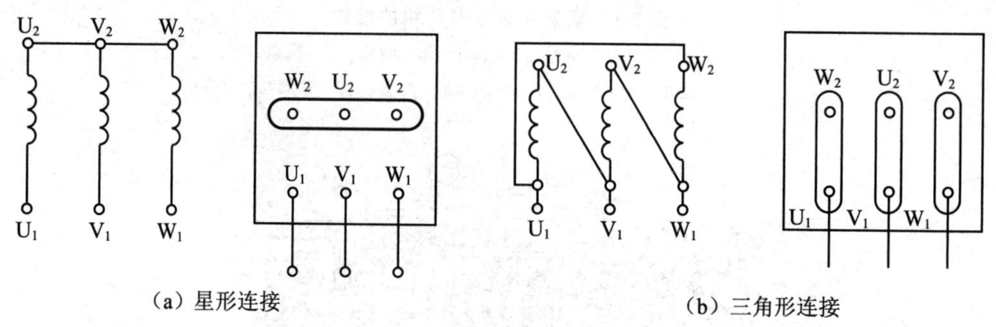

(a) 星形连接　(b) 三角形连接

图 7-4　三相异步电动机接线

(3)机座：电动机的外壳，用以固定和支撑定子铁芯及端盖，机座应具有足够的强度和刚度，同时还应满足通风散热的需要。小型异步电动机的机座一般用铸铁铸成，大型异步电动机机座常用钢板焊接而成。为了增加散热面积、加强散热，封闭式异步电动机机座外壳上面有散热筋，防护式电动机机座两端端盖开有通风孔或机座与定子铁芯间留有通风道等。

2. 转子

转子由转子铁芯、转子绕组和转轴等部件构成。转子的作用是用来产生感应电流，形成电磁转矩，从而实现机电能量转换。

(1)转子铁芯：电动机磁路的一部分。一般仍用 0.5 mm 厚的硅钢片叠压而成，套装在转轴上，转子铁芯叠片外圆冲有嵌放转子绕组的槽，如图 7-3(c)所示。

(2)转子绕组：转子绕组的作用是感应出电动势和电流并产生电磁转矩，其结构形式有鼠笼式和绕线式两种。

①鼠笼式转子绕组。在每个转子槽中插入一根铜条，在铜条两端各用一个铜质端环焊接起来形成一个自身闭合的多相短路绕组，形如鼠笼，称为铜条转子，如图 7-5 所示。也可以用铸铝的方法，把转子导条和端环、风扇叶片用铝液一次浇铸而成，称为铸铝转子，如图 7-6 所示。中小异步电动机的鼠笼转子一般采用铸铝转子。因鼠笼式转子结构简单、制造方便、运行可靠，所以得到广泛应用。

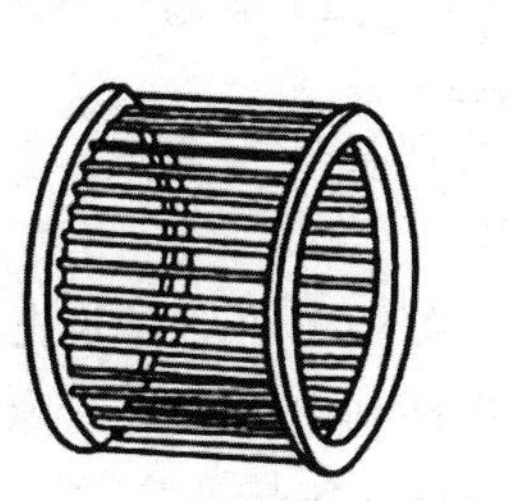

(a) 铜条转子绕组

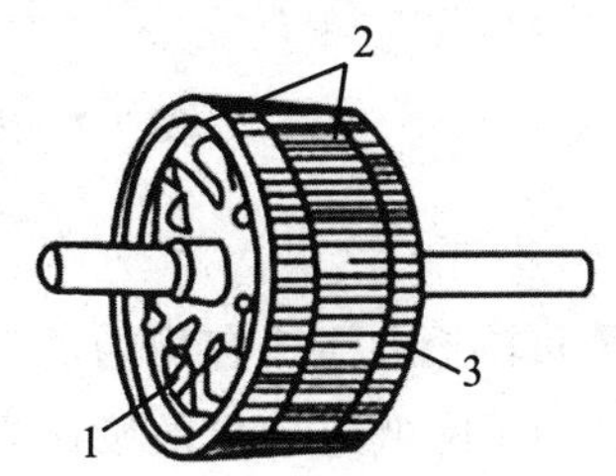

(b) 铜条转子

图 7-5 铜条转子结构

1—铁芯；2—导条短路坏；3—嵌入的导条

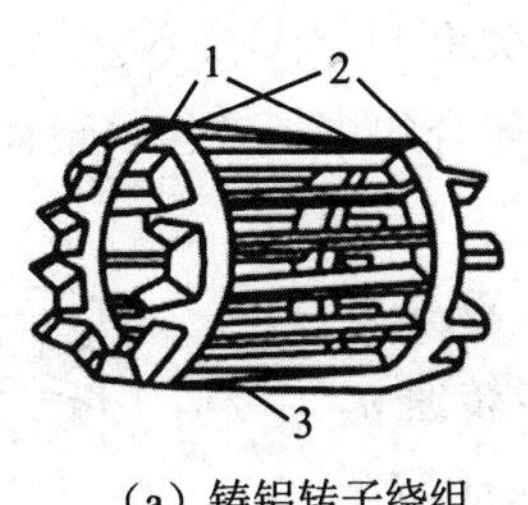

(a) 铸铝转子绕组

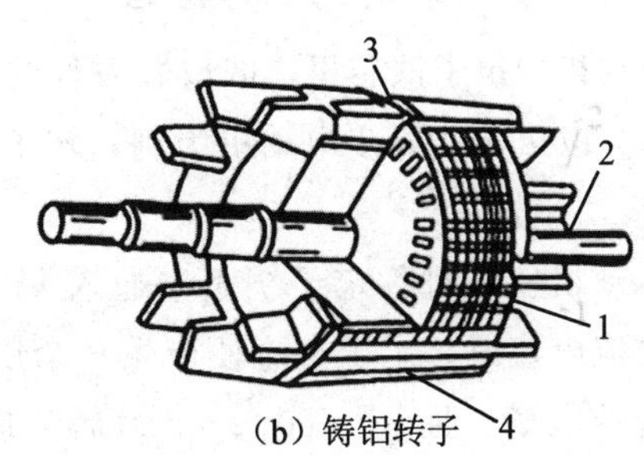

(b) 铸铝转子

图 7-6 铸铝转子结构

1—端环；2—风叶；3—铝条；4—转子铁芯

②绕线式转子绕组。绕线式转子绕组与定子绕组相似，也是制成三相绕组，一般作星形连接。三根引出线分别接到转轴上彼此绝缘的三个滑环上，通过电刷装置与外部电路相连，如图 7-7 所示。转子绕组回路串入三相可变电阻的目的是为了改善起动性能或调节转速。为了消除电刷和滑环之间的机械摩擦损耗及接触电阻损耗，在大中型绕线式电动机中，还装设有提刷短路装置。起动时转子绕组与外电路接通，起动完毕后，在不需调速的情况下，将外部电阻全部短接。

(3)转轴：一般用强度和刚度较高的低碳钢制成，其作用是支撑转子和传递转矩。整个转子靠轴承和端盖支撑着，端盖一般用铸铁或钢板制成，它是电动机外壳机座的一部分。

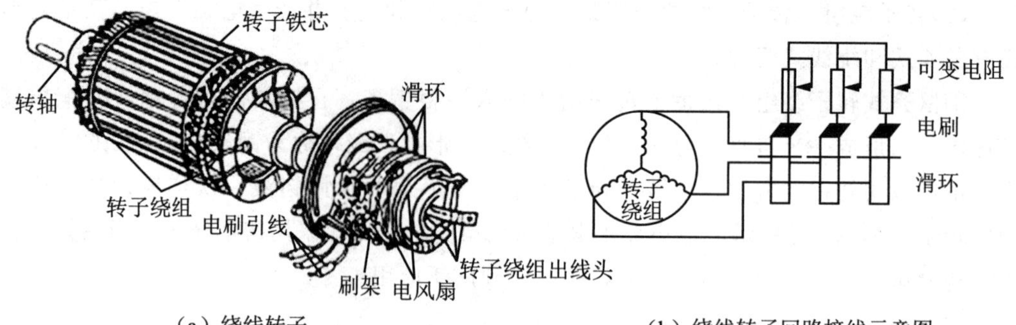

（a）绕线转子　　　　（b）绕线转子回路接线示意图

图 7-7　绕线式转子

3. 气隙

在电动机定子和转子之间留有均匀的气隙，气隙的大小对异步电动机的参数和运行性能影响很大。为了降低电动机的励磁电流和提高功率因数，气隙应尽可能做得小些，但气隙过小，将使装配困难或运行不可靠，因此气隙大小除了考虑电性能外，还要考虑便于安装。气隙的最小值常由制造加工工艺和安全运行等因素来决定，异步电动机气隙一般为 0.2～2 mm，比直流电动机和同步电动机定、转子气隙小得多。

二、三相异步电动机的工作原理

在异步电动机的定子铁芯里，嵌放着对称的三相绕组 U_1-U_2、V_1-V_2、W_1-W_2，如图 7-8 所示。以鼠笼式异步电动机为例，转子是一闭合的多相绕组，下面分析异步电动机工作原理。

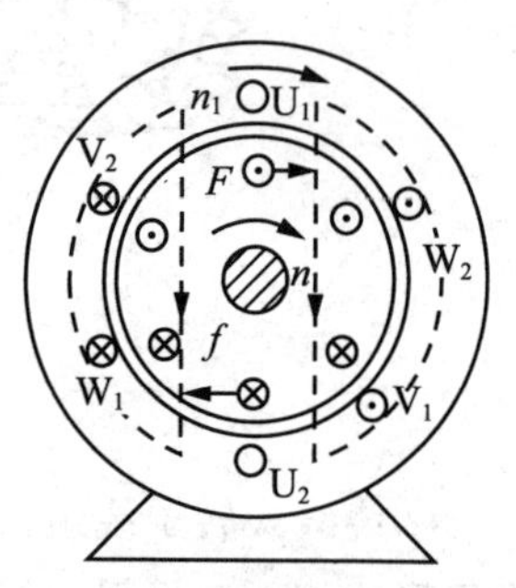

图 7-8　异步电动机工作原理

当异步电动机三相对称定子绕组中通入 U、V、W 相序的三相对称交流电流时，定子电流便产生一个以同步转速 n_1 旋转的圆形旋转磁场，且 $n_1=60f/p$，旋转方向取决于定子三相绕组的排列以及三相电流的相序。图中 U、V、W 三相绕组顺时针排列，当定子绕组中通入 U、V、W 相序的三相交流电流时，定子旋转磁场为顺时针转向。转子开始是静止的，故转子与旋转磁场之间存在相对运动，转子导体切割定子磁场而感应电动势，因转子绕组自身闭合，转子绕组内便产生了感应电流。转子有功分量电流与转子感应电动势同相位，其方向由右手定则确定。载有有功分量电流的转子绕组在磁场中受到电磁力作用，由左手定则可判定电磁力 F 的方向。电磁力 F 对转轴形成一个电磁转矩，其作用方向与旋转磁场方向一致，拖着转子沿着旋转磁场方向旋转，将输入的电能变成转子旋转的机械能。如果电动机轴上带有机械负载，则机械负载便随电动机转动起来。

异步电动机的转子旋转方向始终与旋转磁场的方向一致，而旋转磁场的方向又取决于通入交流电的相序，因此只要改变定子电流相序，即任意对调电动机的两根电源线，便可使电动机反转。

三、三相异步电动机的铭牌和型号

1. 铭牌

每台电机的铭牌上都标注了电动机的型号、额定值和额定运行情况下的有关技术数据。电动机按铭牌上所规定的额定值和工作条件下运行，称为额定运行。Y112M-2型三相异步电动机的铭牌如图 7-9 所示。

三相异步电动机		
型号　Y112M-2	功率　4 kW	频率　50 Hz
电压　380 V	电流　8.2 A	接法　△
转速　2890 r/min	绝缘等级　B	工作方式　连续
××年××月	编号　××××	××电机厂

图 7-9　三相异步电动机的铭牌

2. 型号

型号是表示电动机的类型、结构、规格和性能的代号。Y 系列异步电动机的型号由 4 部分组成，即

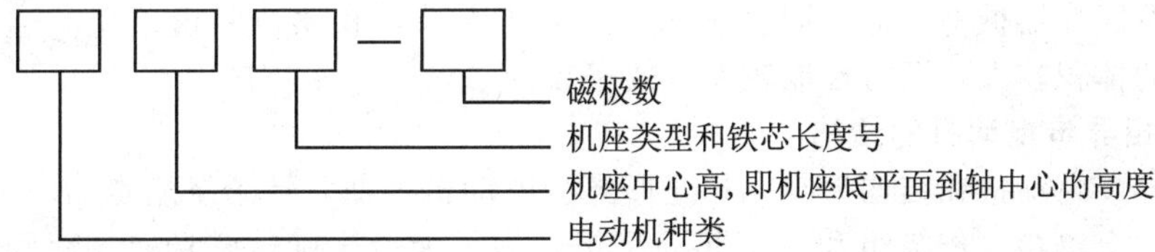

如型号为 Y100L2-4 的电动机：Y 表示笼式异步电动机；100 表示机座中心高为 100 mm；L2 表示长机座(而 M 表示中机座，S 表示短机座)，铁芯长度号为 2；4 表示磁极数为四极。

3. 额定值

额定值规定了电动机正常运行的状态和条件，它是选用、安装和维修电动机的依据。异步电动机铭牌上标注的额定值：

(1)额定功率 P_N。指电动机额定运行时轴上输出的机械功率，单位为 kW。

(2)额定电压 U_N。指电动机额定运行时加在定子绕组出线端的线电压，单位为 V。

(3)额定电流 I_N。指定子加额定电压，轴端输出额定功率时的定子线电流，单位为 A。

(4)额定频率 f_N。指电动机所接交流电源的频率，我国电网的频率(工频)为 50 Hz。

(5)额定转速 n_N。指额定运行时转子的转速，单位为 r/min。

4. 接线

接线是指在额定电压下运行时，电动机定子三相绕组有 Y 连接和△连接。若铭牌标△，额定电压标 380 V，表明电动机额定电压为 380 V 时应接△。若电压标成 380 V/220 V，接法标 Y/△，表明电源线电压为 380 V 时应接成 Y；电源电压为 220 V 时应接成△。

5. 绝缘等级和电动机温升

绝缘等级是指绝缘材料的耐热等级，通常分为如下七个等级。见表 7-1。电动机温升是指电动机工作时电动机温度超过环境温度的最大允许值。电动机工作的环境温度

一般规定为40℃(以前是35℃)，若电动机铭牌中标明为A级绝缘，温升为65℃，则电动机的最高允许温度为65℃+40℃=105℃。电动机的最高允许温度值取决于电动机所用的绝缘材料，各种等级的绝缘材料的最高允许温度如表7-1所示。

表7-1 三相异步电动机绝缘等级

绝缘等级	Y	A	E	B	F	H	C
最高工作温度/℃	90	105	120	130	155	180	>180

6. 工作方式

(1)连续工作方式。在额定状态下可以连续工作而温升没有超过最大值。

(2)短时间工作方式。短时间工作，长时间停用。

(3)断续工作方式。开机、停机频繁，工作时间很短，停机时间也不长。

四、单相异步电动机

单相异步电动机

单相异步电动机是利用220 V单相交流电源供电的一种小容量交流电动机，功率一般在8～750 W。单相异步电动机具有结构简单，成本低廉，使用维修方便等特点，被广泛应用于冰箱、电扇、洗衣机等家用电器及医疗器械中。但与同容量的三相异步电动机相比，单相异步电动机的体积较大、运行性能较差、效率较低。

1. 单相异步电动机的结构

单相异步电动机在结构上与三相笼形异步电动机类似，转子绕组也为一笼形转子。定子上有一个单相工作绕组和一个起动绕组，为了能产生旋转磁场，在起动绕组中还串联了一个电容器，其结构如图7-10所示。

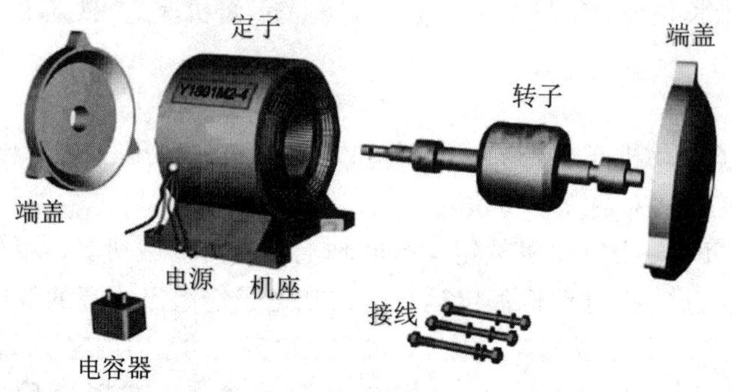

图7-10 单相异步电动机结构示意图

2. 单相异步电动机的工作原理

在单相异步电动机的定子绕组通入单相交流电，电动机内产生一个大小及方向随时间沿定子绕组轴线方向变化的磁场，称为脉动磁场，如图7-11所示。

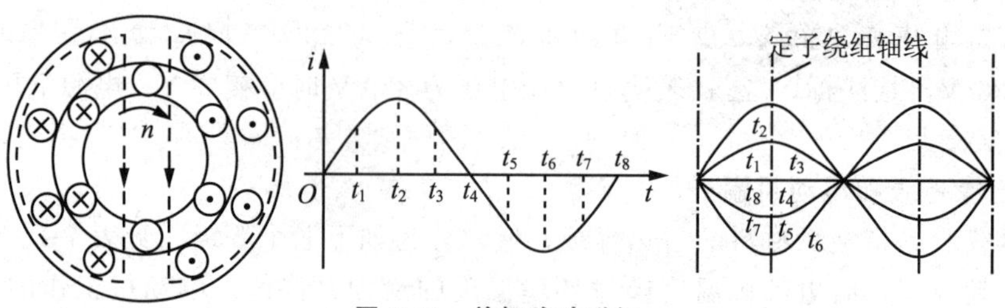

图7-11 单相脉动磁场

由于单相异步电动机绕组通入单相交变电流，若电动机定子铁芯只具有单相绕组，则产生的磁通是交变脉动磁通，它的轴线在空间上是固定不变的。这种磁通不可能使转子起动旋转，必须采取另外的起动措施。为了说明这个问题，首先分析脉动磁场的特点。

随时间变化的脉动磁场可以分解为两个大小相等、转速相同、方向相反的旋转磁场 B_1、B_2，如图 7-12 所示。顺时针方向转动的旋转磁场 B_1 对转子产生顺时针方向的电磁转矩，逆时针方向转动的旋转磁场 B_2 对转子产生逆时针方向的电磁转矩。由于在任何时刻这两个电磁转矩都大小相等、方向相反，所以电动机转子的合力为零，转子是不会转动的，也就是说单相异步电动机的起动转矩为零。如果用外力使转子顺时针转动一下，这时顺时针方向转矩大于逆时针方向转矩，转子就会按顺时针方向不停地旋转。当然，反方向旋转也是如此。

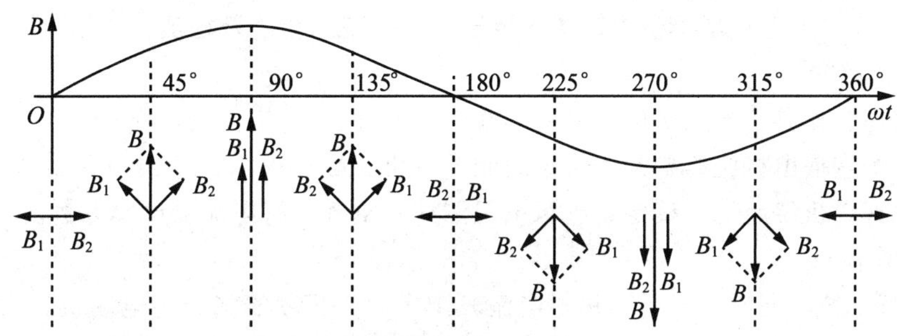

图 7-12　脉动磁场的分解

通过上述分析可知，单相异步电动机虽无起动转矩，却有运行转矩，其转动的关键是能产生一个起动转矩。只要能产生起动转矩，就能带负载运行。单相分相式异步电动机依据的原理是在空间不同相的绕组中通入时间不同相的电流，使其合成磁场形成一个旋转磁场。单相电容式异步电动机是使电容器始终与辅助绕组接通，不仅产生起动转矩，而且参加运行，保持起动时产生的两相交流电和旋转磁场的特性，即保持一台两相异步电动机的特性运行。

3. 两种常见类型的单相异步电动机

(1)单相电阻分相起动异步电动机

这种单相异步电动机的定子主绕组和副绕组空间位置相差 90°，通过改变副绕组的电阻来达到分相的目的，一般主、副绕组电流的相位差有 35°左右。副绕组通过一个起动开关与主绕组并联，副绕组的作用是起动绕组，通常在电动机起动并且转速达同步转速的 80%左右时，起动开关断开副绕组，使电动机在只有主绕组通电的情况下稳定运行。如图 7-13(a)。这种单相异步电动机常见于冰箱、鼓风机、医疗器械等。

(2)单相电容分相起动异步电动机

这种单相异步电动机的接线图如图 7-13(b)所示，其副绕组回路中串联了一个电容器和起动开关，然后与主绕组并联，利用电容的分相作用，使副绕组(容性)中的电流相位角大大领先于主绕组(感性)中的电流相位角，主、副绕组相位差接近 90°，从而产生旋转磁场，这种单相异步电动机常用于电风扇、洗衣机等家用电器中。

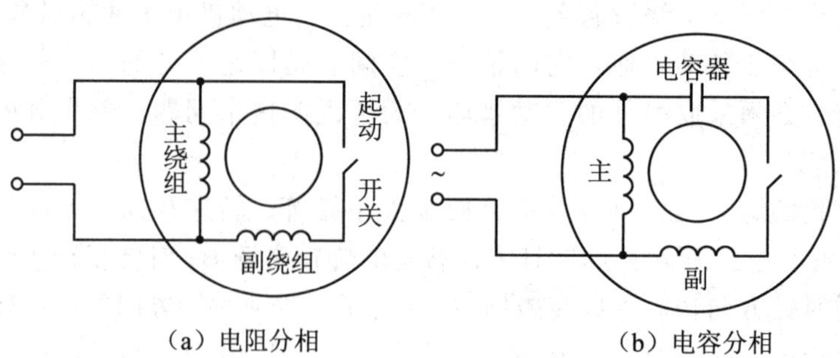

（a）电阻分相　　（b）电容分相

图 7-13　单相异步电动机定子接线图

>>> 技能操作

小型异步电动机的拆装、定子绕组重绕及检测

1. 操作目的

(1)掌握三相异步电动机的内部结构和工作原理。

(2)熟练掌握电机绕组拆卸、绕组绕制及电机装配过程。

(3)掌握电机绕组端子确定、绝缘电阻测试、空载运行电流测试等方法。

2. 操作器材

万用表 1 块、兆欧表 1 个、钳形电流表 1 个、三相鼠笼式异步电动机 1 台、撬棍、拉具、厚木板、画线板、绕线机、竹签、沙带、铜线、绝缘材料等。

3. 操作步骤和工艺要求

(1)电动机的拆卸步骤

在拆卸前准备好各种工具，在电动机的接线头、端盖等处做好标记和记录，以便于修复后的装配。观察铭牌，并将铭牌数据记录到表 7-2 中。

拆卸顺序为切断电源→拆除电动机与电源的连接线，并做好电源线头的绝缘处理→拆除地脚螺栓等电动机与设备的机械连接→拆卸带轮或联轴器→拆卸前轴承外盖和前端盖→拆卸风扇或风罩→拆卸后轴承外盖和后端盖→抽出或吊出转子。三相异步电动机的拆卸过程如图 7-14 所示。

图 7-14　三相异步电动机的拆卸过程

拆卸过程中，观察定子绕组的连接形式，前后端部的形状，引线连接形式以及绝缘材料的放置等，并将相关数据记录到表 7-2 中。

表 7-2 异步电动机定子拆卸

	铭牌数据							绕组数据						定子铁芯					绝缘材料			
记录项目	型号	额定转速	绕组连接	绝缘等级	额定功率	额定电压	额定电流	导线规格	每槽匝数	并绕根数	并联支路数	节距	绕组形式	外径	内径	总长度	总槽数	槽深	端部绝缘	槽绝缘	绝缘厚度	槽楔尺寸
数据																						

(2)电动机的装配

装配异步电动机的步骤与拆卸时相反，在装配时要注意拆卸时做的标记，尽量按原记号复位。

(3)定子绕组的拆除步骤

冷态时的绕组较硬，很难拆除，必须采用加热软化绕组绝缘的办法拆除。拆除步骤为加热(在绕组中通入单相低压大电流或用烘箱、煤炉、煤气或喷灯等)绕组至软化冒烟→将绕组端部各连接线拆开→打出槽楔→迅速拆除线组→修正槽形，清除槽内残留绝缘物。

拆卸过程中，要保留一只完整的线圈，测量其周长和直径并连同铭牌数据及槽数、线径等相关数据记录到表 7-2 中。

(4)定子绕组的重绕

三相异步电动机定子绕组重绕的顺序为记录原始数据→拆除旧绕组→整修定子铁芯→制作绝缘材料及槽楔→制作绕线模→绕制线圈→嵌线接线→浸漆烘干→装配试验。

(5)电动机的检测

①机械检查。检测机械部分的装配质量，紧固螺钉是否拧紧，用手转动出轴，转子转动是否灵活，有无扫膛、松动现象，轴承是否有杂声等。

②电气性能检查。检测三相的直流电阻是否平衡，测量绕组的绝缘电阻。检测三相绕组每相对地的绝缘电阻和相间绝缘电阻，将测量数据记录到表 7-3 中，要求测量阻值不得小于 0.5 MΩ。按铭牌要求接好电源线，在机壳上接好保护接地线，接通电源，用钳形电流表检测三相空载电流，看是否符合允许值，查电动机温升是否正常，运转中有无异响。

表 7-3 电动机绝缘电阻测量值

测量项目	UV 间	VW 间	WU 间	U 对壳	V 对壳	W 对壳
测量数据						

4. 操作报告要求

(1)详细写出异步电动机的拆装步骤。

(2)总结拆装工具以及兆欧表等检测工具的使用及注意事项。

(3)认真填写测试数据。

(4)根据操作过程总结结果。

>>> 能力训练

1. 单相异步电动机若无起动绕组能否自行起动?

2. 单相异步电动机怎样实现正反转?

3. 有一台四极三相异步电动机，电源电压的频率为 50 Hz，满载时电动机的转差率为 0.02，求电动机的同步转速、转子转速和转子电流频率。

4. 稳定运行的三相异步电动机，当负载转矩增加时，为什么电磁转矩相应增大?当负载转矩超过电动机的最大电磁转矩时，会产生什么现象?

5. 已知某三相异步电动机的技术数据：$P_N=2.8$ kW，$U_N=220$ V/380 V，$I_N=$ 10 A/5.8 A，$n_N=2890$ r/min，$\cos\varphi_N=0.89$，$f_1=50$ Hz。求：(1)电动机的磁极对数 p；(2)额定转矩 T_N 和额定效率 η_N。

任务二十　常用低压电器的认识与拆装

>>> 任务目标

1. 掌握常用低压电器的工作原理；
2. 熟识常用低压电器图形、文字符号；
3. 熟悉常用低压电器的结构；
4. 掌握常用低压电器的应用。

>>> 任务描述

低压电器通常是指工作在交流电压小于 1 200 V，直流电压小于 1 500 V 的电路中起通断、保护、控制或调节作用的电器设备。学习并熟悉常用低压电器的工作原理，能够熟练拆装、检验开关、熔断器、接触器等常用的低压电器。

>>> 相关知识

一、低压开关

低压开关主要用作隔离、转换以及接通和分断电路。有时也可以用来控制小容量电动机的起动、停止和正反转。低压开关一般为非自动切换电器，常用的有刀开关、转换开关和低压断路器等。

1. 刀开关

刀开关是低压配电电器中结构最简单、应用最广泛的电器，主要用在低压成套配电装置中，作为不频繁地手动接通和分断交直流电路或作隔离开关用。刀开关种类很多，常用的有闸刀开关、铁壳开关、组合开关等。

刀开关

(1)瓷底胶盖闸刀开关

瓷底胶盖闸刀开关又称开启式负荷开关，图 7-15 所示为 HK 系列刀开关的外形、结构图及符号。它由刀开关和熔断器组成，均装在瓷底板上。刀开关装在上部，由进线座和静触头组成。熔断器装在下部，由出线座、熔丝和动触刀组成。动触刀上端装有瓷质手柄便于操作，上下各有一个胶盖并以紧固螺钉固定，用来遮罩开关零件，防止电弧或触及带电体伤人。这种开关不易分断有负载的电路，但由于结构简单、价格便宜，在一般的照明电路和功率小于 5.5 kW 电动机的控制电路中可使用。

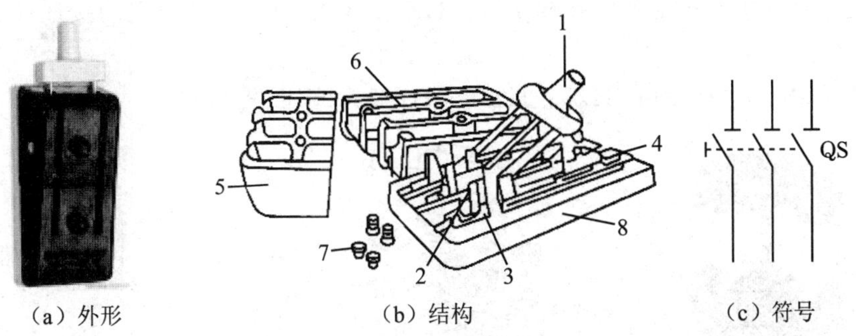

（a）外形　（b）结构　（c）符号

图 7-15　HK 系列瓷底胶盖刀开关的外形、结构及符号

1—瓷质手柄；2—进线座；3—静夹座；4—出线座；5—上胶盖；
6—下胶盖；7—胶盖固定螺母；8—瓷底座

(2)铁壳开关

铁壳开关又称封闭式负荷开关，其灭弧性能、操作性能、通断能力和安全防护性能都优于开启式负荷开关。因其外壳多为铸铁或用薄钢板冲压而成，故俗称铁壳开关。封闭式负荷开关一般用来控制功率在 10 kW 以下的电动机不频繁的直接起动。

封闭式负荷开关的外形、结构和符号如图 7-16 所示。

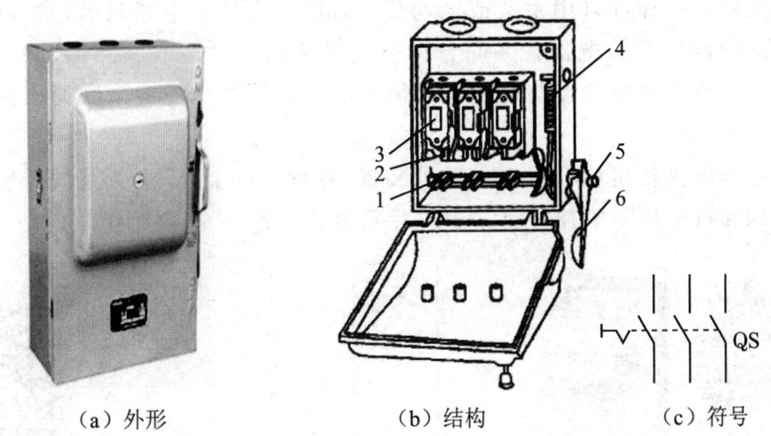

（a）外形　（b）结构　（c）符号

图 7-16　铁壳开关的外形、结构及符号

1—闸刀；2—静夹座；3—熔断器；4—速断弹簧；5—转轴；6—手柄

封闭式负荷开关使用时必须垂直安装，外壳应可靠接地。分合闸操作时，要站在开关的手柄侧，不准面对开关，以免因意外故障电流使开关爆炸，铁壳飞出伤人。

(3)组合开关

组合开关由动触头(动触片)、静触头(静触片)、转轴、手柄、定位机构及外壳等

部分组成。其动、静触头分别叠装于数层绝缘壳内。如图 7-17 所示为 HZ10 组合开关结构外形、结构和符号，当转动手柄时，每层的动触头随方形转轴一起转动，从而实现对电路的通、断控制。组合开关同样也有单极、双极和三极之分，如图 7-17(c)所示。

HZ10 系列组合开关应安装在控制箱内，其操作手柄最好在它的前面或侧面。开关为断开状态时应使手柄在水平旋转位置。HZ3 系列组合开关外壳上的接地螺钉必须可靠接地。

组合开关的常用产品有 HZ5、HZ10、HZ12、HZ15 等系列。

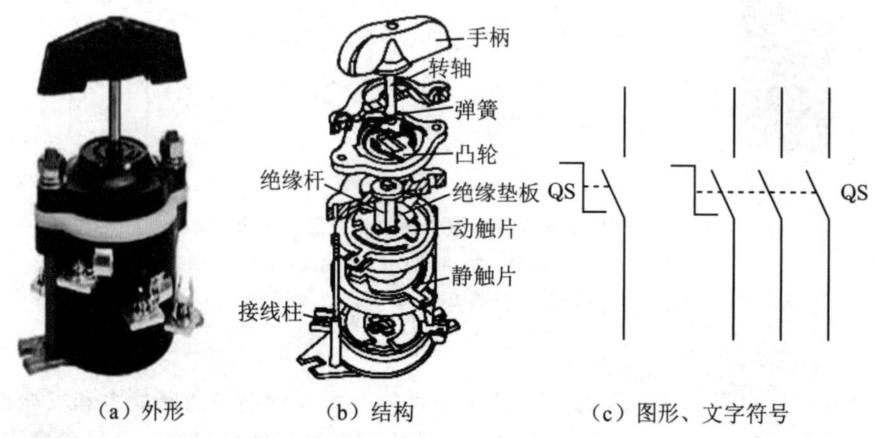

(a) 外形　　(b) 结构　　(c) 图形、文字符号

图 7-17　组合开关外形、结构及其表示符号

2. 低压断路器

低压断路器是一种可以用手动或电动分、合闸，而且在电路过载、短路或欠电压时能自动分闸的低压开关电器，又叫自动空气开关或自动空气断路器，简称断路器。其功能相当于熔断器式断路器与过流、欠压、热继电器等的组合，因而得到了广泛的应用。

低压断路器由操作机构、触点、保护装置(各种脱扣器)、灭弧系统等组成。低压断路器的结构和符号如图 7-18 所示，其文字符号为 QF。

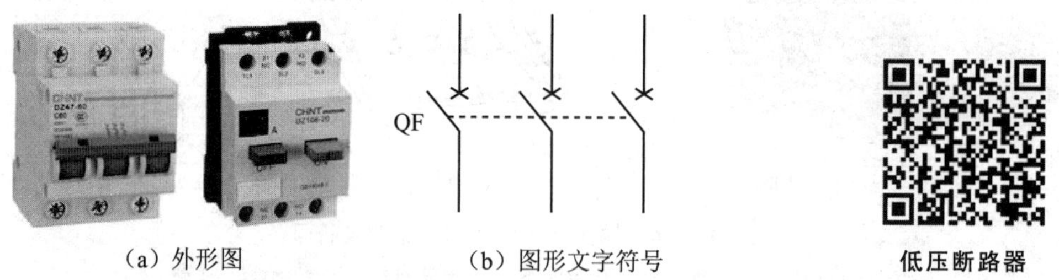

(a) 外形图　　(b) 图形文字符号　　**低压断路器**

图 7-18　低压断路器

低压断路器的工作原理图如图 7-19 所示。

断路器的主触点 2 是靠操作机构手动或电动合闸的，并由自动脱扣机构将主触点锁在合闸位置上。如果电路发生故障，自动脱扣机构在有关脱扣器的推动下动作，使钩子脱开，主触点在弹簧的作用下迅速分断。过电流脱扣器 5 的线圈和过载脱扣器 6 的线圈与主电路串联，失压脱扣器 7 的线圈与主电路并联。当电路发生短路或严重过载时，5 的衔铁被吸合，使自动脱扣机构动作将 2 断开；当电路过载时，6 的热元件产生的热量增加，使双金属片向上弯曲，推动自动脱扣机构动作将 2 断开；当电路失压时，7 的衔铁释放，也使自动脱扣机构动作。分励脱扣器 8 则作为远距离分断电路使用，根据操作人员的命令或其他信号使线圈通电，从而使断路器跳闸。断路器根据不同用途可配备不同的脱扣器。

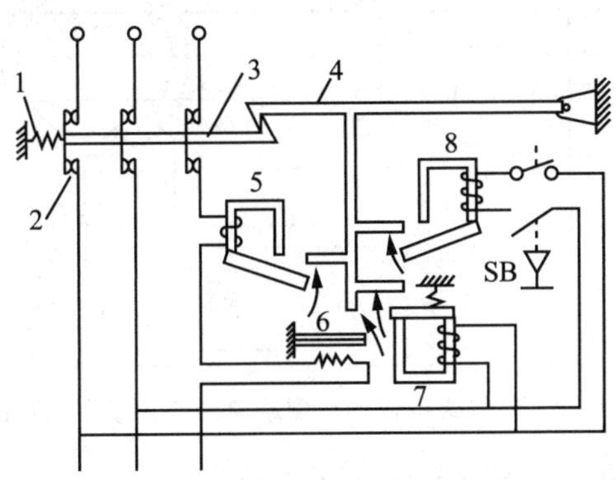

图 7-19　低压断路器工作原理图

1—分闸弹簧；2—主触点；3—传动杆；4—锁扣；5—过电流脱扣器；
6—过载脱扣器；7—失压脱扣器；8—分励脱扣器

低压断路器可按以下条件选用。

(1)低压断路器的额定电压和额定电流应不小于电路正常工作电压和电流。

(2)脱扣器的整定电流应与所控制的电动机的额定电流或负载的额定电流一致。

(3)电磁脱扣器的瞬时脱扣整定电流应大于负载电路正常工作时的峰值电流。

低压断路器的主要型号有 DW10、DW15、DZ5、DZ10、DZ20 等系列。

3. 漏电保护开关

漏电保护开关是一种常用的漏电保护装置。它既能控制电路的通与断，又能保证其控制电路或设备发生漏电或接地故障时迅速自动跳闸，进行保护。断路器与漏电保护开关两部分合并起来就构成个完整的漏电断路器，具有过载、短路、漏电保护功能。漏电断路器的外形如图 7-20 所示。

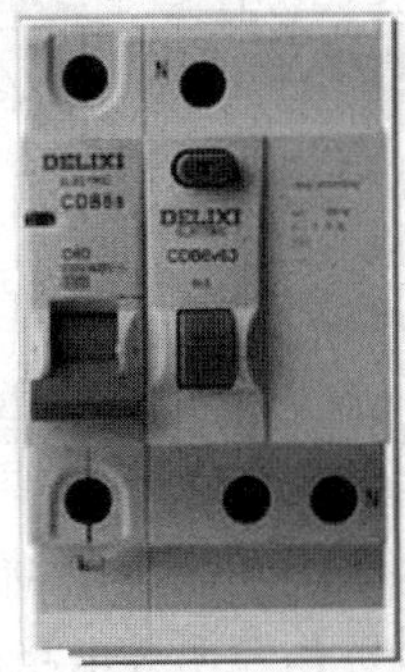

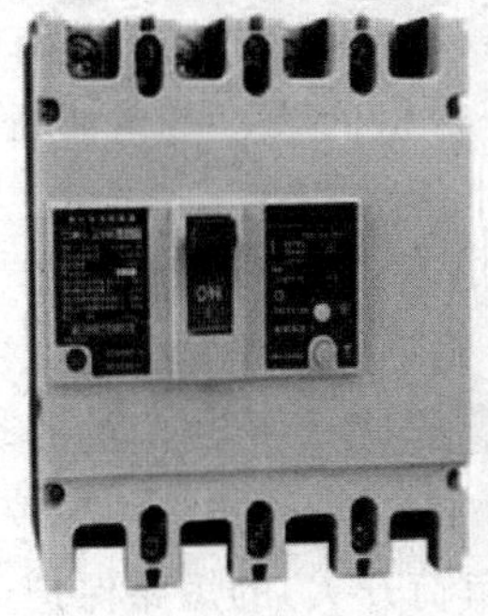
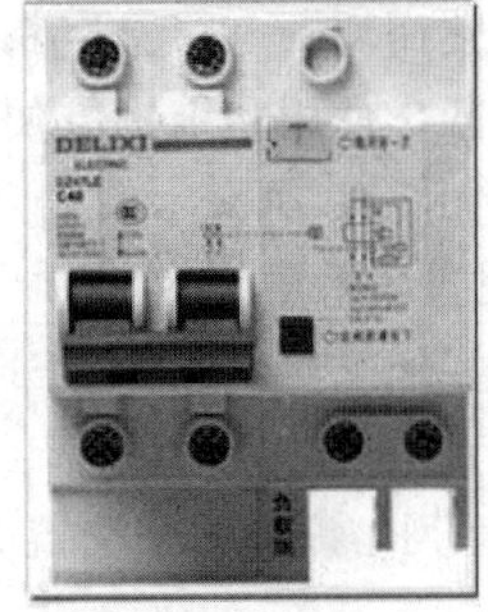

图 7-20　漏电断路器的外形

漏电保护开关按动作方式可分为电压动作型和电流动作型；按动作机构可分为开关式和继电器式；按极数和线数可分为单极二线、二极、二极三线等。

电磁式电流动作型漏电断路器由主开关、测试电路、电磁式漏电脱扣器和零序电流互感器组成，其工作原理如图 7-21 所示。

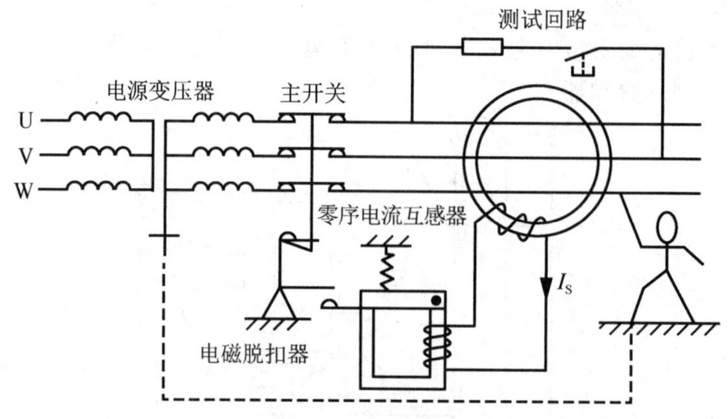

图 7-21　电磁式电流动作型漏电断路器工作原理图

当正常工作时，不论三相负载是否平衡，通过零序电流互感器主电路的三相电流相量之和等于零，故其二次绕组中无感应电动势产生，漏电断路器工作于闭合状态。如果发生漏电或触电事故，三相电流之和便不再等于零，而等于某一电流值 I_S，I_S 会通过人体、大地、变压器中性点形成回路。这样零序电流互感器二次侧将产生与 I_S 对应的感应电动势加到脱扣器上。当 I_S 达到一定值时，脱扣器动作，推动主开关的锁扣，分断主电路。漏电断路器对线路中的过载和短路也能起到保护作用。

漏电保护开关的选择如下。

(1)保护单相线路(设备)时，选用单极二线或二极漏电保护开关。

(2)保护三相线路(设备)时，选用三极漏电保护开关。

(3)既有三相又有单相时，选用三极四线或四极漏电保护开关。

二、熔断器

熔断器

熔断器是一种广泛应用的最简单有效的保护电器之一，其主体是低熔点金属丝或金属薄片制成的熔体，串联在被保护的电路中。在正常情况下，熔体相当于一根导线，当发生短路时，电流很大，熔体因瞬间过热熔化而切断电路。熔断器作为保护电器，具有结构简单、体积小、质量轻、使用和维护方便、价格低廉、可靠性高等优点。熔断器的符号如图 7-22 所示。

1. 瓷插式熔断器

常用的瓷插式熔断器为 RC1A 系列，其结构如图 7-23 所示。它由瓷底座、动触点、熔体和静触点组成，瓷插件突出部分与瓷底座之间的间隙形成灭弧室。

RCIA 系列熔断器用于交流 50 Hz，额定电压 380 V 及以下的电路末端作为供配电系统导线及电气设备(如电动机、负荷开关)的短路保护，也可作照明等电路的保护。

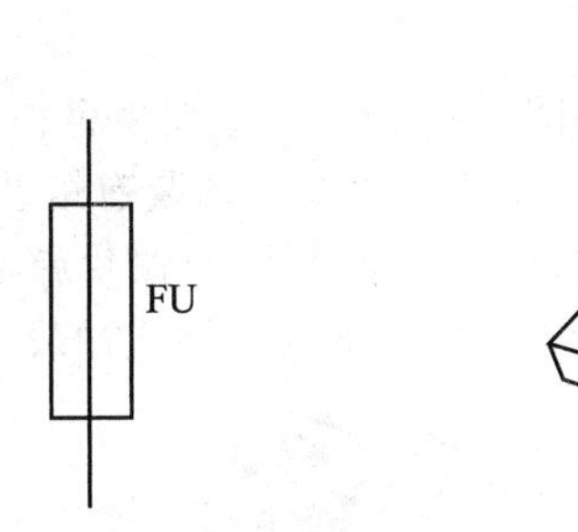

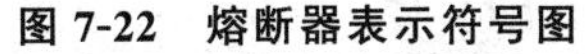

图 7-22 熔断器表示符号图

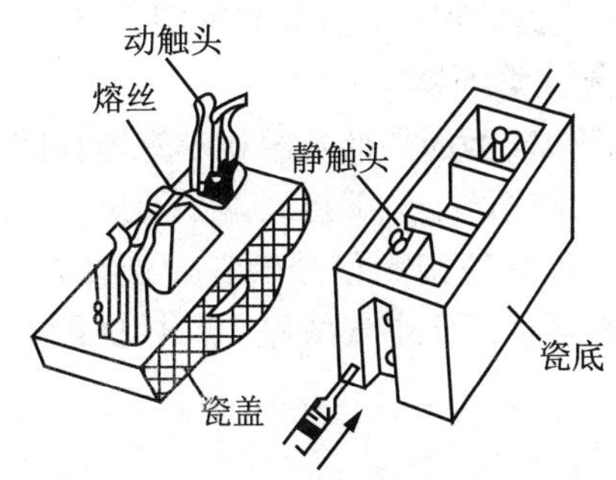

图 7-23 瓷插式熔断器结构示意图

2. RM10 系列无填料封闭管式熔断器

该系列熔断器结构如图 7-24 所示。它主要由熔断管、熔体、夹头及夹座等部分组成。熔断管由钢质玻璃纤维(俗称反白管)制成圆管状，管的两端由铜螺帽封闭，管内不充填料。熔体为变截面的锌片，由螺钉固定于熔断器两端的接触刀上，并装于熔断管内。熔体熔断时，电弧在管内不会向外喷出，钢质纤维管在电弧的高温作用下，使其局部分解而产生大量气体，气体一方面在管内壁形成旋涡，加强了离子的复合作用；另一方面又产生强大的压力，增强了消电离作用，从而促使电弧很快熄灭，相应地提高了熔断器的分断能力。

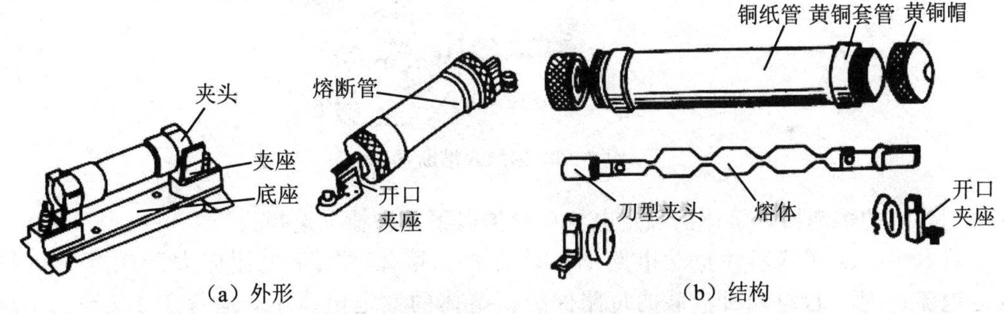

图 7-24 无填料封闭管式熔断器

RM10 系列熔断器适用于经常发生过载和短路故障的场合，作为低电力线路或成套配电装置的连续过载及短路保护是比较合适的。

3. 有填料封闭管式熔断器

有填料封闭管式熔断器又叫快速熔断器，它具有发热时间常数小，熔断时间短，动作迅速等优点。常用的有螺栓连接的 RT12、RT15 系列，产品符合国际电工 IEC269 低压电器标准；圆筒形帽熔断器 RT14、RT19、RT18 系列；RLS、RS0、RS3 等系列。RLS 系列主要用于小容量硅元件及成套装置的短路保护。RS0 系列主要用于大容量晶闸管元件的短路和某些不

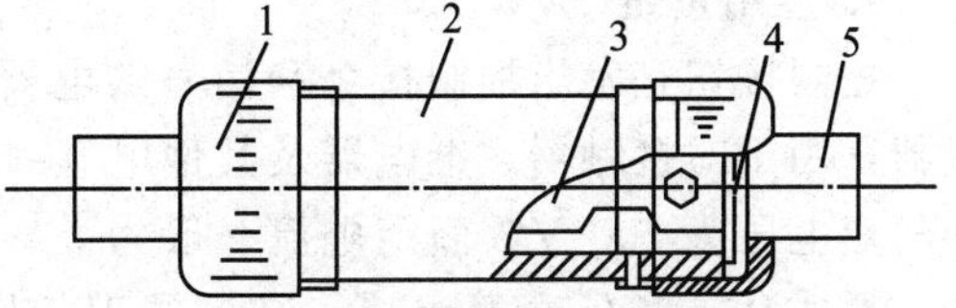

图 7-25 有填料封闭管式熔断器

1—铜帽；2—绝缘管；3—熔体；4—垫片；5—接触刀

允许过电流电路的保护，其结构如图 7-25 所示。

4. 螺旋式熔断器

螺旋式熔断器的外形及结构示意图如图 7-26 所示，主要由瓷帽、熔断管和底座(包括瓷套、上接线端子、下接线端子及座子)组成。熔断管内装有熔丝并装满石英砂，同时还有熔体熔断的指示信号装置，熔体熔断后，带色标的铜片弹起，便于发现更换。螺旋式熔断器适用于电气线路中，做供配电设备、电缆、导线过载和短路保护元件。

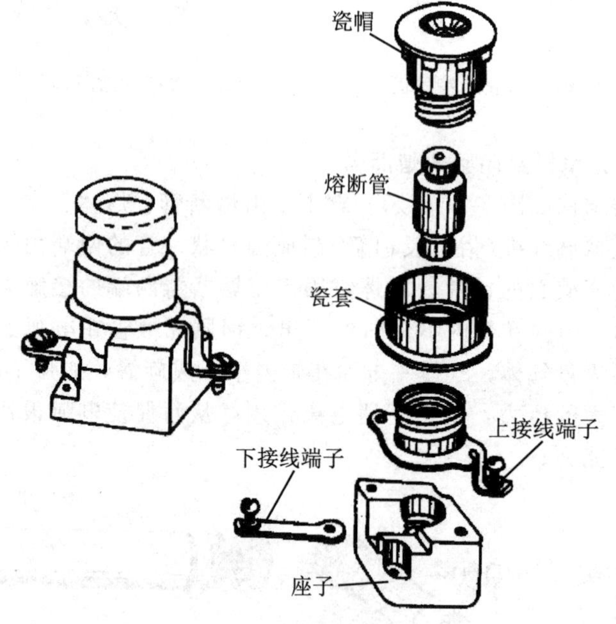

图 7-26　螺旋式熔断器

电路中的熔断器，熔体的额定电流可根据以下几种情况选择：

对电炉、照明等阻性负载电路的短路保护，熔体的额定电流应大于或等于负载额定电流；对一台电动机负载的短路保护，熔体的额定电流 I_{RN} 应等于 1.5～2.5 倍电动机额定电流 I_N；对多台电动机的短路保护，熔体的额定电流应满足：$I_{RN}=(1.5\sim2.5)I_{Nmax}+\sum I_N$。

三、主令电器

自动控制系统中用于发送控制指令的电器称为主令电器。常用的主令电器有控制按钮、行程开关、接近开关、主令控制器、万能转换开关等。

1. 控制按钮

控制按钮是发出控制指令和信号的电器开关，是一种手动且可以自动复位的主令电器，用于对接触器、继电器及其他电气线路发出控制指令信号。它的额定电压为 500 V，额定电流一般为 5 A。按钮由按钮帽、复位弹簧、桥式触头和外壳等组成，结构原理如图 7-27 所示。按下按钮帽时，3 和 4 分断，3 和 5 接通；松开按钮帽时，在弹簧的作用下，按钮恢复到常态。按照按钮的用途和结构，可以分为起动按钮、停止按钮和复合按钮，按钮的图形和文字符号如图 7-28 所示。

控制按钮

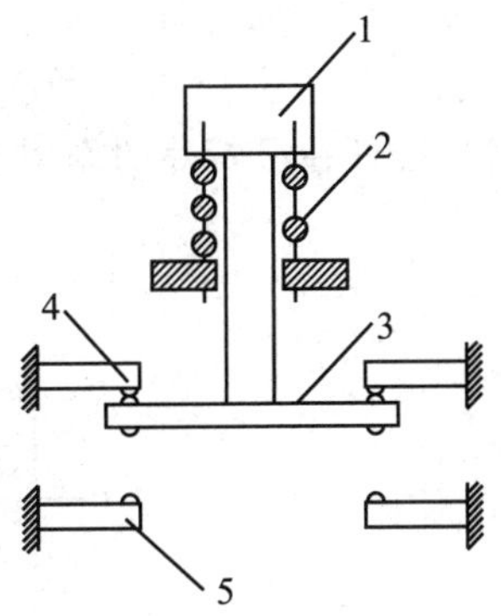

图 7-27 按钮结构示意图

1—按钮帽；2—复位弹簧；3—动触点；4—动断静触点；5—动合静触点

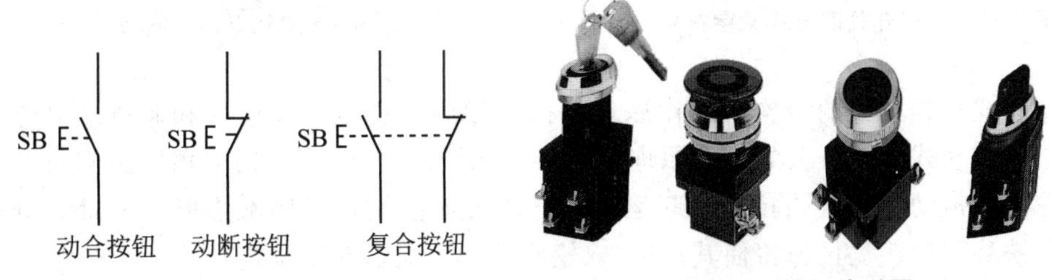

图 7-28 按钮的图形及文字符号　　　　图 7-29 按钮外形图

按钮在结构上有多种形式，适用于不同的场合。紧急式装有突出的蘑菇形钮帽，便于紧急操作；旋钮式用于旋转操作；指示灯式在透明的按钮内装入信号灯，用作信号显示；钥匙式为了安全起见，需用钥匙插入方可旋转操作等。为了标明各个按钮的作用，避免误操作，通常将钮帽做成绿、黑、黄、蓝、白等不同的颜色。一般以红色表示停止，绿色表示起动，其外形如图 7-29 所示。

目前使用比较多的有 LA18、LA19、LA20 系列的产品。控制按钮的选用依据主要根据需要的触点对数、动作要求、是否需要带指示灯、使用场合以及颜色等要求。

2. 行程开关

行程开关

行程开关又称位置开关或限位开关，它是依据生产机械的行程发出命令以控制生产机械运行方向或行程长短的主令电器。若将其安装于生产机械终点处，以限制生产机械行程则称为行程开关或终点开关。行程开关按结构不同可以分为直动式、滚轮式和微动式。其结构基本相同，主要区别在于传动机构。常用行程开关的外形如图 7-30 所示，图形与文字符号如图 7-31 所示。

图 7-30 常用行程开关的外形

微动开关是具有瞬时动作和微小行程的行程开关，结构如图 7-32 所示。当推杆被压下时，弓簧片产生变形，存储能量并产生位移，当达到预定的临界点时，弹簧片连同触点一起动作。当外力消失时，推杆在弓簧片的作用下迅速复位，触点恢复原状。

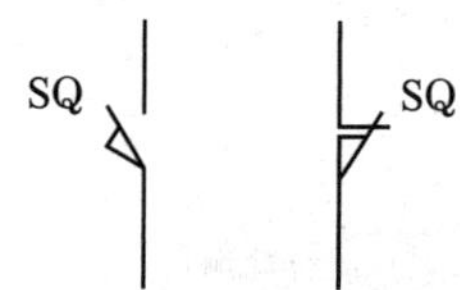

（a）动合触点 （b）动断触点

图 7-31 行程开关图形及文字符号

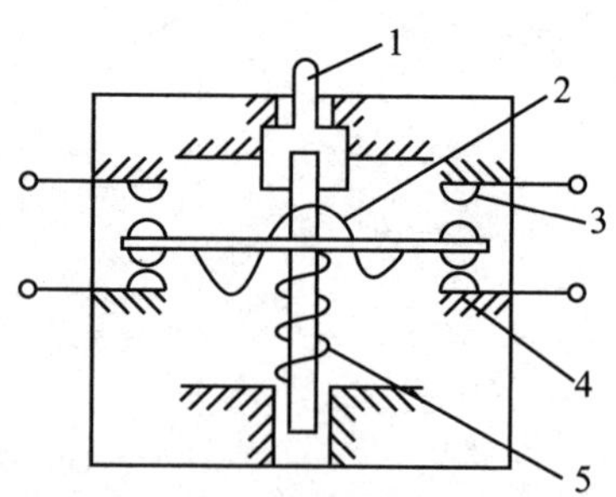

图 7-32 微动式行程开关的结构原理图

1. 推杆；2. 弓簧片；3. 常开触点；4. 常闭触点；5. 弹簧

直动式行程开关的结构、工作原理与按钮相同，有自动复位式和非自动复位式两种。单轮旋转式行程开关的结构原理如图 7-33 所示。当运动机构的挡铁压到行程开关的滚轮时，传动杠杆连同转轴一起运动，凸轮推动撞块使常闭触点断开，常开触点闭合。挡铁移开后，复位弹簧使其复位(双轮旋转式不能自动复位)。

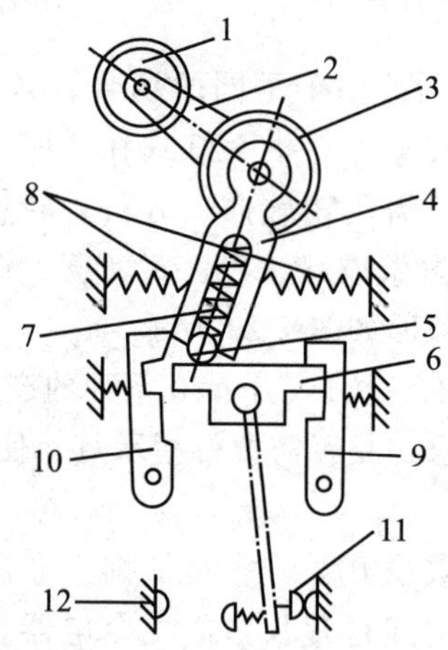

图 7-33 单轮旋转式行程开关结构原理图

1—滚轮；2—上转臂；3—盘形弹簧；4—推杆；5—小滚轮；6—擒纵杆；7、8—弹簧；9、10—压板；11—动触点；12—静触点

四、接触器

接触器

接触器是一种自动的电磁式开关，它通过电磁力作用下的吸合和反力弹簧作用下的释放，使触点闭合和分断，导致电路的接通和断开，主要用来自动接通或断开大电流。接触器不仅能自动地接通和断开电路，还具有控制容量大、低电压释放保护、寿命长、能远距离控制等优点，所以在电气控制系统中应用十分广泛。根据接触器主触点

通过电流的种类，电磁式接触器又可分为交流接触器和直流接触器。接触器的图形文字符号如图 7-34 所示，常用的外形如图 7-35 所示。

（a）线圈　（b）主触点　（c）辅助动合触点　（d）辅助动断触点

图 7-34　接触器的图形及文字符号

图 7-35　常用接触器的外形

1. 交流接触器

交流接触器主要由触点系统、电磁机构和灭弧装置等组成。图 7-36 所示为交流接触器的结构示意图。

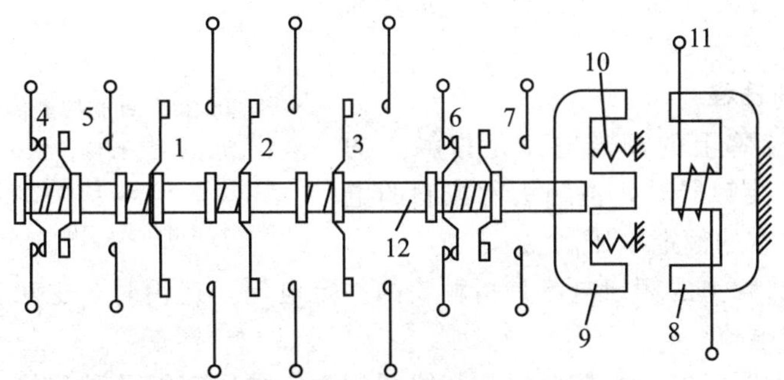

图 7-36　交流接触器结构示意图

1、2、3—主触点；4、6—常闭触点；5、7—常开触点；8—铁芯；9—衔铁；10—弹簧；11—线圈；12—导杆

(1)电磁机构。电磁系统包括电磁线圈、铁芯和衔铁，是接触器的重要组成部分，依靠它带动触点的闭合与断开。

(2)触头系统。触头是接触器的执行部分，它包括主触点和辅助触点。主触点的作用是接通和分断主回路，控制较大的电流；而辅助触点在控制回路中，用以满足各种控制方式的要求。

(3)灭弧装置。灭弧装置用来保证在触点断开电路时，产生的电弧能可靠地熄灭，减少电弧对触点的损伤。为使接触器可靠工作，必须使电弧迅速熄灭，故要采用灭弧装置。容量在 10 A 以上的接触器都有灭弧装置。

(4)其他部件。交流接触器的其他部件有底座、反力弹簧、缓冲弹簧、触点压力弹簧、传动机构和接线柱等。反力弹簧的作用是当吸引线圈断电时，迅速使主触点和辅助动合触点断开；缓冲弹簧的作用是缓冲衔铁在吸合时对静铁芯和外壳的冲击力。触点压力弹簧的作用是增加动、静触点之间的压力，增大接触面积以降低接触电阻，避免触点由于接触不良而过热灼伤，并有减振作用。

2. 直流接触器

直流接触器和交流触器一样，也是由触点系统、电磁机构和灭弧装置等部分组成。图 7-37 为直流接触器的结构原理。

触点系统：直流接触器有主触点和辅助触点。主触点一般做成单极或双极，由于主触点接通或断开的电流较大，故采用滚动接触的指形触点；辅助触点的通断电流较小，常用点接触的双断点桥式触点。

电磁机构：因为线圈中通的是直流电，铁芯中不会产生涡流，所以铁芯可用整块铸铁或铸钢制成，且不需要安装短路环。铁芯中无磁滞和涡流损耗，因而铁芯不发热。线圈匝数较多，电阻大，线圈本身易发热，因此线圈做成长而薄的圆筒状，且不用线圈骨架，使线圈与铁芯直接接触，以便散热。

灭弧装置：直流接触器一般采用磁吹式灭弧装置。

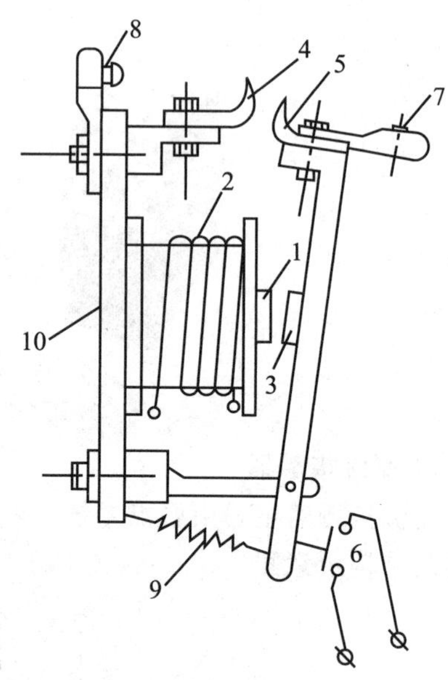

图 7-37　直流接触器结构原理图

1—铁芯；2—线圈；3—衔铁；4—静触点；5—动触点；6—辅助触点；7、8—接线柱；9—反作用弹簧；10—底板

3. 接触器的选择

(1)接触器铭牌上的额定电压是指触头的额定电压。选用接触器时，主触头所控制的电压应小于或等于它的额定电压。

(2)接触器铭牌上的额定电流是指触头的额定电流。选用时，主触头额定电流应大于电动机的额定电流。

(3)同一系列同一容量的接触器，其线圈的额定电压有好几种规格，应使接触器吸引线圈额定电压等于控制回路的电压。

交流接触器的主要型号有 CJ10、CJ20 和 3TB(CJX1)系列。

五、继电器

继电器是根据某种输入物理量的变化，来接通和分断控制电路的电器。继电器的种类很多，按用途分为控制继电器和保护继电器。按动作原理可分为电磁式继电器、感应式继电器、电动式继电器、电子式继电器和热继电器。按输入信号的不同分为电压继电器、中间继电器、时间继电器、速度继电器等。

1. 电磁式继电器

电磁式继电器是使用最多的继电器，其基本结构和工作原理与接触器大致相同。但继电器是用于切换小电流的控制和保护电器，其触点种类和数量较多，体积较小，动作灵敏，无须灭弧装置。

(1)电流继电器

电流继电器的线圈与被测电路(负载)串联，以反映电路的电流大小。为了不影响电路的工作情况，电流继电器的线圈应匝数少、导线粗、阻抗小。电磁式电流继电器结构如图 7-38(a)所示。

电流继电器又分为过电流继电器和欠电流继电器。前者在电路正常工作时不动作，当负载电流超过某一整定值时，衔铁吸合、触点动作，其电流整定范围通常为 1～1.4 倍的线圈额定电流。过电流继电器的图形符号、文字符号如图 7-38(b)所示。欠电流继电器的吸引电流为线圈额定电流的 30%～50%，释放电流为额定电流的 0～20%。因此，在电路正常工作时衔铁是吸合的，当负载电流降到某一整定值时，继电器释放，输出控制信号。欠电流继电器的文字及图形符号如图 7-38(c)所示。常用的电流继电器有 JL14、JL15、JL18 等型号。

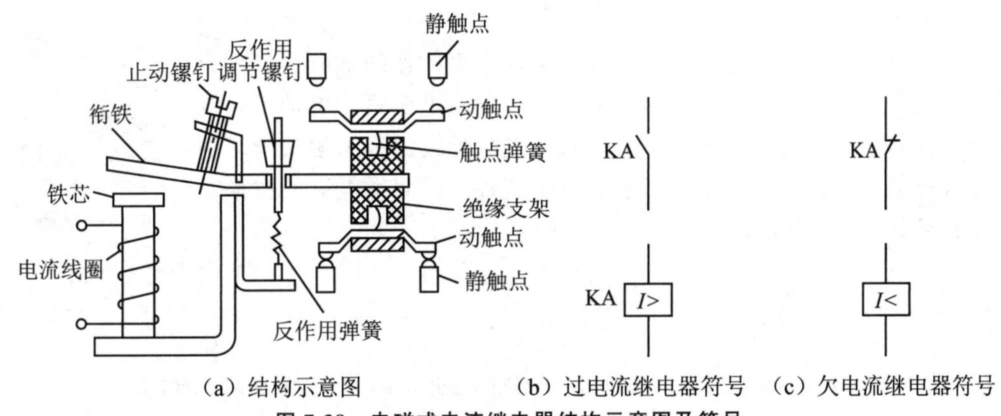

(a) 结构示意图 (b) 过电流继电器符号 (c) 欠电流继电器符号

图 7-38 电磁式电流继电器结构示意图及符号

(2)电压继电器

电压继电器的结构与电流继电器相似，不同的是反映电路电压的变化，电压继电器的线圈是与负载并联的。其线圈的匝数多，导线细、阻抗大。电压继电器有过电压、欠电压和零电压之分。一般来说，过电压在 110%～115%的额定电压以上时动作，对电路进行过电压保护；而欠电压继电器在电压为 40%～70%额定电压时动作，对电路起欠电压保护。零压继电器是在电压在 5%～25%的额定电压时动作，对电路进行零压保护。具体动作值可根据实际情况进行整定。它的符号如图 7-39 所示。

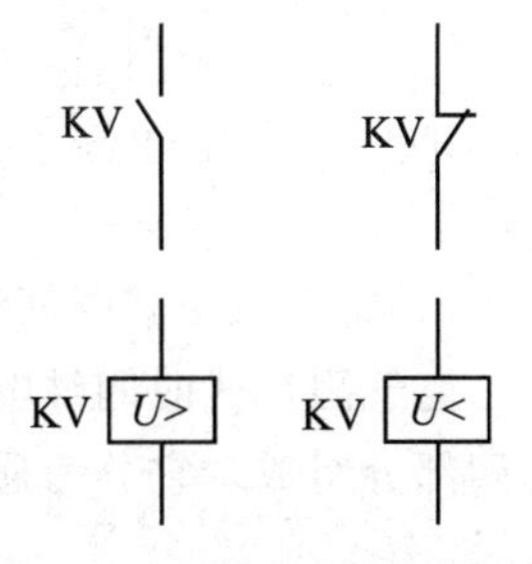

图 7-39 电压继电器的符号

常用的电压继电器有 JT3、JT4 等型号。

(3)中间继电器

中间继电器是将一个输入信号变成一个或多个输出信号的继电器。其结构及文字图形符号如图 7-40 所示。

中间继电器实质上是一种电压继电器，它由电磁机构和触头系统组成。中间继电器仅用于控制电路，基本结构与接触器类似，触点数量较多。触点一般有 8 动合、6 动合 2 动断、4 动合 4 动断三种组合形式；无主触点和灭弧装置，起中间放大作用。

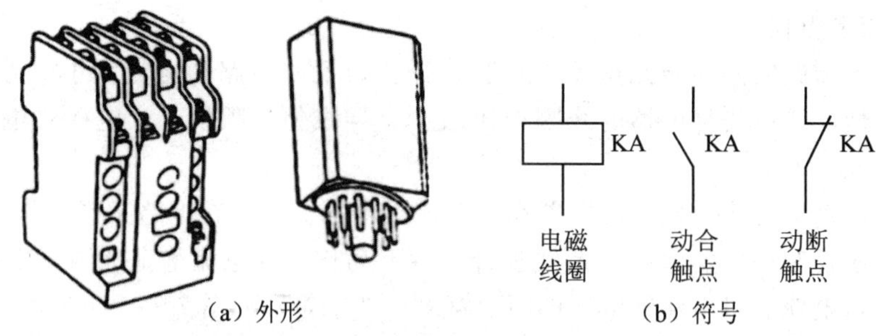

（a）外形　（b）符号

图 7-40　中间继电器的外形结构和符号

中间继电器的工作原理与交流接触器相同，当电磁线圈得电时，铁芯被吸合，触点动作，即动合触点闭合，动断触点断开；电磁线圈断电后，铁芯释放，触点复位。

常用的中间继电器有 JZ7、JZ15、JZ17 等系列。

2. 时间继电器

当线圈通电或断电后其触点经过一定延时再动作的继电器，称为时间继电器。按其动作原理与构造不同，可分为电磁式、电动式、空气阻尼式和晶体管式等多种，常用的为空气阻尼式。根据触头延时的特点，可以分为通电延时型和断电延时型两种。时间继电器的图形及文字符号如图 7-41 所示。

时间继电器

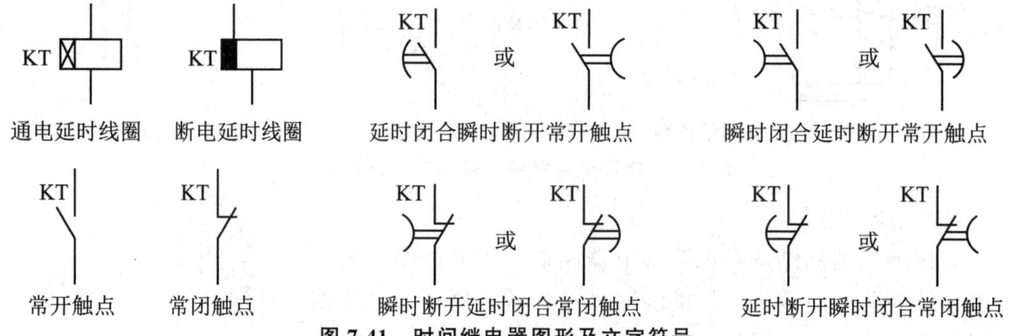

图 7-41　时间继电器图形及文字符号

(1)空气阻尼式时间继电器

空气阻尼式时间继电器如图 7-42 所示。由电磁系统、工作触头、空气室及传动机构四部分组成，它分为通电延时型和断电延时型两种。

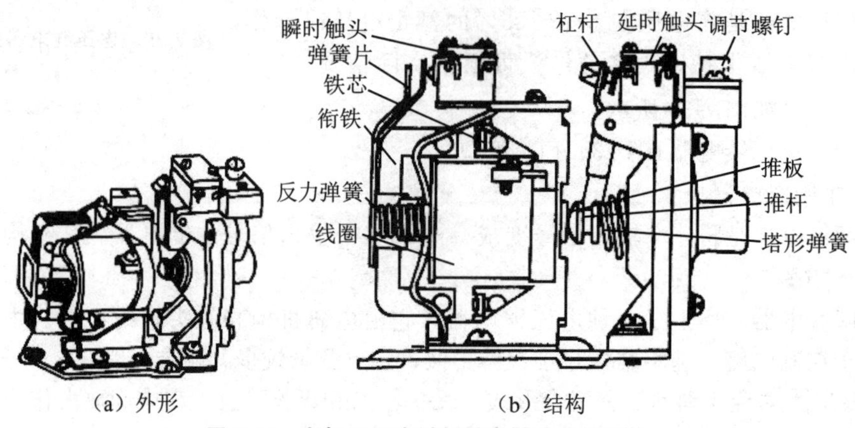

（a）外形　（b）结构

图 7-42　空气阻尼式时间继电器外形及结构

①通电延时型时间继电器。如图 7-43(a)所示，当线圈 1 通电后，铁芯 2 将衔铁 3 吸合，同时推板 5 使微动开关 16 立即动作。活塞杆 6 在塔形弹簧 8 的作用下，带动活塞 12 及橡皮膜 10 向上移动，橡皮膜下方气室空气稀薄，形成负压，因此活塞杆 6 不能迅速上移。当空气由进气孔 14 进入时，活塞杆才逐渐上移。移到最上端时，杠杆 7 使微动开关 15 动作。延时时间即为自电磁铁吸引线圈通电时刻起到微动开关 15 动作止这段时间。通过调节螺杆 13 来改变进气孔的大小就可以调节延时时间。

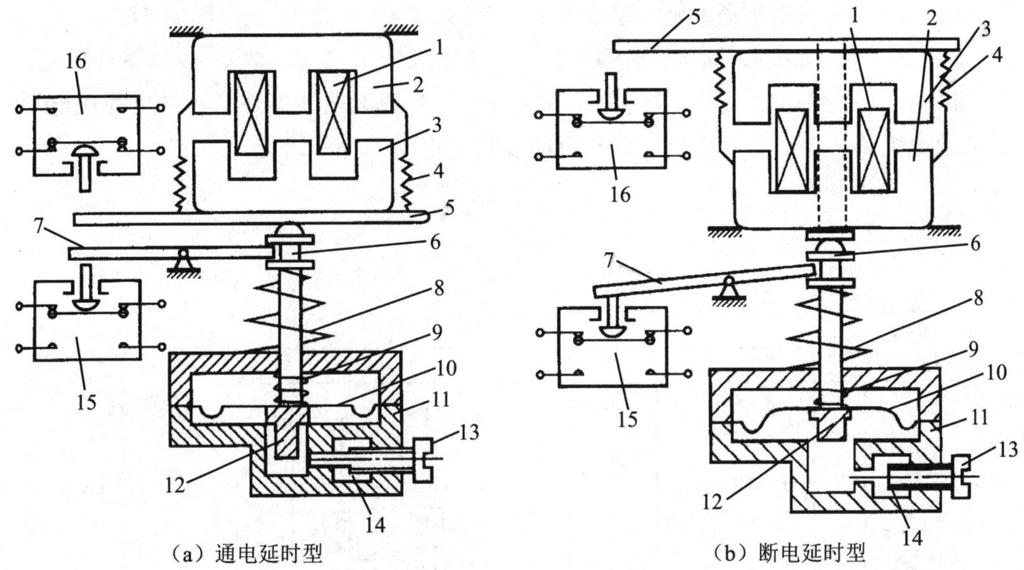

图 7-43　空气阻尼式时间继电器原理图

1—线圈；2—铁芯；3—衔铁；4—复位弹簧；5—推板；6—活塞杆；7—杠杆；8—塔形弹簧；9—弱弹簧；10—橡皮膜；11—空气室壁；12—活塞；13—调节螺杆；14—进气孔；15、16—微动开关

当线圈 1 断电时，衔铁 3 在复位弹簧 4 的作用下将活塞 12 推向最下端。因活塞被往下推时，橡皮膜下方气室内的空气，都通过橡皮膜 10、弱弹簧 9 和活塞 12 肩部所形成的单向阀，经上气室缝隙顺利排掉，因此延时与不延时的微动开关 15 与 16 都能迅速复位。

②断电延时型时间继电器。将图 7-43(a)的电磁机构翻转 180°安装后，可得到如图 7-43(b)所示的断电延时型时间继电器。它的工作原理与通电延时型相似，微动开关 15 是在吸引线圈断电后延时动作的。

空气阻尼式时间继电器的优点是结构简单、寿命长、价格低，还附有不延时的触点，所以应用较为广泛。缺点是准确度低、延时误差大(±10%～±20%)，在要求延时精度高的场合不宜采用。

(2)晶体管时间继电器

晶体管时间继电器又称为半导体式时间继电器或电子式时间继电器。晶体管时间继电器除执行继电器外，均由电子元器件组成，没有机械零件，因而具有寿命较长、精度较高、体积小、延时范围宽、控制功率小等优点。

晶体管时间继电器按构成原理不同分为阻容式和数字式两类；晶体管时间继电器按延时方式不同可分为通电延时型、断电延时型和带瞬动触头的通电延时型等。

①JS20 系列晶体管时间继电器。该系列时间继电器采用插座式结构，所有元器件均装在印制电路板上，然后用螺钉使之与插座紧固，再装入塑料罩壳，组成本体部分。在罩壳顶面装有铭牌和整定电位器的旋钮。铭牌上有该时间继电器最大延时时间的十等分刻度。使用时旋动旋钮即可调整延时时间。并有指示灯，当继电器吸合后指示灯亮。外接式的整定电位器不装在继电器的本体内，而用导线引接到所需的控制板上。

JS20 系列晶体管时间继电器有通电延时型、断电延时型和带瞬动触头的通电延时型三种形式。延时等级对于通电延时型分为 1 s、5 s、10 s、30 s、60 s、120 s、180 s、300 s、600 s、1 800 s 和 3 600 s。断电延时型分为 1 s、5 s、10 s、30 s、60 s、120 s 和 180 s 等。

图 7-44 为采用场效应晶体管 JS20 系列通电延时型继电器电路图，它由稳压电源、*RC* 充放电电路、电压鉴别电路、输出电路和指示电路等部分组成。

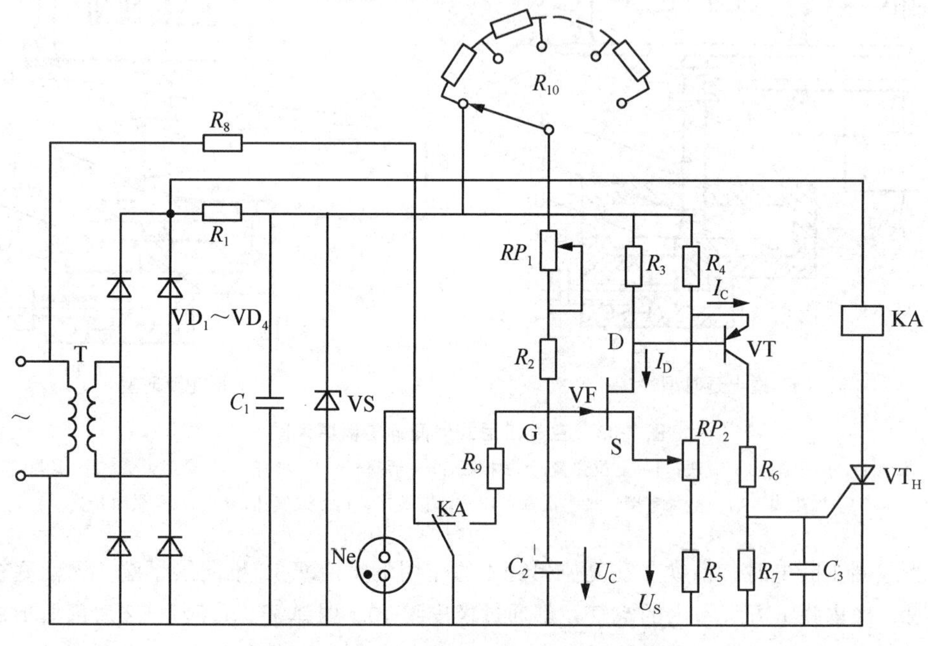

图 7-44　JS20 系列通电延时型继电器电路图

电路工作原理：接通交流电源，经整流、滤波和稳压后，直流电压经波段开关上的电阻 R_{10}、RP_1、R_2 向电容 C_2 充电。开始时 VF 场效应晶体管截止，晶体管 VT、晶闸管 VT_H 也处于截止状态。随着充电的进行，电容器 C_2 上的电压由零按指数曲线上升，直至 $|U_C-U_S|<|U_P|$ 时 VT 导通。这是由于 I_D 在 R_3 上产生电压降，D 电位开始下降，一旦 D 电位降低到 VT 的发射极电位以下时，VT 导通。VT 的集电极电流 I_C 在 R_4 上产生压降，使场效应晶体管 U_S 降低，即负栅偏压越来越小。所以对 VF 来说，R_4 起正反馈作用，使 VT 导通，并触发晶闸管 VT_H 使它导通，同时使继电器 KA 动作，输出延时信号。从时间继电器接通电源，C_2 开始被充电到 KA 动作这段时间即为通电延时动作时间。KA 动作后，C_2 经 KA 常开触头对电阻 R_9 放电，同时氖泡指示灯启辉，并使场效应晶体管 VF 和晶体管 VT 截止，为下次工作做准备。但此时晶闸管 VT_H 仍保持导通，除非切断电源，使电路恢复原来状态，继电器 KA 才释放。

②数显式时间继电器。图 7-45(a)是晶体管时间继电器外形图，图 7-45(b)是数显式时间继电器的接线图，图中②与⑦之间接直流或交流电源。该时间继电器是通电延时型，其中延时闭合的动合触点共有 2 对(①与③、⑥与⑧)、延时断开的动断触点共有 2 对(①与④、⑤与⑧)。

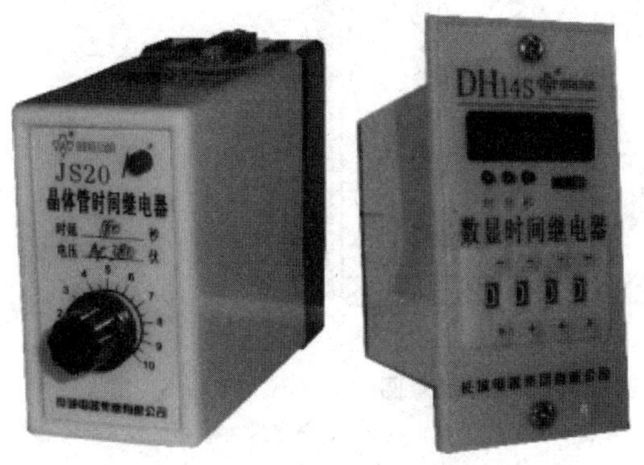

(a) 晶体管时间继电器外形图

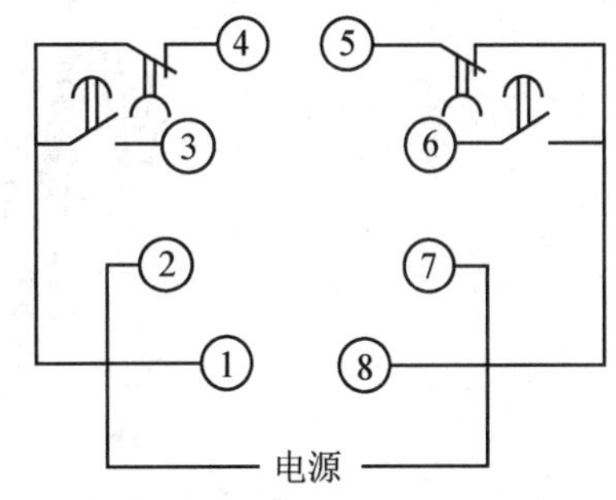

(b) 时间继电器的接线图

图 7-45　晶体管时间继电器

3. 热继电器

热继电器是一种具有反时限(延时)过载保护特性的电流继电器，广泛用于电动机的保护，也可用于其他电气设备的过载保护，其外形及符号如图 7-46 所示。

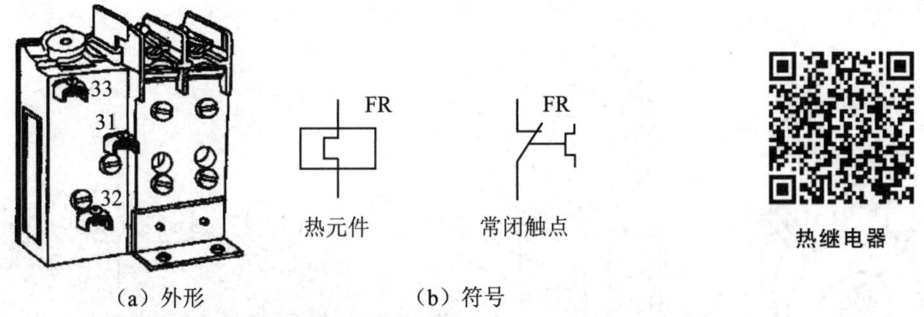

(a) 外形　　(b) 符号

图 7-46　热继电器的外形及符号

热继电器的形式有多种，其中以双金属片式最多。双金属片式热继电器主要由双金属片、热元件、动作机构、触点系统、整定装置及复位按钮等组成。复位按钮是热继电器动作后进行手动复位的按钮，可以防止热继电器动作后，因故障未被排除电动机又起动而造成更大的事故。

热继电器的动作原理示意图如图 7-47 所示。热继电器正常工作时，热元件感知电流，将热量传到主双金属片 14 上，主双金属片受热发生弯曲变形不足以使继电器动作；过载时，热元件上电流过大，主双金属片弯曲变形加剧，向左推动导板 16，使常闭触点动作切断控制电路(保护主电路)；热继电器动作后，经过一段时间的冷却自动复位，也可按复位按钮 13 手动复位(根据使用要求通过复位调节螺钉 9 来自由选择复位方式)。旋转凸轮 6 置于不同位置可以调节热继电器的整定电流。

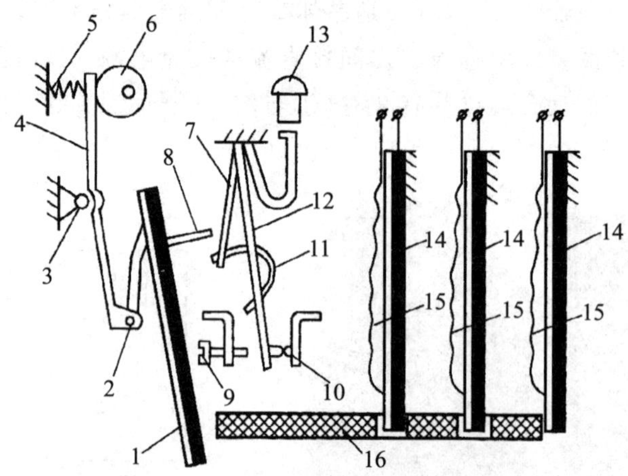

图 7-47 热继电器的动作原理示意图

1—补偿双金属片；2—销子；3—支承；4—杠杆；5—弹簧；6—凸轮；7、12—片簧；8—推杆；9—调节螺钉；10—触点；11—弓簧；13—复位按钮；14—主双金属片；15—发热元件；16—导板

常用的热继电器有 JR16、JR16D、JR20 等系列。

4. 速度继电器

速度继电器

速度继电器常用于对笼形异步电动机进行反接制动，也称为反接制动继电器。常用的速度继电器有 JY1 和 JFZ0 型两种。速度继电器由转子、定子及触点三部分组成，其外形、结构及符号如图 7-48 所示。

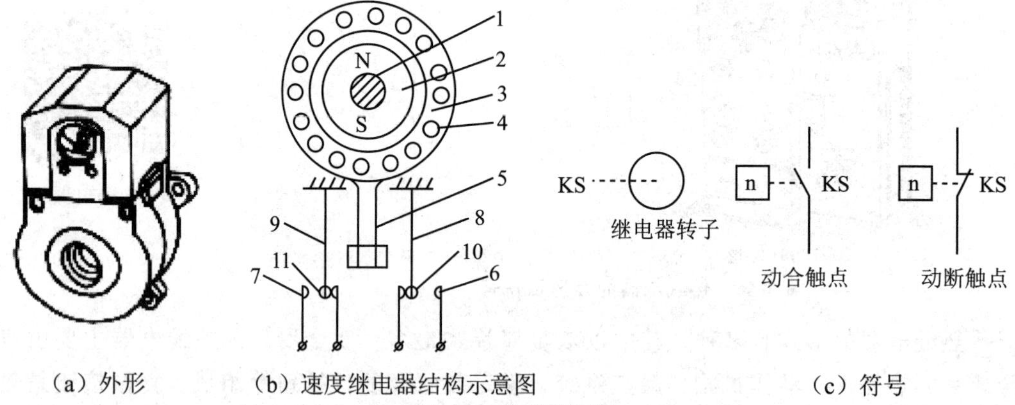

（a）外形　（b）速度继电器结构示意图　（c）符号

图 7-48 速度继电器

1—转轴；2—转子；3—定子；4—绕组；5—摆锤；6、7—静触头；8、9—簧片；10、11—动触头

速度继电器的轴与电动机的轴相连接，转子固定到轴上，定子与轴同心。当电动机转动时，带动速度继电器的转子转动，在空间产生旋转磁场，定子绕组切割磁力线产生感应电势及电流。感应电流在永久磁场的作用下产生转矩，使定子随永久磁铁的转动方向旋转并带动杠杆、推动触点动作。当转速小于一定值时反力弹簧通过杠杆返回原位。

速度继电器一般都具有两对触点，一对用于正转，一对用于反转。触点额定电压为 380 V，额定电流为 2 A。动作转速为 120 r/min，复位转速在 100 r/min 以下。

5. 干簧继电器

干式舌簧继电器简称干簧继电器，是近年来迅速发展起来的一种新型密封触点的继电器。普通的电磁继电器由于动作部分惯量较大，动作速度不快；同时因线圈的电感较大，其时间常数也较大，因而对信号的反应不够灵敏；另外普通继电器的触点暴露在外，易受污染，使触点接触不可靠。干簧继电器克服了上述缺点，具有快速动作、高度灵敏、稳定可靠和功耗低等优点，为自动控制装置和通信设备所广泛采用。干簧继电器的主要部件是由铁镍合金制成的干簧片，它既能导磁又能导电，兼有普通的电磁继电器的触点和磁路系统的双重作用。干簧片装在密封的玻璃管内，管内充有纯净干燥的惰性气体，以防止触点表面氧化。为了提高触点的可靠性和减小接触电阻，通常在干簧片的触点表面镀有导电良好、耐磨的贵重金属，如金、铂、铑及合金。

在干簧管外面套一励磁线圈就构成一只完整的干簧继电器，如图 7-49(a)所示，当线圈通以电流时，在线圈的轴向产生磁场，该磁场使密封管内的两片干簧被磁化闭合，当线圈电流消失后，两片干簧也失去磁性，依靠其自身的弹性而恢复原位，使触点断开。

除了可以用通电线圈来作为干簧片的励磁之外，还可以直接用一块永久磁铁靠近干簧片来励磁，如图 7-49(b)所示，当永久磁铁靠近干簧片时，触点同样也被磁化而闭合，当永久磁铁离开干簧片时，触点则断开。

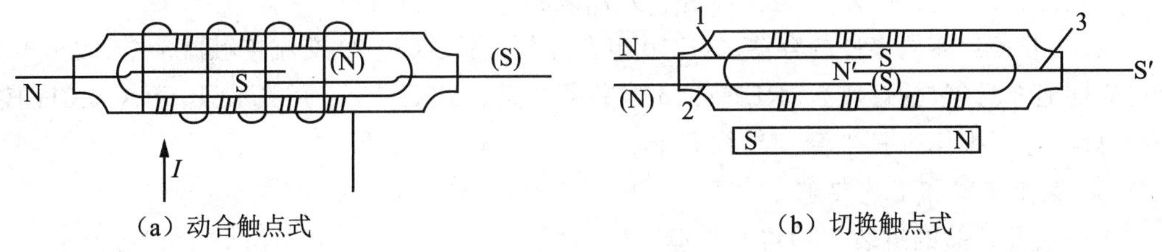

(a) 动合触点式　　(b) 切换触点式

图 7-49　干簧继电器

1、2、3—簧片

干簧片的触点有两种：一种是如图 7-49(a)所示的动合触点式，另一种则是如图 7-49(b)所示的切换触点式。后者当给予励磁时(如用条形永久磁铁靠近)，干簧管中的三根簧片均被磁化，其中簧片 1、2 的触点被磁化后产生相同的磁极(图示为 S 极)因而互相排斥，使动断触点断开；而簧片 1、3 的触点被磁化后产生的磁性相反而吸合。

6. 固态继电器

固态继电器简称 SSR，是一种无触点电子开关，因为可实现电磁继电器的功能，故称“固态继电器”，又因其“断开”和“闭合”均无触点，因而又称为“无触点开关”。实际上，固态继电器是以可控硅或功率晶体管作为开关元件，分别用来接通、关断交流或直流负载的电子电路。与电磁继电器相比，具有体积小、质量轻、工作可靠、寿命长，对于外界干扰小、能与逻辑电路兼容、抗振动、防潮湿等特点。图 7-50 为随机导通型 AC-SSR 固态继电器电原理图。

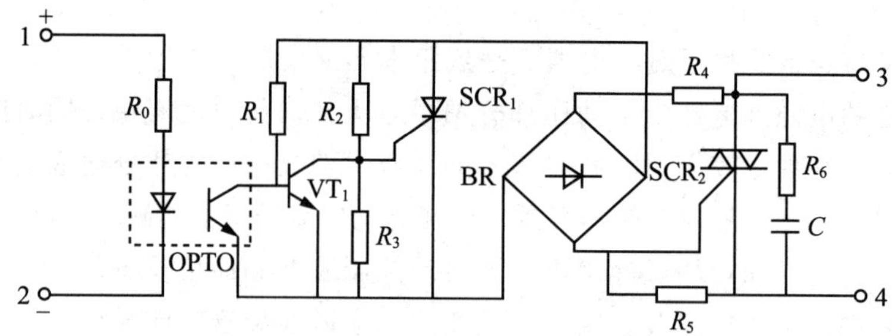

图 7-50　随机导通型固态继电器电原理图

>>> 技能操作

常用低压电器的识别、拆装与检验

1. 操作目的

(1)识别组合开关、交流接触器等低压电器原件。

(2)掌握组合开关、交流接触器等低压电器的拆装工艺、检修要求和校验的一般方法。

(3)掌握常用低压电器的修复方法。

2. 操作器材

仪器仪表：电工技术技能实训台、万用表；

器材准备：盛放零件的容器、HZ10 组合开关 1 只、CJ0-20 交流接触器 1 个、220 V/25 W 灯泡 3 只(包括灯座)、RL1-15/5 熔断器 3 只、HK1-15 刀开关 1 只、LA10-2H 按钮 1 只、电工维修工具 1 套、导线若干。

3. 操作步骤和工艺要求

(1)组合开关的拆装、检修与检验

①松去手柄顶部紧固螺栓，取下手柄。

②松去两边支架上的紧固螺栓，取下顶盖，小心取出转轴、(贮能)弹簧和凸轮。

③抽出绝缘(联动)杆，逐一取下绝缘垫板上盖，卸下 3 对动、静触片。

④检查动触点，如有烧毛，可用油光锉修平，如损坏严重不能修复时，应更换同规格触点。

⑤静触头与消弧垫铆合在一起，检查触点有无烧毛，消弧垫是否磨损，如损坏严重应作更换。

⑥检查操作机构，如有异常，则做适当的调整。

⑦装配。装配顺序与拆卸顺序相反。装配时，要注意动、静触点的配合是否合适。

⑧校验。检查每层叠片接合是否紧密；反复旋转手柄，感觉操作机构动作是否灵活；动、静触点的分、合是否迅速，松紧是否一致；用万用表检查触点吻合是否良好。

(2)交流接触器的拆装、检修与检验

①松去灭弧罩固定螺栓，取下灭弧罩。

②一手拎起桥形主触点弹簧夹，另一手先推出压力弹簧片，再将主触头侧转后取出。

③松去主静触点固定螺栓，卸下主静触点。松去辅助常开、常闭静触点接线柱螺钉，卸下辅助静触点。

④将接触器底部翻上。一手按住底盖，另一手松去底盖螺钉，然后慢慢放松按住底盖的手，取下弹起的底盖。

⑤取出静铁芯及其缓冲垫(有可能在底盖静铁芯定位槽内)。取出静铁芯支架、缓冲弹簧。

⑥取出反作用弹簧，将连在一起的动铁芯和支架取出。

⑦从支架上取出动铁芯定位销，取下动铁芯及其缓冲垫。

⑧从支架上取出辅助常开常闭的桥形动触头(主触头、辅助触头弹簧一般很少有损坏，且拆卸很容易弹掉失落，故不作拆卸)。

⑨装配。拆卸完毕后，对各零件进行检查、检修。装配步骤与拆卸步骤相反。

⑩校验。检查运动部分是否灵活，用万用表欧姆挡检查触点吻合是否良好，线圈是否装好。按图 7-51 接线，进行通电校验。

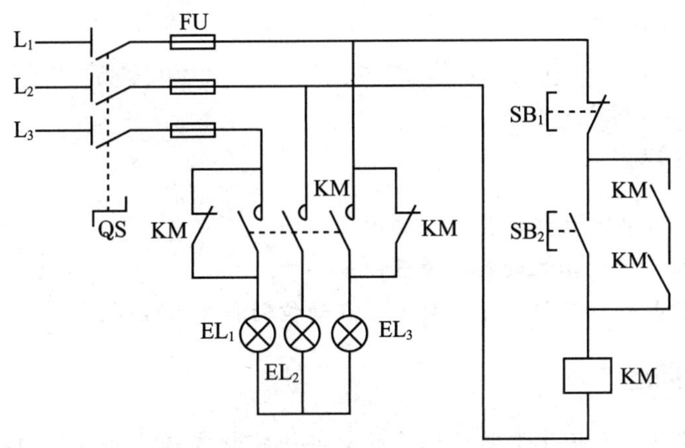

图 7-51　交流接触器校验电气原理图

接通 QS→EL_1、EI_3 亮，但发光较暗，表明两常闭辅助触点接触良好。按下起动按钮 SB_2，3 灯均亮，表明 3 个主触点接触良好，两常开辅助触点接触良好(若松手后 EL_2 灯熄灭，表明两常开辅助触头未接触，整修不成功)。按下停止按钮 SB_1，EL_2 灯熄灭，EL_1、EL_3 亮，但发光较暗。

要求在 1 min 时间内，连续分合 10 次以全部成功为合格，否则重拆、重整、重装。

4. 操作要点和注意事项

(1)拆卸前，应清理工作桌面，备好放零件的容器，以免零件失落。

(2)拆卸过程中，不许硬搬硬撬，每拆一步，记住各元件的位置。

(3)装配时，要均匀紧固螺钉，装配辅助常闭触头时，先要将触头支架按下，避免将辅助常闭动触头弹簧推出支架。

(4)用锉刀整修铁芯端面时，锉削方向应与铁芯硅钢片平行。

(5)应将接触器固定在操作板上，按图正确接线，并在教师监护下操作。

(6)通电校验要正确接线，并在老师监护下才能进行。为确保通电安全，必须将组合开关固定在操作板上。

5. 操作报告要求

(1)整理操作数据，分析操作结果。

(2)写清低压电器拆装工艺、检修要求和校验的一般方法。

(3)写出低压电器修复的过程。

>>> 能力训练

1. 熔断器有何用途？如何选择？
2. 交流接触器产生噪声的原因是什么？
3. 通电延时继电器和断电延时继电器有什么区别？
4. 既然在三相异步电动机的主电路中装有熔断器，为何还要装热继电器？
5. 画出并解释时间继电器的瞬时闭合常开触头、瞬时分断常闭触头、延时闭合常开触头和延时分断常闭触头。

任务二十一　三相异步电动机的直接起动控制线路与安装

>>> 任务目标

1. 熟悉三相异步电动机的直接控制原理；
2. 会读三相异步电动机的控制原理图；
3. 掌握三相异步电动机的手动控制、点动控制和长动控制。

>>> 任务描述

直接起动控制是三相异步电动机的最简单的控制方法。直接起动即起动时把电动机直接接入电网，加上额定电压。一般来说，电动机的容量不大于直接供电变压器容量的20%～30%时，都可以直接起动。该任务完成三相异步电动机的手动控制、点动控制和长动控制的学习。

>>> 相关知识

一、手动控制

手动控制就是通过刀开关把电动机直接接入电网，加上额定电压。如图7-52所示，合上刀开关QS，三相异步电动机经熔断器FU，热继电器FR得电起动，断开QS，电动机失电停转。手动控制主要用来不频繁地接通与分断小型电动机，它是三相异步电动机最简单的控制方法。对于大中容量的电动机，一般需要用接触器、继电器来控制。

二、点动控制线路

如图7-53所示的电路为点动控制的线路。合上刀开关QS，按下按钮SB_1时，接触器KM得电，主触点闭合，电动机得电起动。松开按钮SB_1，接触器KM断电，主触点释放，电动机停转。点动的特点就是按下起动按钮时，电动机得电起动，松开按钮时，电动机失电停转。点动控制多用于机床刀架、横梁、立柱等快速移动和机床对刀等场合，是机床中常用的电路。

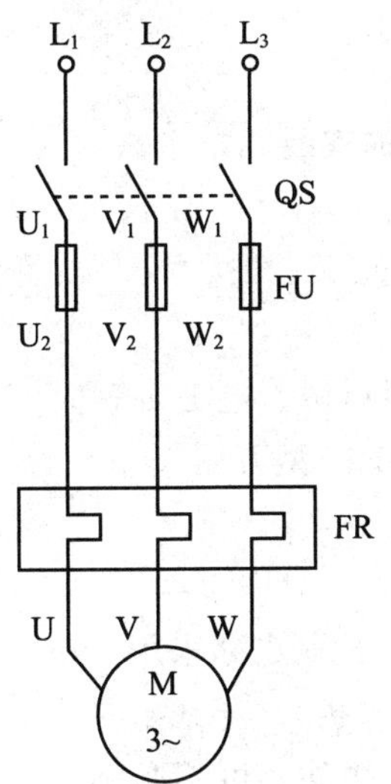

图 7-52　三相异步电动机的手动控制线路

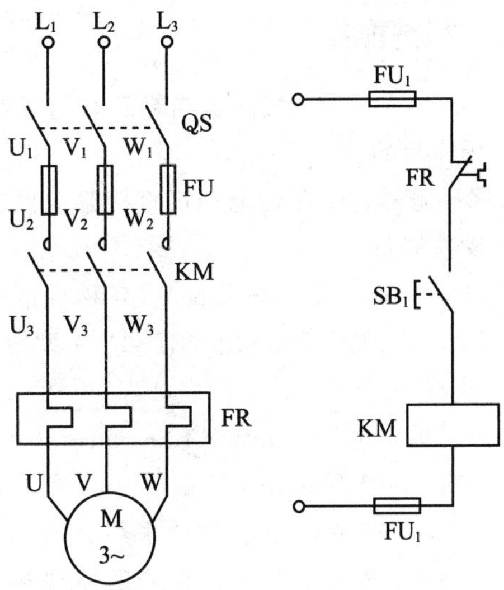

图 7-53　三相异步电动机的点动控制线路

三、长动控制线路

如图 7-54 所示是三相异步电动机的长动控制线路。合上开关 QS 引入三相电源。按下起动按钮 SB_2，KM 线圈得电并通过 KM 辅助动合触点自锁，KM 衔铁吸合，KM 主触点闭合使电动机接通电源起动运转。起动按钮 SB_2 自动复位时，接触器 KM 的吸引线圈仍可通过其辅助触点继续供电，从而保证电动机的连续运行。这种依靠接触器自身辅助触点而使其线圈保持通电的现象，称为自锁或自保持，又叫作长动。停车时，按下停止按钮 SB_1，KM 线圈断电，主触点和自锁触点均恢复到断开状态，电动机脱离电源停止运转。

电动机自锁控制电路

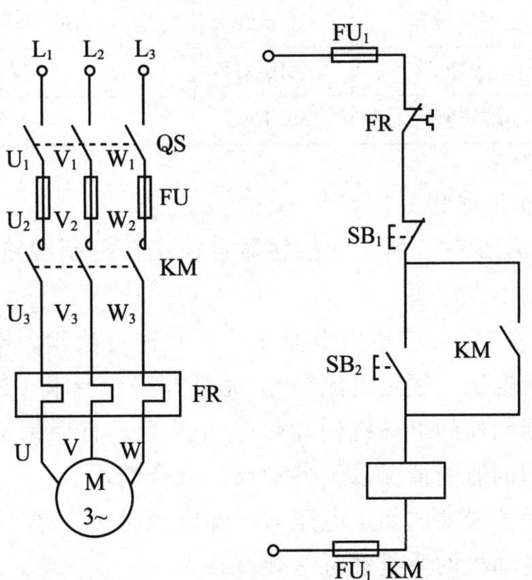

图 7-54　三相异步电动机长动控制电路

在运行过程中，当电动机出现长期过载时，热继电器 FR 动作，其动断触点断开，KM 线圈断电，电动机停止运转，实现电动机的过载保护。

>>> 技能操作

接触器自锁正转直接起动控制线路的安装

1. 操作目的

掌握接触器自锁正转电动机直接起动控制线路的安装。

2. 操作器材

(1)工具。验电笔、螺钉旋具(各种规格)、尖嘴钳、斜口钳、电工刀等。

(2)仪表。5050 型兆欧表、T301-A 型钳形电流表、MF47 型万用表。

(3)器材。

①控制板一块(500 mm×400 mm×20 mm)。

②导线。主电路采用 BV 1.5 mm^2 和 BVR 1.5 mm^2；控制电路采用 1 mm^2；按钮线采用 BVR 0.75 mm^2；接地线采用 BVR 1.5 mm^2(黄绿双色)。导线数量由教师根据实际情况确定，对导线的颜色在初级阶段操作时，除接地线外，可不必强求，但应使主电路与控制电路有明显的区别。

③紧固体和编码套管按实际需要发给，简单线路可不用编码套管。

④电器元件如表 7-4 所示。

表 7-4　元件明细表

代号	名称	型号	规格	数量
M	三相异步电动机	Y112M-4	4 kW、380 V、△接法、8.8 A、1 140 r/min	1
QS	组合开关	HZ10-25/3	三极、额定电流 25 A	1
FU_1	螺旋式熔断器	RL1-60/25	500 V、60 A 配熔体额定电流 25 A	3
FU_2	螺旋式熔断器	RL1-15/2	500 V、15 A 配熔体额定电流 2 A	3
KM	交流接触器	CJ10-20	20 A、线圈电压 380 V 或 220 V	1
SB	按钮	LA10-3H	保护式、按钮数 3	1
XT	端子板	JX2-1015	10 A、15 节、380 V	1

3. 操作步骤和工艺要求

(1)识读图 7-55 所示的接触器自锁正转控制线路，明确线路所用电器元件及作用，熟悉线路的工作原理。

(2)按表 7-4 配齐所用电器元件，并进行检验。电器元件的技术要求数据(如型号、规格、额定电压、额定电流等)应完整并符合要求，外观无损伤，附件齐全完好。

①电器元件的电磁机构动作是否灵活，有无衔铁卡阻等不正常现象。用万用表检查电磁线圈的通断情况以及各触点的分合情况。

②接触器线圈的额定电压与电源电压是否一致。

③对电动机的质量进行常规检查。

(3)在控制板上按图 7-55 布置图安装电器元件，并贴上醒目的文字符号。工艺如下。

①组合开关，熔断器的受电端子应安装在控制板的外侧，并使熔断器的受电端为底座中心端，即安装在螺旋式熔断器的下接线座上，出线则应接在上接线座上。

②各元件的安装位置应整齐、匀称、间距合理，便于元件的更换。

③紧固各元件时要用力均匀，紧固程度适当。紧固熔断器、接触器等易碎裂元件时，应用手按住元件一边轻轻摇动，一边用旋具交替旋紧对角线上的螺钉，直到手摇不动后再适当旋紧些即可。

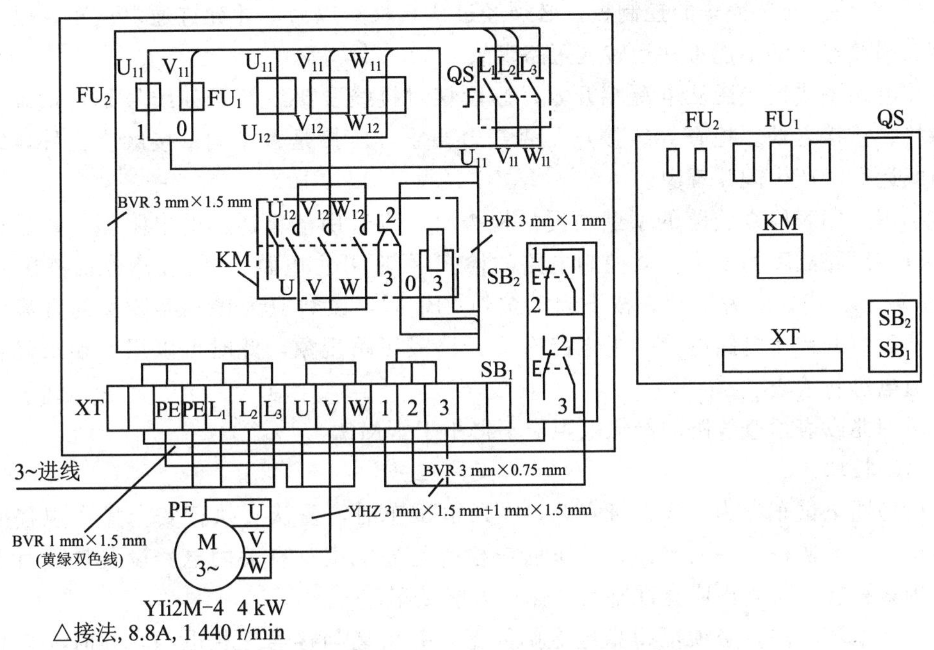

图 7-55 接触器自锁正转控制线路接线图、布置图

(4)按图 7-52 接线图的走线方法进行板前明线布线和套编码套管。板前明线布线的工艺要求如下。

①布线通道尽可能少，同路并行导线按主、控电路分类集中，单层密排紧贴安装面布线。

②同一平面的导线应高低一致或前后一致，不能交叉。非交叉不可时，该根导线在接线端子引出时，可水平架空跨越，但必须走线合理。

③布线应横平竖直，分布均匀，变换走向时应垂直。

④布线时严禁损伤线芯和导线绝缘。

⑤布线顺序一般以接触器为中心，由里向外，由低到高，先控制电路，后主电路进行，以不妨碍后续布线为原则。

⑥在每根剥去绝缘层导线的两端套上编码套管。所有从一个接线端子(或接线柱)到另一个接线端子(或接线柱)的导线必须连续，中间无接头。

⑦导线与接线端子或接线柱连接时，不得压绝缘层，不反圈及不露铜过长。接线时，用力不可过猛，以防螺钉打滑。

⑧同一元件，同一回路的不同接点的导线间距离应保持一致。

⑨一个电器元件接线端子的连接导线不得多于两根，每节接线端子板上的连接导线一般只连接一根。

(5)接线完毕，根据电路图检查控制板布线的正确性。

(6)安装电动机。

(7)连接电动机和按钮金属外壳的保护接地线。

(8)连接电源、电动机等控制板外的导线。

(9)自检。安装完毕的控制板，必须经过认真检查以后，才允许通电试车，以防止错接、漏接造成的不能正常运转或短路事故。

按电路图或接线图从电源端开始，逐段核对接线及接线端子处线号是否正确，有无漏接、错接之处。检查导线接点是否符合要求，压接是否牢固。接触应良好，以免带负载运行时产生闪弧现象。

①用万用表检查线路的通断情况。检查时，应选用倍率适当的电阻挡，并进行校零，以防短路故障的发生。对控制电路的检查(可断开主电路)，将表棒分别搭在 U_{11}、V_{11} 线端上，读数应为“∞”。按下起动按钮 SB_2 时，读数应为接触器线圈的直流电阻值。然后断开控制电路再检查主电路有无开路或短路现象，此时可以用手动来代替接触器通电进行检查。

②用兆欧表检查线路的绝缘电阻应不得小于 1 MΩ。

(10)校验。

(11)通电试车。为保证人身安全，在通电试车时，要认真执行安全操作规程的有关规定，一人监护，一人操作。试车前应检查与通电试车有关的电器设备是否有不安全的因素存在，若查出应立即整改，然后方能试车。

①通电试车前，必须征得指导老师同意，并由老师接通三相电源，同时在现场监护。学生合上电源开关 QS 后，用验电笔检查熔断器出线端，氖管亮说明电源接通。按下起动按钮 SB_2，观察接触器情况是否正常，是否符合线路功能要求；观察电器元件动作是否灵活，有无卡阻及噪声过大等现象；观察电动机运行是否正常。但不得对线路接线是否正确进行带电检查。观察过程中，若有异常现象应马上停车。当电动机运行平稳后，用钳形电流表测量三相电流是否平衡。

②出现故障后，学生应单独进行维修。若带电进行检查时，老师必须在现场监护。检修完毕后，如需再次试车，也应有老师监护。

③通电试车完毕，要及时切断电源。先拆除三相电源线，再拆除电动机引线。

4. 操作注意事项

(1)电动机及按钮的金属外壳必须可靠接地。接至电动机的导线必须穿在导线通道内加以保护，或采用坚韧的四芯橡皮线或塑料护套线进行临时通电校验。

(2)电源进线应接在螺旋式熔断器的下接线座上，出线则应接在上接线座上。

(3)按钮内接线时，用力不可过猛，以防螺钉打滑。

(4)操作应在规定时间内完成。

5. 操作报告要求

(1)本线路安装过程的注意事项。

(2)本线路通电试车中出现的故障分析。

>>> 能力训练

1. 简述电动机基本控制线路的安装步骤。
2. 电器元件安装前应如何进行检验？
3. 什么叫作“自锁”？如果自锁点因触点熔焊而不能断开会出现什么现象？
4. 如图 7-56 中的各控制电路，分析故障现象、说明故障原因并加以改进。

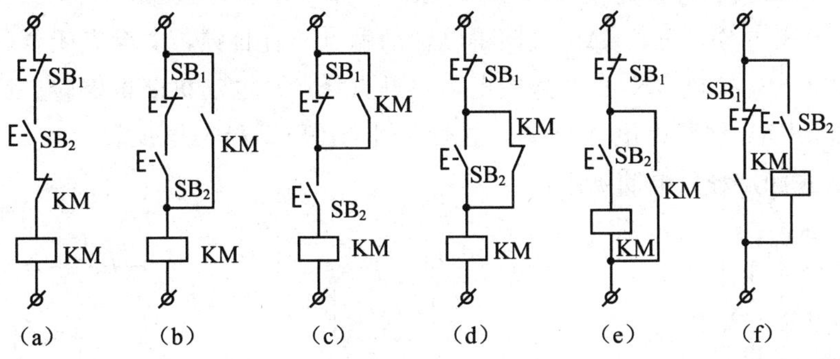

图 7-56　题 4 图

5. 如果电动机的主电路中安装有熔断器，还是否需要安装热继电器？它们的作用有什么不同？如果只装有热继电器而不装熔断器，可以吗？为什么？

任务二十二　三相异步电动机的正反转控制线路与安装

>>> 任务目标

电动机正反转控制电路

1. 熟悉三相异步电动机的正反转控制原理；
2. 掌握三相异步电动机的各种正反转控制电路。

>>> 任务描述

在实际生产中，许多机械设备要求运动部件实现正反两个方向上的运动，如起重机的上升和下降，万能铣床的正转与反转等，这些生产机械都要求电动机实现正反转控制。由三相异步电动机的工作原理可知，当改变通入电动机定子绕组中三相电的相序时，即把接电动机的三相电源进线中的任意两根对调接线时，电动机就可以反转。在生产中常用低压电器元件，如倒顺开关或万能转换开关、接触器与按钮等实现电动机的正反转控制。

>>> 相关知识

一、万能转换开关正、反转控制线路

对于不频繁起动的小功率电动机可以采用万能转换开关来控制其正反转。这种控制方法线路简单，操作方便，如图 7-57 所示。

图中万能转换开关 SA 平时处于中位，三相电源不能接通，电动机停止。当开关手

柄置于 1 位时，接通了三相电源，电动机开始正转。当开关手柄置于 2 位时，与上面处于 1 位时相比较，进入到电动机的电源线有两相进行了交换，即最左边和最右边互换了，从而改变了进入电动机的电源相序，使电动机反向运行。

二、接触器联锁正反转控制线路

图 7-58 为接触器联锁正、反转控制线路。图中 KM_1、KM_2 分别为正、反转接触器，它们的主触点接线的相序不同，KM_1 按 U－V－W 相序接线，KM_2 按 V－U－W 相序接线。当按下 SB_2 时，KM_1 线圈得电辅助触点闭合自锁，主触点闭合，电动机得电正转。按下 SB_1 按钮，KM_1 线圈失电，主触点释放，电动机断电停转。反转时，按下 SB_3 按钮，KM_2 线圈得电并自锁，主触点闭合，电动机得电反转。按下 SB_1 按钮，KM_2 失电，主触点释放电动机停转。

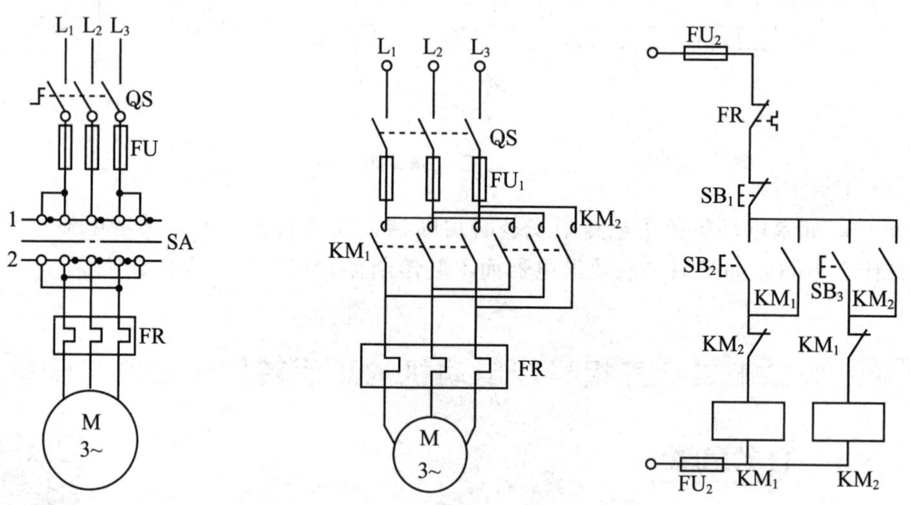

图 7-57　万能转换开关控制的正反转线路

图 7-58　接触器联锁正反转控制线路

为防止两个接触器同时得电而导致电源短路，在 KM_1、KM_2 线圈中互串一个对方的动断触点以构成相互制约关系，这种连接方式称为互锁，这对动断触点称为互锁点或联锁触点。当电动机正转时，KM_1 辅助动断触点切断了 KM_2 的线圈电路，而电动机反转时，KM_2 动断触点切断了 KM_1 线圈的电路。此时即便错按了反向起动按钮，也不会使 KM_1、KM_2 线圈同时得电，可以避免发生短路事故。

三、按钮、接触器双重联锁的正反转控制线路

图 7-58 所示的接触器联锁正反转控制线路，在正转过程中要求反转时必须先按下停止按钮 SB_1，让 KM_1 线圈断电后，才能按反转按钮使电动机反转，这给操作带来了不便。为了解决这个问题，在生产上常采用如图 7-59 所示的复式按钮和触点双重联锁的控制线路。

复合联锁的正反转控制电路的单向起动运行原理与接触器联锁正反转控制线路的一样。当电动机正在正向运行时，按下 SB_3 按钮，其常闭触点断开 KM_1 线圈的电路，KM_1 主触点释放，互锁触点恢复闭合，电动机失电。同时 SB_3 的常开触点闭合接通

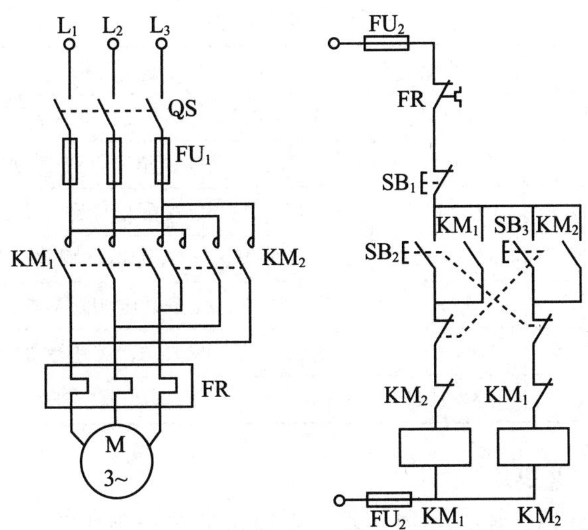

图 7-59　复合联锁的正反转控制电路

KM_2 线圈，KM_2 得电自锁，KM_2 主触点闭合，电动机得电反转。如果电动机正在反向运行，直接按下 SB_2 按钮可以实现反转到正转的切换。

在图 7-52 中，接触器动断触点组成的互锁称为“电气互锁”。按钮 SB_2 和 SB_3 的动断触点组成的互锁称为“机械互锁”，这种既有“电气互锁”，又有“机械互锁”的电路，叫作“双重联锁”电路。控制线路中，两种“互锁”同时发生故障的概率很低，确保两个接触器不会同时工作而使相间短路，所以这种线路可靠性高，且操作方便，常用在电力拖动控制系统中。

>>> 技能操作

三相异步电动机接触器联锁的正反转控制线路安装

1. 操作目的

(1)熟悉接触器联锁、按钮联锁、双重联锁正反转控制线路的工作原理。

(2)掌握接触器联锁正反转控制线路的安装、故障分析和检修方法。

2. 操作器材

(1)工具。验电笔、螺钉旋具(各种规格)、尖嘴钳、斜口钳、电工刀等。

(2)仪表。5050 型兆欧表、T301-A 型钳形电流表、MF47 型万用表。

(3)器材。

①控制板一块(500 mm×400 mm×20 mm)。

②导线。主电路采用 BV 1.5 mm^2 和 BVR 1.5 mm^2；控制电路采用 1 mm^2；按钮线采用 BVR 0.75 mm^2；接地线采用 BVR 1.5 mm^2(黄绿双色)。导线数量由教师根据实际情况确定。对导线的颜色在初级阶段操作时，除接地线外，可不必强求，但应使主电路与控制电路有明显区别。

③紧固体和编码套管按实际需要发放，简单线路可不用编码套管。

电器元件如表 7-5 所示。

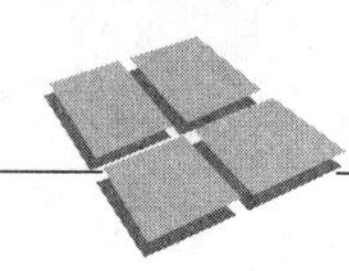

表 7-5　元件明细表

代号	名称	型号	规　　格	数量
M	三相异步电动机	Y112M-4	4 kW、380 V、△接法、8.8 A、1 140 r/min	1
QS	组合开关	HZ10-25/3	三极、额定电流 25 A	1
FU_1	螺旋式熔断器	RL1-60/25	500 V、60 A 配熔体额定电流 25 A	3
FU_2	螺旋式熔断器	RL1-15/2	500 V、15 A 配熔体额定电流 2 A	3
KM	交流接触器	CJ10-20	20 A、线圈电压 380 V 或 220 V	2
SB	按钮	LA10-3H	保护式、按钮数 3	1
XT	端子板	JX2-1015	10 A、15 节、380 V	1

3. 操作步骤和工艺要求

(1)熟悉接触器联锁、按钮联锁、双重联锁正反转控制线路的工作原理，识读接触器联锁正反转控制线路组成，如图 7-59 所示，明确线路所用电器元件及作用，熟悉线路的工作原理。

(2)按表 7-5 配齐所用电器元件，并进行检验。要求同技能操作“接触器自锁正转直接起动控制线路的安装”。

(3)在控制板上按图 7-60 布置图安装电器元件，并贴上醒目的文字符号。工艺要求同技能操作“接触器自锁正转直接起动控制线路的安装”。

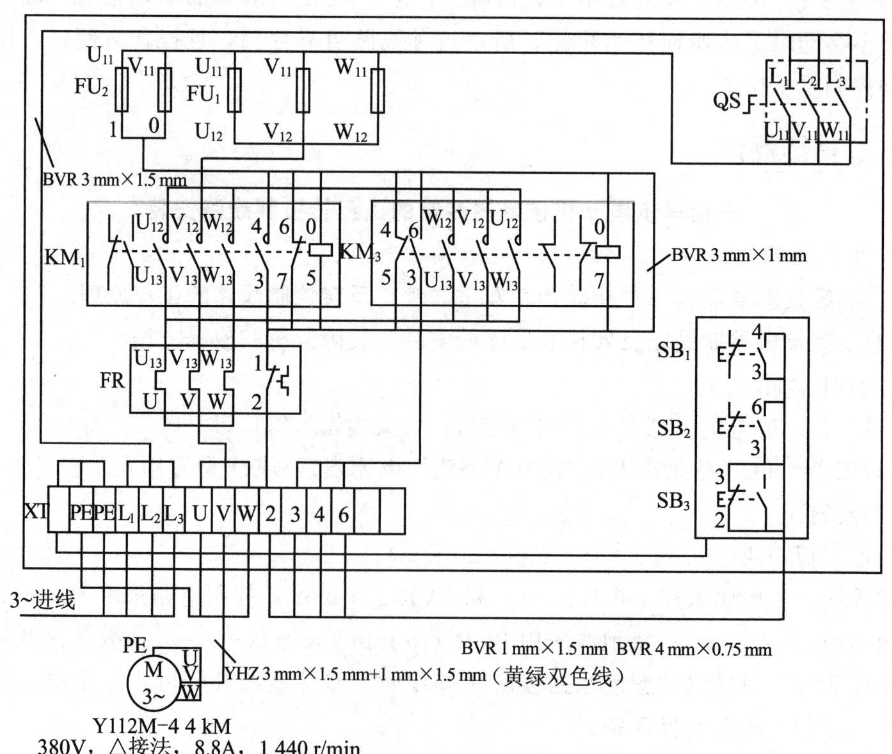

图 7-60　接触器联锁正反转控制线路布置图及安装接线图

(4)按图 7-60 接线图的走线方法进行板前明线布线和套编码套管。板前明线布线的工艺要求同技能操作“接触器自锁正转直接起动控制线路的安装”。

(5)接线完毕，根据电路图检查控制板布线的正确性。

(6)安装电动机。

(7)连接电动机和按钮金属外壳的保护接地线。

(8)连接电源、电动机等控制板外的导线。

(9)自检。安装完毕的控制板，必须经过认真检查以后，才允许通电试车，以防止错接、漏接造成不能正常运转或短路事故。

①按电路图或接线图从电源端开始，逐段核对接线及接线端子处线号是否正确，有无漏接、错接之处。检查导线接点是否符合要求，压接是否牢固。接触应良好，以免带负载运行时产生闪弧现象。

②用万用表检查线路的通断情况。检查时，应选用倍率适当的电阻挡，并进行校零，以防短路故障的发生。对控制电路的检查(可断开主电路)，将表棒分别搭在 U_{11}、V_{11} 线端上，读数应为“∞”。按起动按钮 SB_2 或 SB_3 时，读数应为接触器线圈的直流电阻值。然后断开控制电路再检查主电路有无开路或短路现象，此时可以用手动来代替接触器通电进行检查。

③用兆欧表检查线路的绝缘电阻应不得小于 1 MΩ。

(10)校验。

(11)通电试车。为保证人身安全，在通电试车时，要认真执行安全操作规程的有关规定，一人监护，一人操作。试车前应检查与通电试车有关的电器设备是否有不安全的因素存在，若查出应立即整改，然后方能试车。

①通电试车前，必须征得老师同意，并由老师接通三相电源，同时在现场监护。学生合上电源开关 QS 后，用验电笔检查熔断器出线端，氖管亮说明电源接通。按下起动按钮 SB_2 或 SB_3，观察接触器情况是否正常，是否符合线路功能要求；观察电器元件动作是否灵活，有无卡阻及噪声过大等现象；观察电动机运行是否正常。但不得对线路接线是否正确进行带电检查。观察过程中，若有异常现象应马上停车，当电动机运行平稳后，用钳形电流表测量三相电流是否平衡。

②出现故障后，学生应单独进行维修。若带电进行检查时，指导老师必须在现场监护。检修完毕后，如需再次试车，也应有老师监护。

③通电试车完毕，要及时切断电源。先拆除三相电源线，再拆除电动机引线。

(12)注意事项。

①电动机必须安放平稳，以防止在可逆运转时产生滚动而引起事故。并将其金属外壳可靠接地。接至电动机的导线必须穿在导线通道内加以保护，或采用坚韧的四芯橡皮线或塑料护套线进行临时通电校验。

②注意主电路必须进行换相，否则，电动机只能进行单向运转。

③要特别注意接触器的联锁触点不能接错，否则，将会造成主电路中二相电源短路事故。

④接线时，不能将正、反转接触器的自锁触点进行互换，否则，只能进行点动控制。

⑤通电校验时，应先合上 QS，再检验 SB_2、SB_3 及 SB_1 按钮的控制是否正常，并在按 SB_2 后再按 SB_3，观察有无联锁作用。

⑥注意安全操作。

⑦操作应在规定时间内完成。

4. 操作报告要求

(1)本线路工作原理。

(2)本线路安装过程的注意事项。

(3)本线路通电试车中出现的故障分析。

>>> 能力训练

1. 开关控制的正反转线路的特点是什么？适用于哪种场合？
2. 按钮和接触器双重联锁的控制线路中，为什么不能过于频繁进行正反向切换？
3. 按钮互锁和接触器互锁的正反转控制电路的相同点和不同点各是什么？
4. 简述按钮、接触器双重联锁正反转控制电路的工作原理。

任务二十三　三相异步电动机的降压起动线路与安装

>>> 任务目标

1. 熟悉三相异步电动机的降压起动原理；
2. 掌握三相异步电动机的定子绕组串电阻降压起动；
3. 掌握三相异步电动机的星三角降压起动；
4. 掌握三相异步电动机的自耦变压器降压起动。

>>> 任务描述

大容量的笼形异步电动机(大于 10 kW)因起动电流较大，一般采用降压起动的方式来起动，以减小起动电流，防止电动机电枢过热，并减少对电网的冲击。具体的方法是起动时首先降低电动机定子绕组上的电压，待起动后再将电压恢复到额定值，使电动机在正常电压下运行。

>>> 相关知识

一、定子绕组串电阻降压起动线路

如图 7-61(a)所示是笼形异步电动机以时间为变化参量控制起动的线路。合上刀开关 QS，按下起动按钮 SB_2，KM_1 立即通电吸合并自锁，其主触点闭合使电动机在串接电阻 R 的情况下起动。与此同时，时间继电器 KT 通电，经延时后其延时闭合的常开触点闭合，使 KM_2 通电吸合，KM_2 的主触点闭合将起动电阻短接，电动机在额定电压下运行。

由图 7-61(a)可以看出，本线路在起动结束后，KM_1、KT 一直得电动作，这是不

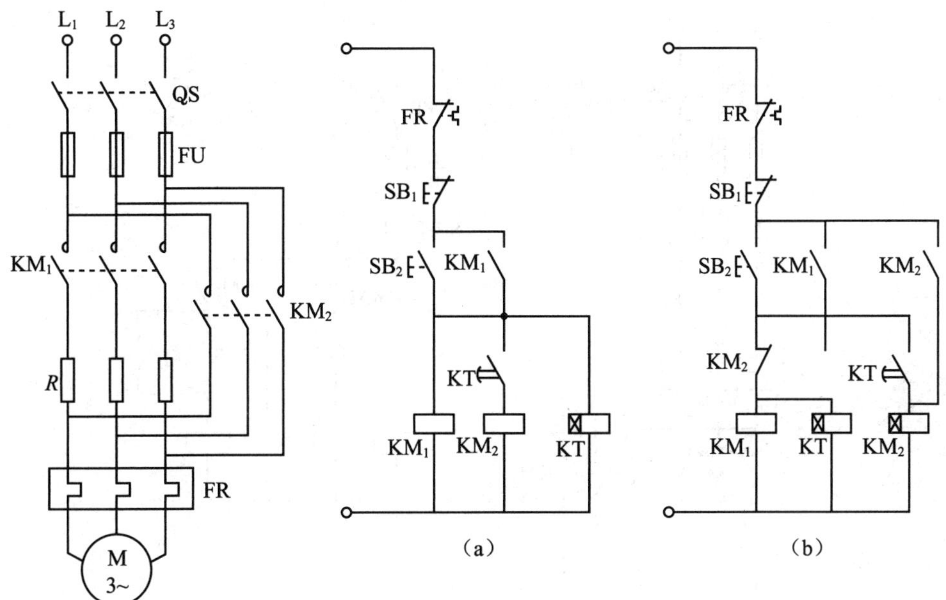

图 7-61 定子串电阻降压起动控制电路

必要的。如果能使 KM_1、KT 在电动机起动结束后断电，可减少能量损耗，延长接触器、继电器的使用寿命。如图 7-61(b)所示的线路很好地解决了这个问题。接触器 KM_2 得电后，其常闭触点将 KM_1 和 KT 的线圈断开，使之失电，同时 KM_2 自锁。

由于电动机起动时要通过较大电流，该起动方法中的起动电阻一般采用由电阻丝绕制的板式电阻或铸铁电阻，能量消耗较大，为了节省能量可采用电抗器代替电阻，但其价格较贵，成本较高。

二、Y-△降压起动控制线路

凡是正常运行时定子绕组接成△，且绕组六个抽头均引出的笼形异步电动机，都可采用 Y-△的降压起动方法来达到限制起动电流的目的。Y 系列的笼形异步电动机 4 kW 以上者均为三角形接法，故都可以采用 Y-△起动的方法。

电动机 Y-△降压起动控制电路

图 7-62 为 Y-△降压起动控制线路图。图中，UU′、VV′、WW′为电动机三相绕组，当 KM_3 的主触点闭合时，相当于将绕组的三个尾端 U′、V′、W′连接到了一起，此时为 Y 接法。当 KM_2 闭合时，相当于把 U 与 V′、V 与 W′、W 与 U′分别连在一起，三相绕组头尾相连，为△接法。

当合上刀开关 QS 以后，按下起动按钮 SB_2，接触器 KM_1、KM_3 和 KT 三线圈得电，KM_1 自锁，电动机星形起动。经 KT 延时，其延时断开常闭触点断开，切断 KM_3 线圈电路，KM_3 断电释放，其主触点和辅助触点复位。KT 的动合延时常开触点闭合，使 KM_2 线圈通电并自锁，KM_2 主触点闭合，将电动机接成△运行，KM_2 常闭触点将 KT 线圈从电路中断开。图中的 KM_2、KM_3 采用互锁控制，防止同时得电而造成电源短路。

Y-△降压起动时，定子绕组在 Y 连接状态下的起动电压为△直接起动电压的 $1/\sqrt{3}$。起动转矩为△直接起动转矩的 1/3，起动电流也为△直接起动的 1/3。与其他降

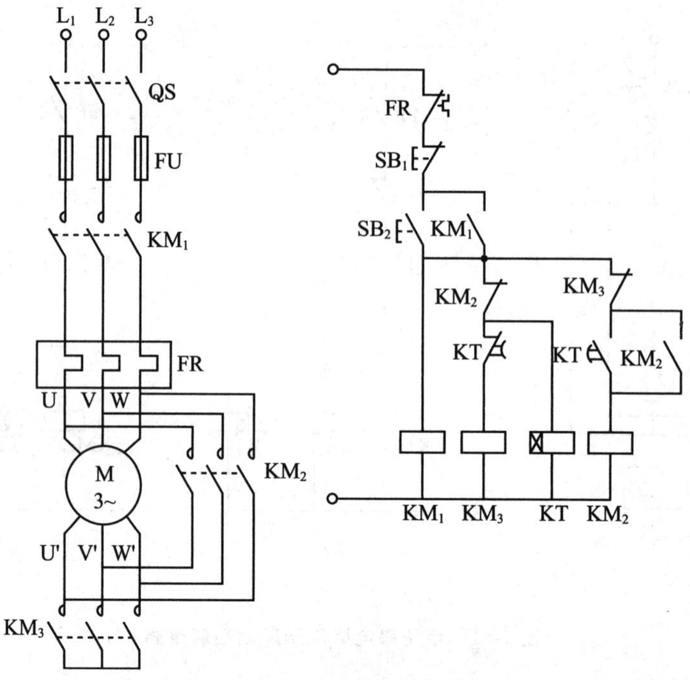

图 7-62 Y-△降压起动控制线路

压起动相比，Y-△降压起动投资少，线路简单，操作方便，但电动机起动转矩较小。这种方法适合电动机的空载或轻载起动，故多在轻载或空载起动的机床电路中应用。

三、自耦变压器降压起动控制线路

自耦变压器按星形接线，起动时将电动机定子绕组接到自耦变压器二次侧。这样，电动机定子绕组得到的电压即为自耦变压器的二次电压。当起动完毕时，自耦变压器被切除，额定电压直接加到电动机定子绕组上，电动机进入全压正常运行。改变自耦变压器抽头的位置可以获得不同起动电压，在实际应用中，自耦变压器一般有 65%、85%等抽头。

图 7-63 所示为自耦变压器降压起动控制线路。KM_1、KM_2 为降压接触器，KM_3 为正常运行接触器，KT 为时间继电器，KA 为中间继电器。

合上电源开关 QS，按下起动按钮 SB_2，KM_1、KM_2 及 KT 线圈通电并通过 KM_1 的辅助动合触点自锁，KM_1、KM_2 主触点闭合将自耦变压器接入，电动机降压起动。经过 KT 延时，其延时闭合常开触点闭合，中间继电器 KA 通电动作并自锁，KA 的动断触点将 KM_1、KM_2、KT 的线圈断开，KM_1、KM_2 失电，主触点断开，将自耦变压器切除。同时，KA 的动合触点闭合使 KM_3 线圈通电动作，KM_3 主触点闭合，电动机得电全压下运行。

自耦变压器降压起动适用于容量较大的电动机，其绕组可以是 Y 也可以是△。起动转矩可以通过改变抽头的连接位置得到改变。它的缺点是自耦变压器价格较贵，而且不允许频繁起动。

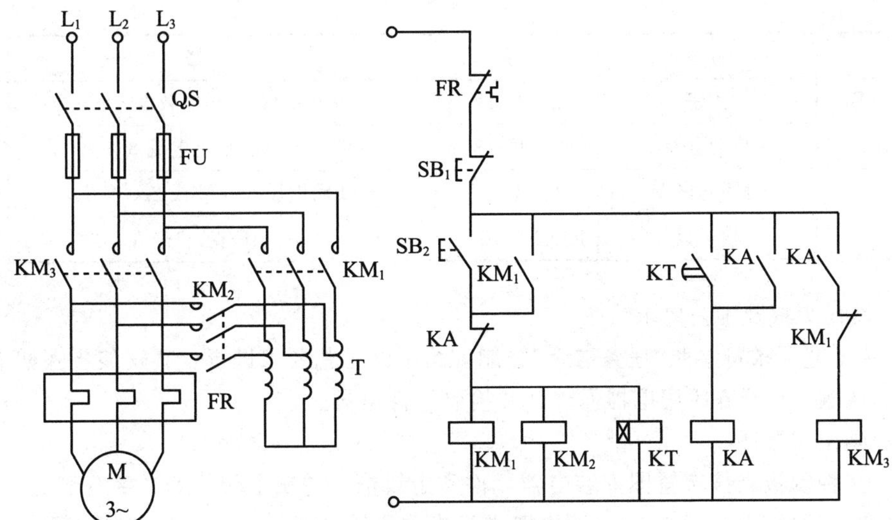

图 7-63　自耦变压器降压起动控制线路

>>> 技能操作

Y-△CX 降压起动控制线路安装

1. 操作目的

掌握时间继电器自动控制 Y-△降压起动控制线路的安装与检修。

2. 操作器材

(1)工具。验电笔、螺钉旋具(各种规格)，尖嘴钳、斜口钳、电工刀等。

(2)仪表。5050 型兆欧表、T301-A 型钳形电流表、MF47 型万用表。

(3)器材。

①控制板一块(500 mm×400 mm×20 mm)。

②导线。主电路采用 BV 1.5 mm^2 和 BVR 1.5 mm^2；控制电路采用 1 mm^2；按钮线采用 BVR0.75 mm^2；接地线采用 BVR1.5 mm^2(黄绿双色)。导线数量由教师根据实际情况确定，对导线的颜色在初级阶段操作时，除接地线外，可不必强求，但应使主电路与控制电路有明显的区别。

③各种规格的紧固体、针形及叉形轧头、金属软管、编码套管等。

元件明细表如表 7-6 所示。

表 7-6　元件明细表

代号	名称	型号	规　　格	数量
M	三相异步电动机	Y112M-4	4 kW、380 V、△接法、8.8 A、1 140 r/min	1
QS	组合开关	HZ10-25/3	三极、额定电流 25 A	1
FU_1	螺旋式熔断器	RL1-60/25	500 V、60 A 配熔体额定电流 25 A	3
FU_2	螺旋式熔断器	RL1-15/2	500 V、15 A 配熔体额定电流 2 A	3
KM_1～KM_3	交流接触器	CJ10-20	20 A、线圈电压 380 V 或 220 V	2

续表

代号	名称	型号	规　　格	数量
$SB_1 \sim SB_2$	按钮	LA10-3H	保护式、按钮数 3	1
FR	热继电器	JR16-20/3	三级、20 A、整定电流 8.8 A	1
KT	时间继电器	JS7-2 A	线圈电压 380 V 或 220 V	1
XT	端子板	JX2-1015	10 A、15 节、380 V	1

3. 操作步骤及工艺要求

安装工艺要求可参照“任务二十”技能训练中的工艺要求进行。其安装步骤如下：

(1)按表 7-6 配齐所用电器元件，并检验元件质量。

(2)画出布置图。

(3)在控制板上按布置图安装电器元件和走线槽，并贴上醒目的文字符号。

(4)在控制板上按图 7-55 所示电路进行板前线槽布线，并在线头上套编码套管和冷压接线头。

(5)安装电动机。

(6)可靠连接电动机和电器元件金属外壳的保护接地线。

(7)连接控制板外部的导线。

(8)自检。

(9)检查无误后通电试车。

4. 操作注意事项

(1)用 Y-△降压起动控制的电动机，必须有 6 个出线端子且定子绕组在△接法时的额定电压等于三相电源线电压。

(2)接线时要保证电动机△接法的正确性。

(3)接触器 KM_3 的进线必须按要求从三相定子绕组的末端引入，若误将其首端引入，则在 KM_3 吸合时，会产生三相电源短路事故。

(4)控制板外部配线，必须按要求一律装在导线通道内，使导线有适当的机械保护，以防止液体、铁屑和灰尘的侵入。在操作时可适当降低要求，但必须以确保安全为条件，如采用多芯橡皮线或塑料护套软线。

(5)通电校验前要再检查一下熔体规格及时间继电器、热继电器的各整定值是否符合要求。

(6)通电校验必须有指导教师在现场监护，学生应根据电路图的控制要求独立进行校验，若出现故障也应自行排除。

(7)安装操作应在规定的定额时间内完成，同时要做到安全操作和文明生产。

5. 操作报告要求

(1)Y-△降压起动的工作原理。

(2)Y-△降压起动线路安装过程的注意事项。

(3)通电试车中出现的故障分析。

>>> 能力训练

1. 什么叫作降压起动？笼形异步电动机通常采用哪些降压起动方式？

2. 笼形异步电动机在何种情况下采用降压起动？定子绕组为星形接法的电动机能否采用 Y-△降压起动？为什么？

3. 简述常用降压起动方法的优缺点。

4. 图 7-60 所示电路是自耦变压器降压起动的控制线路。在降压起动时，需要用 KM_1 和 KM_2 两个交流接触器，能否用一个交流接触器完成降压起动？如能请设计其线路。

任务二十四　三相异步电动机的制动控制线路与安装

>>> 任务目标

1. 熟悉三相异步电动机的制动原理；
2. 掌握三相异步电动机的常用制动方法；
3. 能根据生产工况熟练选择合适的制动方法；
4. 能设计、改进三相异步电动机制动线路。

>>> 任务描述

由于转子惯性的关系，三相异步电动机从切断电源到完全停止旋转，需要持续一段时间，这不能满足某些生产机械的工艺要求。如卧式镗床、万能铣床、组合机床等，无论是从提高生产效率，还是从安全及准确停位等方面考虑，都要求电动机能迅速停车，所以需要对电动机进行制动控制。

三相异步电动机的制动方法一般有两大类，即机械制动和电气制动。研究并掌握三相异步电动机的能耗制动、反接制动等电气制动方法，能更好地为生产服务。

>>> 相关知识

一、三相异步电动机的制动原理

三相异步电动机在切断电源后，通过机械装置为其施加一个外力或用电磁原理产生一个与电动机实际旋转方向相反的电磁力矩，迫使电动机迅速停转，即为制动。

三相笼形异步电动机能耗制动的原理是把存储在转子中的机械能转变为电能，又消耗在转子电阻上的一种制动方法。将正在运转的三相笼形异步电动机从交流电源上切除，向定子绕组通入直流电流，便在空间产生静止的磁场，此时电动机转子顺惯性而继续运转，切割磁力线，产生感应电动势和转子电流，转子电流与静止磁场相互作用，产生制动力矩，使电动机迅速减速停车。

三相笼形异步电动机反接制动是依靠改变定子绕组中的电源相序，使定子绕组旋转磁场反向，转子受到与旋转方向相反的制动力矩作用而迅速停车。因此它的控制要求是制动时使电源反相序，制动到接近零转速时，电动机电源自动切除。

二、能耗制动控制线路

图 7-64 所示为按时间原则控制的单向能耗制动控制线路。在电动机正常运行时，若按下停止按钮 SB_1，KM_1 线圈失电，电动机电源被切断，KM_2、KT 线圈通电并经 KM_2 的辅助动合触点和 KT 的瞬时常开触点自锁，KM_2 主触点闭合，给电动机两相定子绕组通入直流电源，电动机进入能耗制动状态。当电动机转速接近零时，KT 延时动断常闭触点打开，KM_2 线圈失电释放，直流电源被切断，KM_2 辅助常开触点复位，KT 线圈也被断开，制动结束。由以上分析可知，时间继电器 KT 的整定值即为制动过程的时间。

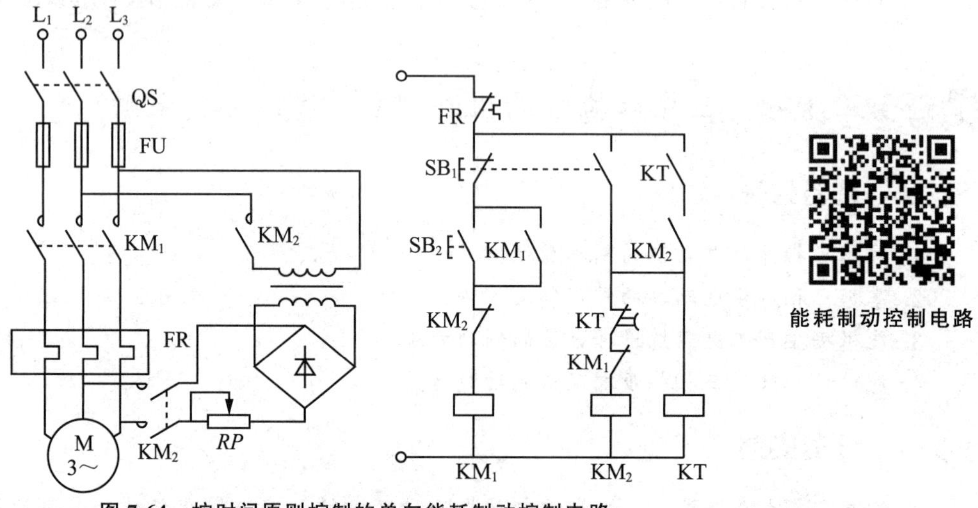

图 7-64　按时间原则控制的单向能耗制动控制电路

图 7-65 所示为按速度原则控制的可逆运行能耗制动控制线路。图中 KM_1、KM_2 分别为正、反转接触器，KM_3 为制动接触器，KS 为速度继电器，KS_1、KS_2 分别为正、反时对应的动合触点。

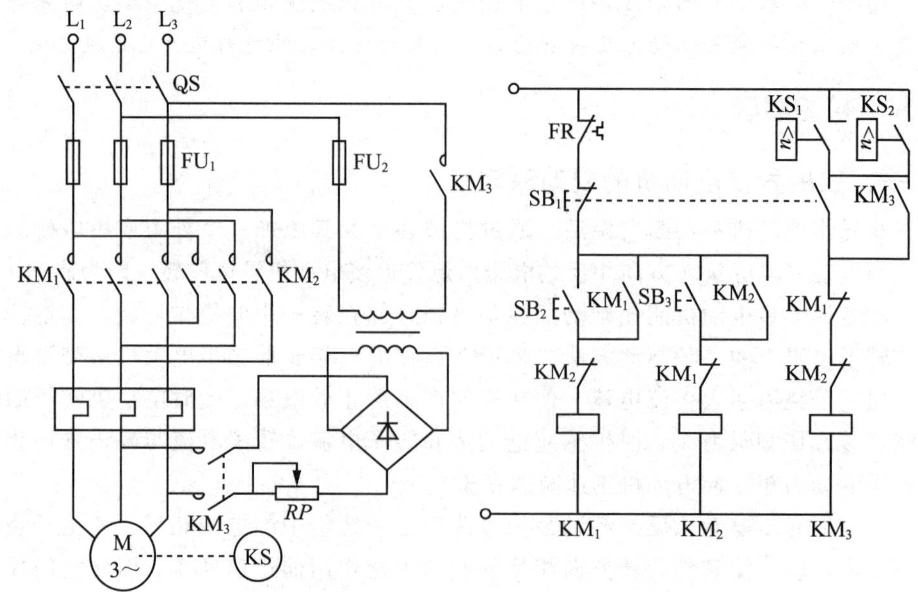

图 7-65　按速度原则控制的正反向能耗制动控制电路

在电动机正常运行时，按下停车按钮 SB_1，使 KM_1 或 KM_2 线圈断电，KM_3 线圈得电自锁，电动机定子绕组接入直流电源进行能耗制动，转速迅速下降。当转速下降到小于 100 r/min 时，速度继电器 KS 的动合触点 KS_1 或 KS_2 断开，KM_3 线圈断电，能耗制动结束。

能耗制动的特点是制动电流小，能量损耗小，制动准确，但需要直流电源，制动速度较慢，所以它适用于要求平稳制动的场合。

三、笼形异步电动机反接制动控制线路

图 7-66 所示为三相笼形异步电动机单向运转、反接制动的控制线路。按下起动按钮 SB_2，KM_1 得电并自锁，电动机起动。当电动机在全压下正常运行时，速度继电器 KS 的动合触点处于闭合状态。按下停止按钮 SB_1，KM_1 断电释放，KM_2 线圈通电并自锁，KM_2 的主触点闭合，电动机定子绕组经限流电阻 R 接入反向电源，电动机开始制动，当转速低于 100 r/min 时，速度继电器 KS 动合触点断开，KM_2 线圈断电释放，制动过程结束。

反接制动的优点是制动能力强，制动时间短，缺点是能量损耗大、制动时冲击力大、制动准确度差。但是采用以转速为变化参量，用速度继电器检测转速信号，能够准确地反映转速，不受外界因素干扰，有很好的制动效果，反接制动适用于生产机械的迅速停车与迅速反向。

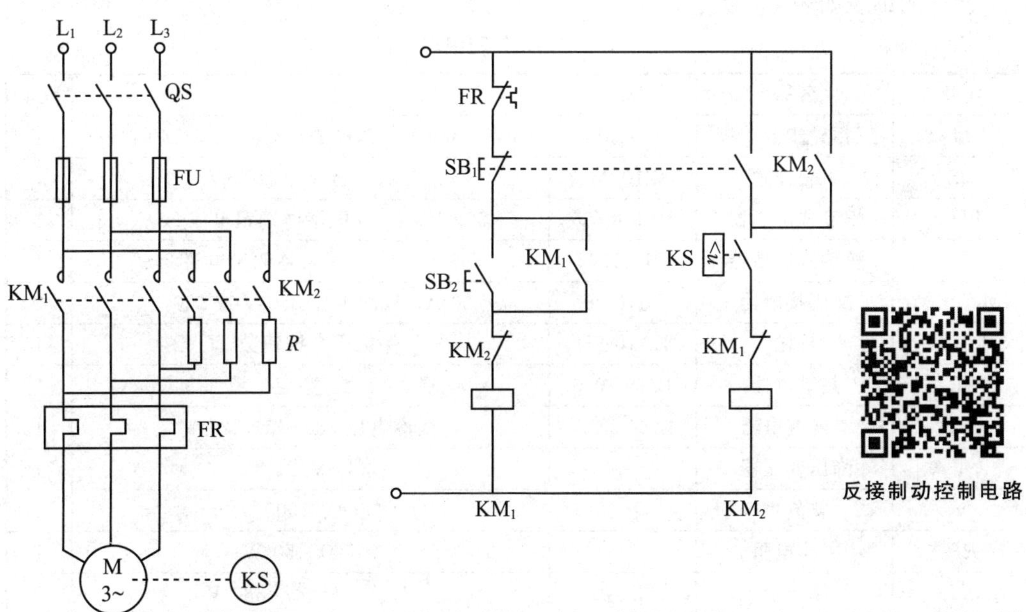

图 7-66　按速度原则控制的单向运行反接制动控制线路

图 7-66 所示的控制线路只能实现单方向的反接制动，如果生产设备要求电动机正反向运转并能双向制动，该电路则不能满足生产要求。本书只介绍单方向的制动控制，双向制动控制可由学生课外自行设计。

>>> 技能操作

三相异步电动机的能耗制动线路安装

1. 操作目的

掌握单向起动能耗制动线路的安装。

2. 操作器材

(1)工具

验电笔、螺钉旋具(各种规格)、尖嘴钳、斜口钳、电工刀等。

(2)仪表

5050 型兆欧表、T301-A 型钳形电流表、MF47 型万用表。

(3)器材

①控制板一块(500 mm×400 mm×20 mm)。

②导线。主电路采用 BV 1.5 mm^2 和 BVR 1.5 mm^2；控制电路采用 1 mm^2；按钮线采用 BVR 0.75 mm^2；接地线采用 BVR 1.5 mm^2(黄绿双色)。导线数量由教师根据实际情况确定，对导线的颜色在初级阶段操作时，除接地线外，可不必强求，但应使主电路与控制电路有明显的区别。

③各种规格的紧固体、针形及叉形轧头、金属软管、编码套管等。

元件明细表如表 7-7 所示。

表 7-7 元件明细表

代号	名称	型号	规　　格	数量
M	三相异步电动机	Y112M-4	4 kW、380 V、△接法、8.8 A、1 140 r/min	1
QS	组合开关	HZ10-25/3	三极、额定电流 25 A	1
FU_1	螺旋式熔断器	RL1-60/25	500 V、60 A 配熔体额定电流 25 A	3
FU_2	螺旋式熔断器	RL1-15/2	500 V、15 A 配熔体额定电流 2 A	1
KM_1、KM_2	交流接触器	CJ10-20	20 A、线圈电压 380 V 或 220 V	2
SB_1、SB_2	按钮	LA10-3H	保护式、按钮数 3	1
FR	热继电器	JR16-20/3	三级、20 A、整定电流 8.8 A	1
KT	时间继电器	JS7-2 A	线圈电压 380 V 或 220 V	1
T	降压变压器		380 V/24 V	1
V	整流桥	QL35	35 A、1000 V	1
RP	限流电阻		0.5 Ω、50 W	1
XT	端子板	JX2-1015	10 A、15 节、380 V	1

3. 操作步骤和工艺要求

(1)安装步骤及工艺要求

按表 7-7 配齐所用电器元件，根据图 7-61 所示电路图，参照“任务二十”中技能操作中的安装步骤及工艺要求进行安装。

(2)注意事项

①时间继电器的整定时间不要调得太长，以免制动时间过长引起定子绕组发热。

②整流桥要配装散热器。

③制动电阻要安装在控制板外面。

④进行制动时，停止按钮 SB_1 要按到底。

⑤通电试车时，必须有指导教师在现场监护，同时要做到安全文明生产。

4. 操作报告要求

(1)按速度原则控制的单向运行反接制动控制线路的工作原理。

(2)线路安装过程的注意事项。

(3)通电试车中出现的故障分析。

>>> 能力训练

1. 简述电动机的制动原理。

2. 三相异步电动机有哪些常用的制动方式?

3. 按时间原则控制的电动机能耗制动电路中，时间继电器的整定时间不要调得太长，其原因是什么?如果时间太长，会有什么现象出现?

4. 能耗制动和反接制动相比，各有哪些优缺点?

5. 请设计一个电动机正反双向运行和双向反接制动的电路。

任务二十五　三相异步电动机的调速控制线路与安装

>>> 任务目标

1. 熟悉三相异步电动机的调速原理；
2. 掌握三相异步电动机常用的电气调速方法；
3. 掌握双速电动机定子绕组的连接方法。

>>> 任务描述

在生产实践中，许多生产机械的运行速度需要根据加工工艺要求而人为调节。这种负载不变，人为调节转速的过程称为调速。通过改变传动机构转速比的调速方法称为机械调速，通过改变电动机参数而改变转速的方法称为电气调速。在不同的生产要求下，选择合适的调速方法，既能节省成本，又能提高生产效率。

>>> 相关知识

一、调速控制方法

由三相异步电动机转速公式 $n=60f_1(1-S)/P$ 可知，三相异步电动机调速有改变定子绕组极对数 P，改变转差率 S 和改变电源频率 f_1 调速三种方法。

1. 变极调速

在电源频率恒定的条件下，改变异步电动机的磁极对数，可以改变其同步转速，从而使电动机在某一负载下的稳定运行转速发生变化，达到调速目的。因为只有当定子、转子极数相等时才能产生平均电磁转矩，对于绕线转子异步电动机，在改变定子

绕组接线来改变极对数的同时，也应改变转子绕组接线，以保持定子、转子极对数相同，这将使绕线转子异步电动机变极接线和控制复杂化。但是因为笼形转子绕组的极对数是感应产生的，当改变定子绕组极数时，其转子极数可自动跟随定子变化而保持相等。因此，变极调速一般用于笼形异步电动机。

2. 变频调速

三相异步电动机变频调速具有优异的性能，调速范围大，调速的平滑性好，可实现无级调速；调速时异步电动机的机械特性硬度不变，稳定性好；变频时电压按不同规律变化可实现恒转矩或恒功功率调速，以适应不同负载的要求，变频调速是现代电力传动的一个主要发展方向，已广泛应用于工业自动控制中。根据转速公式可知，当转差率 S 变化不大时，异步电动机的转速 n 基本上与电源频率 f_1 成正比。连续调节电源频率，就可以平滑地改变电动机的转速。但是，电动机正常运行时，由公式 $U_1 \approx E_1 = 4.44 f_1 N_1 k_{w1} \Phi_0$ 可以看出，若端电压 U_1 不变，则当频率 f_1 减小时，主磁通 Φ_0 将增加，这将导致磁路过分饱和，励磁电流增大，功率因数降低，铁芯损耗增大；而当 f_1 增大时，Φ_0 将减小，电磁转矩及最大转矩下降，过载能力降低，电动机的容量也得不到充分利用。所以单一地调节电源频率，将导致电动机运行性能的恶化。因此，为使电动机能保持较好的运行性能，要求在调节 f_1 的同时，改变定子电压 U_1，以维持 Φ_0 不变，保持电动机的过载能力不变。

3. 改变转差率调速

改变转差率调速的方法有改变电源电压，改变转子回路电阻和电磁转差离合器等。改变转差率调速的特点是电动机同步转速保持不变。

(1)改变定子电压调速

改变外加电压时，电动机的同步转速 n_1 是不变的，临界转差率 S_m 也保持不变，由于 $T_m \propto U_1^2$，电压降低时，最大转矩 T_m 按平方比例下降。当负载转矩不变，电压下降，转速将下降(转差率 S 上升)。这种调速方法，当转子电阻较小时，能调节速度的范围不大；当转子电阻大时，可以有较大的调节范围，但损耗也随之增大。

(2)改变转子电阻调速

绕线转子异步电动机转子串电阻后，同步转速不变，最大转速不变，临界转差率增大，机械特性的斜率变大，且电阻越大，曲线越偏向下方。在一定的负载转矩下，电阻越大，转速越低。这种调速为有级调速，调速平滑性差，损耗较大，调整范围有限，但调速方法简单，调速电阻可兼做制动电阻使用。适用于重载下调速(如起重机的拖动系统)。

(3)电磁转差离合器调速

电动机和生产机械之间一般都是用机械连接起来的。前面讲述的调速方法都是调节电动机本身的转速，能否不去调节电动机本身的转速实现调速呢？电磁转差离合器就是一种利用电磁方法来实现调速的联轴器。如图 7-67 所示，为电磁转差离合器的调速系统。

当感应子上的励磁线圈没有电流通过时，主动与从动之间无任何的联系，显然主动轴以转速旋转，但从动轴却不动，相当于离合器脱开。当通入励磁电流以后，建立了磁场，形成如图 7-67 中所示的磁极，使得电枢与感应子之间有了电磁联系，当二者

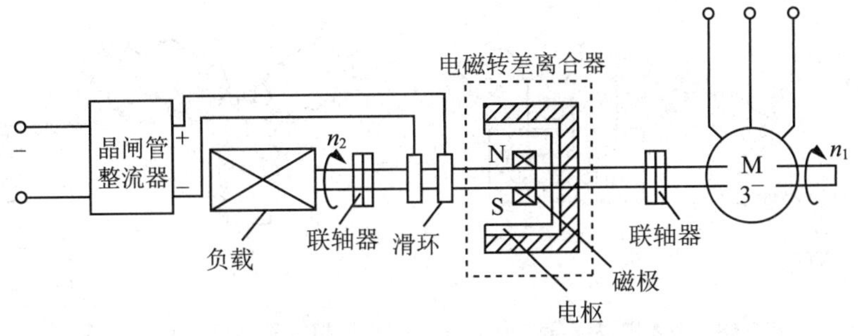

图 7-67　电磁转差离合器的调速系统

之间有相对运动时，便在电枢铁芯中产生涡流，电流方向由右手定则确定。根据载流导体在磁场中受力作用原理，电枢受力作用方向由左手定则确定。但由于电枢已由异步电动机拖动旋转，根据作用与反作用力大小相等方向相反的原理，该电磁力形成的转矩要迫使感应子连同负载沿着电枢同方向旋转，将异步电动机的转矩传给生产机械(负载)。

由上述电磁离合器工作原理可知，感应子的转速要小于电枢转速，即 $n_2<n_1$，这一点完全与异步电动机的工作原理相同，故称这种电磁离合器为电磁转差离合器。由于电磁转差离合器本身不产生转矩与功率，只能与异步电动机配合使用，起着传递转矩的作用，通常异步电动机和电磁转差离合器装为一体，故又统称为转差电动机或电磁调速异步电动机。

电磁调速异步电动机具有结构简单，可靠性好，维护方便等优点，而且通过控制励磁电流的大小可实现无级平滑调速，所以广泛应用于机床、起重、冶金等生产机械上。

二、双速异步电动机定子绕组的连接

交流电机定子绕组磁动势的极对数，取决于绕组中电流的方向，因此改变绕组接线使绕组内电流方向改变，就能够改变极对数 p。常用的单绕组变极电动机，其定子上只装一套绕组，就是利用改变绕组连接方式，来达到改变极对数 p 的目的。

因为在电动机定子的圆周上，电角度是机械角度的 2 倍，当极对数改变时，必然引起三相绕组的空间相序发生变化。此时若不改变外接电源相序，则变极后，不仅使电动机转速发生变化，而且电动机的旋转方向也发生了变化。所以，为保证变极调速前后电动机旋转方向不变，在改变三相异步电动机定子绕组接线的同时，必须将三相电中的两相给予调换，使电动机接入的电源相序改变。

如图 7-68 所示为 4/2 极双速异步电动机△/YY 三相定子绕组接线示意图。定子绕组引出 6 根出线端，当定子绕组的 U_1、V_1、W_1 3 个接线端接三相交流电源，而将 U_2、V_2、W_2 3 个接线端悬空不接时，三相定子绕组接成三角形连接，电动机以 4 极低速运行。当定子绕组的 U_2、V_2、W_2 三个接线端接三相交流电源，而 U_1、V_1、W_1 三个接线端连接在一起时，则原来三相定子绕组的△连接变为 YY 连接，电动机以 2 极高速运行。为保证电动机旋转方向保持不变，从一种连接变为另一种连接时，应改变电源的相序。

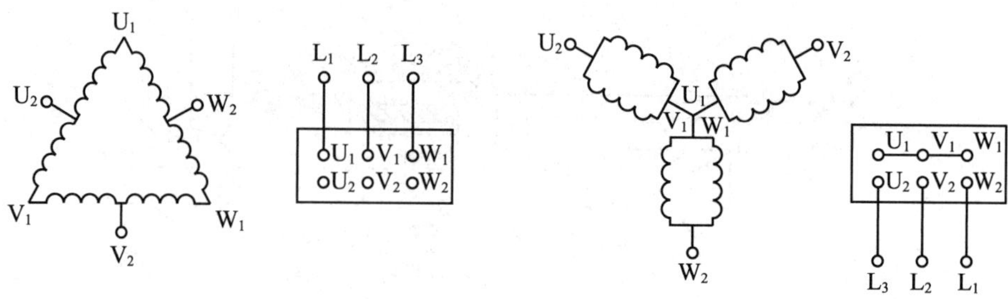

图 7-68　4/2 极双速异步电动机△/YY 三相定子绕组接线示意图

三、三相异步电动机调速控制线路

变极多速电动机的转速有双速、三速和四速等多种，较常用的是双速和三速两种。本书仅以△改为 YY 连接双速异步电动机的控制为例介绍三相异步电动机的调速控制。

1. 手动控制线路

图 7-69 为手动双速异步电动机控制电路。图中 KM_1 为电动机△连接接触器，KM_2、KM_3 为电动机 YY 连接接触器，SB_2 为低速起动按钮，SB_3 为高速起动按钮。

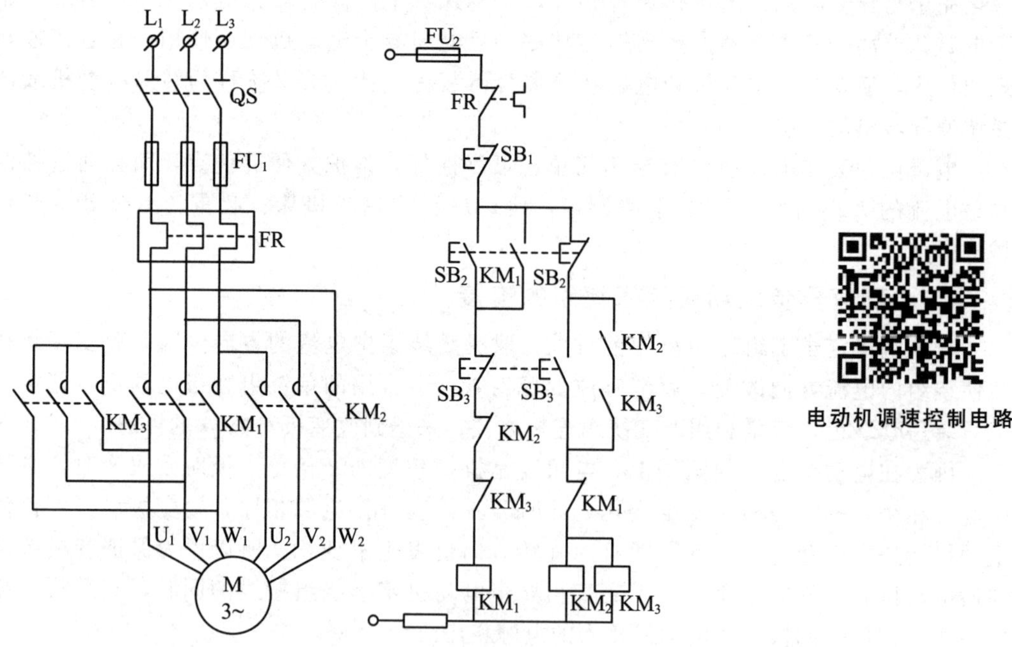

图 7-69　双速异步电动机手动控制电路

合上三相电源开关 QS，接通控制电路电源。需低速运转时，按下低速起动按钮 SB_2，接触器 KM_1 线圈通电并自锁，KM_1 主触头闭合，电动机定子绕组做△连接，电动机低速运行。当需高速运转时，按下高速起动按钮 SB_3，KM_1 线圈断电释放，其常开主触头与辅助常开触点断开，辅助常闭触点闭合，当 SB_3 按到底时，KM_2、KM_3 线圈同时通电吸合并自锁，KM_2、KM_3 主触头闭合，将电动机定子绕组接成 YY，电动机以高速旋转。此时，因电源相序已改变，电动机转向相同。若在高速运行下按下低

速起动按钮 SB_2，又可使电动机由高速运行改成低速运行，且转向仍不变。若按下停止按钮 SB_1，接触器线圈断电释放，电动机停转。

该电路也可直接按下高速起动按钮 SB_3，使电动机定子绕组接成 YY 连接，以获得双速异步电动机控制电路高速起动运转。此时按下停止按钮 SB_1，电动机停转。

2. 自动控制线路

利用时间继电器可使电动机在低速起动后自动切换至高速状态。如图 7-70 所示为双速电动机自动加速控制电路，其主电路与图 7-69 一样。

合上三相电源开关 QS，接通控制电路电源。按下 SB_2，接触器 KM_1 线圈通电并自锁，其辅助常开触点接通 KT 线圈，KM_1 主触头同时闭合，电动机定子绕组做△连接，电动机低速运行。经过延时，KT 延时断开常闭触点断开，KM_1 线圈失电放开，KT 延时闭合常开触点闭合，KM_2、KM_3 线圈同时得电并自锁，电动机由△低速运转自动切换为 YY 高速运转。若按下停止按钮 SB_1，接触器 KM_2、KM_3 线圈断电释放，电动机停转。

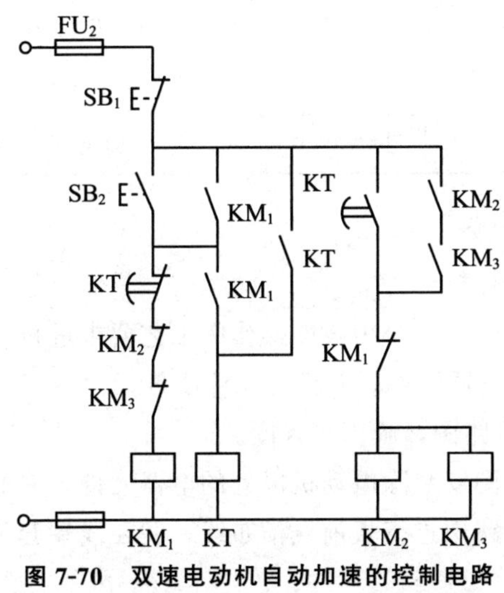

图 7-70　双速电动机自动加速的控制电路

>>> 技能操作

时间继电器控制双速异步电动机调速控制线路的安装

1. 操作目的

掌握时间继电器控制双速异步电动机控制线路的安装。

2. 操作器材

(1)工具

验电笔、螺钉旋具(各种规格)、尖嘴钳、斜口钳、电工刀等。

(2)仪表

5050 型兆欧表、转速表、T301-A 型钳形电流表、MF47 型万用表。

(3)器材

导线(选用参照任务二十)、各种规格的紧固体、针形及叉形轧头、金属软管、编码套管等。电器元件如表 7-8 所示。

表 7-8 元件明细表

代号	名称	型号	规 格	数量
M	三相异步电动机	YD112M-4/2	3.3 kW/4 kW、380 V、△/YY 接法、7.4 A/8.8 A、1140 r/min 或 2 890 r/min	1
QS	组合开关	HZ10-25/3	三极、额定电流 25 A	1
FU_1	螺旋式熔断器	RL1-60/25	500 V、60 A、配熔体额定电流 25 A	3
FU_2	螺旋式熔断器	RL1-15/4	500 V、15 A、配熔体额定电流 2 A	1
KM_1～KM_3	交流接触器	CJ10-20	20 A、线圈电压 380 V 或 220 V	2
SB_1～SB_3	按钮	LA10-3H	保护式、按钮数 3	3
FR	热继电器	JR16-20/3	三极、20 A、整定电流 8.6 A	1
KT	时间继电器	JS7-2A	线圈电压 380 V 或 220 V	1
T	降压变压器		380 V/24 V	1
XT	端子板	JX0-1020	10 A、20 节、380 V	1

3. 操作步骤和工艺要求

(1)安装步骤及工艺要求

安装工艺可参照“任务二十一”中技能操作的工艺要求进行。其安装步骤如下。

①按表 7-8 配齐所用电器元件，并检验元件质量。

②根据图 7-69 所示电路图，画出布置图。

③在控制板上按布置图安装除电动机以外的电器元件，并贴上醒目的文字符号。

④在控制板上根据电路图进行板前线槽布线，并在线端套编码套管和冷压接线头。

⑤安装电动机。

⑥可靠连接电动机及电器元件不带电金属外壳的保护接地线。

⑦可靠连接控制板外部的导线。

⑧自检。

⑨检查无误后通电试车，并用转速表测量电动机转速。

(2)注意事项

①接线时，注意主电路中接触器 KM_1、KM_2 在两种转速下电源相序的改变，如果接错，电动机的转向将发生变化，换向时将产生很大的冲击电流。

②控制双速电动机△接法的接触器 KM_1 和 YY 接法的 KM_2 的主触头不能对换接线，否则不但无法实现双速控制要求，而且会在 YY 运转时造成电源短路事故。

③通电试车前，要复验一下电动机的接线是否正确，并测试绝缘电阻是否符合要求。

④通电试车时，必须有指导教师在现场监护，同时做到安全文明生产。

4. 操作报告要求

(1)时间继电器控制双速异步电动机调速控制线路的工作原理。

(2)线路安装过程的注意事项。

(3)通电试车中出现的故障分析。

(4)根据操作过程总结实验结果。

>>> 能力训练

1. 什么是变极调速？三相异步电动机怎样实现变极调速？

2. 对于三相笼形异步电动机，有几种调速方法？

3. 为什么双速电动机通常先要低速起动后再转入高速运行？

4. 双速电动机变速时对相序有什么要求？

5. 现有一台双速笼形感应电动机，要求其能够低速起动、低速运行和高速起动、高速运行两种起动、运行状态，试按以下要求设计其电路图。

(1)分别由两个按钮控制电动机的高速起动和低速起动，由同一个按钮控制电动机停止。

(2)电动机能够以低速起动，经延时后自动换接成高速运行。

(3)具有必要的保护。

>>> 能力与升华

培养造就大批德才兼备的高素质人才，是国家和民族长远发展大计。功以才成，业由才广。坚持党管人才原则，坚持尊重劳动、尊重知识、尊重人才、尊重创造，实施更加积极、更加开放、更加有效的人才政策，引导广大人才爱党报国、敬业奉献、服务人民。加快建设国家战略人才力量，努力培养造就更多大师、战略科学家、一流科技领军人才和创新团队、青年科技人才、卓越工程师、大国工匠、高技能人才。我们要以大国工匠精神严格要求自己，努力将自己塑造成为像大国工匠一样的高技能型有用之才。

项目七　能力测试

一、填空题

1. 常用的低压电器是指工作电压在交流________V以下、直流________V以下的电器。

2. 选择低压断路器时，额定电压或额定电流应________电路正常工作时的电压和电流。

3. 行程开关也称________开关，可将________信号转化为电信号，通过控制其他电器来控制运动部分的行程大小、运动方向或进行限位保护。

4. 按钮常用于控制电路，一般用________色表示起动，________色表示停止。

5. 多台电动机由一个熔断器保护时，熔体额定电流的计算公式为________________。

6. 交流接触器是一种用来________接通或分断________电路的自动控制电器。

7. 一般速度继电器的动作转速为________ r/min，复位转速为________ r/min。

8. 三相异步电动机的能耗制动可以按________原则和________原则来控制。

9. 双速电动机的定子绕组在低速时是________连接，高速时是________连接。

10. 交流接触器的结构由________、________、________和其他部件组成。

二、选择题

11. 下列元件中，主令电器有(　　)。

A. 熔断器　　B. 按钮　　C. 刀开关　　D. 速度继电器

12. 熔断器的作用是(　　)。

A. 控制行程　　B. 控制速度

C. 短路或严重过载保护　　D. 弱磁保护

13. 若将空气阻尼式时间继电器由通电延时型改为断电延时型需要将(　　)。

A. 延时触头反转 180°　　B. 电磁系统反转 180°

C. 电磁线圈两端反接　　D. 活塞反转 180°

14. 热继电器中双金属片的弯曲作用是由于双金属片(　　)。

A. 温度效应不同　　B. 强度不同

C. 膨胀系数不同　　D. 所受压力不同

15. 在机床电气控制电路中采用两地分别控制方式，其控制按钮连接的规律是(　　)。

A. 全为串联　　B. 全为并联

C. 起动按钮并联，停止按钮串联　　D. 起动按钮串联，停止按钮并联

16. 能用来表示电动机控制电路中电气元件实际安装位置的是(　　)。

A. 电气原理图　　B. 电气布置图

C. 电气接线图　　D. 电气系统图

17. 改变交流电动机的运转方向，调整电源采取的方法是(　　)。

A. 调整其中两相的相序　　B. 调整三相的相序

C. 定子串电阻　　D. 转子串电阻

18. 欠电流继电器可用于(　　)保护。

A. 短路　　B. 过载　　C. 失压　　D. 失磁

19. 三相感应电动机起动时，起动电流很大，可达额定电流的(　　)。

A. 4～7 倍　　B. 2～2.5 倍　　C. 10～20 倍　　D. 5～6 倍

20. 关于电压继电器，下列说法正确的是(　　)。

A. 过电压继电器的动作电压为额定电压的 110%～115%

B. 欠电压继电器的动作电压为额定电压的 40%～70%

C. 零电压继电器的动作电压为额定电压的 5%～25%

D. 以上三种说法都正确

三、判断题

21. 刀开关安装时，手柄要向上装。接线时，电源线接在上端，下端接用电器。
（　　）

22. 接触器按主触点通过电流的种类分为直流和交流两种。（　　）

23. 电气原理图绘制中，不反映电器元件的大小。（　　）

24. 容量小于 10 kW 的笼形异步电动机，一般采用全电压直接起动。（　　）

25. 电气原理图设计中，应尽量减少电源的种类。（　　）

26. 电气接线图中，同一电器元件的各部分不必画在一起。（　　）

27. 一台线圈额定电压为 220 V 的交流接触器，在交流 220 V 和直流 220 V 的电源上均可使用。

28. 交流接触器通电后，如果铁芯吸合受阻，会导致线圈烧毁。（　　）

29. 接近开关是一种非接触式检测装置。（　　）

30. 能耗制动的优点是制动准确、平稳、能量消耗小。（　　）

四、简答题与作图题

31. 设计一个用于机床润滑系统的间歇润滑电路，润滑工作由一台电动机带动油泵完成，要求润滑 10s 后停止 50s，不断循环工作。

32. 电动机控制系统常用的保护环节有哪些？各用什么低压电器实现？

33. 电气原理图阅读的方法和步骤是什么？

34. 电气控制系统图分哪几类？

35. 电动机起动时电流很大，为什么热继电器不会动作？

五、分析题

36. 分析如图 7-71 所示电路的工作原理。

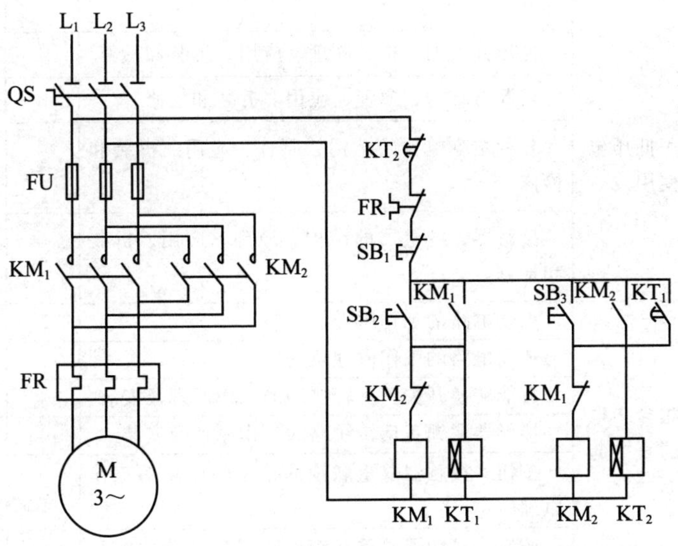

图 7-71　题 36 图

37. 分析图 7-43(b)所示的断电延时继电器的工作原理。

38. 分析图 7-72 所示的顺序起动电路的工作原理。

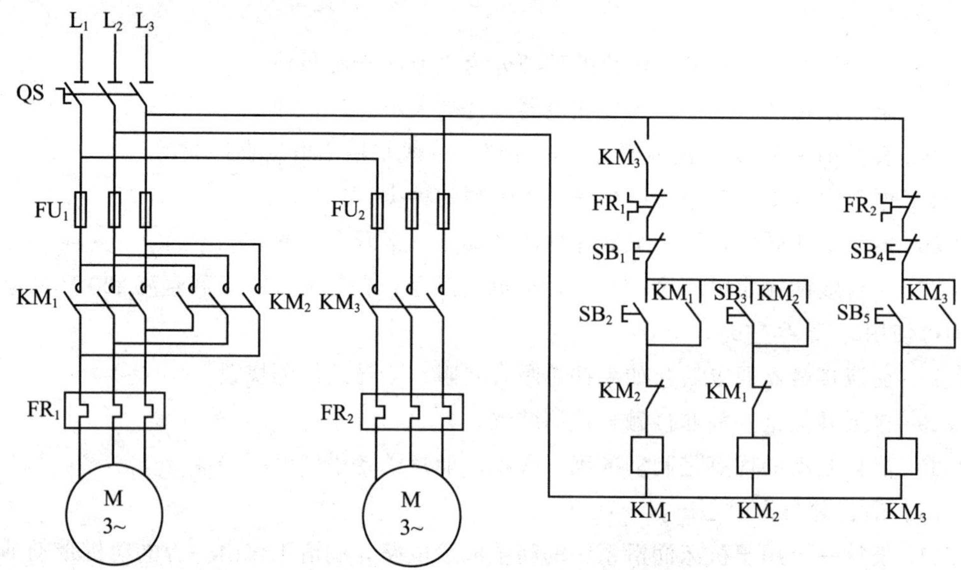

图 7-72　题 38 图

项目七　质量评价标准

任务序号	评价项目	评价标准	配分	自评分	教师评分
1	异步电动机的基础知识	三相异步电动机的结构和工作原理	4		
		单向异步电动机的结构和工作原理	2		
		常用仪表的使用(万用表、兆欧表、钳形表等)	4		
2	常用低压电器的使用	低压开关的结构、原理、应用、拆装和检修	4		
		熔断器结构、原理、应用、拆装和检修	3		
		各种主令电器的结构、原理、应用、拆装和检修	4		
		接触器、继电器的结构、原理、应用、拆装和检修	8		
3	三相异步电动机的直接起动控制	点动电路的工作原理及安装	5		
		长动电路的工作原理及安装	5		
		万能转换开关正反转电路的工作原理及安装	4		
		接触器联锁正反转线路的工作原理及安装	4		
		按钮、接触器双重联锁的正反转线路的工作原理	2		
		按钮、接触器双重联锁的正反转线路的电路安装	3		

续表

任务序号	评价项目	评价标准	配分	自评分	教师评分
3	三相异步电动机的直接起动控制	定子绕组串电阻降压起动电路的工作原理	1		
		定子绕组串电阻降压起动电路的安装	4		
		Y-△降压起动电路的工作原理	1		
		Y-△降压起动电路的安装	4		
		自耦变压器降压起动线路的工作原理	1		
		自耦变压器降压起动线路的安装	4		
4	三相异步电动机的制动控制	三相异步电动机的制动原理	1		
		按时间原则控制的能耗制动电路的工作原理	1		
		按时间原则控制的能耗制动电路的安装	3		
		按速度原则控制的正反向能耗制动电路的工作原理	1		
		按速度原则控制的正反向能耗制动电路的安装	3		
		按速度原则控制的单向运行反接制动线路的工作原理与安装	5		
		按速度原则控制的单向运行反接制动线路的安装	3		
5	三相异步电动机的调速控制	三相异步电动机的调速控制方法	4		
		双速异步电动机定子绕组的连接方式	2		
		双速异步电动机手动调速电路的工作原理	1		
		双速异步电动机手动调速电路的安装	4		
		双速电动机自动加速的电路的原理	1		
		双速电动机自动加速的电路的安装	4		
综合评价				教师：	

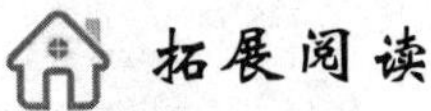

身边榜样：艺无止境——谭亮

参考文献

[1]李梅．电工基础[M]．北京：机械工业出版社，2005.

[2]罗挺前．电工与电子技术[M]．北京：高等教育出版社，2001.

[3]董武．维修电工技能与实训[M]．北京：电子工业出版社，2011.

[4]张明金．电工技术与实践[M]．北京：电子工业出版社，2010.

[5]吕爱华．电机及拖动[M]．北京：北京师范大学出版社，2011.

[6]陈宝玲．电机与电控实训[M]．北京：北京师范大学出版社，2008.

[7]张永花，杨强．电机及控制技术[M]．北京：中国铁道出版社，2010.

[8]黄夷白．电机与电气控制[M]．青岛：中国海洋大学出版社，2011.

[9]刘喜峰．机床电器控制与 PLC 技术[M]．北京：清华大学出版社，2011.

[10]孙义宝，苑龙军．电工电子技术[M]．北京：人民邮电出版社，2009.

[11]秦曾煌．电工学—电子技术(第 7 版)[M]．北京：高等教育出版社，2010.

[12]包芳，冯绍勇．电工基础[M]．北京：北京大学出版社，2011.

[13]王鹏飞，郑毅．电工技术[M]．武汉：湖北科学技术出版社，2011.

[14]罗中华，吴振庚．电工电子实验教程[M]．重庆：重庆大学出版社，2011.

[15]殷志坚，王丽华，彭健飞．电工与电子实训教程[M]．武汉：华中科技大学出版社，2011.

[16]梁南丁，赵青梅．电类基本技能教程：电工实训[M]．北京：煤炭工业出版社，2011.